Ulrich Sendler
Volker Wawer

Von PDM zu PLM

Prozessoptimierung durch Integration

3., überarbeitete und erweiterte Auflage

Bleiben Sie einfach auf dem Laufenden:
www.hanser.de/newsletter
Sofort anmelden und Monat für Monat
die neuesten Infos und Updates erhalten.

HANSER

Die Autoren:

Dipl-Ing. Ulrich Sendler ist seit 1989 als unabhängiger Technologieberater, Analyst und Autor tätig. Seit 1995 leitet er das sendler\circle it-forum, die Branchenvertretung für Engineering IT-Anbieter.

Dipl.-Ing. Volker Wawer ist Geschäftsführer der Firma ProCAD.

Alle in diesem Buch enthaltenen Informationen wurden nach bestem Wissen zusammengestellt und mit Sorgfalt getestet. Dennoch sind Fehler nicht ganz auszuschließen. Aus diesem Grund sind die im vorliegenden Buch enthaltenen Informationen mit keiner Verpflichtung oder Garantie irgendeiner Art verbunden. Autor und Verlag übernehmen infolgedessen keine Verantwortung und werden keine daraus folgende oder sonstige Haftung übernehmen, die auf irgendeine Weise aus der Benutzung dieser Informationen – oder Teilen davon – entsteht, auch nicht für die Verletzung von Patentrechten, die daraus resultieren können.

Ebenso wenig übernehmen Autor und Verlag die Gewähr dafür, dass die beschriebenen Verfahren usw. frei von Schutzrechten Dritter sind. Die Wiedergabe von Gebrauchsnamen, Handelsnamen, Warenbezeichnungen usw. in diesem Werk berechtigt also auch ohne besondere Kennzeichnung nicht zu der Annahme, dass solche Namen im Sinne der Warenzeichen- und Markenschutz-Gesetzgebung als frei zu betrachten wären und daher von jedermann benützt werden dürften.

Bibliografische Information Der Deutschen Nationalbibliothek:

Die Deutsche Nationalbibliothek verzeichnet diese Publikation in der Deutschen Nationalbibliografie; detaillierte bibliografische Daten sind im Internet unter http://dnb.d-nb.de abrufbar.

Dieses Werk ist urheberrechtlich geschützt.

Alle Rechte, auch die der Übersetzung, des Nachdruckes und der Vervielfältigung des Buches, oder Teilen daraus, vorbehalten. Kein Teil des Werkes darf ohne schriftliche Genehmigung des Verlages in irgendeiner Form (Fotokopie, Mikrofilm oder ein anderes Verfahren), auch nicht für Zwecke der Unterrichtsgestaltung, reproduziert oder unter Verwendung elektronischer Systeme verarbeitet, vervielfältigt oder verbreitet werden.

© 2011 Carl Hanser Verlag München
Gesamtlektorat: Sieglinde Schärl
Herstellung: Stefanie König
Sprachlektorat: Sandra Gottmann, Münster-Nienberge
Satz: le-tex publishing services GmbH, Leipzig
Umschlagkonzept: Marc Müller-Bremer, www.rebranding.de, München
Umschlagrealisation: Stephan Rönigk
Titelillustration und Grafiken: Thomas Göttler
Druck und Bindung: Kösel, Krugzell
Printed in Germany
ISBN 978-3-446-42585-9
www.hanser.de

Inhalt

Vorwort zur dritten, erweiterten Auflage 9
Vorwort zur zweiten, erweiterten Auflage 11
Vorwort zur ersten Auflage 13

1 Warum PDM ein Thema für das Management ist.. 15
1.1 Das Produkt im Informationszeitalter 17
1.2 Die Rolle der Entwicklungsdaten 20
1.3 Die Psychologie des Ingenieurs 22
1.4 Die Geschichte 24
1.5 Daten zu Wissen und zu Geld machen 27

2 Der Mittelstand auf der Überholspur 31
2.1 Der temporäre Vorsprung der Großen 32
2.2 Abteilungsgräben und Unternehmertum 33
2.3 Neue Treiber für PDM 34
2.4 Ganzheitlicher Ansatz 35

3 Von PDM zu PLM 41
3.1 Wenn Quantität in Qualität umschlägt 41
3.2 Den Fokus erweitern 43

4 Produkte werden zu Systemen 45
4.1 Systeme sind anders 46
4.1.1 Informatiksysteme 47
4.1.2 Regelsysteme 48
4.1.3 Interdisziplinäre Systeme 49
4.2 Systementwicklung ist anders 50
4.2.1 Systemarchitektur 51
4.2.2 Systemmodell 53
4.2.3 Die Funktion simulieren! 54

4.3	PDM als Dreh- und Angelpunkt, PLM als strategischer Rahmen	55
4.4	Interdisziplinäres Konfigurationsmanagement	55

5 Die Zukunft hängt an der Produktentstehung 59

5.1	Der Vorteil von Serienfertigung und Automatisierung	60
5.2	Die Digitalisierung der Produktentstehung	61

6 PDM, PLM und andere Verwandte 65

6.1	PDM macht noch kein PLM	65
6.2	PDM und Dokumentenmanagement	67
6.3	Knowledge Management und Produktkonfiguration	69
6.4	PDM und ERP: Zwei Welten begegnen sich	71
6.5	PDM und SOA	72

7 PDM-Grundfunktionen... 77

7.1	Basisobjekte	77
7.1.1	Artikel oder Teil	78
7.1.2	Dokument	79
7.1.3	Projekt	81
7.2	Stücklisten	82
7.3	Klassifizierung	84
7.4	Objektstatus und Workflow	89
7.5	Versionierung	90
7.5.1	Teileversionierung	91
7.5.2	Stücklistenversionierung	92
7.6	Benutzer und ihre Rechte	94
7.7	Sperren von Objekten	95
7.8	Verteilte Datenhaltung	95
7.8.1	Zentrale Ablage mit Zugriff über Wähl- oder Standleitungen	96
7.8.2	Zentrale Ablage mit dezentralem Caching	97
7.8.3	Dezentrale Ablage der Primärdaten	97
7.8.4	Dezentrale Ablage der Primärdaten mit Cacheing	98
7.8.5	Verteilte Zentralen mit gegenseitigem Zugriff	98
7.8.6	Offline-Replikation	98
7.8.7	PRO.FILE Pocket	99
7.9	Neutrale Datenformate	100
7.10	Zugriff aus dem Internet	101

8 Dokumente intelligent managen 105

8.1	Alles in einem	105
8.2	Klassifikation durch Ablage	107
8.3	Suche mithilfe von Favoriten	109

9 Auf den Prozess orientiert ... 111

- 9.1 Die Aufgabe ... 112
- 9.2 Der Prozess ... 113
- 9.3 Das Projekt ... 114

10 Mechatronik und PDM ... 117

- 10.1 Die Spezialisierung des Maschinenbaus ... 119
- 10.2 Mechatronische Produktentwicklung ... 121

11 PDM-Funktionen in der täglichen Anwendung ... 125

- 11.1 Automatisches Speichern von Baugruppen (RecursiveSave) ... 126
- 11.2 Klonen von Teilen und Baugruppen (ManagedCopy) ... 127
- 11.3 Lokale Arbeitsbereiche (DesignBox) ... 128
- 11.4 Automatische Synchronisation (ManagedSynchronisation) ... 129
- 11.5 Management von Produktvarianten (PartVariation) ... 131

12 Schnittstellen ... 133

- 12.1 Schnittstellenpolitik ... 135
- 12.2 CAD-Integration ... 136
  - 12.2.1 CAD-Baugruppen ... 138
  - 12.2.2 CATIA V5 ... 139
  - 12.2.3 Inventor ... 140
  - 12.2.4 Pro/ENGINEER ... 141
  - 12.2.5 Solid Edge ... 143
  - 12.2.6 SolidWorks ... 144
  - 12.2.7 NX ... 145
- 12.3 Integration Elektrotechnik ... 145
- 12.4 Integration Elektronik ... 147
  - 12.4.1 Leiterplattenlayout ... 147
  - 12.4.2 Logik ... 149
  - 12.4.3 Firmware ... 149
- 12.5 Softwareintegration ... 150
- 12.6 Office ... 150
- 12.7 E-Mail ... 151
- 12.8 ERP ... 152
- 12.9 XML-Schnittstellen über BizTalk Server ... 154
- 12.10 XML-Formulare ... 158
- 12.11 Plot- und Druckmanagement ... 160
- 12.12 Bestandsdatenübernahme ... 163
  - 12.12.1 Übernahme von CAD-Modellen ... 163
  - 12.12.2 Übernahme von Altzeichnungen durch Scannen ... 163
  - 12.12.3 Übernahme von Dokumenten aus digitalen Archiven ... 164
- 12.13 COLD, externe Tabellen und Document Loader ... 164

13 PDM und Datensicherheit ... 167
13.1 Auch Werksspionage entwickelt sich weiter ... 168
13.2 Verschlüsselung kritischer Daten ... 169
13.3 Erste Schritte zur Sicherheit ... 170

14 PDM und Projekträume ... 173
14.1 Der Dienst in der Cloud ... 174

15 PDM und mobile Geräte ... 175
15.1 Ortsungebunden exakt im Raum ... 176
15.2 Auf die Apps kommt es an ... 176

16 CAx verändert die Produktentwicklung ... 179
16.1 Von 2D CAD zur 3D-Standardsoftware ... 180
16.2 Von der Dateiablage zur Produktstruktur ... 182
16.3 Virtuelle Produktentwicklung ... 184
16.3.1 Digitales Konzept ... 184
16.3.2 Digitales Konstrukt ... 185
16.3.3 Digitaler Zusammenbau ... 186
16.3.4 Digitale Prototypen ... 186
16.3.5 Digitale Werkzeuge ... 188
16.3.6 Digitale Fertigung ... 188
16.3.7 Digitale Produktfreigabe ... 189

17 Prozessorientierung ... 191
17.1 Projektteams ... 193
17.2 Globalisierung ... 195
17.3 Outsourcing ... 196
17.4 Produktentstehungsprozess bei AGFA im Wandel ... 197
17.4.1 Produkte: immateriell, digital und kurzlebig ... 197
17.4.2 Prozesse: Virtuelle Realität ... 199
17.4.3 Den Lebenszyklus im Blick ... 200
17.5 Die Rolle von PDM ... 201

18 Fallbeispiel Einhandmischer ... 203
18.1 Die Idee ... 204
18.2 Das Team und die Aufgabenstellung ... 205
18.3 Die Designstudie ... 205
18.4 Die Teilmodelle ... 207
18.5 Die Versionen ... 209
18.6 Der Standard ... 211
18.7 Die Baugruppen ... 212

18.8	Die Zeichnung	212
18.9	Das Produkt	214

19 Fallbeispiel Blockformanlage ... 215

19.1	Gewaltiger Fortschritt im Maschinenbau	217
19.2	Grobes Gerüst mit klarer Struktur	218
19.3	Klassen und Familien	220
19.4	Stücklistenwachstum	222
19.5	Verlinkte Mechatronik	223
19.6	Maschine geprüft, Handbuch fertig	224

20 Fallbeispiel Dokumentationsroboter ... 227

20.1	Gesucht: ein sparsameres Archiv	229
20.2	Dreimal 3D	230
20.3	Komplexität ganz besonderer Art	232
20.4	Das große Datensammeln	234
20.5	Projektstruktur an BizTalk Server	235

21 Fallbeispiel Filteranlage ... 237

21.1	Altlasten mit Spätfolgen und ein „gedeckeltes" Projekt	239
21.2	Mit sieben Meilensteinen	241
21.3	Weiter geht's	243

22 Fallbeispiel QM-Handbuch ... 245

22.1	Von Freigabe mit Turnschuhen zur T-Doku	246
22.2	Elektronisches Handbuch für Qualitätsmanagement	248
22.3	Von PEP zu PLM	249
22.4	Rollout des Prozessmanagements	251

23 Fallbeispiel Kaiserschleuse ... 253

23.1	Vom Abteilungsarchiv zur zentralen Datenbank	255
23.2	Schritt für Schritt zu neuen Prozessen	257
23.3	Das Bauwerksbuch	258
23.4	Das Orga-Handbuch und andere Favoriten	261

24 Fallbeispiel Gesundheitskonzern ... 263

24.1	Von der Apotheke zum Weltkonzern	264
24.2	Eine besondere Art von Geräteentwicklung	266
24.3	PDM als Dreh- und Angelpunkt	268
24.4	Produktdaten- und Produktinformationsmanagement	269
24.5	eCl@ss-ifizierung	273

25 Fallbeispiel Digitale Baustelle ... 277

25.1 Das Maschinenwesen geht gar nicht so fremd ... 278
25.2 Ein Modell, das weiter geht als 3D ... 280
25.3 PDM und PLM in der Sprache und Logik des Bauwesens ... 282
25.3.1 Auswahl nach den Kriterien von Bauprojekten ... 282
25.3.2 Ein PLM-Konzept für den Baulebenszyklus ... 284
25.4 PDM und das mobile Endgerät auf der Baustelle ... 287
25.5 Bauwerke in Google Earth ... 289
25.6 Anregende Forschung ... 290

26 Fallbeispiel Planetengetriebe ... 293

26.1 Der Explorer in den Köpfen ... 295
26.2 Alles, was zum Härten gehört ... 296
26.3 Erster im Projektraum ... 299

27 Was tun? PDM-Einführungsstrategien ... 301

27.1 Ist und Soll ... 301
27.2 Alle an einen Tisch ... 306
27.3 Projektstufenplan ... 307
27.4 Return on Investment und Finanzierungskonzepte ... 309

28 Checkliste zur PDM-Einführung ... 311

28.1 Allgemeine Anforderungen ... 311
28.2 Anforderungen an das Dokumentenmanagement ... 312
28.3 Anforderungen an das Produktdatenmanagement (PDM) ... 314
28.4 Anforderungen an das Engineering-Datenmanagement (EDM) ... 316
28.5 Anforderungen an die Archivierung ... 318
28.6 Systemumgebung ... 319
28.7 Informationsbereitstellung ... 320

29 Anhang ... 321

29.1 Funktionsumfang der PRO.FILE CAD-Schnittstellen ... 321
29.2 Glossar ... 325
29.3 Bildnachweise ... 333

Index ... 335

Vorwort zur dritten, erweiterten Auflage

Fünf Jahre sind vergangen seit der ersten Auflage. Drei seit der zweiten, bei der wir uns gefordert sahen zu erläutern, warum schon nach zwei Jahren eine Erweiterung und deutliche Anpassung des Textes erforderlich geworden war. Das fällt diesmal erheblich leichter. Der Titel selbst hat sich geändert und drückt unmissverständlich aus, welcher Entwicklung die erweiterte Neufassung des Buches in erster Linie geschuldet ist: Aus dem Schwerpunktthema der Integration von CAD und PDM ist inzwischen das Thema PLM geworden, auch und gerade in der mittelständischen Industrie, auch und vielleicht sogar besonders im Maschinen- und Anlagenbau.

Zum Dritten!

Nachdem das Thema über etliche Jahre den großen Konzernen, vor allem denen der Automobilindustrie und der Luft- und Raumfahrt, vorbehalten schien, stellt sich heute heraus, dass auch die kleine und mittelständische Industrie entsprechende Konzepte benötigt. Sie erweist sich dabei als wesentlich flexibler und schickt sich an, PLM-Strategien in Angriff zu nehmen und umzusetzen, von denen die Großen nur träumen können.

PLM ist im Mittelstand angekommen.

Das Produktdatenmanagement ist dabei weiterhin eine der zentralen Säulen. Aber diese Säule ruht nicht mehr ausschließlich, oft nicht einmal mehr vorwiegend auf den 2D- und 3D-Daten der mechanischen Konstruktion. Sie steht vielmehr auf dem Fundament einer industriellen Produktentstehung, die fast durchgehend digitalisiert ist und für die deshalb das zentrale Management der Produktdaten unterschiedlichster Couleur zu einem entscheidenden Teil der Unternehmensführung geworden ist.

PDM als tragende Säule

Diese veränderte Bedeutung von PDM hin zum wichtigsten Instrument für die Umsetzung von PLM findet der Leser nicht nur in vielen Teilen der neuen Auflage. Sie hat auch ein eigenes Kapitel unter den einleitenden Abschnitten gefunden.

Allein das würde eine Erweiterung und Neuauflage rechtfertigen. Aber es ist beileibe nicht alles, was sich geändert hat. Die Veränderungen beziehen sich wie schon bei der zweiten Auflage auf beides: die Anwendung und die Software.

Die Anwender haben neue Möglichkeiten entdeckt, wie sie PDM nutzen und für ihre PLM-Strategie einsetzen können. Es sind wieder neue Bereiche hinzugekommen, die vor einigen Jahren noch in einer PDM-fernen Welt verortet wurden und die jetzt den angestammten Kreis der PDM-Anwender mit neuen Ideen und Methoden überraschen und befruchten. Dazu gibt es Fallbeispiele wie das über das bay-

PLM am Bau

rische Forschungsprojekt ForBAU und etliche anschauliche Erweiterungen an verschiedenen Stellen des Buches.

Engineering von Systemen

Die Industrie sucht nach Wegen, Methoden und Modellen, mit denen sie der gestiegenen Komplexität der Produkte und der Produktentstehungsprozesse Herr werden kann. Aus überschaubaren Produkten sind – völlig unabhängig von ihrer Größe und ihrem Einsatzgebiet – höchst komplizierte, interdisziplinäre Systeme geworden. Das Maschinenwesen ist eine Disziplin neben anderen, und es ist nicht mehr die ausschlaggebende, jedenfalls nicht bezüglich des Innovationsgrades. Auch in dieser Richtung bietet PDM Lösungsmöglichkeiten, die in PLM-Strategien Berücksichtigung finden sollten. Die damit zusammenhängenden Fragen haben zu einigen neuen Kapiteln geführt.

Aber auch die Technologie hat sich erneut weiterentwickelt, und dies in zweifacher Hinsicht: die Informationstechnologie im Allgemeinen und das Produktdatenmanagement im Besonderen.

Smart PDM

Mobile Endgeräte sind nicht nur erschwinglich geworden, es existiert mittlerweile ein Meer von Anwendungen – die jetzt Apps heißen. Auch wenn die Engineering-IT hier nicht die erste Geige gespielt hat, im Orchester der Anwender ist sie nicht mehr zu überhören. Deshalb taucht auch diese Entwicklung nun im Buch auf. Nicht zuletzt, weil der Hersteller von PRO.FILE selbst einiges dazu beizutragen hat.

Projekt und Prozess

Schließlich wurde das PDM-System PRO.FILE durch Funktionen und Funktionalitäten erweitert, die von so grundlegender Bedeutung sind, dass sie sogar eigene Kapitel notwendig gemacht haben. Funktionen, die dabei helfen, die Prozessorientierung und das moderne Management des Produktlebenszyklus in die Breite zu tragen, wie das Projekt- und Prozessmanagement, das heute Standardfunktionalität ist.

Wie bei der zweiten Auflage sind wir überzeugt: Die Anschaffung dieses Buches lohnt sich auch dann, wenn Sie das Buch in seiner bisherigen Fassung bereits kennen. Das Buch hat sich zu einem Standardwerk im Umfeld PDM und PLM entwickelt. Es wird Ihnen ebenso helfen, die Grundlagen zu verstehen, wie es Ihnen hilft, sich in der sich schnell wandelnden Welt der digitalen Produktentwicklung zu orientieren. Erneut verleiht Thomas Göttlers grafische Ausschmückung dem Text besonderen Ausdruck. Denn wie sagt man so schön: ein Bild sagt mehr als tausend Worte.

 Dieses Buch ist auch als E-Book im Apple iBookstore und auf **www.textunes.de** erhältlich.

Vorwort zur zweiten, erweiterten Auflage

Zwei Jahre nach dem Erscheinen des Buches Anfang 2005 entstand die Idee dieser zweiten, deutlich erweiterten Auflage. Warum? Hat sich so schnell so viel getan, dass es so viel Neues zu berichten gibt?

Nun, zunächst einmal sind zwei Jahre im Umfeld der IT nicht gerade wenig. Jeder weiß, wie schnell unsere Zeit geworden ist und dass nicht zuletzt die Softwareentwicklung in rasendem Galopp Innovation über Innovation ermöglicht. Insofern sind zwei Jahre für ein Thema wie PDM schon eine Menge Zeit.

Viel passiert

In der Tat ist in diesen zwei Jahren aber nicht nur auf Seiten der Software viel geschehen. Die ganze Szenerie rund um PDM und PLM ist, wenn man etwas genauer hinschaut, kaum wiederzuerkennen. Dies gilt sowohl für die Seite der Anbieter von Standardsoftware als auch für die der Anwender in der Industrie.

Einer der wichtigsten Aspekte dieser Veränderung hat gleich zu einem neuen Eingangskapitel geführt: „Der Mittelstand auf der Überholspur". Es gibt nämlich eine ganze Reihe von Anzeichen dafür, dass gerade in puncto PDM das Verhältnis zwischen den Technologievorreitern in der Großindustrie und den Nachzüglern in den kleinen, mittelständischen Betrieben nicht mehr so ist, wie es lange Zeit war. PDM mausert sich zu einem Megatrend im Mittelstand. Es wird also Zeit, sich damit zu befassen, wenn man den Anschluss nicht verpassen will. Und PDM bietet, richtig eingesetzt, eine Fülle von Möglichkeiten, um sich von den Mitbewerbern abzusetzen.

Mittelstand: Aufholen und Überholen

Die für manchen Beobachter überraschend schnelle Ausbreitung des Datenmanagements hat in den vergangenen Jahren nicht nur eine Vielzahl neuer Anwender hervorgebracht. Die Anwendung selbst hat sich verändert.

Neue Themen sind hinzugekommen. Zum Beispiel: Wie können interdisziplinäre Teams PDM nutzen, um mechatronische Produkte zu entwickeln? Das ist der Stoff des neuen Kapitels „Mechatronik und PDM" und einiger neuer Unterkapitel zu Schnittstellen zwischen Elektronik, E-Technik und Software auf der einen und PDM auf der anderen Seite.

Mechatronik

Es gibt neue Anforderungen und Ideen in der Praxis und natürlich neue Lösungen auf Seiten der Tools. Versionen und Revisionen von Dokumenten und Daten unterschiedlichster Art zu beherrschen ist gut, sagen die Kunden. Aber Stücklisten möchten wir auch versionieren können. Und Bauteile einer ganz bestimmten Version mit Teilen eines anderen Versionsstandes zusammenbauen möchten wir auch.

Neues von PROCAD

Solche Möglichkeiten gibt es heute, und das hat dazu geführt, dass das alte Kapitel über Versionen ein gutes Stück gewachsen ist.

Intelligentes DMS

Alte Themen stellen sich neu. Ist strukturierte Datenablage notwendig? Sicher. Muss deshalb jede Datei ausdrücklich manuell mit Metadaten gespickt werden, bevor sie abgelegt werden kann? Nicht unbedingt. Man kann auch aus sinnvollen Ablagemethoden à la Explorer automatisch Schlüsseldaten generieren. Dann hat man beides: Die Daten sind strukturiert verwaltet, und der Anwender kann sich trotzdem bewegen, wie es für seine jeweilige Aufgabe am sinnvollsten ist. Die Beschreibung dieses neuartigen Ansatzes finden Sie im Kapitel „Dokumente intelligent managen".

All in One

Apropos Dokumentenmanagement: Die Unterscheidung zwischen PDM und DMS ist heute bei Weitem nicht mehr so wichtig wie die Tatsache, dass Dokumentenmanagement immer stärker zu einem zentralen Anwendungsbereich von PDM wird. Folglich heißt es nicht mehr „PDM = DMS?". Es heißt jetzt „PDM und Dokumentenmanagement". Weil die Anwendungen eindeutig in diese Richtung gehen.

Am besten praktische Beispiele

Schließlich – und dies macht vom Umfang her einen beträchtlichen Teil der Erweiterungen aus – wurden vier neue Fallbeispiele hinzugefügt, die aus der Sicht der Praxis beleuchten, wohin die Anwendung geht: Herding Filtertechnik, REIS ROBOTICS, BRITA und bremenports. Sie zeigen, dass PDM schon sehr weit über den ursprünglichen Ansatz hinaus ist, vor allem eine strukturierte, elektronische CAD-Datenablage zu ermöglichen. Immer häufiger sind es gar nicht die Konstrukteure, die zuerst über die Implementierung von PDM nachdenken. Mit PDM werden Prozesse optimiert und gesteuert, und zwar nicht nur in der Produktentwicklung. PDM hilft Unternehmen, ihre Organisation auf neue Füße zu stellen. In PDM wird das Qualitätsmanagement-Handbuch abgebildet und nutzbar gemacht. Und manches Unternehmen realisiert eine elektronische Auftragsmappe damit.

Sie haben also ein Buch in der Hand, das den Austausch der ersten Ausgabe rechtfertigt, falls sie bei Ihnen im Regal steht. Für die nächsten Jahre wird es Ihnen helfen, sich zurechtzufinden im Umfeld von PDM. Und ganz nebenbei ist es noch deutlich ansehnlicher geworden, denn es hat Farbe bekommen. Wie bei der ersten Ausgabe hat bei der Bildbearbeitung und auch bei der Erstellung zahlreicher Illustrationen Thomas Göttler von PROCAD die (elektronische) Feder geführt.

Vorwort zur ersten Auflage

Das vorliegende Buch versucht in Ihrem Interesse, lieber Leser, einen Spagat: Das Thema PDM wird in weiten Teilen allgemein und produktneutral behandelt, und doch stützt es sich wesentlich auf ein spezifisches System.

Der Einsatz von Produktdatenmanagement-Software (PDM) soll aus der Sicht der Praxis, also unter Berücksichtigung der heutigen Anforderungen an den Produktentstehungsprozess, im Fertigungsunternehmen untersucht werden, und aus der praktischen Anwendung heraus soll gezeigt werden, wo und wie sich der Nutzen für die Unternehmen zeigt.

PDM praxisnah

Dazu muss auf Erfahrungen aus der PDM-Anwendung zurückgegriffen werden, die sehr konkret sind. In unserem Fall sind es hauptsächlich Erfahrungen aus dem Umgang mit dem System PRO.FILE des Herstellers PROCAD. Ohne den reichhaltigen Input der Mannschaft aus Karlsruhe, vor allem ohne den von einigen ihrer Kunden, hätte das Buch nicht entstehen können.

Das Beispiel: PRO.FILE

Die Entwicklung von Standardsoftware erweist sich gewissermaßen als Schmelztiegel für die umfassenden und höchst vielfältigen Forderungen und Wünsche der Kunden, die aus allen Bereichen der Fertigungsindustrie stammen. Der Entwicklungsleiter muss sie alle auf einen gemeinsamen Nenner zu bringen versuchen und herausfinden, welche Funktionen von allgemeiner Bedeutung sind und welche nicht.

Auf einen Nenner gebracht

Wir gehen aber davon aus, dass die hier entwickelten Argumente und Beispiele durchaus verallgemeinerbar sind, also keineswegs nur auf das System von PROCAD anwendbar. Deshalb waren wir beim Verfassen auch bemüht, solche Beispiele zur Veranschaulichung zu wählen, von denen wir eigentlich denken, sie sollten Bestandteil jedes PDM-Systems sein, das diesen Namen verdient.

Gewollte Allgemeingültigkeit

Dennoch kann es natürlich sein, dass der eine oder andere Punkt anders aussieht, die Funktionalität anders genannt wird, wenn er anhand einer anderen Software betrachtet wird. Es ist auch möglich, dass manche Funktionen, die Sie hier beschrieben finden, in anderen Systemen nicht oder nicht in diesem Umfang verfügbar sind. Wie es umgekehrt sein mag, dass manche Punkte, die im Zusammenhang mit PROCAD bisher nicht im Blickpunkt standen, für Anwender anderer Programme von zentraler Bedeutung sind.

Auf den Blickwinkel kommt es an.

Anders ausgedrückt: Manches heißt vielleicht nur bei PRO.FILE so, manche Funktionalität gibt es möglicherweise anderswo nicht, und über manche, die Sie womöglich bei anderen Herstellern finden, können wir bei PROCAD (noch) nicht berichten.

Beispiel PRO.FILE — Alle Beschreibungen von PDM-Software, ihrer Funktionen und ihrer Architektur, ihren Möglichkeiten zur Integration von Autorensystemen und ihren Fähigkeiten zur Prozessgestaltung beziehen sich also, sofern nicht ausdrücklich anders gesagt, auf PRO.FILE – ohne dass wir darauf noch einmal besonders hinweisen werden.

Alles PLM oder was? — Die Idee zu diesem Buch hatte und viele anschauliche, eindrucksvolle Beispiele zur Erklärung der einzelnen Punkte lieferte Volker Wawer, Geschäftsführer von PROCAD. Anlass waren vor allem die immer häufiger auftauchenden Fragen nach der Notwendigkeit von PDM und vor allem nach dem Unterschied zwischen PDM und gewissen anderen Systemen. Es gibt nämlich leider Vertriebsberater mancher Hersteller, die unter dem Schlagwort PLM die Behauptung verbreiten, man könne die Funktionen expliziter PDM-Systeme problemlos auch mit einem Produktionsplanungs- und Steuerungssystem erfüllen. Einzige Voraussetzung: Es müsse eben über ein PLM-Modul verfügen.

Bei der Erläuterung des kleinen Unterschieds fiel auf, dass es keine Literatur gibt, die sich intensiv und grundsätzlich mit dieser Frage auseinandersetzt.

10 Jahre PROCAD — Das zweite Motiv: In enger Partnerschaft mit Hunderten von Kunden unterschiedlichster Sparten ist in Karlsruhe PDM-Funktionalität in einer solchen Fülle entstanden, dass es – sozusagen zum zehnjährigen Firmenjubiläum – angebracht schien, eine Art Zwischenbilanz zu ziehen. Denn durch den professionellen Einsatz in der Industrie und das ständige Wechselspiel von Kundenwunsch und Weiterentwicklung ist PDM eben heute erheblich mehr als vor zehn Jahren.

Für mich als Verfasser bedeutet dieses Buch einen weiteren Schritt in der Behandlung strategischer Fragen der Anwendung von Engineering-IT. Nach Büchern über 3D CAD generell, über 3D CAD unter Microsoft Windows, über Java und Web-Technologie in Zusammenhang mit C-Technik ist PDM genau das Thema, dessen Darstellung den Anwendern in der Fertigungsindustrie und ihrem Management nun helfen soll, noch größeren Nutzen aus den genannten Technologien zu ziehen.

Besten Dank — Mein Dank gilt insbesondere Richard Brendel, einem Entwicklungsleiter von PROCAD, ohne dessen Erläuterungen und dessen mir zur Verfügung gestelltes Material nicht nur das Salz in der Suppe gefehlt hätte. Das Essen wäre gar nicht zustande gekommen. Und natürlich Stefan Kühner, Marketingleiter bei PROCAD und unermüdlicher Texter gut zu verstehender Beschreibungen von Software und deren Anwendungen, der darauf geachtet hat, dass nichts vergessen wurde und nichts unverständlich blieb.

1 Warum PDM ein Thema für das Management ist

Produktdatenmanagement – in diesem Begriff steckt zwar das Wort Management, doch fühlt sich die obere Managementebene von Industrieunternehmen davon selten angesprochen. PDM, das klingt nach Management von Computersystemen oder nach Systemadministration auf einem speziellen Gebiet, also nach einer Aufgabe, um die sich einer der Verantwortlichen für die Informationstechnologie im Hause kümmern sollte. Natürlich nur, sofern es einen solchen Verantwortlichen gibt. Das ist in vielen kleineren Unternehmen nicht der Fall. PDM klingt dann wie nach einer Aufgabe, die einem bestimmten Fachgebiet zugeordnet werden muss. Falls der Verantwortliche dieses Fachgebiet findet und nachweisen kann, dass es überhaupt notwendig ist, sich darum zu kümmern.

Nur für Tekkis?

Aber PDM – und erst recht PLM, also Produktlebenszyklus-Management – ist in Wirklichkeit etwas, das sich sehr gründlich von rein technischen Aufgabenstellungen unterscheidet und auf der Prioritätenliste eines Geschäftsführers oder Bereichsleiters hoch angesiedelt sein sollte. Ein strategisches Thema eben, von dessen richtiger Behandlung wichtige Bestandteile der Firmenstrategie in hohem Maße abhängen.

Strategen sind gefragt.

Unsere Gesellschaft ist dabei, sich im Galoppschritt zu verändern. Man geht nicht mehr zur Bank, um Bargeld abzuheben, sondern zum Bankautomat. Die meisten Briefe verschickt nicht mehr die Post, die längst auch nicht mehr die alte Post des vorigen Jahrhunderts ist, sondern sie gelangen per Internet an ihren Bestimmungsort auf dem Bildschirm. Der Kundendienst für die Waschmaschine wird über ein Callcenter organisiert, das möglicherweise gleichzeitig für eine Telefongesellschaft aktiv ist. Wo wir gehen, stehen und schlafen, sind wir umgeben von Computertechnologie aller Art: vom Wecker im Mobiltelefon über den Tagesplaner im PC bis zum softwaregesteuerten Fitnessprogramm oder der Multimedia-Show im abendlichen Konzert.

Computerisiertes Leben

Daran haben wir uns mehr oder weniger gewöhnt. Welche Auswirkungen diese Computerisierung unseres Lebens hat, spüren wir am eigenen Leib und versuchen, uns entsprechend an die neuen Bedingungen anzupassen – vom Akzeptieren des Computerspiels bei Kleinkindern und des Mobiltelefons für Grundschüler über die gesetzliche Regelung des Telefonierens am Steuer bis zum Erlernen der Menüs auf den Displays diverser Gebrauchsgüter.

Gewohnheitssache

Computerisierte Industrie

Die Fertigungsindustrie spielt in diesem großen Veränderungsprozess eine ganz besondere Rolle. Zum einen ist sie der Lieferant aller Produkte, der diese Neuerungen bis zum Endverbraucher bringt. Insofern ist sie selbst ihr wichtigster Auslöser und Motor. Von der Güte ihrer Produkte hängt ab, wie gut das neue Leben funktioniert und auch, mit welchen Risiken es behaftet ist.

Zum anderen ist die Industrie auch heute in der westlichen Welt einer der Grundpfeiler der Gesellschaft. Von ihrem wirtschaftlichen Wohlergehen und damit von ihrer Fähigkeit, Menschen zu beschäftigen und Werte zu schaffen, hängen Wohlstand, Lebensstandard und soziale Sicherheit ab, also die Rahmenbedingungen, innerhalb derer sich die Neuordnung abspielen muss.

Ohne Innovation geht nichts.

Zum Dritten aber ist die Industrie selbst in ganz besonderem Maße von den Veränderungen erfasst. Der Einsatz von Hard- und Software in der industriellen Produktentwicklung und Produktion erhöht ständig den Druck, unter dem weitere Innovationen notwendig sind, wenn die Wettbewerbsfähigkeit nicht verloren gehen soll. In Deutschland ist dieser Punkt sogar noch wichtiger als andernorts: Nur für international besonders hochwertige und innovative Produkte lassen sich noch Preise erzielen, mit denen eine Entwicklung und Produktion hierzulande bezahlbar ist und die sich rechnet. Wichtigster Bestandteil dieser Innovation ist wiederum die Software, die immer mehr die Funktionalität aller Produkte bestimmt oder mindestens maßgeblich beeinflusst. Und das macht sie – trotz äußerlicher Simplizität – zu mechatronischen Einheiten, die komplexer sind, als es mechanische Produkte der vorangehenden Jahrhunderte sein konnten.

Bekanntes ade!

All dies führt dazu, dass die über lange Jahrzehnte brauchbaren und funktionierenden Organisationsformen der Industrie und die Wertschöpfungsketten sämtlicher Produkte und Dienstleistungen überholt sind. Unter den neuen Bedingungen sind sie nicht mehr gut genug, verschlingen zu viel Geld, das anderswo dringender benötigt wird, sind zu langsam, zu ineffektiv. Die einen Unternehmen veranlasst dies, sich mit anderen zusammenzuschließen und größere Einheiten zu bilden, um im globalen Zusammenhang bestehen zu können. Für mehr oder weniger alle Firmen bedeutet das – um das englische Schlagwort zu bemühen – Downsizing: Trennen von Nichtkernbereichen, Nutzung der Spezialkompetenz externer Lieferanten und Dienstleister. Im Engineering heißt das: Parallelisierung der Arbeitsschritte. Die Organisation von Entwicklung und Herstellung wird auf diesem Wege, wie die Produkte, die sie zum Ziel hat, ebenfalls immer komplexer, weniger transparent, schwerer zu beherrschen und zu steuern.

Schlüssel PDM

Dieser letzte Punkt führt uns nun mit Macht zurück zur Frage: Warum PDM ein Thema für das Management ist. Ohne den sinnvollen und intensiven Gebrauch der modernen Technologien sind nämlich gerade diese organisatorischen Voraussetzungen für die Entwicklung innovativer Produkte zu vertretbaren Preisen und in der geforderten Kürze der Zeit nicht zu schaffen. PDM kommt hier eine Schlüsselrolle zu. Wir werden zeigen, dass die entscheidenden Komponenten der in der Entwicklung eingesetzten Computersysteme ohne elektronisches Datenmanagement gar nicht den Nutzen bringen können, der das Motiv für die jeweilige Investition war.

Ohne den richtigen Einsatz innovativer Technologien keine innovativen Prozesse. Ohne innovative Prozesse keine innovativen Produkte. Und ohne Letztere keine

Wettbewerbsfähigkeit, erst recht keine Marktführerschaft. Es hängt also eine ganze Menge daran, wie die Manager sich diesen Aufgaben stellen.

PDM ist natürlich auch ein äußerst dringendes Thema für die Anwender in der Produktentwicklung, in der Fertigung und anderen Kernbereichen der Industrie. Vor allem für die jeweiligen Verantwortlichen oder Projektleiter. Denn ihre Effizienz ist auf Gedeih und Verderb darauf angewiesen, dass sie rechtzeitig und sicher an alle benötigten Produktdaten kommen und dass diese Daten zuverlässig sind. Das ist ohne PDM geradezu ein Ding der Unmöglichkeit. Hier müssen im Detail alle Fragen der nötigen und sinnvollen Funktionalität, der Anpassung, der Implementierung und des Rollout geklärt und die entsprechenden Konsequenzen gezogen werden.

Entwicklers Freund

Die Unternehmensführung kann den Fachbereichen die Entscheidung über das Produktdatenmanagement nicht einfach überlassen. Denn es gibt eine Reihe von Gründen, dass gerade in dieser Frage der einzelne Fachbereich eine andere Sichtweise hat, als das Unternehmen haben muss. PDM betrifft in erster Linie die Produktentwicklung, aber seine Bedeutung trifft alle Bereiche bis hin zum Kundendienst und Recycling.

Chefsache PDM

Deshalb soll nun etwas detaillierter untersucht werden, worin sich die Veränderungen in der Industrie im Einzelnen ausdrücken und welche Bedeutung sie in Zusammenhang mit dem elektronischen Management von Produktdaten haben, um das Verständnis für die richtigen Maßnahmen zu erhöhen.

1.1 Das Produkt im Informationszeitalter

Als die Welle der Firmengründungen der sogenannten Neuen Wirtschaft oder New Economy gegen Ende der Neunzigerjahre ihren Höhepunkt erreichte und die ganze Blase scheinbar neuer Werte anschließend mit einem gigantischen Börsencrash platzte, da erinnerten sich plötzlich wieder viele an die guten, alten Werte der diskreten Fertigung, an den angenehm vertrauten Geruch von Werkshallen, in denen reale Produkte hergestellt werden, an das Kapital, das in Hallen, Maschinen und Werkzeugen steckt – und an die Sicherheit, die solche Art von Produktion allen Beteiligten bietet, einschließlich der Aktionäre. An die Sicherheit, verglichen mit dem windigen Charakter von scheinbarer Realität, wo oft nur aufgrund von bunten Präsentationen geglaubt werden musste, was etwa das angepriesene künftige Internet-Produkt einmal leisten werde.

Die gute Old Economy

Die Neue Wirtschaft ist inzwischen auf dem Boden der Tatsachen gelandet. Bis auf verhältnismäßig wenige Anbieter nützlicher Web-Dienste sind die meisten Anbieter verschwunden. In den Industrien, die sich mit der Herstellung, Implementierung und Anpassung von Standardsoftware befassen, sei es für den Privatbenutzer oder für die professionelle Anwendung, hat es eine teilweise dramatische Bereinigung gegeben, und die IT-Branche ist allmählich zu einem festen Zweig der Fertigungsindustrie geworden, der wie andere auch das Auf und Ab der wirtschaftlichen

Software – eine Industrie

Entwicklung erlebt und darauf reagiert. Und auf die Wünsche und Anforderungen des Marktes.

Wirklich noch die alte?

In der Fertigungsindustrie aber ist in derselben Zeit die Entwicklung rasend schnell weitergegangen in eine Richtung, dass es einem an vielen Stellen schwer wird, noch von den handfesten Produkten zu reden und von der Bodenhaftung und Realität, mit der wir es hier immer zu tun hatten.

Wie Öl und Strom

Die Software der Computer- und Web-Technologie ist nämlich in dieser Zeit zu einem Werkzeug, zu einer Ressource geworden, die für die Produkte und die Produktion gebraucht und benutzt wird wie das Hydrauliköl oder der Strom. Ohne Software sind heutige Produkte kaum noch denkbar. Und die Bedeutung dieser Ressource für die Wertschöpfung steigt unaufhörlich.

Dabei reden wir nicht nur von den Dingen, bei denen diese Bedeutung ganz offensichtlich ist, wie Handys oder Digitalkameras. Wir reden auch nicht nur von den Kraftfahrzeugen, die sich oft schon mehr durch ihre Softwareausstattung als durch PS und Aussehen unterscheiden. Sondern wir reden von beinahe jeglicher Art von Produkt, einschließlich Investitionsgütern wie komplexen Werkzeugmaschinen und Hallen füllenden Anlagen. Ein gutes Beispiel ist die in Kapitel 19 beschriebene Blockformanlage der Firma Erlenbach.

Ingenieur und Softwareingenieur

Neben die Konstrukteure, die Werkzeug- und Formenbauer, neben Betriebsmittelkonstruktion und Versuch treten immer stärker die Softwareingenieure, die Programme schreiben, mit denen die neuen Produkte dann ihre Funktionalität entfalten können. Und Elektrotechnik- und Elektronikspezialisten, die für die Verbindung und Auslegung der Komponenten sorgen, mit deren Hilfe die Software dann zur Ansteuerung des Produktes oder einzelner Elemente eingesetzt werden kann.

Dieser Trend zur Mechatronik – mit dem wir uns in einem eigenen Kapitel noch etwas ausführlicher befassen – beschränkt sich aber keineswegs auf die Ergänzung der Produkte durch Steuerungs- und Bedienelemente für mechanische Komponenten, er hat sich längst ausgeweitet zum groß angelegten Ersatz der Mechanik selbst. An die Stelle des Kupplungsseils tritt Software, an die Stelle des Hebels für den Scheibenwischer ein sensorgesteuertes Programm, an die Stelle großer, mechanischer Konstrukte treten miniaturisierte Teile, die zum großen Teil aus Software und Elektronik bestehen.

Besen, Besen ...

Die Software scheint in diesem Zusammenhang wie ein Wundermittel, mit dem selbst die tollsten mechanischen Entwicklungen noch übertroffen werden können und mit dem man schier alles machen kann. Schon diskutieren die großen Automobilhersteller darüber, an welchen Punkten sie diese Entwicklung auch mal bewusst bremsen müssen, um den Kunden nicht durch völlig unnötige Funktionalität eher abzustoßen als zu gewinnen.

Mechatronik pur

Die Produkte werden zunehmend digital, ihre Miniaturisierung beruht zum großen Teil auf dieser Tendenz und hat noch lange nicht jene Grenze erreicht, wo sie keinen Sinn mehr verspricht. An die Stelle von Material und Mechanik treten winzigste, elektronische Bausteinchen und eingebrannte Software.

Daten = Produkt

Diese quasi immateriellen Teile der Produkte bestehen in ihrem Kern aus nichts anderem als Daten, nämlich den Daten der Softwareprogramme. Das ist neu, und in diesem Zusammenhang hat das Wort Produktdaten eine ganz andere Bedeutung bekommen. Sie sind nicht beschreibende, erläuternde, die Produktion oder den Zukauf ermöglichende Daten zu Produkten, sondern selbst Bestandteil des Produktes.

Damit nicht genug, geht die Entwicklung weiter, wie in Kapitel 17 am Beispiel von AGFA Healthcare in München noch ausführlicher dargestellt wird: Das Produkt wird immer mehr zum Vehikel für Dienstleistungen des Produzenten für den Kunden. Nicht mehr der Verkauf eines Produktes steht im Mittelpunkt des Geschäftserfolges, sondern vor allem die Bindung des Kunden über das Produkt. Der Produzent wird zum externen Partner des Kunden, der ihm die Anwendung des Produktes ermöglicht und ihn dabei unterstützt.

Auch hierbei spielen die Produktdaten eine ganz neue Rolle. Ihre uneingeschränkte Verfügbarkeit ist es ja gerade, die den Produzenten zum prädestinierten Betreiber macht. Niemand weiß so schnell Abhilfe zu schaffen wie er. Niemand kann so schnell die erforderlichen Maßnahmen treffen, um Störfälle zu beheben. Niemand kann andererseits auch die Ergebnisse aus dem laufenden Betrieb besser in die Fortentwicklung der Produkte einfließen lassen. Und je mehr die Software zum entscheidenden Element im Produkt wird, desto leichter können sinnvolle Verbesserungen unmittelbar aus der praktischen Anwendung in die Entwicklung zurückfließen, zum Beispiel schlicht und einfach durch ein nachträgliches Neubrennen eines EPROM (Eraseable Programmable Read Only Memory). Diese Speicherelemente sind bereits heute zum Teil mit Quarzglasfenstern ausgestattet, durch welche die Programme mittels UV-Licht 100 bis 200 Mal gelöscht und neu eingebrannt werden können. Flashen nennt sich das neudeutsch.

Vom Produzent zum Dienstleister

Voraussetzung für beides – für das reibungslose Funktionieren mechatronischer Produkte wie für den Trend hin zur Dienstleistung auf ihrer Basis – ist die saubere, sichere Speicherung aller Daten, die das Produkt ausmachen, und der schnelle, geordnete Zugriff darauf.

Viel wichtiger aber ist ein ganz anderer Aspekt. Die Computertechnologie, speziell die 3D-Modellierung mit CAD-Systemen, hat es möglich gemacht, Produkte nicht nur mithilfe technischer Zeichnungen für Fachleute zu beschreiben. Diese frühere Methode der Konstruktion war aus heutiger Sicht unglaublich umständlich, langwierig und fehlerbehaftet. So umständlich und ungenau, dass bei komplexen Produkten wie großen Maschinen und Anlagen oft nur ein kleiner Teil des Gesamtproduktes überhaupt in Zeichnungen abgebildet wurde. Der Rest wurde von Hand passend gemacht oder basierte auf Werkstattskizzen.

Zeichnung? Nein danke.

Das 3D-Modell hat die Voraussetzung für eine tatsächlich vollständige Beschreibung eines Produktes geschaffen; in einer Form, die nicht nur der Ingenieur versteht, sondern auch Mitarbeiter anderer Bereiche oder der Kunde selbst. Dabei ist die Modellierung viel schneller möglich als das Erstellen einer Zeichnung, selbst wenn sie mit einem CAD-System erzeugt wird. Auch wenn die darin liegende Zeiteinsparung und die wachsende Transparenz der Entwicklungsunterlagen einen nicht unbedeutenden Fortschritt darstellen – der entscheidende Motor für den massenhaften Umstieg auf 3D-Konstruktion ist das nicht.

3D macht's möglich.

Viel entscheidender ist die Möglichkeit des sogenannten Front-Loadings, die nämlich ebenfalls hier ihre Grundlagen hat. Damit wird der Trend bezeichnet, die vollständige Funktionstüchtigkeit eines Produktes, sein Betriebsverhalten, seine Fes-

Front-Loading ist angesagt.

tigkeit, Crash-Sicherheit und andere Eigenschaften bereits zu einem sehr frühen Zeitpunkt der Entwicklung zu realisieren; und nicht erst an teuren, physikalischen Prototypen oder gar nach der Auslieferung.

Das CAD-Modell wird zum vollständig digitalen Produkt, das auf dem Bildschirm – oder auf der Powerwall mit Virtual-Reality-Systemen – mittlerweile fast jede Art von Funktionstest möglich macht. Mit dem Ziel, den Hardwareprototypen möglichst weitgehend überflüssig zu machen.

Varianten im Griff

Auch die Erleichterung der Entwicklung und Änderung von Varianten und Teilefamilien, die zur Erfüllung der Marktanforderung von kundenspezifischen Individualprodukten zu den Bedingungen von Serienprodukten immer dringender werden, stützt sich auf das 3D-Modell und seine vollständige Baugruppenstruktur.

Mit anderen Worten: Nicht nur die Produkte werden mehr und mehr digitalisiert, sondern auch der gesamte Entwicklungsprozess. An die Stelle der langwierigen, seriellen Konstruktions- und Entwicklungsschritte in vielen Iterationsschleifen tritt ein virtuelles, paralleles „Concurrent Engineering". Und diese Umwandlung des Entwicklungsprozesses ist unbedingt – auch das werden wir in diesem Buch noch ausführlich belegen – auf den Einsatz eines Produktdatenmanagement-Systems angewiesen.

Grund 1: Produkt digital

Das Produkt besteht im Informationszeitalter zunehmend und während des modernen, virtuellen Entwicklungsprozesses möglichst ausschließlich aus Daten. Das ist der erste Grund, weshalb das Management dieser Daten weder sich selbst noch dem Geschick im Umgang mit den Festplattenverzeichnissen in der einen oder anderen Abteilung überlassen werden darf. Die hier entstehenden Daten haben eine Schlüsselbedeutung für den Erfolg der Produkte auf dem Markt.

■ 1.2 Die Rolle der Entwicklungsdaten

Nicht nur für Ingenieure

Produktdaten entstehen und wachsen im Bereich der Entwicklung, und ihre effiziente und sichere, elektronische Verwaltung ist eine der zentralen Voraussetzungen für den Erfolg des Engineerings. Aber mit der Freigabe eines Produktes für die Fertigung haben diese Daten ihre Rolle noch keineswegs ausgespielt. Auch darin liegt ein wichtiges Argument, warum das Thema PDM in der Führungsetage eines Unternehmens mit hoher Priorität versehen werden sollte. Die unternehmensweiten Auswirkungen, erst recht sogar die Auswirkungen bis hin zum Kunden und im laufenden Betrieb, die ein mangelndes Produktdatenmanagement nach sich zieht, sind nämlich allein aus der Warte der Produktentwickler gar nicht zu übersehen.

Mehrwert fürs ganze Unternehmen

Warum spielen Produktentwicklungsdaten überhaupt eine andere Rolle im Unternehmen als früher? Weil die heute mögliche vollständige, allgemein verständliche, dreidimensionale Beschreibung des Produktes für eine Vielzahl von Aufgaben genutzt werden kann, die jenseits der Entwicklungsbereiche angesiedelt sind. Und weil sie die Voraussetzung ist für eine Reihe von weiteren Prozessoptimierungen in anderen Kernbereichen, vor allem in der Fertigung und Montage.

Das 3D-CAD-System aber, mit dem diese Daten entstehen, ist in fast allen Unternehmen ausschließlich auf Ingenieursarbeitsplätzen installiert. Außerhalb des Engineerings, sobald das neue Produkt freigegeben und auf dem Weg in die Fertigung ist, gibt es so gut wie nirgends einen CAD-Bildschirm, und damit bleiben hier die Daten – jedenfalls die als räumliches Modell leicht zu interpretierenden und eigentlich so außerordentlich nützlichen – vollkommen nutzlos.

Es hat aus diesem Grund Ansätze gegeben, beispielsweise in der Montage oder in der Fertigungshalle, „abgespeckte" CAD-Arbeitsplätze einzurichten. Soweit mir bekannt ist, sind diese Ansätze nicht in größerem Umfang erfolgreich gewesen und weiter verfolgt worden. Erstens ist es eine Kostenfrage, zweitens ist auch die Bedienung eines hinsichtlich des Funktionsumfangs reduzierten CAD-Systems nicht jedermanns Sache, und drittens sind die Umgebungsbedingungen in vielen fertigungsnahen Bereichen für einen regelrechten PC-Arbeitsplatz ziemlich ungünstig.
Falscher Ansatz

Deshalb bleibt es für die meisten Unternehmen auch mittelfristig dabei, dass zum Zwecke der Fertigung und Montage aus den 3D-Modellen Zeichnungen abgeleitet und ausgedruckt werden. Aber für viele Arbeitsschritte wäre das 3D-Modell auf dem Bildschirm ohne Zweifel eine enorme Hilfe.

Der Monteur könnte sich den Zusammenbau auf dem Monitor simulieren lassen, die genaue Position und Orientierung einzelner Bauteile oder Baugruppen gezielt und vergrößert anschauen sowie die Reihenfolge einzelner Fertigungsschritte analysieren – besser als nur mit Zeichnung und Stückliste.
Bessere Montage

Der Kundendienstmitarbeiter könnte vor Ort anhand des 3D-Modells auf seinem Notebook schnell herausfinden, welches Ersatzteil benötigt wird und wie die Reparatur durchgeführt werden muss. Besser, schneller und sicherer als mit einer Anleitung und einem Stapel Zeichnungen unter dem Arm. Da es sich bei größeren Produkten wie Flugzeugen dabei nicht mehr um Mengen handelt, die man tragen kann, sondern um Wagenladungen, wird dort längst mit Hochdruck an entsprechenden Lösungen gearbeitet.
Besserer Service

Die technische Dokumentation, die vielfach immer noch von der Fotomontage, von der Handskizze und von der Arbeit mit Office-Systemen als Ersatz für Papier, Kopierer, Schere und Kleber lebt, könnte das 3D-Modell als Ganzes, in seinen Teilen und Unterbaugruppen zur Illustration nutzen. Einschließlich Explosionsdarstellungen zur Erklärung der Bedienung oder Montage beziehungsweise Demontage.
Bessere Doku

Der Vertrieb und das Marketing könnten die Modelldarstellungen in Präsentationen, ja sogar für Anzeigen- oder Plakatwerbung oder auf der eigenen Homepage nutzen, lange bevor das Produkt tatsächlich existiert. Und diese Liste lässt sich noch beinahe beliebig erweitern.
Besser vermarktet

Auch wenn diese letzten Passagen im Konjunktiv gehalten sind, ist derlei in zahlreichen Betrieben längst geübte Praxis. Es gibt nämlich die Möglichkeit, CAD-Modelle ohne Installation der erzeugenden Spezialsoftware auf jedem beliebigen Arbeitsplatz, zum Beispiel mithilfe eines Internet-Browsers, zu laden, darzustellen und unter Umständen für den jeweiligen Gebrauch zu manipulieren. Entsprechende Viewer haben sich als Standardtool durchgesetzt, und meist sind sie unabhängig vom spezifischen Datenformat eines CAD-Systems einsetzbar.
Auch ohne CAD

Bedingung PDM

Voraussetzung für einen derart sinnvollen Einsatz der in der Entwicklung entstandenen Daten ist allerdings eins: die Implementierung eines PDM-Systems, das sicherstellt, dass diese Daten gefunden werden, in der gültigen Fassung oder, wie dies im Datenmanagement heißt, in der richtigen Version, mit allen zugehörigen Informationen und anhängenden Dokumenten, sofern sie im Einzelfall ebenfalls von Interesse sind.

PDM ist insofern nicht nur ein Instrument für die bessere und effizientere Organisierung der Entwicklungsprozesse, sondern eine Drehscheibe, die es erlaubt, die Produktdaten als Wissensressource dem gesamten Unternehmen bereitzustellen. Eine ganz entscheidende Schnittstelle zwischen den Ingenieuren und Konstrukteuren auf der einen Seite und den Mitarbeitern diverser weiterer Disziplinen auf der anderen.

Grund 2: Zentrales Schmiermittel für den Prozess

Damit ist PDM auch ein entscheidendes Bindeglied für den Zusammenhalt und zentrales Schmiermittel für das Funktionieren von interdisziplinären Projektteams, die in fortschrittlichen Unternehmen längst die alten Organisationsformen abgelöst haben. Und weil wir gerade davon sprechen: Auch für den sicheren Informationsaustausch und die zuverlässige Dokumentation der Entwicklungsdaten über Firmengrenzen hinweg gibt es keine Lösung ohne elektronische Datenverwaltung.

All diese Verwendungsmöglichkeiten liegen unbedingt im Interesse aller Unternehmen, die sich entsprechend den technologischen Erfordernissen neu aufstellen. Unabhängig davon, ob der einzelne Konstrukteur oder auch der Konstruktionsleiter den Einsatz von PDM für das eigentliche Engineering als notwendig erachtet. Das ist der zweite Grund, weshalb PDM ein Thema für die Unternehmensführung sein muss.

■ 1.3 Die Psychologie des Ingenieurs

Der gute Geist

Der Ingenieur ist ein Spezialist. Von seinen besonderen Kenntnissen, von seinem Wissen und seinem Erfahrungsschatz, aber auch und nicht zuletzt von seinem Erfindungsreichtum und seiner Kreativität hängt es ab, wie gut und innovativ die Produkte des Unternehmens sind, wie zufrieden die Kunden damit sein können und wie groß der wirtschaftliche Erfolg ist, der sich ja in erster Linie auf sie stützt.

Deshalb gibt es viele positive Eigenschaften, die ihm zugeschrieben werden. Er ist erfinderisch, findig, kann für jede Aufgabenstellung eine technische Lösung präsentieren, er kennt sich aus in technischen Fragen und kann helfen, wenn etwas hakt, kurz: Dem Ingenieur ist nichts zu schwör.

Manchmal versteigt er sich aber in die technische Machbarkeit und verliert das Gefühl für die Realisierbarkeit und den wirtschaftlichen Nutzen, der doch schließlich das Ziel des Engineerings ist. Manchmal kennt er sich zwar hervorragend in der Technik aus, aber es fällt ihm schwer, seine Kenntnisse zu vermitteln und weiterzugeben, sich mit anderen auszutauschen. Und einige nicht wirklich kollegiale

Kollegen setzen ihr besonderes Wissen auch schon mal gerne als Machtinstrument ein, zum Schaden des Teams und des Unternehmens.

Deshalb gibt es auch viele negative Eigenschaften, die dem Ingenieur nachgesagt werden. Er sei verliebt in seine Formeln, kenne nichts außer der Technik, lebe in einer anderen Welt, sei ein Eigenbrötler oder gar Fachidiot.

Der Tekki

Wie auch immer der einzelne Designer, Konstrukteur, Berechnungsspezialist, Elektroniker oder Programmierer gesehen wird oder sich selbst sieht, eines ist gewiss: Der Bereich des Engineerings im Fertigungsunternehmen ist ein höchst spezieller Bereich, der sich von fast allen anderen Bereichen grundsätzlich unterscheidet. Vor allem durch seine besondere Bedeutung für den Erfolg des Unternehmens und durch die besonderen Fähigkeiten der hier tätigen Mitarbeiter.

In der Vergangenheit und mit den hergebrachten Methoden der Arbeitsteilung hat sich diese Besonderheit notwendigerweise niedergeschlagen in einer regelrechten Abkapselung der Entwicklungsabteilungen. Der berühmte „Weißkittel" residierte, so kam es zumindest vielen anderen Mitarbeitern vor, in seinem Elfenbeinturm-Büro wie in einer Blackbox. Keiner verstand, was er tat, kaum einer konnte die komplizierten technischen Zeichnungen vollständig lesen und interpretieren. Das Ingenieurbüro war eine Welt für sich.

Weißkittel und Blackbox

In unserer Zeit und unter den sich rasch wandelnden Bedingungen des globalen Marktes ist dieser Zustand absolut untragbar. Unter den Voraussetzungen, welche die Computertechnologie in den letzten Jahren geschaffen hat, ist dieser Zustand auch nicht mehr notwendig. Aber die Lösung ist nicht einfach, und sie darf unter keinen Umständen die Besonderheiten der Entwicklungsbereiche gering schätzen oder übergehen.

Lösung in Sicht

Das Wissen des Ingenieurs und Konstrukteurs steckt in erster Linie in seinem Kopf und zunehmend auch in den Computerdaten, die er angelegt hat. Diese Daten, insbesondere die räumlichen Darstellungen von Teilen, Baugruppen und Produkten, können heute zum entscheidenden Hebel werden, um die Disziplinen des Engineerings besser in die Gesamtabläufe zu integrieren und die Kernprozesse des Unternehmens durchgängiger steuern zu können.

Das Wissen in den Daten

Aber das bedeutet, das Wissen des Spezialisten aus einem individuellen Besitztum in eine Unternehmensressource zu verwandeln. Prinzipiell also steckt in diesem Schritt eine gewisse Art von Enteignung. Der Ingenieur ist nicht mehr der alleinige Herr über seine Erfahrungsschätze und Kenntnisse, sondern gibt sie im Interesse des größeren Unternehmenserfolges frei zur allgemeinen Nutzung.

Enteignung

Alle Erfahrung zeigt, dass Entwicklungsingenieure sehr wohl bereit sind, diesen Weg mitzugehen. Aber nur, wenn sie – sozusagen als Entschädigung – mit einer Verbesserung ihrer Arbeitsbedingungen dafür rechnen können.

Das wichtigste Mittel, um Produktdaten zu allgemein zugänglichen, unternehmerischen Ressourcen zu machen, ist PDM. Und glücklicherweise kann diese Technik zugleich genutzt werden, um dem Ingenieur eine ganze Reihe von Vorteilen zu bieten.

Gegenwert

Die Wiederverwendung von Konstruktionen, das Arbeiten mit Varianten und Teilefamilien auf Basis von Produktplattformen, kurz, die zentralen Neuerungen, die durch 3D CAD möglich werden: PDM macht sie brauchbar und um ein Vielfaches

Mehrwert für 3D

effektiver. Wenn – und eben das muss sichergestellt werden – das Datenmanagement nicht nur zur Datensicherung und Dokumentablage genutzt wird, sondern als Instrument der Prozesssteuerung verstanden und eingesetzt wird.

Zeit und Nerven gespart

Die Datensicherung selbst ist freilich auch ein wichtiger Aspekt, wenn es darum geht, den Ingenieur vom Zwang zu mancher nicht gerade produktiven Kreativität zu erlösen. Oder sind das Erfinden von Datei- und Verzeichnisnamen, die Strukturierung eines individuellen Ablagesystems und die Bemühungen, sich darin zurechtzufinden, etwa schöpferische Tätigkeiten, die dem Wohl des Unternehmens zugutekommen?

Nicht bloß Jubel

Wenn Produktdatenmanagement tatsächlich für alle Seiten eine Menge Vorzüge bringt, bedeutet es auch Veränderungen; in der individuellen Arbeit des einzelnen Ingenieurs ebenso wie in Form und Inhalt der Zusammenarbeit über Abteilungs- oder gar Firmengrenzen hinweg. Diese Veränderungen treffen nicht überall auf blanke Freude und Zustimmung. Gerade in Deutschland – und vielleicht sogar in besonderem Maße im Bereich des Engineerings – werden Veränderungen grundsätzlicher Art oft mit Zurückhaltung, Angst oder gar Ablehnung beantwortet. Anders jedenfalls als beispielsweise in den USA.

Grund 3: Den Ingenieur ernst nehmen

Der Konstrukteur wird sich an bestimmte Regeln halten und manche zusätzliche Aktionen, beispielsweise die Anlage eines Teilestamms, durchführen müssen, die nicht auf den ersten Blick seiner Arbeit nützen. Und er wird sich zunehmend mit Themen befassen müssen, die er vorher auf der anderen Seite der Abteilungsmauern gut aufgehoben wusste. Wenn die Prozessoptimierung erfolgreich sein soll, dann müssen all diese Gesichtspunkte ernst genommen und berücksichtigt werden, von der Warte der unternehmerischen Gesamtziele und Interessen aus. Dies ist ein dritter Grund, warum PDM nicht einfach ein Thema für die Fachabteilung sein kann, sondern auf Managementebene hohe Aufmerksamkeit verdient.

1.4 Die Geschichte

Nichts Neues

Produktdatenmanagement ist keine neue Technik, sondern eine Anwendung und Standardsoftware, die bereits auf eine Geschichte von mehr als fünfzehn Jahren zurückblickt. Diese Geschichte zeigt nun zweierlei: den Grund, warum sich die Unternehmensführung bislang selten für dieses Thema interessiert hat, und zugleich einen weiteren Grund, warum sie sich dies nun nicht mehr leisten kann.

Bevor die Computer ihren Einzug in die Konstruktionsabteilungen fanden, war die Zeichnung das geheimnisvolle Medium, über das sich Ingenieure miteinander und mit bestimmten Mitarbeitern in der Fertigung austauschten. Nur in Ausnahmefällen brachte das Management selbst überhaupt die Fähigkeit mit, sich in diese Kommunikation direkt einzuschalten.

Nicht so wichtig

Es gab ein Archiv, in dem die Zeichnungen aufbewahrt wurden und aus dem sich die Spezialisten bedienten, wenn sie eine bereits abgelegte Zeichnung brauchten. Für den Vorstand oder Geschäftsführer waren diese Zeichnungsarchive in der Regel nicht wichtiger als die Zeichenbretter, auf denen die Dokumente erstellt wurden. Es musste sie geben, sie mussten ihren Zweck erfüllen. Mehr nicht.

Mit der Einführung von CAD und der Ablösung des physikalischen Zeichenbretts durch das digitale ergab sich schnell die Frage, ob denn nicht auch das Archiv durch ein digitales ersetzt werden könnte. CAD-Zeichnungsverwaltungen wurden entwickelt, und es dauerte nicht lange, bis sie unter dem Begriff Produktdatenmanagement (PDM) eine eigene Sparte von Standardsoftware begründeten. Zwar vielfach unmittelbar mit dem einen oder anderen CAD-System gekoppelt, aber oft auch bereits grundsätzlich offen gegenüber allen gängigen Systemen.

Die Geburt von PDM

In nennenswertem Umfang wurden sie hauptsächlich in den Großunternehmen mit einer großen Zahl von Konstruktionsplätzen implementiert, wo die individuelle Speicherung in Festplattenverzeichnissen sich rasch als ineffektiv und äußerst hinderlich herausstellte.

Wie für die CAD-Systeme selbst, galt in dieser Phase aber auch für PDM dasselbe wie früher für Zeichenbrett und Archiv: Es waren spezielle Werkzeuge der Entwicklungsabteilung, und nur höchst selten wurden sie jenseits dieses Bereichs genutzt. Niemand machte damals dem Management von Fertigungsunternehmen einen Vorwurf, wenn sie ihre Konstruktionsleiter mit der Entscheidung über Auswahl, Installation und Anpassung betrauten.

Kein Thema

Bild 1.1 Ablage technischer Unterlagen im Wandel der Zeit

Seit einiger Zeit sind PDM-Systeme aber nicht mehr der Ersatz für den Blaupausenschrank; so wenig wie moderne 3D-Software noch ein Ersatz für das Zeichenbrett ist. Während 3D ganz neue Methoden der Konstruktion ermöglicht und deshalb auch zunehmend erzwingt, ermöglicht PDM die effektive Nutzung dieser neuen Methoden und aller dabei erzeugten Entwicklungsdaten und Dokumente weit über das Engineering hinaus. Das aber ist keine quantitative Weiterentwicklung, sondern bezeichnet einen Paradigmenwechsel, einen qualitativen Sprung für die industrielle Produktentwicklung. Einen Sprung, der unbedingt Bestandteil jeder erfolgreichen Unternehmensstrategie der Gegenwart sein muss.

Qualitativer Sprung

Den Prozess im Blick

Denn über die Verfügbarkeit der Daten hinaus bietet PDM eine Reihe von integrierten Werkzeugen, mit deren Hilfe die Prozesse selbst teilweise automatisiert, in jedem Fall aber effektiv gesteuert und kontrolliert werden können: Workflow- und Projektmanagement, sichere Verwaltung von Zugriffsrechten, Rollendefinition und Unterstützung – um einige der Funktionalitäten zu nennen, die in diesem Buch noch ausführlicher behandelt werden.

Der große Fehler der vergangenen Jahre liegt nun darin, dass diese qualitative Weiterentwicklung bei vielen PDM-Einführungen gar nicht gewürdigt und berücksichtigt wurde. Mit der häufigen Folge, dass weder PDM noch 3D-Konstruktion wirklich ihren Nutzen entfalten können. Wir werden sehen, warum die Einführung von 3D an sich durchaus einen wirtschaftlichen Flop darstellen kann. Über die vielen vergeblichen Versuche, mit falschen Vorgaben PDM-Systeme in einem Unternehmen zum Standard zu machen, gibt es bereits genügend Literatur. So wie über die immensen Kosten, die eine jahrelange Anpassung von Systemen verschlingt, ohne dass tatsächlich irgendein Fortschritt in den Prozessen erkennbar wäre.

Übersehen

So richtig es für den Manager seinerzeit war, sich auf das Wesentliche zu konzentrieren und seine Zeit nicht mit Details wie der Ordnung des Zeichnungsarchivs zu vergeuden, so richtig ist nun die Tatsache, dass die Auswahl und Einführung, die Implementierung und das Rollout von Produktdatenmanagement heute zu den wesentlichen Dingen gehören, um die er sich kümmern muss.

Nicht bloß fürs Fach

Die Geschichte der industriellen Produktentwicklung ist an einem Punkt angekommen, wo Prozessorientierung im Vordergrund steht und die Integration der verschiedenen Inseln von IT, die dazu benötigt werden. Damit aber sind die Zeiten vorbei, wo die Fachabteilung allein über den Einsatz von PDM entscheiden konnte. So wie die moderne Produktentwicklung das interdisziplinäre Team braucht, so muss sich das heutige Unternehmen auf oberster Ebene dafür verantwortlich fühlen, die zugehörigen Prozesse optimal zu unterstützen.

Auf vielen Managementseminaren ist diese Forderung zu hören, und selten gibt es ernsthaften Widerspruch. Und doch ist es leider ähnlich wie in der Frage gesellschaftlicher Reformen. Ihre Notwendigkeit wird zwar erkannt und verstanden, aber es dauert lange, bis die erforderlichen Konsequenzen gezogen und in die Praxis umgesetzt werden.

Nicht nur IT

PDM ist Chefsache. Auch die zentrale Behandlung des Themas im IT-Management – sofern vorhanden – reicht nicht aus. Denn hier stehen in der Regel die kaufmännischen IT-Systeme im Vordergrund, und das Verständnis für die Bedeutung der technischen Daten aus der Produktentwicklung ist – vorsichtig gesagt – eher schwach ausgeprägt. Oft fehlt schlicht die Vorstellungskraft, welche Auswirkungen eine sinnvolle Verwaltung der Entwicklungsdaten für das gesamte Unternehmen haben könnte.

PLM erst recht!

PDM ist Chefsache. Erst recht, wenn es als Komponente eines umfassenderen Produktlebenszyklus-Management(PLM)-Konzeptes betrachtet wird. Falsche Gewichtung bei Auswahlentscheidung und Implementierung, falsche Zuordnung von Verantwortlichkeiten, ungeschickte Einführungsstrategien können mehr zunichtemachen als eine effiziente Datenverwaltung. Sie können das Unternehmen zurückwerfen in seinen Bemühungen, den Forderungen der Zeit mit den passenden Prozessen nachzukommen, um die passenden Produkte für eine auch künftig erfolgreiche Marktposition zu haben.

Damit wollen wir natürlich nicht sagen, der Chef selbst müsse nun PDM-Fachmann werden. Nein, aber er muss die Verantwortung übernehmen für die Bildung eines interdisziplinären Teams, das sich um die Analyse der laufenden Prozesse, die Definition der künftigen, die Auswahl eines Systems und die Einführung kümmert.

Grund 4: Chefsache

1.5 Daten zu Wissen und zu Geld machen

Inzwischen zweifelt kaum noch jemand an der Notwendigkeit, der ungeheuren Datenflut in allen Bereichen der Gesellschaft, und natürlich auch in der Industrie, Herr zu werden. Hauptsächlich werden sie dabei allerdings als Bedrohung, als Un-Menge, betrachtet. Auf dem ProSTEP iViP Symposium 2007 in Wolfsburg nannte Dr. Detlev Hoge, Leiter Produktdatenmanagement im Volkswagen-Konzern, folgende Zahlen, um das Ausmaß und geradezu dramatische Anwachsen dieser Flutwelle anschaulich zu machen: In den drei Jahren von 2000 bis 2002 seien weltweit so viele Daten angehäuft worden wie in den 40.000 Jahren zuvor. In den drei folgenden Jahren bis 2005 wurde diese Datenmenge noch einmal vervierfacht. Dr. Hoge stellte angesichts dieser Entwicklung die These auf: „Wie ein Unternehmen mit diesen Daten umgeht, wie es daraus Informationen und vor allem Wissen generiert, das unterscheidet heute die Vorreiter von der Masse."

Daten-Tsunami

Für die Richtigkeit dieser Annahme gibt es gute Belege. Der japanische Kamerahersteller Canon etwa stieg zu Anfang des Jahrzehnts auf 3D CAD um und implementierte PDM. Rasch wurde in der Folge damit begonnen, die entstehenden Produktdaten auf vielfältige Weise für unterschiedliche Unternehmensprozesse zu nutzen. Sehr wichtig erschien den Verantwortlichen der unmittelbare Einsatz der für jedermann verständlichen Computermodelle für die Montage. Bei Canon herrscht hier seit geraumer Zeit einerseits eine relativ hohe Fluktuation, andererseits immer wieder ein Mangel an gut ausgebildeten Fachkräften. Was früher der langjährig erfahrene Mitarbeiter seinen Kollegen erklären konnte, dieses Wissen fehlt heute oft in dem Moment und an dem Platz, wo es gebraucht wird.

Was Bilder besser erklären

Die nahe liegende, aber immer noch höchst seltene Lösung bestand in der intelligenten Verwendung der 3D-Daten. Mithilfe von Animation wurden die Modelle für die Darstellung aller wichtigen Montageschritte genutzt, wobei an besonders kritischen Stellen auch Augmented Reality zum Zug kam. Dabei werden in einer Videosequenz echte Produktteile mit den entsprechenden Teilen des Computermodells überlagert oder durch diese ersetzt, um so den jeweiligen Arbeitsgang besser zu erläutern. Diese Maßnahmen hatten eine enorme Reduzierung der Zeit bis zur Markteinführung neuer Produkte zur Folge und waren sicherlich einer der Hauptgründe dafür, dass Canon in einem vorher wirtschaftlich gefährdeten Bereich führende Marktposition erobern konnte.

Animierte Datenflut

Von null auf 150 Terabyte

Die Menge der dabei erzeugten Daten übertrifft die der eigentlichen Entwicklungsdaten im 3D-System längst um ein Vielfaches. Allein die Animationsdaten wuchsen innerhalb von wenigen Jahren auf 150 Terabyte an. Richtiger Umgang mit neuen Technologien heißt also nicht unbedingt, das Anwachsen der Datenmenge zu bremsen. In diesem Fall wurde es sogar noch extrem beschleunigt. Aber mit dem passenden Datenmanagement kann der Nutzen gleichsam proportional zur Datenmenge wachsen.

Managementfehler

Während umgekehrt die negativen Folgen einer falschen Einschätzung der Bedeutung digitaler Daten und neuer Technologien verheerend sein können, wie ein anderes Beispiel zeigt. Es ist in gewisser Weise typisch für eine hierzulande oft grassierende Ablehnung technischer Errungenschaften. Und zwar nicht nur in breiten Bevölkerungsschichten, sondern gerade auch in den Vorstandsetagen der Industrie.

Deutsche Erfindung – und tschüss!

Mit dem MP3-Format fand eine Abteilung der Fraunhofer Gesellschaft in langer, erfolgreicher Forschungsarbeit die geeignete Komprimierungsmethode für Musikdateien, deren Umfang den von Bilddateien normalerweise bei Weitem übertrifft. Mit dem neuen Format werden die Dateien so klein, dass sie in riesigen Mengen leicht übertragen und ausgetauscht werden können, ohne dass die Kompression zu nicht akzeptablen Klangverlusten führt. Für heutige Jugendliche sind MP3-Player schon so selbstverständlich wie für die Generation von James Dean das Transistorradio. Mittlerweile sind Mobiltelefone und andere Geräte verfügbar, die ebenfalls MP3-Daten speichern und wiedergeben können. Ganze Wirtschaftszweige haben die Erzeugung, Übertragung, Wiedergabe oder den Austausch zu ihrem Geschäftsziel gemacht.

Die Schlauen sind schneller.

Als aber die Fraunhofer Gesellschaft in der Industrie nach Interessenten suchte, die das neue Format in marktfähige Produkte umsetzen würden, schlug man ihnen in Deutschland überall die Türen zu. In Japan und in den USA fanden sich – wieder einmal – schneller die Schlauen, die etwas aus der Idee zu machen wussten.

Nur ein weiterer Fall in einer langen Kette technologischer Innovationen, deren Ideen in Deutschland ihre Geburtsstunde hatten, deren Vermarktung dann aber Unternehmern anderer Länder überlassen blieb. Angefangen vom Computer selbst, den Konrad Zuse erfand, über das Faxgerät bis zu MP3.

Daten als Wertschöpfer

Daten sind eine Wertschöpfungsquelle, die für die moderne Industrie mindestens dieselbe Bedeutung hat wie Rohstoffe oder Material. Sie sind eine Unternehmensressource, die für den Geschäftserfolg eines Industriebetriebs eine zunehmend entscheidende Rolle spielt. Aber ihr Wert ist nicht ohne Weiteres zu erkennen. Er offenbart sich nur, wenn sie in der richtigen Weise gepflegt und genutzt werden.

Mit PDM fängt es an.

Um auf Dr. Hoge zurückzukommen: Die erste Voraussetzung, um aus ungeordneten Daten, die auch die größten Speicher rasch überfüllen, Informationen zu machen, die dem Unternehmen, seiner Führungsebene wie den Mitarbeitern in den einzelnen Fachbereichen großen Nutzen bringen und so zur Wissensressource werden, ist die richtige Implementierung von PDM. Alles andere kann nur in Angriff genommen werden, wenn diese Grundbedingung erfüllt ist.

Wo ist der Wissensbeauftragte?

Während aber ein Finanzchef fast überall anzutreffen ist und fast jedes Fertigungsunternehmen einen technischen Direktor hat, sieht es um die Wertschätzung des

Datenmanagers eher bescheiden aus. Wenn es ihn gibt, dann hat er wenige Mitarbeiter und ein mageres Budget. Häufiger ist er gleichzeitig für die gesamte CAD/CAM-Anwendungsumgebung zuständig. PLM-Verantwortliche gibt es bislang nur in einer sehr kleinen Zahl von Großunternehmen. Von Wissensbeauftragten oder Ähnlichem gar nicht zu reden.

Die wirtschaftliche Zukunft Deutschlands und Westeuropas wird zu einem großen Teil davon abhängen, ob diese Fehleinschätzung korrigiert wird oder nicht. Unsere Zukunft liegt in der digitalen Welt. Nur wenn wir diese beherrschen, werden wir in der Lage sein, weiterhin Produkte zu entwickeln und zu fertigen, die unseren Lebensstandard sichern.

Die Zukunft ist digital.

2 Der Mittelstand auf der Überholspur

Als die sogenannte C-Technik ihren Anfang nahm und es noch nicht zig Kürzel gab, die mit CA begannen, sondern nur das eine: CAD, da standen diese drei Buchstaben für Computer Aided Drafting oder auch für Computer Aided Design. Gemeint war in jedem Fall nicht mehr als die Automatisierung der Zeichnungserstellung. Plotter wurden damit angesteuert, der technische Zeichner wechselte vom Zeichenbrett an den Bildschirm.

Im Anfang war CAD.

Anfang der 80er-Jahre hatte Kolbenschmidt in Neckarsulm eine Gruppe von fünf Softwareentwicklern, die sich um die Pflege und Weiterentwicklung des im Haus genutzten CAD-Systems kümmerten. Es war eine Individualsoftware zur Konstruktion von Dieselkolben. Das Wort Standardsoftware gab es zu diesem Zeitpunkt noch nicht.

Individualsoftware

Das System war ein in FORTRAN IV geschriebenes, parametrisches Variantenprogramm. Am alphanumerischen Bildschirm gab der Konstrukteur seine Parameter ein, und auf dem grünen, monströsen Tektronixbildschirm mit eigenem Grafikcomputer-Unterbau entstand die Zeichnung als Vektorgrafik. Und nicht nur die Zeichnung, sondern auch noch eine vergrößerte Darstellung verschiedener Ansichten des Kolbens, in denen das Know-how von Kolbenschmidt steckte. Die Ovalität der eben keineswegs einfachen Zylindergeometrien in Seitenansicht und Draufsicht.

Vektorgrafik

Der Prime Computer, auf dem dann das erste von extern gekaufte CAD-Programm lief und auf dem das eigene gewartet und weiter entwickelt wurde, an dem aber darüber hinaus auch mehr als 20 Konstruktionsarbeitsplätze angeschlossen waren, kostete ein Vermögen und brauchte einen klimatisierten Raum mit schwingungsgedämpftem Boden. Der Rechner hatte einen Hauptspeicher von 3 MB.

Ein Vermögen für 3 MB

Bei einem Unternehmen mit 250 Mitarbeitern wären solche Investitionen in Forschung und Entwicklung undenkbar gewesen. In den Konzernen und bei ihren großen Zulieferern war die spezifische Art des CAD-Einsatzes dagegen eines der Themen, mit denen man sich vom Wettbewerb unterschied. Mercedes Benz beispielsweise entwickelte ein Freiformflächensystem namens SYRKO, mit dem die Außenhaut der Fahrzeuge gestaltet wurde. Nahezu alle spätere Standardsoftware hatte ihren Ursprung in solchen individuell innerhalb von Konzernen entwickelten Programmen. Und auch das Datenmanagement war – beispielsweise in der Automobilindustrie und bei den Flugzeugbauern – in der praktischen Anwendung

Große Budgets helfen.

schon ein gutes Stück vorangekommen, bevor das Kürzel PDM auf dem Markt erschien.

Großer Vorsprung

Vor 25 Jahren waren die großen Konzerne den kleinen und mittleren Unternehmen in der Anwendung neuer Technologien in der Regel weit voraus. Erst als CAD gegen Ende der 80er-Jahre auch auf dem PC einsetzbar war, konnte es zum massenhaft genutzten Standardtool werden.

■ 2.1 Der temporäre Vorsprung der Großen

Es gibt Darstellungen, die dieses Verhältnis von Vorreiter und Nachzügler generalisieren. Automotive, Luft- und Raumfahrt würden selbst mit einer zeitlichen Verzögerung von etwa zehn bis fünfzehn Jahren technologische Neuerungen adaptieren. Die breite Masse der Fertigungsunternehmen aber hätte ihrerseits nochmals einen Abstand von zehn bis fünfzehn Jahren zu den Großen.

Kleine Korrektur

Aus unserer Kenntnis der industriellen Praxis, die sich nicht nur auf persönliche Erfahrungen, sondern auch auf zahllose Gespräche mit den Verantwortlichen im Engineering unterschiedlichster Betriebe in den vergangenen 25 Jahren stützt, möchten wir dieser Darstellung in mancher Hinsicht widersprechen und sie ein wenig zurechtrücken. Unserer Meinung nach ist dieser Vorsprung nämlich oft nur eine temporäre Erscheinung, und eine genaue Untersuchung der Entwicklung im konkreten Fall erweist sich als lohnenswert.

Der Getriebene wird zum Treiber.

Erstens: Es ist zwar richtig, dass große Unternehmen oft selbst zu den Treibern technologischer Sprünge gehören und insgesamt früher als kleine neue Methoden und Werkzeuge nutzen. Wenn sie dann ihre Lieferanten auffordern, es ihnen gleichzutun und dieselben Verfahren anzuwenden, ist es aber nicht selten so, dass die Getriebenen die weit reichenden Potenziale des Neuen schneller erfassen und vor allen Dingen auch umfassender umsetzen als ihre Auftraggeber.

Vorreiter Werkzeug- und Formenbau

So war es beispielsweise, als die Automobilindustrie verlangte, ihre Werkzeuglieferanten müssten in 3D entwickeln und auf Basis von 3D-Modellen NC-gefräste Werkzeuge erstellen. Das war – Ende der 80er-Jahre – sehr früh, denn die 3D-Modellierung steckte, verglichen mit heute, erst in den Anfängen. Doch der größtenteils mittelständische Werkzeug- und Formenbau, die Schmieden und Gießereien, nahmen die besten damals verfügbaren Freiformflächensysteme und stellten ihre gesamte Arbeit auf 3D um. Physikalische Modelle wurden ersetzt durch 3D-Modelle am Bildschirm, die IT-Hersteller wurden gefordert, bessere Funktionalitäten für die Darstellung der Fräsersimulation zu liefern, und bald waren diese kleinen Zulieferer wesentlich weiter in der 3D-Anwendung als diejenigen, die das von ihnen verlangt hatten. Denn während hier das 3D-Modell schon bald Standard war, dauerte es bei den OEMs noch etliche Jahre, bevor die Zeichnungserstellung als zentrales Medium der Konstruktion abgelöst wurde.

Abgucken macht schlau.

Zweitens: Es stimmt, dass die Risikobereitschaft kleiner Firmen oft zu wünschen übrig lässt. Sehr viele sehen sich gezwungen, erst einmal abzuwarten, ob sich ein

Trend wirklich durchsetzt, ob eine neue Methode wirklich so viel besser ist als die alte. Viele warten, bis die Sache ausgereift ist, und gehören nicht zu den sogenannten Early Adapters. Aber das ist bei den meist eher dünnen Kapitaldecken einerseits kein Wunder, andererseits hat es auch eine positive Seite: Wenn diese Firmen die neuen Methoden für sich nutzen, dann können sie aus den Fehlern der Vorreiter lernen und brauchen diese Fehler nicht selbst zu machen. Möglicherweise können sie den Wandel sogar effektiver, besser und schneller realisieren als diejenigen, die sehr früh einen großen Aufwand dafür in Kauf genommen haben. Siehe den soeben beschriebenen Umstieg der Werkzeugbauer auf 3D.

Drittens: Auch wenn der Mittelstand meist nicht die technologischen Vorreiter der Industrie stellt, gibt es immer wieder Phasen, in denen kleine Unternehmen in mancher Hinsicht an den großen vorbeiziehen. Eine solche Phase des Überholens erleben wir gerade in Hinsicht auf PDM. Dafür gibt es eine Reihe von Anzeichen und einige gute Erklärungen.

PDM-Raser

■ 2.2 Abteilungsgräben und Unternehmertum

Große Konzerne haben sich über viele Jahrzehnte entwickelt. Mitunter riesige Abteilungen konzentrieren sich jeweils auf ein bestimmtes Spezialthema. Für den Außenstehenden ist es meist schwer, die Organisationsstruktur überhaupt zu verstehen. Nicht nur wegen des oft unübersichtlichen Produktportfolios, sondern auch wegen der Zuständigkeiten in jedem einzelnen Bereich. Da gibt es dann nicht eine Produktentwicklung, sondern unter Umständen viele. Forschungszentren können selbst wieder die Größe von Großunternehmen erreichen, die wiederum weltweit an verschiedenen Standorten aktiv und miteinander verbunden sind.

Riesengroß ist nicht nur schön.

Diese Größe, die einerseits große Sprünge erlaubt, führt andererseits zu einem Gefüge von Machtverhältnissen, die denen in der Gesellschaft nicht unähnlich sind. Das Durchsetzen einer bestimmten Idee wird zu einer Frage des politischen Geschicks, und das Ausbremsen eines konkurrierenden Abteilungsleiters kann durchaus auch das Ausbremsen eines notwendigen technologischen Schrittes beinhalten.

Mit Macht gebremst

Aber selbst wenn man unterstellt, dass es derlei Grabenkriege nicht gibt, und selbst wenn man eine verhältnismäßig flache Managementhierarchie voraussetzt, ist es ein enormes Problem, über die immer noch diversen Hierarchiestufen zu einer strategischen Entscheidung zu kommen, je größer das Haus ist. Manche Unternehmer – zum Beispiel Liebherr – haben deshalb den Beschluss gefasst, immer dann eine neue Firma zu gründen, wenn die Zahl von Tausend Beschäftigten überschritten wird.

Der lange Weg zum Entscheider

Ist in einem Konzern eine Entscheidung gefällt, heißt das umgekehrt noch lange nicht, dass sie auch in sämtlichen Fachbereichen ankommt und umgesetzt wird.

Der lange Weg zur Umsetzung

Wer kennt nicht die Berichte von Konzernstrategien bezüglich dieser oder jener Software, die künftig im ganzen Unternehmen weltweit der Standard sein wird. Nicht immer entspricht das dem, was sich in den Folgejahren tatsächlich als Unternehmensstandard herauskristallisiert.

Gesagt, getan

Mit solchen Dingen hat ein kleines Haus mit einigen Hundert, vielleicht auch noch etwas mehr als Tausend Mitarbeitern, das etwa noch von seinem Gründer und dessen Familie geführt wird, nicht viel zu tun. Je kleiner, desto direkter ist der Weg zum Chef. Und zurück. Wenn in solchen Unternehmen eine Entscheidung getroffen wird, dann ist es erstens eine, die tatsächlich gilt, und zweitens wird sie meistens auch ziemlich rasch in die Tat umgesetzt.

Mit Sachverstand

Dieser Unternehmertyp hat wenig gemein mit angestellten Direktoren, die ihre Entscheidungen eher an den Börsen als an den konkreten Anforderungen einer bestimmten Produktpalette ausrichten. Oft ist sein Bezug zu den aktuellen Geschäftsfeldern sogar noch sehr persönlich, und nicht selten hat er einen technischen Hintergrund, war nicht nur der Gründer des Unternehmens, sondern auch der Erfinder eines Produktes, für dessen Vermarktung er das Unternehmen aufgebaut hat. Er kann sich besser vorstellen, welche Auswirkung ein neues Verfahren auf die Produktion oder welche Konsequenzen ein neues Tool für die Konstruktion haben könnte.

Der große Sprung

Dieser Unterschied ermöglicht es den kleinen und mittleren Unternehmen, zu bestimmten Zeiten und bezüglich bestimmter Themen einen regelrechten Sprung nach vorn zu machen und dabei sogar weiter zu gehen als die Großen. Eines der Themen, die dabei momentan eine Hauptrolle spielen, ist PDM.

2.3 Neue Treiber für PDM

Schnell produktiv schalten

Im gleichen Jahr, in dem die erste Auflage dieses Buches herauskam, fand ein Wettbewerb seinen Abschluss, den PROCAD und COMPASS – kurz vor der Übernahme durch Autodesk – gemeinsam mit Microsoft, dem VDMA und der Uni Magdeburg veranstaltet hatten. Eines der Ziele der Kampagne war, die Nutzenpotenziale von PDM aufzuzeigen und vor allem darzustellen, dass es Lösungen gibt, die keine jahrelangen Anpassungen und teuren Zusatzprogrammierungen benötigen, sondern die man mitunter in wenigen Monaten oder sogar Wochen produktiv schalten kann. Was schon im Namen des Wettbewerbs zum Ausdruck kam: „PDM produktiv!"

Große Beteiligung

Die Kampagne war ein Erfolg. Mehr als 40 Firmen hatten Projekte in vier verschiedenen Kategorien eingereicht, in denen jeweils die drei besten einen Preis erhielten und vorgestellt wurden. Zu zwei Anwenderveranstaltungen des VDMA im Rahmen der Kampagne kamen jeweils mehr als 120 Teilnehmer.

Großes Interesse an PDM in neuen Bereichen

Die Aktion zeigte in den vorgestellten Projekten sehr gut, dass der Mittelstand bereits intensiv begonnen hatte, das Thema PDM zu adaptieren. Was dann bei der Preisverleihung auffiel, war aber eigentlich noch viel interessanter: Nur in zwei der

Unternehmen war der Haupttreiber der PDM-Einführung die Konstruktion oder die Produktentwicklung. Alle anderen nannten ganz unterschiedliche Bereiche als Auslöser, von der technischen Dokumentation über den Einkauf und das Qualitätsmanagement bis zum Marketing. In zwei Fällen waren es die Geschäftsführer selbst.

Lange Jahre hatte man immer wieder gehört, wie schwer es sei, das Management von der Notwendigkeit und dem Nutzen eines PDM-Systems zu überzeugen. Hier ging es ja „nur" um die Entwicklung, während andere Investitionen sich doch mit Produktion und Montage, Lagerhaltung, Logistik, Kundendienst oder Finanzen befassten, lauter Dinge, die so viel wichtiger zu sein schienen. Jetzt zeigte sich auf einmal ein ganz anderes Bild. Mehr als nur ein Preisträger berichtete, dass sie in seinem Haus zu der Überzeugung gelangt seien, PDM sei eine für die Zukunft des Unternehmens wichtige Sache. Und dass man die Konstrukteure natürlich auch davon überzeugen müsse, ihre Daten über das neue System zu verwalten. Schließlich hätten ja gerade ihre Entwicklungsdaten so weit reichende Folgen für die anderen Unternehmensbereiche.

Wichtig für das ganze Unternehmen

In den vergangenen Jahren erleben wir auch immer häufiger, dass in Verbindung mit strategischen Überlegungen zum unternehmensweiten Daten- und Dokumentenmanagement sogar die Entscheidung zum Umstieg auf 3D-Konstruktion in anderen Bereichen gewollt und vorangetrieben wird. Aus Sicht der Konstruktion mag stimmen, dass es sich beispielsweise um rotationssymmetrische und damit sogenannte 2D-Produkte handelt, für die zwei Ansichten ausreichen, um sie vollständig zu beschreiben. Aber für andere Aufgaben im Unternehmen, die ebenfalls auf Darstellungen des Produktes angewiesen sind, ist die dritte Dimension eine klare Forderung.

3D für alle!

Der Projektleiter, der mit den Kunden spricht, stellt fest, wie wichtig für diesen die Frage ist, ob das Angebot vor Auftragsvergabe bereits in Form einer 3D-Ansicht präsentiert werden kann oder nicht. Der Servicetechniker wünscht sich ein Produktmodell auf dem Notebook, über das er direkt feststellen kann, an welcher Stelle welches Ersatzteil wie einzubauen ist. Und über Internet im PDM-System, von wem er dieses Teil am schnellsten und günstigsten bekommen kann.

Der wahre Nutzen

Dieses wachsende Interesse anderer Fachabteilungen außerhalb der eigentlichen Produktentwicklung an technologischen Neuerungen wie 3D CAD und PDM ist eines der Anzeichen, dass der Mittelstand zurzeit einen Sprung nach vorn macht.

■ 2.4 Ganzheitlicher Ansatz

Dazu passen übrigens auch die früher vom Dressler Verlag in Heidelberg, heute vom Hoppenstedt Verlag in Darmstadt veröffentlichten Zahlen über die Installation von PDM in verschiedenen Industriezweigen und unterschiedlichen Größenklassen. Bezüglich der Industrien zeigt sich schon seit einiger Zeit, dass die Erkenntnis der Potenziale von PDM beinahe alle Branchen erfasst hat. 2004 betrug allein der

Doppelt so stark wie die Automobilindustrie

Anteil der Lizenzen von Maschinen- und Anlagenbau – der traditionellen Kernelemente der deutschen mittelständischen Fertigungsindustrie – mit 47,4 Prozent fast das Doppelte gegenüber den 26 Prozent von Kfz- und Zulieferindustrie.

PDM-Welle im Mittelstand

Von 2003 auf 2004 gab es darüber hinaus eine signifikante Veränderung hinsichtlich der Größe der Implementierungen. Das einzige Segment, das im Vergleich zum Vorjahr ein deutliches Wachstum zeigte, war das der Installationen von 50 bis 100 Arbeitsplätzen. Es wuchs von 19,4 Prozent auf 38,4 Prozent, fast eine Verdoppelung. Während sowohl der Anteil der Unternehmen mit 100 bis 300 Arbeitsplätzen als auch der mit mehr als 300 – also die Installationen in der Großindustrie – von insgesamt 12,8 Prozent auf 9,6 Prozent schrumpfte. Anders ausgedrückt: Mehr als 90 Prozent aller PDM-Installationen sind solche mit weniger als 100 Lizenzen pro Haus. Dieses Verhältnis hat nach 2004 keine gravierende Modifikation erfahren.

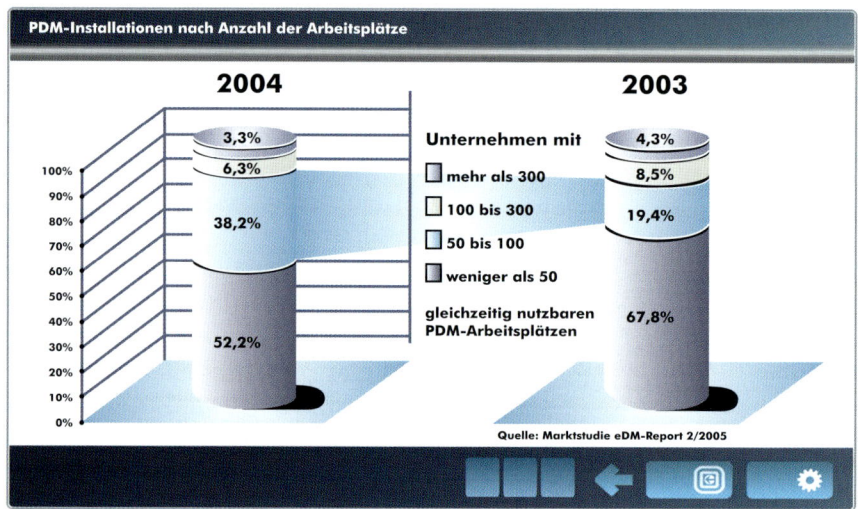

Bild 2.1

PDM ganzheitlich

In den Gesprächen, die wir in den Unternehmen über die Entwicklung ihrer Entwicklungsprozesse führen, stellen wir seit einigen Jahren ebenfalls Veränderungen fest. Einerseits hinsichtlich der Klarheit, mit welcher der Nutzen von PDM präsentiert wird, andererseits bezüglich der Ganzheitlichkeit des Ansatzes, die sich positiv von den Lösungen in großen Unternehmen unterscheidet.

ROI mit klaren Zahlen

Galt es lange Jahre als schwierig, wenn nicht unmöglich, eine brauchbare Return-on-Investment-Rechnung für Investitionen in CAD oder PDM aufzustellen, so hat sich das deutlich gewandelt. Weil ein kleines Haus knapp kalkulieren muss und die Sicherheit braucht, durch einen größeren Invest nicht in finanzielle Probleme zu geraten, werden immer häufiger Zahlen präsentiert, mit denen die PDM-Einführung gegenüber der Unternehmensführung begründet wurde. Natürlich nicht ausschließlich, aber solche fassbaren und nachvollziehbaren Vorlagen spielen doch eine wachsende Rolle. Manchmal werden sie auch nachträglich angestellt oder nachträglich anhand tatsächlicher Messungen überprüft.

Was das Suchen kostet

Die einfachste Rechnung taucht dabei am häufigsten auf. Istzustand ohne PDM: Wie viel Zeit braucht ein Mitarbeiter im Einkauf, um die Zeichnung zu suchen und auf den Tisch zu bekommen, die er der Bestellung eines Zukaufteils beifügen muss?

Welchen Aufwand muss ein Service-Techniker treiben, um an eine technische Zeichnung zu kommen? Welche Zeit kostet es den Konstrukteur, eine bestimmte Version eines Bauteils als 3D-Modell auf dem Bildschirm zu haben? Wie oft kommen die Beispielfälle vor? Die addierten Zeiten werden entweder mit einem Durchschnittswert für die Arbeitsstundenkosten multipliziert oder sogar auf die einzelnen Abteilungen mit exakten Kosten heruntergerechnet.

Dann die Gegenrechnung, der Sollzustand mit PDM: Wie lange dauern dieselben Dokumentbeschaffungsaktionen, wenn alle Daten in einer zentralen Datenbank verfügbar und auf dem Arbeitsplatz unmittelbar abzurufen sind? Wie viel Zeit wird eingespart? Welche Kosten für Dinge wie Mikrofilm, Transparentpapier oder Zeichnungsarchive werden eliminiert? *Was das Finden spart*

Die Ergebnisse sind verblüffend deutlich. 10.000 Euro und mehr spart ein Hersteller von Schaltanlagen zur Energieübertragung in Köln, 150 Mitarbeiter, monatlich bereits neun Monate nach der PDM-Installation. 35.000 Euro werden bei einem Maschinenbauer in Augsburg, rund 500 Mitarbeiter, jeden Monat eingespart. Bei Herding Filtertechnik (vergleiche das ausführliche Fallbeispiel Filteranlage) rechnete der externe Berater vor, dass sich das Projekt nach 1,2 Jahren ausgezahlt hätte. Die Produktivschaltung erfolgte bereits weniger als ein Jahr nach dem Projektbeginn. Um nur drei Beispiele zu nennen. *Überzeugend*

Verblüffend deutlich sind diese Ergebnisse, weil man sich fragt, warum es solche Zahlen nicht schon viel länger und häufiger gab. Die Antwort ist aber ziemlich einfach: Solange es hauptsächlich um die Konstruktion und damit meist um einen sehr kleinen Kreis von Beschäftigten im Vergleich zur Gesamtmitarbeiterzahl ging, waren solche Daten gar nicht zu rechnen. Und wie oft welche anderen Mitarbeiter aus Materialwirtschaft, Produktion oder Kundendienst nach ihren Dokumenten suchten, wussten die Produktentwickler entweder gar nicht, oder aber sie konnten nicht einschätzen, welche Kosten sich dahinter verbargen. Jedenfalls war ja das Hauptziel auf Seiten der Konstrukteure, ihre Arbeit zu erleichtern, und weniger, für das Gesamtunternehmen Kosten zu senken. *Neue Rechnung aufgemacht*

Dass es jetzt bessere Zahlen gibt, ist Ausdruck der Tatsache, dass sich immer öfter das ganze Unternehmen um das Thema Datenverwaltung oder Dokumentenmanagement kümmert. Ein ganzheitlicher Ansatz steckt dahinter, der typisch ist für mittelständische Unternehmen. Dieser Ansatz äußert sich auch in dem Tempo, in dem Installationen ausgerollt werden, was die eben genannten Zahlen ebenfalls belegen. *Typisch Mittelstand*

Und er äußert sich in dem Umfang, den die Installationen innerhalb des Unternehmens annehmen. In einer Studie zu den Benefits of PLM, die 2004 und 2009 von Professor Michael Abramovici, Ruhr-Universität Bochum, und IBM durchgeführt wurde, ist nachzulesen, wie es in großen Unternehmen aussieht. Nachdem hier 2004 noch kaum ein Bereich außer der Entwicklung in größerem Maßstab einem PLM-Konzept folgte, hat sich innerhalb von fünf Jahren das Bild vollständig geändert. Zwar ist der Entwicklungsbereich nach wie vor derjenige, der den meisten Gebrauch von PDM macht. Aber zumindest die etwas älteren PLM-Hasen, die hier als Champions bezeichnet sind, haben keinen Bereich mehr, der – wie 2004 etwa Vertrieb und Service – noch an der Null-Prozent-Marke klebt. Beide weisen jetzt 42 Prozent aus, Produktion und Beschaffung sogar über 60 Prozent. *Benefits of PLM*

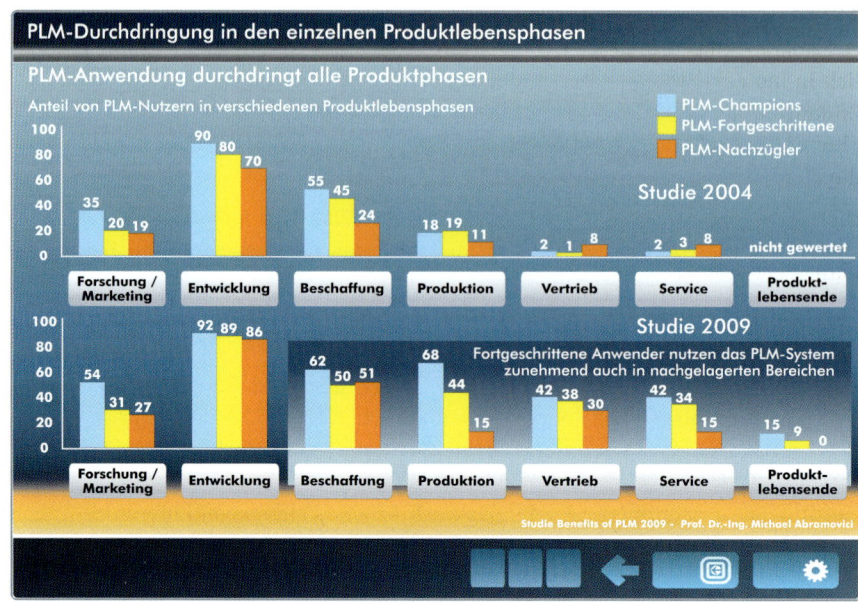

Bild 2.2 PLM: Champions und Nachzügler

Auch der Pförtner

Betrachtet man dagegen die Installationen in den mittelständischen Unternehmen, fällt sofort auf, wie stark von vornherein der Fokus auf der Versorgung aller Abteilungen mit den für die tägliche Arbeit benötigten Daten und Dokumenten lag. Bei Graaff Transportsysteme in Elze bei Hannover, 250 Mitarbeiter, beantwortete der damalige PLM-Verantwortliche Nico Michels die Frage, welche Mitarbeiter Zugriff haben sollen, mit einem Schmunzeln: „Eigentliche brauchen alle den Zugriff, bis auf den Pförtner. Und vielleicht sogar der."

Niedrigere Mauern

Bei dem Hersteller von Schaltanlagen und Geräten in Köln mit 150 Mitarbeitern sah die Verteilung der PDM-Anschlüsse Anfang 2007 so aus: Konstruktion 12, Qualitätssicherung 5, Einkauf 6, Arbeitsvorbereitung 5, Fertigung 8, Vertrieb/Marketing 7, Service 3. Das Verhältnis lautet oft: Die Konstrukteure, die ja die wichtigsten Produktdaten anlegen und pflegen, sind praktisch alle angeschlossen. Aber in einem viel stärkeren Ausmaß als in den Großkonzernen sind auch alle anderen Unternehmensbereiche einbezogen und mit Zugriffsrechten versorgt. Die hinderlichen Abteilungsmauern sind in mittelständischen Betrieben einfach nicht so hoch und schneller zu überwinden.

PDM und DMS – ein Thema

Noch ein weiterer Trend ist Anzeichen dafür, dass die Kleinen in Sachen PDM sich gerade auf der Überholspur befinden. Das Thema PDM wird so stark mit dem Thema Dokumentenmanagement verbunden, dass die Nachfrage nach Systemen steigt, die beides in einem einzigen Programm integriert bieten können. PDM und erst recht PLM wird nicht mehr bloß als 3D- oder CAD-Verwaltung gesehen, sondern als ein zentraler Baustein in der Gesamtaufgabe, Daten und Dokumente so zu managen, dass sie zu einer Unternehmensressource werden statt Zeit zu kosten. Je größer die Unternehmen, desto häufiger findet man hier eine strikte Trennung. PDM ist Sache der Produktentwicklung. Die anderen Dokumente werden – wenn überhaupt systematisch – in anderen Systemen gespeichert, für die andere Abteilungen zuständig sind.

Alles deutet darauf hin, dass dieser ganzheitliche Ansatz sich ausbreitet und weitere Themen erfasst. Das Projektmanagement wurde ursprünglich fast ausschließlich in industriellen Großprojekten wie der Raumfahrt, dann in den vergangenen 25 Jahren immer stärker auch in den Konzernen der Automobilindustrie und des Flugzeugbaus als eigene Disziplin aufgebaut. Ganze Abteilungen befassen sich nun damit, und die Integration ihrer Arbeit mit dem, was in den Fachabteilungen tatsächlich getan wird, um die Terminpläne und die Kosten- und Ressourcenplanung zu erfüllen, ist noch nicht gerade weit gediehen. Im Mittelstand wird das Projektmanagement mehr und mehr als Standardkomponente von PDM gesehen.

Projektmanagement integriert

Compliance Management, also die Berücksichtigung der wachsenden Flut behördlicher oder gesetzlicher Bestimmungen – eine Reaktion auf wachsende Sorgen der Gesellschaft um Umwelt, Klima oder Gesundheit –, ist in manchem Großkonzern ein Thema für eine eigene Abteilung. Auch dies lässt sich im Rahmen einer PDM-Implementierung regeln, und viele mittelständische Unternehmen lösen das auch so.

Bestimmungen eingehalten

Maschinen- und Anlagenbau, Konsumgüterhersteller und Medizintechnik – überall setzt die Industrie nicht nur auf Qualität, sondern auch auf produktbegleitende Dienstleistungen – auch um ihre Produkte gegenüber Plagiaten oder ähnlichen Produkten von Billiganbietern aufzuwerten. Das umfasst Service und Kundendienst, aber auch zahlreiche andere Angebote vom Produktkatalog im Web bis zur Online-Ersatzteilbestellung für den Endverbraucher. Hier ist die Nutzung der Produktdaten aus der digitalen Entwicklung noch ziemlich am Anfang. Aber auch dabei dürfte der Mittelstand vergleichsweise schnell mit der unmittelbaren Datennutzung via PDM bei der Hand sein.

PDM und Services

Es gibt also eine Menge von Anzeichen dafür, dass der Mittelstand beim Einsatz von PDM und sogar bei ganzheitlichen PLM-Ansätzen auf der Überholspur ist. PDM könnte eines der zentralen Themen sein, in denen sich in den kommenden Jahren entscheidet, ob ein Unternehmen seine Marktposition halten beziehungsweise verbessern kann oder nicht.

Was den Unterschied macht

3 Von PDM zu PLM

Der Titel des Buches hat sich geändert. Statt „CAD und PDM – Prozessoptimierung durch Integration" heißt es jetzt „Von PDM zu PLM – Prozessoptimierung durch Integration". Was ist geschehen? Was hat sich rund um die Anwendung von Systemen für Produktdatenmanagement so grundlegend geändert, dass ein Buch seinen Titel ändern muss? Geändert hat sich die Haltung, mit der unterschiedlichste Unternehmen und Organisationen heute an dieses Thema herangehen. Datenmanagement mit PDM-Software wird immer mehr als Mittel zum Zweck des Produktlebenszyklus Managements gesehen. Und diese Entwicklung ist keineswegs auf einzelne Branchen beschränkt.

PDM als Werkzeug für PLM

■ 3.1 Wenn Quantität in Qualität umschlägt

Als wir 2005 die erste Ausgabe des Buches herausbrachten, waren die Liebensteiner Thesen, die wir in einem der nächsten Kapitel erläutern und in denen erstmals eine Definition von PLM durch die IT-Anbieter veröffentlicht wurde, gerade ein Jahr alt. Das Thema hatte sich soeben erst aus dem Stadium der Begriffsklärung herausbewegt. Aus den Kinderschuhen war es damit noch lange nicht heraus. Noch gab es viele IT-Verantwortliche in den technischen Abteilungen selbst großer Häuser, die sich darunter eher einen Marketing-Gag der Anbieter von Standardsoftware als einen ernst zu nehmenden Lösungsansatz vorstellten.

Aus den Kinderschuhen

Außerhalb der großen Unternehmen – vor allem der Automobilindustrie und der Luft- und Raumfahrt – war PLM noch gar nicht angekommen. Selbst die Notwendigkeit eines sicheren, zentralen Produktdatenmanagements anstelle der individuell gestrickten Verzeichnisablage war noch keineswegs allgemeiner Wissensstand. Ein Buch zum Thema PLM hätte kaum Leser gefunden. Insbesondere die Verantwortlichen für das Management der Produktentwicklung, die wir mit dem Buch ja in erster Linie erreichen wollten, und zwar branchenübergreifend und dennoch mit einem besonderen Fokus auf der mittelständischen Investitionsgüterindustrie, hät-

Keine Marotte der Großen

ten wir mit einem Titel in Richtung PLM nicht angesprochen. Wenn man davon gehört hatte, dann eher als von einer neuen Marotte der Automotive-Konzerne als von einem für die eigene Agenda wichtigen Punkt.

Wir machen PLM.

Das ist heute anders. Wenn heute ein Call for Papers für eine Veranstaltung herausgeht, die sich mit Datenmanagement beschäftigt, dann melden sich dort kleinste Unternehmen mit dem Angebot eines Referats zur Darstellung ihres PLM-Ansatzes, zur Einführung ihrer PLM-Strategie, zur Umsetzung von PLM-Konzepten. Die Branchen sind dabei nicht mehr eingegrenzt auf die traditionelle Fertigungsindustrie. Wie in diesem Buch an den Fallbeispielen über die bisherigen Auflagen zu verfolgen ist, kommt PLM sozusagen überall vor, im Energiekonzern wie beim Hafenbetreiber, in der Medizintechnik wie bei der Forschung zur digitalen Baustelle.

PLM hat sich als strategisches Konzept durchgesetzt. PDM ist eines der Kernelemente, wenn nicht *das* Kernelement, zur Umsetzung der Strategie. Was aber ist in der Industrie in den letzten Jahren geschehen, dass PLM sich auf der Ebene der Unternehmenslenker als Ansatz von strategischer Bedeutung etablieren konnte?

Wenn der Druck im Kessel zu groß wird.

Es ist möglicherweise ein Umschlagen von Quantität in Qualität, an dem wir gerade teilhaben. Über viele Jahre haben sich die Globalisierung und der damit verbundene Druck auf die Entwicklungszeit und der Zwang zu immer schnelleren Innovationen und immer kürzeren Produktlebenszyklen hochgeschaukelt auf ein Niveau, das nun mit den bisherigen Mitteln nicht mehr zu bewältigen ist. Noch wichtiger: Die Komplexität der immer intelligenter werdenden Produkte, die eigentlich längst mechatronische Systeme sind, und auch die Komplexität der für solche Systeme erforderlichen Entwicklungsprozesse mit ihren weit verzweigten Netzwerken von Partnern – sie haben ein Ausmaß erreicht, das dringend nach neuen Ansätzen ruft. Last but not least: die ständig strenger werdenden Gesetzesbestimmungen und behördlichen Regelungen zur Genehmigung von neuen Produkten und zum Nachweis der exakten Prozesse von Entwicklung und Produktion. Von Hand und mit den früher üblichen Methoden sind diese Herausforderungen unüberwindliche Barrieren.

Ein must have

Es ist zu viel geworden, was ein Unternehmen gleich welcher Größe heute berücksichtigen muss, wenn es im Wettbewerb nicht nur mithalten, sondern sogar eine führende Position halten oder einnehmen will. Und deshalb hat sich die Idee eines zentralen, strategischen Ansatzes zum durchgängigen Management des gesamten Produktlebenszyklus durchgesetzt. So wie es vor zehn, fünfzehn Jahren allmählich auch dem Letzten klar wurde, dass mechanische Produktentwicklung ohne 3D-CAD keine Zukunft mehr hatte, so wird heute allmählich deutlich, dass PLM nicht mehr unter die Kategorie eines *nice to have* fällt, sondern ein Muss geworden ist. Je früher ein Unternehmen damit beginnt – denn alle wissen, dass es nicht von einem Tag zum anderen zu haben, nicht per Software-Installation zu erledigen ist –, desto größer ist die Chance, auch in der nächsten Runde des Wettbewerbs mit guten Karten mitspielen zu können.

3.2 Den Fokus erweitern

Was ändert sich durch diesen Wandel in der Herangehensweise? Einerseits eine ganze Menge, andererseits: gar nichts. Es kommt darauf an, wie man bislang mit PDM umgegangen ist. Und welche Bedeutung die Unternehmensleitung dieser Frage bisher eingeräumt hat. Wenn man unser Buch zurate gezogen und den darin enthaltenen Rat ernst genommen hat, dann dürfte sich durch das Aufsetzen der PLM-Brille nicht allzu viel ändern. Wenn ein PDM-Anwender allerdings hauptsächlich CAD-Daten verwaltet hat, dann wird sich eine größere Umstellung kaum vermeiden lassen.

PDM mit und ohne PLM-Brille

Das Themenspektrum, das einer PLM-Strategie ins Spiel kommt, wird größer, als es bei einer reinen PDM-Implementierung notwendig ist. Es genügt nicht mehr, das Management der Entwicklungsdaten im Griff zu haben. Es genügt nicht mehr der Blick auf das Engineering und die Technik. So wie der Produktlebenszyklus von der Ideenfindung über Konzeptphase und Entwicklung bis zur Fertigung, Nutzung und schließlich zur Herausnahme aus dem Markt reicht, so dehnt sich der Einsatz eines PDM-Systems, der in den Anfängen oft mehr oder weniger deutlich auf die Geometriedatenverwaltung konzentriert war, auf alle anderen Phasen des Lebenszyklus aus. Und zwar nicht nur in einer Richtung. Es wird nicht nur wichtiger, dass alle Bereiche des Unternehmens auf die Entwicklungsdaten zugreifen können. Umgekehrt ist die Erreichbarkeit von operativen Daten aus Fertigung und Service, aber auch aus dem Marketing oder von Kunden, ebenso wie logistische Informationen, für den Entwicklungsingenieur entscheidend, um seine Rolle den veränderten Rahmenbedingungen anpassen zu können. Das heißt aber auch, dass PDM möglichst reibungslos zusammenspielen muss mit den anderen Systemen, die entweder in verschiedenen Bereichen Daten erzeugen oder die selbst für andere Zwecke und Aufgabenfelder Daten verwalten, insbesondere in Zusammenhang mit ERP.

Das Produkt von A bis Z

Beim Maschinen- und Anlagenbauer Fill in Österreich beispielsweise wurde PRO.FILE im Jahre 2004 zusammen mit dem ERP-System Infor eingeführt, um die mehr als 400 Mitarbeiter abteilungsübergreifend jederzeit mit allen wichtigen Dokumenten zu versorgen. „Unsere Idee war, dass praktisch alle Mitarbeiter, von der Geschäftsleitung bis zum Service, jederzeit auf alle relevanten Informationen Zugriff haben sollten", beschreibt dies IT-Manager Helmut Wagner. Die Konstrukteure werden über die direkte Kopplung von PDM und ERP mit den Daten aus Lager und Fertigung versorgt. Einkauf und Vertrieb können durch die M-CAD- und E-CAD-Integration alle Entwicklungsdaten zur Verfügung haben. PLM fängt aber nicht erst mit Einkauf oder Konstruktion an. Auch das Innovationsmanagement wird bei Fill über PRO.FILE gesteuert, mit der vollen Unterstützung der obersten Führungsebene. Durch das Ideenmanagement-Team werden alle Ideen, die – intern wie extern, beispielsweise von Kunden und Partnern – in den Ideenfinder kommen, systematisch bearbeitet. Als innovativ bewertete Ideen landen direkt im Innovationsprozess, andere werden zur Weiterbearbeitung an die entsprechenden Teamleiter weitergegeben. Das gesamte Prozedere wird über PRO.FILE mithilfe des Workflows gesteuert. Und keine Idee geht verloren.

Alle müssen es haben.

Ohne Top geht es nicht. So wie bei Fill die Geschäftsführung selbst einerseits das PDM-System nutzt, andererseits seinen Einsatz im Sinne ihrer PLM-Strategie nach Kräften fördert und unterstützt, so gilt generell: Während es bei der reinen Datenverwaltung genügt, einen oder mehrere Mitarbeiter für das Datenmanagement verantwortlich zu machen, reicht dies bei der Umsetzung eines PLM-Konzeptes nicht aus. Da im Idealfall tatsächlich alle Mitarbeiter einbezogen sind, handelt es sich um eine Änderung größeren Stils, für die keineswegs nur die technischen Gesichtspunkte erfolgsentscheidend sind. Um die Lösung im Interesse des Unternehmens zu implementieren, ist die Akzeptanz in allen Bereichen unbedingt erforderlich. Und damit ist klar: PLM ist kein Ansatz, der sich aus einem Fachbereich heraus von unten nach oben allmählich ausweitet. Er muss gleichzeitig die volle Unterstützung von oben genießen. Und die Wahl der PLM-Verantwortlichen sollte weniger durch ihre bisherige Funktion in der Technik bestimmt sein als durch ihre Fähigkeit, abteilungsübergreifend, bereichsübergreifend und interdisziplinär zu denken und alle Betroffenen an den Tisch holen zu können. Ihre praktikablen und vorausschauenden Ideen zur konkreten Gestaltung des PLM-Konzeptes sind wichtiger für das Unternehmen als die Fähigkeit, eine Datenbank zu organisieren. Dafür werden diese Verantwortlichen die richtigen Mitarbeiter schon auswählen.

Der Vorteil des Kleinen Und was im vorigen Kapitel bereits eingehender erläutert wurde, gilt besonders auch für die Ausweitung des PDM-Einsatzes im Rahmen einer PLM-Strategie. Der Mittelstand und seine kleinen und mittleren Unternehmen in allen Industriesparten haben hier einen großen Vorteil, der sie in etlichen Fällen bereits an den großen Konzernen vorbeiziehen lässt – was die Reife ihrer PLM-Ansätze und deren Realisierung betrifft: Sie sind flexibler, haben weniger Altlasten, können Nägel mit Köpfen machen, ohne jahrelange und immens teure Umstiegsstrategien.

CAD ist nicht das Problem. Wenn ein Automobilkonzern – wie im November 2010 im Fall der Daimler AG geschehen – beschließt, hinsichtlich CAD und PDM neue Wege zu gehen, dann sind Tausende von Arbeitsplätzen betroffen. Ein mehrjähriger Migrationsprozess wird sorgfältig geplant und in wohl vorbereiteten Stufen umgesetzt. Kein Hehl machen IT-Manager der großen Automobilhersteller daraus, dass es inzwischen ein weitaus kleineres Problem ist, ein CAD-System zu wechseln, als hinsichtlich der PLM-Strategie umzusteigen. PLM betrifft nicht nur ein Vielfaches an Arbeitsplatz-Installationen. Die Auswirkungen auf die gesamten Unternehmensprozesse sind auch wesentlich dramatischer, wenn hier etwas nicht funktioniert.

Das Unternehmen mit 500 Mitarbeitern, von denen vielleicht 150 im Engineering beschäftigt sind, kann es in Sachen von PLM wagen, Gesamtkonzepte aufzustellen, von denen die Verantwortlichen in den Großkonzernen nur träumen können. In dem familiengeführten Haus gilt die Entscheidung der Unternehmensleitung, und sie lässt sich auch rasch umsetzen. Ebenso rasch zeigt sich hier auch, ob die Entscheidung richtig war.

4 Produkte werden zu Systemen

Einige Jahre war der Begriff Mechatronik in aller Munde. Gerade macht sich eher eine gewisse Ernüchterung, um nicht zu sagen Ermüdung, breit. Ist über dieses Thema nicht endlich alles gesagt? Hat sich irgendetwas geändert durch all die Vorträge, Kongresse und Initiativen zur Mechatronikentwicklung in den letzten Jahren? Es wäre fatal, wenn die erste große Aufmerksamkeit für das Thema in ihr Gegenteil umschlagen würde. Denn nichts ist erledigt. Im Gegenteil. Es geht erst richtig los. Nur der Begriff ist leider mehr als unglücklich.

Unglücklicher Begriff Mechatronik

Mechatronik ist ein Kunstwort, das 1969 – so ist es in Wikipedia nachzulesen – von der japanischen Firma Yaskawa Electric Corporation aus den beiden Bestandteilen Mechanik und Elektronik geprägt wurde und seinen Ursprung in der Feinmechanik hatte. Erst später kam die Informatik als drittes Kernelement hinzu, das allerdings keine Berücksichtigung mehr im Namen gefunden hat.

Die Informatik fehlt.

Heute darf man davon ausgehen, dass bereits wenigstens ein Viertel aller Produktwertschöpfung durch die Informatik bestimmt ist. Mit offensichtlich immer noch stark steigender Tendenz, während der Anteil vor allem der Mechanik weiter sinkt. Noch dramatischer sieht es aus, wenn man nicht auf den Wertschöpfungsanteil, sondern auf die Innovation fokussiert. Man hat den Eindruck, dass überall geradezu Wunder von der Informatik erwartet werden. Vor allem das Wunder, durch Ersetzen von Mechanik oder Elektrotechnik durch Software und Elektronik aus einem veralteten Produkt einen innovativen Marktrenner zu zaubern.

Wundermittel sind soft.

Diesen Megatrend gibt der Begriff Mechatronik überhaupt nicht wieder. Und die Debatten der letzten Jahre gingen vielfach ebenfalls am eigentlichen Thema vorbei. Zwei Aspekte sind es, die unsere höchste Aufmerksamkeit verdienen und zu denen wir möglichst rasch Lösungsansätze finden müssen. PDM und erst recht PLM spielen dabei eine wichtige Rolle. Die beiden Aspekte sind: Erstens: Das alte Produkt aus dem Mechanik-Zeitalter ist ein Auslaufmodell. An seine Stelle tritt das System. Und zweitens: Zur Entwicklung von Systemen braucht die Industrie andere Entwicklungsmethoden, Modelle und Werkzeuge als für die Produkte des letzten Jahrhunderts. Sie müssen interdisziplinär ausgerichtet sein.

Auslaufmodell Mechanik

4.1 Systeme sind anders

Die Gesamtheit von Elementen und ihre Wechselwirkung

Der Begriff System stammt aus dem Griechischen (σύστημα, gesprochen sýstema). Er bezeichnet nach Wikipedia ganz allgemein „eine Gesamtheit von Elementen, die so aufeinander bezogen sind und in einer Weise wechselwirken, dass sie als eine aufgaben-, sinn- oder zweckgebundene Einheit angesehen werden können und sich in dieser Hinsicht gegenüber der sie umgebenden Umwelt abgrenzen. Systeme organisieren und erhalten sich durch Strukturen. Struktur bezeichnet das Muster (Form) der Systemelemente und ihrer Beziehungsgeflechte, durch die ein System entsteht, funktioniert und sich erhält."

Systemisch denken

Es gibt eine ganze Systemtheorie, die sich mit diversen Arten von Systemen, ihrer Gestaltung und ihrem Verhalten beschäftigen. Systeme gibt es in der Natur, in der Gesellschaft und ihren vielfältigen Ausformungen von der Politik bis zur Wirtschaft, es gibt sie in verschiedenen Fachdisziplinen, und es gibt sie in der Technik. Obwohl sich viele Fragen, die in der Systemtheorie behandelt werden, durchaus auch auf das technische System beziehen, mit dem wir uns hier befassen – in den Debatten um technische Systementwicklung spielt systemisches Denken und Systemtheorie leider nur höchst selten eine Rolle. Vielleicht ändert sich das in den kommenden Jahren. Es würde nicht zuletzt der Qualität der Systementwicklung und ihrer Resultate, der technischen Systeme selbst, zugutekommen.

Uns interessiert hier vor allem das technische System, zu dem nach und nach fast alle Arten von Produkt mutiert sind. Es lässt sich nicht mehr so einfach begreifen wie ein Klappmesser. Es ist hoch komplex, selbst wenn es nur ein paar Zentimeter groß ist. Die Geometrie, die Konstruktion, die Gestalt – das ist nicht mehr ausschlaggebend und verkaufsentscheidend.

Wo Hebel rasten

Das alte Produkt – es ist nebenbei erst 15 Jahre her, dass diese Art von Produkt der letzte Schrei war – das alte Produkt wurde entworfen, gezeichnet oder modelliert, als Prototyp gebaut, ausprobiert und getestet und schließlich verkauft. Die mechanische Ausgereiftheit war das Qualitätssiegel; die Oberfläche und das Aussehen zogen Käufer an; das Funktionieren konnte man hören beim Einrasten von Hebeln und Verschlüssen; und wenn man es fast nicht mehr hören konnte wie bei einem leisen Getriebe eines gehobenen Mittelklassewagens, dann hatten die Ingenieure besonders gute Arbeit geleistet.

Funktion, Funktion

Das neue Produkt, das System, kommt äußerlich unauffällig daher; unterscheidet sich manchmal gar nicht von einem alten Produkt oder auch von dem Vorgänger am Markt; seine mechanische Funktion ist nicht unbedingt wichtig, und wenn, dann hängt sie unter Umständen hauptsächlich von der Funktion der Elektronik oder Informatik ab; es hat eine Unmenge von Funktionen und Funktionalitäten, die es noch nie gab und die mechanisch gar nicht zu realisieren wären; es sind vor allem diese Funktionen, die heute als Innovation anerkannt und bezahlt werden. Und sie sind es, die den Käufer anlocken.

Es gibt Systeme und Systeme.

Auch in der Technik und im Engineering gibt es allerdings zahlreiche Arten von Systemen, und deshalb ist es immer ratsam, sich darüber zu verständigen, was man jeweils im Auge hat. Die unterschiedliche Art von Systemen führt nämlich zu sehr unterschiedlichen Methoden in ihrer Gestaltung und Behandlung. In unserem

Zusammenhang gibt es mehrere Arten technischer Systeme, die wir näher betrachten müssen, weil sie in Zusammenhang mit der Entwicklung von Produktsystemen wichtig sind.

4.1.1 Informatiksysteme

Am geläufigsten ist uns der Begriff System seit einigen Jahrzehnten aus der Informatik. Wir arbeiten mit Computern, die ein bestimmtes Betriebssystem haben. Natürlich sind den Ingenieuren heute 3D-Systeme ebenso vertraut wie das Textsystem oder auch das PDM-System, wobei der Begriff in diesen Fällen für eine Standardsoftware steht, die als digitales Werkzeug für eine bestimmte Aufgabe zum Einsatz kommt. Und es gibt eingebettete Systeme (embedded systems), die der Endanwender nie direkt nutzt, sondern immer nur mittelbar über zwischengeschaltete Bedienelemente.

Eingebettet und Standard

Gleichgültig welche spezielle Art gemeint ist, haben alle Systeme in der Informatik eines gemeinsam: Ihr Kern ist ein Stück Software, ein Programm, das in einer bestimmten Programmiersprache geschrieben, getestet und freigegeben wurde. Da es sich in den seltensten Fällen um ein einziges Programm handelt, sondern um eine gut durchdachte Zusammenfügung von Hauptprogrammen und Unterprogrammen (Subroutinen), in der modernen, objektorientierten Programmierung auch um Klassen von Objekten und deren Instanzen, die in Bibliotheken zusammengefasst werden, sprechen die Informatiker bei diesem Kernelement ihrer Produkte auch bereits vom System.

System = Software

Die Abteilungen der Softwareentwickler sind längst zu einer der zentralen Ressourcen der Industrie geworden. Ohne ihre Systeme funktioniert kaum ein Produkt, ohne ihr Wirken kommt es gar nicht mehr bis zur Fertigungsfreigabe. Und ohne die IT-Systeme in heutigen Produkten könnten sie auch meist gar nicht mehr bedient werden. Gleichgültig ob es sich um ein Handy, eine Kaffeemaschine oder um eine Werkzeugmaschine handelt. Die Softwareingenieure – denn so sollte man sie eigentlich nennen, auch wenn sie sich selbst häufig nicht als Ingenieure sehen – unterscheiden sich in vieler Hinsicht von anderen Ingenieuren.

Software-Engineering

Sie haben eine eigene Sprache, in der sie sich über ihre Programme und deren Entwicklung verständigen. Das Fremdwort Artefakt beispielsweise hat in der deutschen Sprache zahlreiche Bedeutungen. Es ist aus den beiden lateinischen Worten ars (Kunst) und factum (Gemachtes) zusammengesetzt und bezeichnet generell etwas, das von Menschenhand gefertigt und nicht natürlich vorgefunden wurde. In der Software hat Artefakt eine völlig andere Bedeutung. Es kann damit „ein kontextabhängiger Teil eines Softwaresystems" oder auch „ein Produkt, das als Zwischen- oder Endergebnis in der Softwareentwicklung entsteht" gemeint sein. Interessanterweise gibt es in Wikipedia elf unterschiedliche Begriffserklärungen vom Artefakt in der Archäologie bis zu jenem in der Fotografie, aber ausgerechnet die beiden Begriffe im Umfeld der Informatik sind rot gekennzeichnet, weil es dazu noch keine erklärenden Seiten gibt. Die Informatiker haben also nicht nur eine eigene Sprache, sie sind möglicherweise auch nicht besonders erpicht darauf, sie anderen zu erklären.

Nix verstaan

Abstrakter geht nicht.	Eine andere Besonderheit ist das Abstraktionsniveau, auf dem sich Informatiker notwendigerweise ständig bewegen. Erst wenn es gelingt, den allgemeinen Zweck einer Software abstrakt zu formulieren, können sie darangehen, sich diesem Zweck mithilfe von Quellcode zu nähern. Deshalb sind Modelle der Informatik oft Blockdiagramme, in denen sehr abstrakt und theoretisch Informationsfluss, Zustand, Wirkzusammenhänge und Verhalten von Elementen eines Softwaresystems dargestellt werden. Dieses Abstraktionsvermögen ist eine besondere Fähigkeit, die übrigens auch für künftige Methoden der Produktentwicklung zunehmende Bedeutung haben wird. Aber es ist den anderen Ingenieuren nicht selten auch so fremd, dass die Softwareleute ihnen deshalb eher etwas unheimlich sind.
Zum Beispiel V-Modell	Die wichtigste Besonderheit in unserem Zusammenhang: Informatiker haben schon sehr früh begonnen, sich über die Gestaltung, die Architektur und das Verhalten ihrer Systeme grundsätzlich klar zu werden. Vieles von dem, was heute über Systementwicklung vorhanden ist an Methoden, Theorien und Modellen – es kommt aus der Informatik. Beispielsweise das V-Modell, eines der Modelle, mit denen versucht wird, die Konzeption, Entwicklung, Detaillierung, Absicherung und Fertigstellung eines Systems darzustellen. Es ist insbesondere diese Besonderheit des methodischen Vorgehens in der Systementwicklung, die einen wichtigen Beitrag leisten kann auch zu den Systemen, bei denen die Software nur eine Rolle neben anderen Disziplinen spielt. Wenn auch eine zunehmend vorrangige.
Nicht übertragbar	Wichtig an dieser Stelle ist aber auch festzuhalten, dass die Methoden, Theorien und Modelle der Informatik keineswegs einfach auf andere Systeme übertragbar sind. Es ist eine irrige Annahme, dass die anderen Fachbereiche sich einfach nur ein Beispiel an der Informatik nehmen müssen, und alles wird gut. So wie die Sprache der Softwarespezialisten von den anderen nicht verstanden wird, so werden auch ihre Modelle und ihr Systemverständnis nicht geteilt und verstanden. Da aber ihre Rolle ständig bedeutender wird, muss hier eine Brücke geschlagen werden.

4.1.2 Regelsysteme

Regeln und steuern	Eine zweite Art von Systemen, denen wir immer häufiger begegnen, sind solche, bei denen Software, Aktoren und Sensoren zusammenwirken, um ein bestimmtes Ziel zu erreichen. Der Sensor misst einen Wert, beispielsweise die Temperatur. Die Software liest den gemessenen Wert aus und entscheidet, ob und wenn ja welcher Aktor anzusteuern ist, um die Temperatur zu senken oder zu erhöhen. Das Ganze ist ein Regelsystem, wie es sie heute überall gibt, vom Kuhstall und anderen Gebäuden bis in die letzten Winkel kleinster Produkte.
Die Nähe zweier Disziplinen	Auf diese Regelsysteme lassen sich manche Methoden aus der Informatik anwenden, und die Elektroniker, die beteiligt sind an der Entwicklung entsprechender Systeme, verstehen sich mit den Informatikern von allen Ingenieuren auch am besten. Beide denken über Logik und Zustände nach und beschreiben ihre Elemente in einer äußerst abstrakten Form.
	Ein wenig näher an der Realität, ein wenig mehr auf dem Boden der Tatsachen sind die Elektroniker dennoch. Sie wollen sehen, ob die Regelung funktioniert, sie wol-

len simulieren oder in Versuchsaufbauten überprüfen, dass das, was in den Blockdiagrammen steht, auch tatsächlich passiert. Ganz so stark wie die Informatiker vertrauen sie nicht auf ihr Abstraktionsvermögen und die Theorie.

Vielfach sind Software-Entwicklung und Elektronik in der Industrie in einem einzigen Fachbereich zusammengefasst. Ihre Zusammenarbeit ist so eng, dass es sich als sinnvoll erwiesen hat, sie auch in einer Abteilung zu organisieren.

4.1.3 Interdisziplinäre Systeme

Die Systeme, die wir mittlerweile am häufigsten antreffen und für die der Begriff Mechatronik in der letzten Zeit geradezu inflationär gebraucht wurde, gehen noch einen Schritt weiter. Sie umfassen alles, was von den diversen Spezialdisziplinen zu einem Produkt beigetragen wird.

Vor allem aber umfassen sie auch die gute, alte Mechanik, die sehr zu Unrecht manchmal als überholte, als aussterbende Disziplin abgewertet wird. Richtig daran ist nur: Das Maschinenwesen und der Maschinenbau-Ingenieur haben ihre absolut und wertschöpfend führende Rolle in der Fertigungsindustrie bereits abgegeben und werden sie auch nicht zurückbekommen. Dementsprechend wird sich auch die Rolle dieser Disziplin innerhalb der Unternehmensorganisation verändern. Die Maschinenbauer müssen lernen, als eine Disziplin neben anderen ihren Beitrag zu leisten. Dafür müssen sie auch – ganz besonders in den großen Konzernen – Macht abgeben.

Wenn die Mechanik dazukommt

Nicht richtig ist, dass die Mechanik unwichtig geworden ist. Wie multidisziplinäre Systeme funktionieren, damit auch, wie erfolgreich sie sich als Produkt am Markt behaupten – das hängt auch in Zukunft in sehr vielen Fällen nicht zuletzt davon ab, dass die Mechanik den richtigen Rahmen, die richtige Beweglichkeit, die richtigen Maschinenbau-Elemente liefert. Theoretisch mag ein Softwaresystem perfekt sein. Ohne die Kenntnis der physikalischen Möglichkeiten, ohne den Sachverstand des Mechanikers wird auch das beste System nur Theorie bleiben.

Von wegen Nebensache Mechanik

Nicht richtig ist auch, dass die Mechanik nichts beizutragen hätte bezüglich der Entwicklungsmethodik solcher Systeme. Während die anderen Disziplinen Logik, Funktion und Verhalten in abstrakter Form modellieren – was dem Maschinenbau fehlt! –, haben die Maschinenbauer gelernt, räumliche, für jedermann verständliche Modelle ihrer Konstruktionen zu erstellen. Und noch mehr: Sie haben es gelernt, die Strukturen ihrer Produkte so zu managen, dass selbst die komplexesten Maschinen und Konsumgüter geradezu spielerisch zu versionieren und zu verwenden sind. Was in diesem Buch behandelt wird, das Management der Produktdaten über den gesamten Lebenszyklus, es kommt schließlich aus der Mechanikkonstruktion. Und hier haben andere Disziplinen Nachholbedarf. Hier können die anderen lernen.

Was man von den Maschinenbauern lernen kann

Das Entscheidende aber ist, dass künftige Produkte nicht mehr denkbar sind als das Werk einer Disziplin. Sie setzen sich zusammen aus Elementen, die aus den verschiedensten Fachbereichen kommen. Der Erfolg eines Produktes ist nicht mehr das Ergebnis der optimalen Arbeit einer Disziplin, sondern das Ergebnis optimaler Zusammenarbeit aller Disziplinen. Das verschiebt nicht nur die Rollen, die

Jeder für sich ist OUT.

die Fachbereiche spielen, es verlangt neue Organisationsstrukturen, eine neue Kultur und ein anderes Verständnis von Produktentwicklung, als es heute in den meisten Ingenieurbereichen anzutreffen ist.

4.2 Systementwicklung ist anders

Die physische Nähe

Bei einem der alten Produkte kam es vor allem darauf an, dass alles zueinander passte, ineinander passte, dass jedes Teil, jede Komponente mit dem angrenzenden die gewünschte Funktion erfüllte. In der alten Mechanik hatte jedes Teil einen physischen Bezug zum nächsten, und wo keine physische Beziehung existierte, da hatten die Teile auch keinen Einfluss aufeinander. Welch ein Unterschied zu den heutigen, multidisziplinären Systemen!

Alles mit jedem

Hier spielt es überhaupt keine Rolle mehr, welche physischen Zusammenhänge gegeben sind. Auch wenn zwei Teile oder Komponenten sich nicht berühren und durch nichts miteinander gekoppelt sind, können sie die intensivsten Wirkungen aufeinander ausüben. Nicht einmal das elektrische Signal, das einen Aktor zu einer bestimmten Aktion veranlasst, muss über ein Kabel kommen. Der Raum, ob mit oder ohne Luft, reicht völlig aus. Wenn ein hoch entwickeltes Automobil heute das Signal erhält, dass der Abstand zum vorausfahrenden Fahrzeug zu gering zu werden droht, kann vieles passieren: Das Mindeste ist die Warnung des Fahrers, aber ebenso möglich ist das Verlangsamen des Fahrzeugs, sodass der Mindestabstand gehalten wird, oder sogar die Vollbremsung.

Produkt und Dienstleistung

Systeme, wie sie heute in nahezu allen Industriezweigen entwickelt werden, zeichnen sich noch durch eine andere Besonderheit aus: Sie motivieren durch ihre Möglichkeiten dazu, das eigentliche Produkt zu ergänzen um diverse Arten von Dienstleistung. Bis dahin, dass das Produkt nur noch der Träger der Dienstleistung ist, das gar nicht mehr verkauft wird. Das kann bei einer Maschine ebenso funktionieren, wie es heute schon beim Handy funktioniert.

Passt das System zum Systemgedanken?

Es wäre fatal, wenn die Industrie, die hierzulande bislang besonders gut mit den neuen Möglichkeiten der Systeme gewirtschaftet hat, keine Wege fände, auch in Zukunft ihre Nase vorn zu haben. Das aber wird nur möglich sein, wenn die Entwicklungsmethoden, Werkzeuge und Modelle, wenn auch die Organisationsstruktur und die Kommunikation und Zusammenarbeit zwischen den Disziplinen so umgestaltet wird, dass alles zum System passt. Bisher wurde hier mehr mit der Hand am Arm gearbeitet, mit den alten Methoden, mit den alten Strukturen und häufig mit all zu wenig Kommunikation. Das muss sich ändern, und auch dabei wird sich die Frage stellen, wie gut das Datenmanagement zum System passt. Wie gut werden seine Möglichkeiten im Sinne einer interdisziplinären Systementwicklung genutzt? Oder: Hat der Gedanke der Systementwicklung bereits genügend Eingang gefunden in das PLM-Konzept des Unternehmens, oder steht dabei die Mechanik noch zu stark oder gar ausschließlich im Vordergrund?

Welches sind die zentralen Gesichtspunkte, unter denen sich Systementwicklung von herkömmlicher Produktentwicklung unterscheidet? Was macht die Vorgehensweise aus, für die sich heute branchenübergreifend der Begriff Systems Engineering durchgesetzt hat? Das sind im Wesentlichen diese drei Punkte: 1.) Es gibt eine Systemarchitektur, die nicht mehr identisch ist mit der Produktstruktur. 2.) Es müssen Modelle und Methoden gefunden werden, die die Synchronisation der verschiedenen Fachdisziplinen unterstützen. 3.) Und die Simulation der Systemfunktion wird wichtiger werden als die Simulation einzelner Komponentenfunktionen. Alle drei müssen künftig bei der Implementierung von PDM und der Definition der PLM-Strategie berücksichtigt werden.

Was wird anders?

4.2.1 Systemarchitektur

2009 nahm ich an einem Gespräch von PLM-Verantwortlichen und technischen IT-Leitern während eines PLM-Kongresses teil, in dem es um Mechatronik ging. Klar war, dass sich etwas ändern muss in der Produktentwicklung. Aber was? Einer der Gesprächsteilnehmer äußerte sich sinngemäß so: „Wir müssen die Softwareleute endlich dazu bewegen, dass sie unsere Produktstruktur annehmen und sich da einklinken. Wir sind so weit gekommen in den letzten Jahren. Aber die Software ist immer noch Außenseiter."

Die Software einbeziehen?

Man kann verstehen, was sich da abspielt. In der Tat haben die Mechanik-Ingenieure landauf, landab und quer durch alle Branchen großen Erfolg darin zu verzeichnen, dass sie ihre Produktstrukturen immer besser mit ihren PDM-Systemen abbilden können. Neben der reinen Geometrie der mechanischen CAD-Systeme wurden die E-CAD-Daten integriert. Diverse andere Dokumente unterschiedlichen Ursprungs konnten ebenfalls so eingebunden werden, dass es oft ein Kinderspiel ist, alle Dokumente, die zu einem bestimmten Produktprojekt gehören, per Knopfdruck zu finden. Aber mit der Software funktioniert das offensichtlich nicht so gut. Selten sind Beispiele, wo die Software ebenfalls als Komponente des Produkts auf ähnliche Weise verwaltet und bereitgestellt wird, wie dies mit den Daten der anderen Disziplinen schon häufig Realität ist.

Von wegen integriert

Man kann verstehen, dass sich für viele Verantwortliche die Sache so darstellt, dass die Softwarespezialisten sich nicht integrieren wollen, dass sie sich verweigern. Das dürfte aber nur in den seltensten Fällen zutreffen. Und selbst wo dies der Fall ist, sieht die Kausalkette aller Wahrscheinlichkeit nach anders aus: Weil die im PDM abgebildete Produktstruktur ausschließlich auf die Mechanik gemünzt ist, kann sich die Software hier gar nicht einbringen. Denn Produktstruktur meint nur die physischen Zusammenhänge mechanischer und elektrischer Teile. Nicht das System. Auch das System braucht eine Struktur, aber sie ist nicht identisch mit der des alten Produktes.

Ursache und Wirkung

Die Struktur eines Systems wird in der Regel als Systemarchitektur bezeichnet. Es ist ein Rahmen, der alles umfasst, was zum System gehört: alle Komponenten und Teile, alle Steuerungen und Softwarebausteine, alle Sensoren, Aktoren und was jeweils im konkreten Fall sonst noch dazugehört. Dieser Rahmen stellt Beziehungen zwischen den einzelnen Komponenten her, aber nicht aufgrund ihres Zusammenbaus, sondern als Abbild ihrer tatsächlichen, funktionalen Beziehungen.

Alles muss rein.

Dazu muss die Architektur sowohl die Funktionen der einzelnen Bestandteile berücksichtigen als auch die Wechselwirkungen zwischen ihnen sowie auch die gemeinsamen Funktionen, durch die sich das System schließlich nach außen darstellt. Das ist ein höchst komplexes Unterfangen. Je komplexer das System selbst, das damit abgebildet werden soll, desto komplexer natürlich seine Architektur. Vielfach versucht sich die Industrie an dieser Stelle das Leben leichter zu machen, indem das System einfach auf einer sehr niedrigen Ebene aufgehängt wird. Dann geht es eben nur um ein Steuergerät, nur um das Bediensystem einer Maschine, nur um das Assistenzsystem für die Lenkung, während das ganze Produkt, die ganze Maschine, das Auto selbst nicht als System betrachtet werden. An die Auslegung derart komplexer Systeme trauen sich noch nicht viele heran, und dafür gibt es gute Gründe.

Architekten gesucht

Das Schwierigste daran ist: So etwas brauchte ein ‚normales' Maschinen- und Anlagenbauunternehmen, ein herkömmlicher Fahrzeughersteller noch nie. Woher jetzt das Wissen nehmen, wie so etwas am besten aufzusetzen ist? Genauso problematisch ist, dass es natürlich in der alten Organisation keinen Systemverantwortlichen gab, der dann für die Architektur verantwortlich wäre. Wer also soll dieses Abbild des künftigen Systems zeichnen?

Früher anfangen

Die Komplexität multidisziplinärer Systeme ist auch dafür verantwortlich, dass mit der Auslegung der Systeme und ihrer Architektur begonnen werden muss, bevor das erste Teil in Angriff genommen wird. Denn ohne genaue Erfassung der Anforderungen und dementsprechend exakte Festlegung dessen, was das System und seine Elemente bieten muss, kann ja nicht einmal überlegt werden, für welche Funktion am besten welche Disziplin verantwortlich zeichnen sollte. Prinzipiell kann ja fast jede Funktion auf unterschiedlichste Weise umgesetzt werden. Also braucht die Entwicklung einen Plan, aus dem hervorgeht, welcher Fachbereich, welche Domäne welche Funktion mit welcher Komponente wie realisieren soll. Wünschenswert wäre, dass die Systemauslegung nicht nur vor der eigentlichen Entwicklung zur Verfügung steht, sondern auch während der Entwicklung und noch später bei der Absicherung das Maß aller Entscheidungen ist, wenn sich alle Beteiligten während des gesamten Prozesses darauf beziehen und darüber verständigen können.

Mit der Hand am Arm

Dort, wo schon seit einiger Zeit Systeme entwickelt und gebaut werden, hat man sich zu helfen versucht. Mal macht man den bisherigen Konstruktionsleiter zum Systemverantwortlichen, mal rotiert die Systemverantwortung durch die Domänen. Im einen Fall behilft man sich anstelle einer regelrechten Systemauslegung mit einem Lastenheft, das nun eben Systemlastenheft heißt und ist. Im anderen nutzt man alte Systeme, mit deren Hilfe sich die Funktionen abbilden und den betreffenden Komponenten zuordnen lassen.

Auch Subsysteme sind Systeme.

Tatsache ist, dass dieser erste und wichtigste Abschnitt der Systementwicklung, die Auslegung oder der Entwurf der Systemarchitektur, heute ohne allgemein anerkannte Methodik lebt. Und meist ohne IT-Unterstützung, denn die meisten Standardsysteme sind für die Unterstützung der Fachbereiche entwickelt worden, nicht für die übergeordnete Konzeptphase. Das Verlagern der Herausforderung Systemauslegung auf die Ebene von Subsystemen ist dabei keine Lösung, denn auch für die Subsysteme braucht es Methode. Gleichgültig, wie klein sie sind.

PDM kann hier eine wichtige Rolle spielen. Der Produktlebenszyklus – oder besser Systemlebenszyklus – beginnt ja mit Idee und Konzept, nicht erst mit der Detaillierung. Warum also nicht mit der Sammlung der Anforderungen und gewünschten Funktionen beginnen? Und zwar in einer Form, dass die gesammelten Informationen allen an der späteren Entwicklung beteiligten Bereichen zur Verfügung stehen?

4.2.2 Systemmodell

Modelle zur Unterstützung der industriellen Entwicklung gibt es viele; vom 3D-Modell der Mechanik über den Schaltplan der E-Technik bis zum Ablaufplan eines Informatikprogramms. Ein Modell, das die interdisziplinäre Entwicklung von Systemen unterstützt, gibt es heute nur in der Forschung und in Pilotprojekten. Es gibt auch keine einhelige Meinung darüber, wie ein solches Modell aussehen soll. Einigkeit herrscht nur darüber, dass es hilfreich wäre. Und einige Vorstellungen gibt es, welche Anforderungen es erfüllen sollte.

Was für ein Modell?

Ein Systemmodell sollte im Grunde genommen ein Abbild der Systemarchitektur sein, also ein Modell des künftigen Systems. Dazu müsste es alle Sichten auf das System zulassen und darstellen können. Die Gestalt oder Geometrie ist so eine Sicht, aber eben nur eine. Eine andere ist die Logik, eine dritte die Verbindung von Funktion und realisierender Komponente. Es sind zahlreiche Sichten, und zwischen ihnen gibt es zahlreiche Überlappungen. Wie dies umgesetzt werden kann, ist noch nicht klar.

Ein System braucht viele Sichten.

Außer der Abbildung der Systemarchitektur einschließlich aller Funktionen sollte ein Systemmodell in der Lage sein, den verschiedenen Fachdisziplinen bei der Abstimmung ihrer Teilergebnisse eine Stütze zu sein. Die fehlende gemeinsame Sprache der Entwicklungsteams könnte zumindest teilweise durch ein solches Modell ersetzt werden. Ein Bild sagt mehr als tausend Worte. Wenn es gelingt, ein Modell zu schaffen, das mehr sagt als die Freigabeprotokolle der Teilentwicklungsergebnisse, wäre es wertvoller als tausend Bilder von Teilergebnissen.

Synchronisation ist alles.

Eine Möglichkeit besteht in der Verknüpfung der verschiedenen Modelle aus den einzelnen Fachbereichen, die ja schon existieren und dort jeweils gute Dienste leisten. Der Nachteil ist, dass diese Modelle eben nur von den jeweiligen Fachdisziplinen verstanden werden, nicht aber von den anderen.

Muss es ein räumliches Modell sein? Oder genügt die verbale Beschreibung des Systems, vielleicht verknüpft mit der passenden grafischen Veranschaulichung? Auch diese Frage wird durchaus kontrovers diskutiert. Ein 3D-Modell, angereichert durch die Intelligenz aus Informatik und Elektronik, hätte den großen Vorzug, dass es für den Maschinenbau-Ingenieur ansprechend und verständlich wäre.

Der Vorzug von 3D

Noch eine wichtige Frage, die einer praktikablen Antwort harrt: Muss das disziplinübergreifende Modell dynamisch, also ausführbar sein? Soll es sich grundsätzlich für die Simulation der Systemeigenschaften eignen? Oder besser: Wie kann über

Simulation macht den Unterschied.

Systemmodelle sichergestellt werden, dass Systeme schon vor ihrer Fertigstellung weitgehend ausgetestet sind? Und wo im Prozess der Systementstehung sollte damit begonnen werden?

4.2.3 Die Funktion simulieren!

Funktion, bitte vortreten

Der wichtigste Unterschied zwischen multidisziplinären Systemen und herkömmlichen mechanischen Produkten liegt darin, dass gegenüber der Geometrie, den Abmessungen und physischen Strukturen die Funktion in den Vordergrund tritt. Was das System kann, ist entscheidend. Und die wichtigsten Treiber der Funktionen sind die Informatikbausteine, die keine Geometrie haben, keine Gestalt und kein Gewicht – wenn man von dem des Gehäuses eines Steuergerätes absieht.

Grob und spielerisch

Die Funktion ist die Antwort auf die Anforderung, wie sie bei der Auslegung des Systems erfasst wurde. Am besten wäre es deshalb, schon in der Konzeptphase, schon während der Auslegung der Systemarchitektur in der Lage zu sein, die Funktion zu testen. Ein einfaches Modell mit grober Granularität, das mit einfachen Mitteln und ohne große Spezialkenntnisse aufgebaut werden könnte, würde erlauben, schon in dieser frühen Phase Alternativen der Realisierung durchzuspielen. Es wäre hilfreich für die Entscheidungsfindung, welche Disziplin welche Funktion wie umsetzen soll.

Funktionsmodell

Dazu bedarf es keiner fertigen Detailmodelle aus dem CAD-System, es genügen Regelkörper. Es bedarf auch keiner komplexen Berechnungs- und Simulationsprogramme. In dieser frühen Phase wäre eine eher grobe Simulation völlig ausreichend. Aber die reine Geometrie reicht nicht aus. An die Stelle des 3D-Modells aus der Mechanik – das im Übrigen auch erst in der Produktentwicklung entsteht und nicht schon in der Konzeptphase – tritt ein funktionales Modell, das das Verhalten und die Eigenschaften des konzipierten Systems simulieren kann.

Functional Mock-up

Und an die Stelle des Digital Mock-up, das sich als wichtigstes Modell in der Mechanik-Entwicklung durchgesetzt hat, tritt ein Functional Mock-up. Dabei handelt es sich dann um ein ausdetailliertes Modell, das bereits die fertigen Modelle der Komponenten aller Disziplinen beinhaltet. An ihm muss simuliert werden können, ob die Entwicklung tatsächlich die geforderte und in der Systemauslegung definierte Funktionalität liefert oder nicht.

Neue Durchgängigkeit

Besonders nützlich wäre es, wenn zwischen dem funktionalen Modell aus der Konzeptphase und dem Functional Mock-up der Entwicklung und Absicherung eine regelrechte Durchgängigkeit existiert. Wenn sozusagen die Modelle der unterschiedlichen Entwicklungsphasen ausgetauscht werden und sich ihre Granularität verfeinert, wenn die Berechnungs- und Simulationssysteme genauer rechnen und simulieren – aber ein unmittelbarer Vergleich zwischen der frühen und der späten Simulation möglich ist.

4.3 PDM als Dreh- und Angelpunkt, PLM als strategischer Rahmen

Wie auch immer die Modelle aussehen, mit denen künftig Systementwicklung unterstützt wird; wie auch immer die Funktionen des Systems und seiner Komponenten in der Zukunft simuliert werden – dass PDM und PLM bei der Unterstützung interdisziplinärer Systementwicklung eine zentrale Rolle spielen werden, liegt auf der Hand.

Je wichtiger die Synchronisation der verschiedenen Fachbereiche wird, desto wichtiger wird auch die Kommunikation zwischen ihnen. Je wichtiger die Kommunikation, desto entscheidender wird, dass alle im Team zum selben Zeitpunkt auf dieselben Informationen Zugriff haben.

Ohne Kommunikation keine Abstimmung

PDM geht in eine neue Phase. Es ist zwar nichts Neues, dass eigentlich alle Daten aus der Produktentwicklung zentral damit verwaltet werden sollten. Aber gängige Praxis ist es eben nicht. Vielfach werden Datenmanagementsysteme parallel in den verschiedenen Domänen unterhalten. Dass ihre Daten in einem System zusammengeführt werden, ist noch keineswegs die Regel.

PDM interdisziplinär

Und PLM geht in eine neue Phase. Nachdem entsprechende Konzepte bereits geholfen haben, zwischen Produktentwicklung und Produktion, zwischen Technik und nichttechnischen Bereichen Brücken zu schlagen, wird es nun immer häufiger auch Strategien geben, die dieselbe Brücke nutzen, um bisher streng separierte Inseln innerhalb der Entwicklung selbst zu verbinden.

Domänenbrücke PLM

Und genauso, wie sich dasjenige Unternehmen einen Wettbewerbsvorsprung verschafft hat, mithilfe einer PLM-Lösung besser als andere die verschiedenen Unternehmensbereiche miteinander zu verknüpfen, so verschaffen sich die Unternehmen einen Abstand zur Konkurrenz, die es besser verstehen, PLM auch dazu zu nutzen, die Interdisziplinarität zu beherrschen, statt sich davon beherrschen zu lassen.

Ein herausragendes Beispiel hierfür bietet ein sehr junges Unternehmen, das von einem sehr alten Maschinenbau-Unternehmen erst 2009 gegründet wurde: die Vossloh Kiepe Main Line Technology.

4.4 Interdisziplinäres Konfigurationsmanagement

Die Firma Eduard Vossloh wurde 1888 im westfälischen Altena, unweit von Lüdenscheid, ins Firmenregister eingetragen. Der Schmied Eduard Vossloh hatte sein Geschäft begonnen mit einem erfolgreichen Angebot an die Königlich Preußische Eisenbahn zur Herstellung von Federringen für die Schienenbefestigung. 2010 war

Altes Haus, global erfolgreich

die Vossloh-Gruppe mit mehr als 70 Gesellschaften – Vossloh Kiepe ist eine davon – in mehr als 30 Ländern in Sachen Bahn-Infrastruktur und Bahntechnik erfolgreich tätig. 4.700 Mitarbeiter erwirtschafteten 2009 einen Konzernumsatz von 1,2 Milliarden Euro, 89 Prozent davon außerhalb Deutschlands, 27 Prozent außerhalb Europas.

Spannende Sache

Das in Düsseldorf neu gegründete Unternehmen Vossloh Kiepe Main Line Technology hat die Aufgabe, Stromrichter zu entwickeln. Sie werden benötigt, um die konstant hohe Eingangsspannung aus den Oberleitungen in variable Ausgangsspannung zu verwandeln, wie sie jeweils für die Achsantriebe von Schienenfahrzeugen benötigt wird. Das erste größere Projekt war ein Stromrichter für die erste dieselelektrische Lokomotive von Vossloh. Dr. Dietmar Kulka, Leiter Entwicklung, hat uns erläutert, welche Rolle das Produktdatenmanagement spielt.

Das System Stromrichter

Stromrichter sind hochkomplexe multidisziplinäre Systeme. Bei Vossloh werden diese Systeme so modular entwickelt, dass sie konfiguriert werden können, wie in anderen Unternehmen mechanische Komponenten etwa einer Maschine konfiguriert werden. Nur eben mit dem kleinen Unterschied, dass hier die Konfiguration alles umfasst, das letztlich im Endprodukt steckt. Einschließlich der Software. Für dieses Konfigurationsmanagement nutzt das kleine, schnell wachsende Unternehmen PRO.FILE.

Was dazugehört

Zu einer Konfiguration gehören unter anderem:

- 3D-Modelle, Baugruppenstrukturen und Stücklisten aus Pro/ENGINEER
- Stromlaufpläne, Verbindungslisten und Bibliothekselemente aus Elcad
- Ausführbare, zu Softwaresystemen zusammenzusetzende Softwaremodule
- Zahlreiche weitere zu einem Projekt gehörende Dokumente unterschiedlichster Art, von der Anforderungsspezifikation über das Lastenheft bis zum Serienprüfprotokoll und zum Kompatibilitätsnachweis

Für jedes Element einer Konfiguration kann exakt nachgewiesen werden, welche Version dahintersteckt. Durch eine Zusatzentwicklung wurde sichergestellt, dass per Knopfdruck herauszufinden ist, worin genau die Änderung zwischen einer Komponente mit der Revisionsnummer 2 und der mit der Revisionsnummer 3 besteht, auch bei einem Softwarebaustein.

Der Quellcode ist lebendig.

Im Unterschied zu manch anderer PDM-Implementierung, die Software bestenfalls als fertige Komponenten – also wie ein Bauteil – berücksichtigt, sieht das bei Vossloh ganz anders aus. Der Anwender kann bei Bedarf über das PDM-System nicht nur sehen, welcher Softwarebaustein für ein bestimmtes Produkt konfiguriert wurde. Er kann den Quellcode aus PRO.FILE heraus auch öffnen, editieren und in einer neuen Version speichern, so wie andere ein 3D-Modell aus dem System heraus aufrufen, öffnen, editieren und versionieren. Und er kann tatsächlich aus dem PDM heraus den neuen Quellcode auch kompilieren und damit in ein lauffähiges Programm umwandeln.

Das Glück der grünen Wiese

All das, so Dr. Kulka, funktioniert mit einem Komfort, der extrem wenige Klicks benötigt, was natürlich für die Akzeptanz eines entsprechenden Vorgehens von erheblicher Bedeutung ist. Auf die verwunderte Frage, warum hier funktioniert, was anderswo offenbar oft an der mangelnden Kooperation zwischen den Disziplinen scheitert, antwortete er: „Wir hatten das Glück, quasi auf der grünen Wiese anzufangen. Es gab keine eingeführten Strukturen, keine Altsysteme einzelner Domänen, die zu verteidigen gewesen wären. Die bekannt hohen Anforderungen an die umfangreiche Dokumentation eines Zulassungsprozesses für Bahnfahrzeuge führten ebenfalls zu einer hohen Akzeptanz des ganzheitlichen Ansatzes. Deshalb konnten wir uns darauf konzentrieren, möglichst wenige Systembrüche zu haben und alle Daten, die zu einem System gehören, auch gemeinsam zu verwalten. Auch für das Projektmanagement werden wir PRO.FILE nutzen."

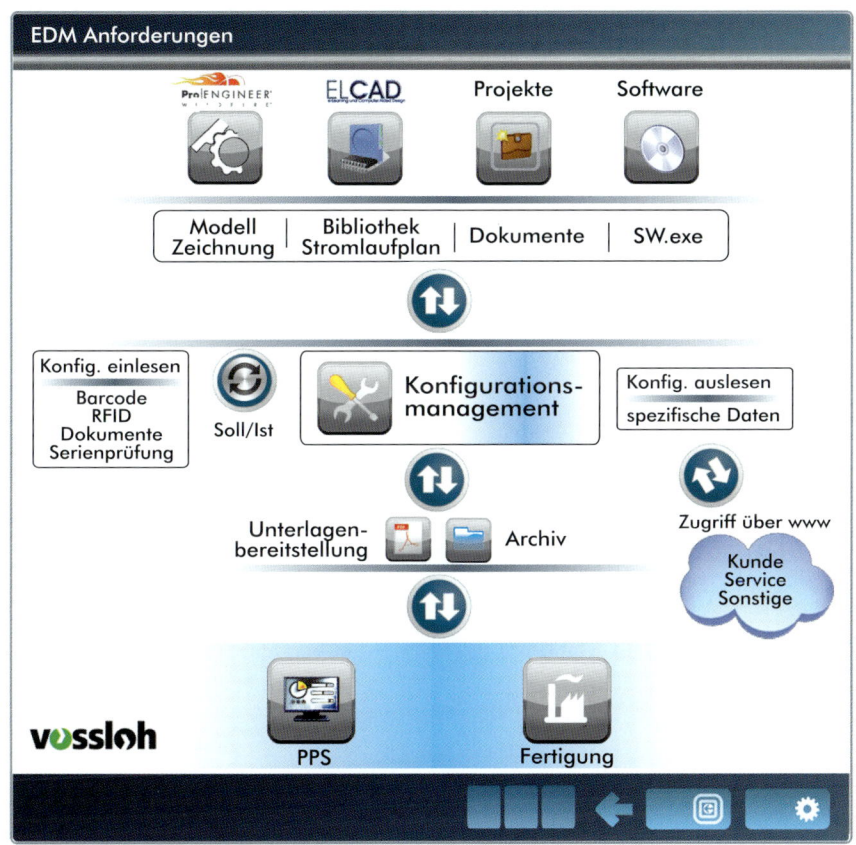

Bild 4.1 Mit PRO.FILE realisiertes Konfigurationsmanagement für multidisziplinäre Systeme

Vorbild Vossloh

Das junge Unternehmen zeigt, was die alten vor sich haben können, wenn sie es schaffen, ihre Strukturen den aktuellen Herausforderungen anzupassen und moderne IT-Werkzeuge so zu nutzen, wie es für die Systementwicklung nützlich ist. Bereits im Jahr nach der Gründung konnte das Haus vermelden: „Die 2009 gegründete Vossloh Kiepe Main Line Technology GmbH (VKM) hat die geforderte Prozessoptimierung und -dokumentation erfolgreich umgesetzt und ist nach dem „International Railway Industry Standard" (IRIS) zertifiziert worden. VKM absolvierte die von der DQS GmbH gemäß IRIS durchgeführte Zertifizierung erfolgreich im Juli 2010."

5 Die Zukunft hängt an der Produktentstehung

Warum hat sich das Kürzel PLM – stellvertretend für die gesamte technische Informationstechnik – innerhalb weniger Jahre so in den Vordergrund geschoben? Warum glauben viele Marktbeobachter und Analysten, dass sich hier gerade etwas abspielt, das möglicherweise mit der Durchsetzung von ERP als Standard-Werkzeug in allen Fragen des betriebswirtschaftlichen Managements von Unternehmen verglichen werden muss?

Oberwasser für PLM

Ein Teil der Antwort ist relativ einfach und wohl auch wenig strittig: Nachdem beinahe alle Geschäftsprozesse mithilfe von ERP-Software standardisiert worden sind, was sich die Industrie und andere Bereiche der Wirtschaft viel Geld haben kosten lassen; nachdem vor allem in der jüngsten Krise verschärft darüber nachgedacht wurde, wie mit weniger Investment mehr Produktivität erreicht werden kann; und nachdem auf der Seite der Produktion nur noch relativ wenig in dieser Hinsicht zu holen war – da stellte sich heraus, dass die technische IT über viele Jahre ein ziemliches Schattendasein geführt hat und dass auf dieser Seite noch eine Menge Potenzial zu heben ist.

Nicht mehr viel zu holen

Deshalb haben IT-Verantwortliche wie der CIO von Knorr-Bremse Clemens Keil, die man gewöhnlich nicht auf PLM-Veranstaltungen sah und hörte, dieses Thema entdeckt. Er sagte in der Keynote der Product Life live 2010: „Wir haben in den letzten 20 Jahren viel Geld in ERP investiert. Dagegen steht PLM auf der Agenda der meisten CIOs keineswegs weit genug oben. Bei uns zum Beispiel geht nur 14 Prozent des IT-Budgets in diese Themen. Das entspricht überhaupt nicht dem Potenzial, das darin steckt." Und während insgesamt das IT-Budget auch bei Knorr-Bremse halbiert wurde, gab es in Richtung PLM eine deutliche Aufstockung.

Die Agenda des CIO

Dies ist aber nur ein Teil der Antwort. Der andere Teil ist etwas besser versteckt, und unstrittig ist er auch nicht. Denn dabei geht es um ein Kulturproblem. Und um viel Politik – zumal eine Lösung nicht zuletzt tatsächlich auch die Politik fordert. Dieser Teil der Antwort lautet: Es ist nicht nur so, dass hinsichtlich der Produkt- oder Systementwicklung noch viel zu verbessern ist. Es ist vielmehr so, dass die Zukunft des Standorts Deutschland viel weniger von der Produktion abhängt als vom Engineering! Und das ist in der Tat ein völlig unbekannter Denkansatz. Nicht nur in der Politik. Weder die Menschen im Land denken so, noch die Wirtschaftsstrategen oder selbst die Ingenieure. Die einen, weil sie es nicht besser wissen und verstehen. Die anderen, weil sie schon immer viel zu bescheiden waren, als dass sie ihre Bedeutung betont hätten.

Produkt braucht Produktentwicklung.

5.1 Der Vorteil von Serienfertigung und Automatisierung

Als das Auto vom Band rollte

Den Grundstein für den wirtschaftlichen Erfolg Deutschlands in der zweiten Hälfte des 20. Jahrhunderts, die Basis für das Wirtschaftswunder legte die Übernahme der Methoden der Serienfertigung und Massenproduktion nach US-amerikanischem Vorbild. Insbesondere die Automobilindustrie konnte erst zu einem der wichtigsten Pfeiler der Wirtschaft werden, nachdem sie – dem Beispiel Fords und General Motors folgend – von der Herstellung einzelner Fahrzeuge in der Manufaktur zur Serienfertigung übergegangen war.

Das Werk, das für die Produktion des Käfers gebaut wurde, dann aber für Hitlers Kriegführung stattdessen Kübelwagen produzierte, war nach dem Krieg und der Niederlage der Nazis die Wiege des Aufschwungs. Bis heute ist die Automobilindustrie einer der bedeutendsten Motoren unserer Wirtschaft, und zahlreiche Branchen mit Hunderttausenden von Beschäftigten sind mehr oder weniger von ihr abhängig.

Massenhaft ist der Erfolg.

Das Prinzip der Massenfertigung war der Schlüssel zum wirtschaftlichen Erfolg der Industrie, und zugleich war es die Grundlage unserer Konsumgesellschaft. Es war die Serienproduktion, die Dinge so günstig machte, dass sie sich nicht nur Einzelne leisten konnten, sondern jedermann. Mit den früheren Mitteln der Fabrik aus den Anfängen der Industrialisierung wäre das nicht möglich gewesen. Weder hätte man so genügend Produkte herstellen können, um alle Anfragen zu befriedigen, noch hätte man sie zu einem Preis anbieten können, der für den normalen Bürger erschwinglich war.

Bis es nicht mehr ging.

Fließband, Akkordarbeit, Gruppenakkord – die Älteren unter uns erinnern sich noch daran, wie diese Begriffe das wirtschaftliche Denken und Handeln in den Sechziger- und Siebzigerjahren bestimmten. Gesucht wurde nach Möglichkeiten, die menschliche Arbeitskraft maximal zu nutzen, um so schnell wie möglich Teile zu fertigen und zusammenzubauen. So einfach wie möglich mussten dazu die Arbeitsschritte werden. Die Arbeitsteilung steuerte auf ihren Höhepunkt zu. Wie einfach muss ein Arbeitsgang sein, damit er mit der größten Geschwindigkeit erledigt werden kann? Und wie abwechslungsreich muss er bleiben, damit die ständige Wiederholung nicht selbst wieder bremsend wirkt?

Menschenleere Fabrik

Als schier nichts mehr zu vereinfachen war, folgte die nächste Stufe der Massenproduktion. Mithilfe von Maschinen und Anlagen, die in wachsendem Umfang von Computern angesteuert wurden, konnten den Arbeitern immer mehr Arbeitsschritte abgenommen werden. In den Achtzigerjahren machte sich eine regelrechte Angst vor menschenleeren Werkshallen breit. Roboter und automatisierte Produktionsanlagen bestimmten das Bild, nicht nur in der Automobilindustrie und im Flugzeugbau, sondern überall.

Die Grenzen der Automatisierung

Heute sind die Möglichkeiten der Automatisierung noch keineswegs ausgeschöpft. Es können immer noch Arbeiten auf Maschinen und Roboter übertragen werden, und oft ist dies günstiger und beschleunigt die Herstellung. Aber viel Potenzial ist hier nicht mehr zu heben. Im Wesentlichen ist auch dieser Prozess abgeschlossen.

Die immense Verbilligung von Konsumgütern wie etwa Kleidern mancher Handelsketten kommt in den letzten Jahren nicht mehr aus der Automatisierung, sondern aus der Ausbeutung von Kindern und Billigarbeitern in fernen Ländern, in denen es keinen Schutz dagegen gibt wie in Europa.

Gleichzeitig hat sich mit der Durchsetzung des Computers in allen Bereichen des gesellschaftlichen und wirtschaftlichen Lebens jene Änderung vollzogen, die wir im letzten Kapitel beschrieben haben. Innovation kommt nicht mehr in erster Linie aus dem Maschinenbau, sondern aus der Informatik. Ist es ein Wunder, dass der wirtschaftliche Erfolg nicht mehr in erster Linie aus der Fertigung kommt?

5.2 Die Digitalisierung der Produktentstehung

Unmerklich und ganz allmählich hat sich in den letzten dreißig Jahren eine Verschiebung in Richtung Produktentwicklung vollzogen. Die erste Auswirkung der Computerisierung lag keineswegs darin, dass Informatik in die Produkte wanderte. Sie lag in der Tatsache, dass mithilfe von Software andere Teile gefertigt werden konnten. Bei der NC-Programmierung ging es noch vor allem um die Beschleunigung der Bearbeitung. Bei CAD/CAM nicht mehr. Jetzt spielte eine größere Rolle, dass auf der Basis von 3D-Feiformflächenmodellen Oberflächen gefräst werden konnten, die vorher mit keiner Maschine der Welt herzustellen waren. Um nur eines der vielen Beispiele zu nennen für Produktveränderungen, die unmittelbar auf die digitalen Möglichkeiten der Produktbeschreibung zurückzuführen sind. Kein Auto sieht heute mehr aus wie vor 30 Jahren. Und kein Auto von heute wäre mit den Werkzeugen und Methoden von 1980 heute noch zu bauen.

Rein äußerlich ganz anders

Schon damit hat die Verschiebung begonnen. Die neuen Methoden der Produktentwicklung haben dazu geführt, dass die Bedeutung der Entwicklung gegenüber der Fertigung immens angewachsen ist. Nebenbei haben sie natürlich auch dazu geführt, dass die Entwicklungszeit dramatisch gesunken ist. Es war ja vor allem die Entwicklungszeit, die zu Zeiten von Lean Production halbiert wurde. Außerhalb der Engineering-Bereiche hat das kaum jemand mitbekommen. Schon wie die Produkte gefertigt werden, interessiert außerhalb der Fabrik nicht viele Menschen. Aber wie sie entwickelt werden? Das wollen selbst die vielen Menschen innerhalb der Fabrik nicht wissen, die nicht selbst in einer der Ingenieurabteilungen arbeiten. Und die Ingenieure selbst sind fast in jedem Unternehmen in der absoluten Minderheit, selten ist ihr Anteil an den Beschäftigten größer als zehn Prozent, sehr oft kleiner.

Übersehener Bedeutungswandel

Es ist die Sache mit dem Elfenbeinturm, in dem die Ingenieure gewähnt werden. Und in dem sie sich häufig selbst verbarrikadieren, denn sie wollen kreativ sein und neue Lösungen finden, und das kann man am besten, wenn man nicht gestört wird. Das ist eine Kultur, wie wir sie hundert Jahre lang in unseren Unternehmen normal fanden. Mit der Entwicklung hin zu intelligenten Produkten, zu multidiszi-

Intelligentes kommt nicht aus dem Turm.

plinären, softwaregesteuerten Systemen kann diese Kultur nicht mehr aufrechterhalten werden.

Die Community erfindet das Neue.

Es ist nicht mehr der Spezialist, der eine Erfindung macht, sondern die ‚Community', die aus den Mitarbeitern des Hauses, aus Partnern in der Industrie, aber auch aus Kunden und Interessenten besteht. Das Schmiermittel ist nicht mehr die Tusche des technischen Zeichners, sondern die Kommunikation. Und die Kommunikation zwischen den Fachbereichen, wie sie im vorigen Kapitel beschrieben wurde, ist nur ein Teil der Lösung. Der andere ist die Kommunikation zwischen dem Engineering und dem Rest der Welt: zwischen Entwicklung und Fertigung; zwischen Entwicklung und Einkauf oder Vertrieb; zwischen Entwicklung und Ideenmanagement; zwischen Entwicklung und Marketing.

Der Vorsprung ist kein Freifahrtschein.

Derzeit hat unsere Industrie noch die Nase vorn. Unsere Ingenieure haben die Zeichen der Zeit erkannt und nutzen die moderne Informationstechnologie, wo und wie sie können. Maschinen und Anlagen sind vielleicht kopierbar, aber die Intelligenz, die hinter dem Metall steckt, die Veränderung der Geschäftsprozesse durch IT-basierte Dienstleistungen – das Innovative an Produkten aus Zentraleuropa lässt sich nicht so einfach kopieren. Aber das ist kein Scheck auf die Zukunft. Ingenieure werden überall in der Welt ausgebildet, und sie lernen gerade in den aufsteigenden Ländern wie China und Indien sehr schnell. Sie werden aufholen. Während unsere Möglichkeiten, mit den vorhandenen Methoden, Werkzeugen und Strukturen weiterhin die Innovation voranzutreiben, offensichtlich an Grenzen stoßen.

Smart Engineering

Überall diskutieren Wissenschaftler und Industrieforscher über Möglichkeiten der modellbasierten Systementwicklung. Functional Mock-up ist fast Thema jeder Engineering-Veranstaltung. Im März 2011 lädt die Deutsche Akademie der Technikwissenschaft acatech hochrangige Industrievertreter zum ersten Workshop „Smart Engineering" ein, um eine konzertierte Aktion von Wirtschaft, Wissenschaft und Politik zur Förderung interdisziplinärer Produktentstehung am Standort Deutschland ins Leben zu rufen. Offenbar ist die Zeit reif für einen grundsätzlichen Wandel im Denken.

Chance für den Standort

Der wichtigste Vorteil, den wir heute haben, ist eine weitgehend digitalisierte Produktentwicklung, eine umfassende Nutzung von Informationstechnik innerhalb der Produkte selbst und ein ziemlich ausgereiftes Management der Produktentstehungsprozesse. Diesen Vorteil können wir nur halten und ausbauen, wenn Wirtschaft und Gesellschaft genau darin die Chance für einen auch künftig erfolgreichen Standort Deutschland sehen.

Warum jetzt PLM?

Um auf die eingangs gestellte Frage zurückzukommen, warum sich das Kürzel PLM so in den Vordergrund geschoben hat: PDM ist eines der zentralen Mittel und Werkzeuge, mit denen die Kommunikation zwischen dem Engineering und dem Rest der Welt unterstützt wird. Es stellt die Daten in einer Form bereit, die einen schnellen Zugriff auf Informationen erlaubt, gleichgültig, von wem sie in welcher Form eingegeben wurden. PLM-Strategien können das steuern. Und sie erlauben den Unternehmen, die Produktentstehung ihrer heutigen Bedeutung entsprechend einzuordnen.

Die Flexiblen und die Perfekten

Mitte der Neunzigerjahre waren uns die Ingenieure in den USA weit voraus, als es darum ging, das 3D-Modell zum Standardmedium der Konstruktion zu machen. Fünfzehn Jahre später sind wir ihnen weit voraus, wenn es darum geht, virtuelle

Produktentstehung zu beherrschen. Damals waren wir vielleicht nicht flexibel genug, um schnell auf den Zug der neuen Technologie zu springen. Heute ist es unsere Perfektion, die uns einen Wettbewerbsvorsprung sichert. Gut, dass PDM und PLM nach wie vor in deutschen Landen zu Hause sind. Sie haben beim nächsten Sprung der industriellen Entwicklung einen wichtigen Part beizutragen.

Vielleicht verliert der Standort Deutschland hinsichtlich der Fertigung selbst weiter an Bedeutung. Das entscheidende Terrain hätten wir damit nicht verloren, denn das ist die Produktentstehung. Wenn wir hier weiterhin die Nase vorn behalten, wird es noch lange einen führenden Industriestandort im Zentrum Europas geben. Auch wenn es nicht unwichtig ist, ob die Produktion ebenfalls dazugehört. Firmen, die ihre Produktion aufgegeben haben, spüren – meist zu spät – mit aller Schärfe, dass sie beispielsweise keine Prototypen mehr herstellen können, dass sie Ideen nicht in Anlagen und Projekte umsetzen können, wenn sie selbst nicht mehr Hersteller, sondern nur noch Engineering-Dienstleister sind. Dahin sollte es also nicht kommen. Aber der Schwerpunkt wird in Zukunft in der Entwicklung liegen, nicht in der Fertigung.

Die Produktion gehört dazu.

6 PDM, PLM und andere Verwandte

Es geht in diesem Buch in erster Linie um die Nutzung und den wirtschaftlichen Nutzen von PDM-Standardsoftware unter besonderer Berücksichtigung des Einsatzes von modernen Autorensystemen im Produktentstehungsprozess.

Da dieses Thema komplex ist und von vielen Seiten angegangen und betrachtet werden kann, sollten wir vielleicht deutlich machen, worum es uns geht und worum in diesem Fall eher weniger.

Worum es nicht geht

■ 6.1 PDM macht noch kein PLM

Ein relativ neuer Begriff, Product Lifecycle Management oder Produktlebenszyklus-Management (PLM), ist seit einigen Jahren in der Diskussion und hat leider

Einige Verwirrung

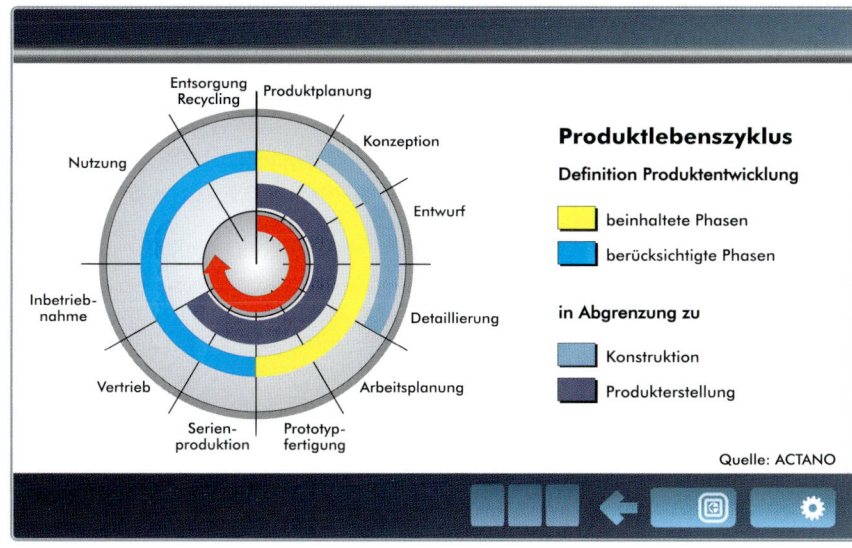

Bild 6.1 Die Prozesse und Phasen eines Produktlebenszyklus

auch einige Verwirrung gestiftet. Vielfach wurde er – meist von Softwareanbietern – so genutzt, als wäre dies das neue Akronym für PDM, und vielfach, diesmal eher von den IT-Managern in der Fertigungsindustrie, als sei PLM ein Oberbegriff für die Integration der gesamten Unternehmens-IT, also auf einer Stufe anzusiedeln wie Enterprise Application Integration (EAI).

PLM ist also ein Begriff, der von den Anwendern und den Anbietern von Software unterschiedlich verwendet wird. Aber bisher waren sich auch die Anbieter von Informationstechnologie nicht wirklich einig, wofür sie ihn gebrauchten.

Noch keine Verantwortlichen

Die eine Seite, die der Anwender in den Produktionsfirmen, hat es mit der Definition insofern schwer, als noch kaum irgendwo ein Verantwortlicher für dieses große Aufgabengebiet zu finden ist. Es reicht deutlich über die herkömmlichen Abteilungsgrenzen hinaus und betrifft nahezu alle Disziplinen komplexer Organisationen. Folglich wird man hier nicht nur die technische, sondern auch eine logistische Sicht von PLM antreffen und möglicherweise noch einige mehr.

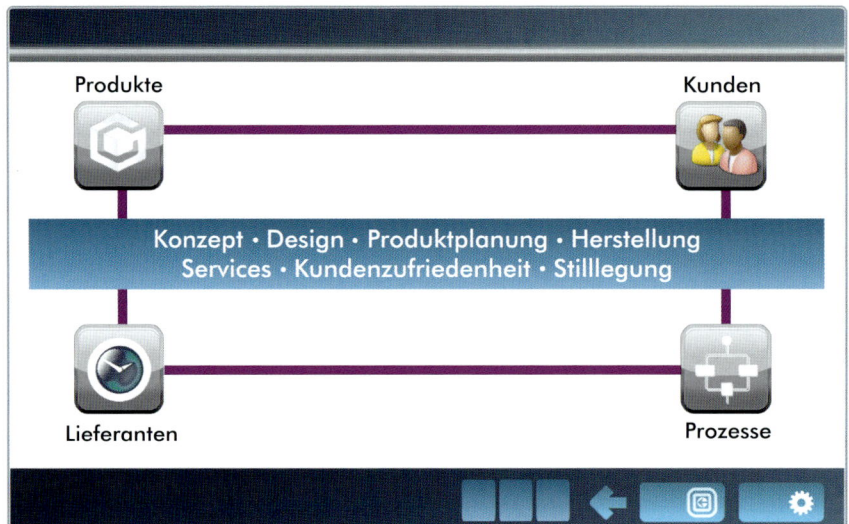

Bild 6.2 Der Produktlebenszyklus verbindet Hersteller, Kunden und Lieferanten

Einigung der Anbieter

Seit Mai 2004 sind wir nun in der glücklichen Lage, dass zumindest die Anbieter von Software und Service für den Produktentstehungsprozess, die in Deutschland im sendler\circle it-forum zusammengeschlossen sind, sich auf eine gemeinsame Definition geeinigt haben, die unter dem Namen „Liebensteiner Thesen" – in Liebenstein wurden die Thesen am 4. Mai verabschiedet – auch Eingang in die Fachpresse gefunden haben. Diese Thesen lauten:

Liebensteiner Thesen

Kein System!

- Produkt-Lifecycle-Management (PLM) ist ein Konzept, kein System und keine (in sich abgeschlossene) Lösung.
- Zur Umsetzung/Realisierung eines PLM-Konzeptes werden Lösungskomponenten benötigt. Dazu zählen CAD, CAE, CAM, VR, PDM und andere Applikationen für den Produktentstehungsprozess.

- Auch Schnittstellen zu anderen Anwendungsbereichen wie Enterprise Resource Planning (ERP), Supply Chain Management (SCM) oder Customer Relationship Management (CRM) sind Komponenten eines PLM-Konzeptes.
- PLM-Anbieter offerieren Komponenten und/oder Dienstleistungen zur Umsetzung von PLM-Konzepten.

Die Liebensteiner Thesen sollen – so eine zusammen mit den Thesen veröffentlichte Erklärung – dazu dienen, die PLM-Anbieter klarer gegenüber den Anbietern anderer IT-Anwendungsbereiche abzugrenzen. Gleichzeitig machen sie deutlich, dass sich der Begriff PLM nach den Erfahrungen der vergangenen Jahre nicht für die Kategorisierung von Softwaresystemen eignet.

Keine Softwarekategorie

Gleichgültig aber, ob wir die eher weit gefasste und manchmal diffuse Begrifflichkeit auf der Anwenderseite betrachten oder aber die Thesen der Anbieter: PLM ist in jedem Fall etwas, das weit über das Thema dieses Buches hinausgeht.

PLM ist mehr.

Einige Jahre nach Verabschiedung der Liebensteiner Thesen lässt sich allerdings sagen, dass es sich bei PLM nicht um eines jener schnelllebigen und höchst vergänglichen Kürzel handelt, wie sie in den vergangenen 30 Jahren so häufig produziert worden sind. PLM hat sich einen festen Platz in der Unternehmens-IT erobert. Spätestens seit der Übernahme des US-amerikanischen PLM-Anbieters UGS durch Siemens A & D für mehr als 3,5 Milliarden Euro im Frühjahr 2007 ist klar, dass es sich hier um etwas handelt, das eine andere Rolle spielt als irgendeine Applikation. Auch die wachsende Beachtung des Themas PLM in der Wirtschaftspresse wird die Aufmerksamkeit für die Kernkomponente PDM sicherlich steigern.

Wert erkannt

Der Zusammenhang ist etwa: Ohne den Einsatz einer geeigneten PDM-Software ist eine sinnvolle PLM-Strategie nicht denkbar, aber für eine effiziente PDM-Nutzung muss das Unternehmen nicht unbedingt auch ein PLM-Konzept entwickelt haben. Oder so: PDM ist eine zentrale Komponente von PLM, aber produktiv einsetzbar ist PDM auch ohne eine sehr weit reichende Integration der Prozesse, die den Begriff PLM rechtfertigen könnte. Oder ganz kurz: PDM allein macht noch kein PLM aus.

PDM ist der Kern von PLM.

Aber natürlich soll das Buch gerade auch eine Hilfe für diejenigen sein, die sich an ein PLM-Konzept heranwagen. Es soll helfen, PDM-Software so einzusetzen, dass sie auch ihre optimale Wirkung im Rahmen von PLM entfalten kann.

6.2 PDM und Dokumentenmanagement

Es gibt viele Dokumente, die in der Produktentwicklung entstehen und sorgfältig zu verwalten sind. Mit zunehmender Durchdringung der Unternehmen mit Informationstechnologie nimmt ihre Zahl kontinuierlich zu. Allen Unkenrufen zum Trotz, die schon viele Jahre die papierlose Fabrik propagieren, gilt dies sogar für die papierenen Dokumente. Es war einfach früher nicht so leicht und so bequem möglich, mal schnell ein Dokument auszudrucken.

Von wegen papierlos

| Ablageort unbekannt | Im ganzen Unternehmen müssen immer mehr Dokumente verwaltet werden, mal mit, mal ohne Verknüpfung zu Produktdaten. Fotos, Präsentationen, Briefe, E-Mails, Animationen, Digital Mock-up (DMU), Videos. Auch ganz unabhängig vom Thema 2D und 3D CAD, für das PDM ursprünglich entwickelt wurde, gibt es einen enormen Bedarf an Management von Daten, die irgendein Ereignis, einen Arbeitsschritt, einen Vorgang, einen Vertrag dokumentieren. Bis vor Kurzem wurden sie in ihrer Mehrzahl manuell erstellt und in Ordnern abgeheftet. Und oft werden sie zwar mit Programmen zur Textverarbeitung oder Tabellenkalkulation am Computer erzeugt, aber dann ausgedruckt, eventuell unterzeichnet und in Papierform abgelegt, ohne dass dies irgendwo vermerkt oder der Speicherort registriert wäre. |

Noch aktuell? Mit der Zunahme des IT-Einsatzes ist aber nicht mehr der Ablageort eines Dokumentes entscheidend, sondern der Speicherort im Computernetzwerk. Schließlich ist die gedruckte Version eines Textes oder einer Zeichnung in der Regel schon nicht mehr aktuell, wenn sie in Papierform auf dem Tisch liegt. Jedenfalls aber ist die nachfolgende Historie auf einem Ausdruck unbekannt, während im Computer jede weitere Änderung, jeder neue Status gefunden werden kann.

Besondere Dokumente So wie im Umfeld der Produktentwicklung PDM als passendes Tool zur Verwaltung der entwicklungsspezifischen, also in erster Linie der Konstruktionsdaten entstand, gab es zur Verwaltung allgemeiner Dokumente ebenfalls recht früh Softwareprogramme, die unter dem Oberbegriff Dokumentenmanagementsysteme (DMS) eine besondere IT-Sparte bilden.

Während PDM sich bald auf die saubere, zuverlässige Abbildung komplexer 3D-Produktstrukturen konzentrierte und auf die automatische Ableitung von Stücklisten, stand bei DMS die Versionierung und Verknüpfung von beliebigen Dokumenten im Vordergrund.

Veränderte Fragestellung Der Unterschied war noch vor wenigen Jahren so beträchtlich, dass es in der ersten Ausgabe dieses Buches über PDM-Tools hieß, „dass die Übereinstimmungen mit Dokumentenmanagementsystemen eher untergeordnet sind". Diese Fragestellung hat sich inzwischen völlig erledigt.

Alleskönner gesucht Gleichgültig, ob zuerst ein DMS-System im Hause war oder ob zuerst die Produktentwicklung PDM eingeführt hat – irgendwann stellt sich immer häufiger die Frage, ob es denn im Interesse optimierter Abläufe nicht sinnvoll ist, nur eine einzige Datenbank zu verwenden, in der alle Dokumente zusammen mit den Produktdaten verwaltet werden. Und das heißt: Welches System ist in der Lage, diese Gesamtaufgabe zu meistern?

DMS-Fähigkeit als Kriterium für PDM Jedenfalls treffen PDM-Anbieter immer häufiger auf Kunden, die erwarten, dass sie alle Daten, die in ihrem Unternehmen existieren, mit demselben Programm verwalten können, in dem auch die Produktdaten abgelegt sind. Zumindest alle Daten, die außer den Dateien aus dem Engineering noch in direktem Zusammenhang mit einem Auftrag oder Projekt stehen. Die Fähigkeit zu solch umfassendem Dokumentenmanagement wird zu einem weiteren Entscheidungskriterium bei der Auswahl von PDM-Systemen.

So wird's gemacht. Es gibt in diesem Buch bereits sehr gute Fallbeispiele für entsprechende Anwendungen. Bei Reis Robotics (Kapitel 20) wird PDM genutzt, um vollständige technische Dokumentationen automatisch in 16 Sprachen zusammenstellen und ausgeben zu können; mit Daten unterschiedlichster Herkunft bis hin zu eingescannten Papieren. Bei Bremenports (Kapitel 23) dient PDM zur Neustrukturierung der kompletten Hafenverwaltung. Hier wurde PDM neben CAD auch mit GIS (Geografisches Informationssystem) und anderen Anwendungen integriert, um eine einzige Datenquelle realisieren zu können.

Weil dieser Anwendungsbereich immer größere Bedeutung erlangt, beschäftigt sich damit nun auch ein allgemeines Kapitel: „Dokumente intelligent managen" (Kapitel 8).

■ 6.3 Knowledge Management und Produktkonfiguration

Auch dieses Schlagwort beschäftigt die Gemüter in Zusammenhang mit PDM. Es hieß zuerst künstliche Intelligenz. Die im Computer gesammelten Kenntnisse von Ingenieuren, Konstrukteuren, Berechnungsspezialisten und so weiter sollten mithilfe spezieller Programme so verarbeitet werden, dass sich auch im Umfeld des kreativen Engineerings bestimmte – wenn nicht sogar die meisten – Aufgaben weitgehend automatisieren ließen.

Künstlich und intelligent?

Es gab dazu Ansätze in großen Unternehmen, die in Forschungsprojekten entsprechende Ziele in einzelnen Bereichen zu verwirklichen versuchten; teilweise mit selbst entwickelter Software. Einige Softwarehersteller gingen noch einen Schritt weiter und wollten die Aufgabenstellung so weit verallgemeinern, dass ihre Programme als Standardsoftware in unterschiedlichen Fachgebieten einsetzbar wären.

Großes Vorhaben

Mindestens hinsichtlich des Ingenieurwesens kann man wohl sagen, dass alle Beteiligten wieder etwas mehr auf den Boden der Realität zurückgekehrt sind. Überwiegend ist sich die Fachwelt heute darin einig, dass der Computer vieles erleichtern kann und Software ein unverzichtbares Werkzeug gerade auch im Engineering geworden ist. Aber dass sich die Kreativität des Ingenieurs grundsätzlich und weitgehend durch Programme ersetzen ließe, das glauben nur wenige.

Kreativität ist nicht ersetzbar.

Realistischer ist der Ansatz, der in den letzten Jahren unter dem Begriff Knowledge Management die Runde macht. Im Grunde ist darunter nicht mehr und nicht weniger zu verstehen, als dass das vorhandene und gespeicherte Know-how besser und effizienter genutzt werden soll.

Kleinere Brötchen

Eine neue Oberfläche oder eine Formvariante von bereits generierten Flächen für das Gehäuse eines Handbohrers zu definieren, ist keine Arbeit, die man parametrisieren und dann im Bedarfsfall automatisieren kann. Hier ist der Industriedesigner gefragt und für die technische Realisierbarkeit der Konstrukteur.

Aber die Verstärkungsrippen im Innern, die Befestigungselemente für den Elektromotor, die Kabelführung und anderes sind Elemente, die aus einfachen Standard-

Regeln und Know-how

körpern bestehen; aus Solids, die man sowohl parametrisieren als auch in Bibliotheken von 3D-Features abspeichern kann.

Regelbasierte Konstruktion

Die Parameter und die 3D-Features beinhalten genau genommen die Erfahrungswerte der Ingenieure. Wie stark müssen die Rippen sein? Wie viele werden in welchen Abständen benötigt? Welche Auszugsschrägen sind bei welchem Material zu wählen? Die Antworten auf solche Fragen stecken bereits in Modellen, die nun automatisch verwendet werden können, und diese intelligente Nutzung von Software und gespeicherten Daten wird vielfach Knowledge Management genannt. Genauso zutreffend ist der Begriff regelbasierte Konstruktion. Überall, wo es feste Regeln gibt, nach denen im Unternehmen Teile von Produkten entwickelt werden, kann das Erfinden neuer Teile durch die automatische Erzeugung aufgrund dieser Regeln ersetzt werden.

Effiziente Nutzung

Was hat das mit PDM zu tun? Richtiger Einsatz von PDM ermöglicht auch solche Nutzung von gespeicherten Daten. Ohne elektronisches Produktdatenmanagement ist effizienter Einsatz entsprechender Modellbibliotheken, Regelwerke oder Parametertabellen nicht wirtschaftlich realisierbar.

Wissen ist Kapital.

Wichtige Bestandteile von Knowledge Management können sogar unmittelbar mit dem Einsatz von PDM und integriertem CAD verwirklicht werden. Die Wiederverwendung von Teilen und ganzen Produkten, ja sogar die erneute Verwendung bereits erfolgreich durchgeführter Projektstrukturen sind ja mit die wichtigsten Ziele dieser Technik. Genau in diesen Produkten und Projekten steckt das Know-how der Beteiligten. Wenn man es nicht nach Gebrauch wegwirft oder vergisst, sondern stattdessen sinnvoll verwaltet und so organisiert, dass bei vergleichbaren Projekten darauf zugegriffen werden kann, dann ist das im besten Sinne Knowledge Management.

Finden und verwenden

Vielfach wird dafür auch der Begriff Konfigurationsmanagement oder Produktkonfiguration gewählt. Um auszudrücken, dass beispielsweise neue Maschinen oder Anlagen zu einem großen Teil, nicht selten bis zu 80 Prozent oder sogar darüber hinaus, aus Komponenten bereits gefertigter Produkte konfiguriert werden können. Manchmal wird gar nicht erkannt, dass solche Möglichkeiten im Produktportfolio stecken. Dann ist es unter Umständen sehr sinnvoll, externe Fachleute bei der Systemauswahl und Einführung von PDM mit zurate zu ziehen. Ohne die sogenannte Betriebsblindheit, welche die eigenen Mitarbeiter fast zwangsläufig entwickeln, sehen sie unter Umständen schneller, welches Potenzial noch freizusetzen ist. Auch dazu gibt es ein neues Fallbeispiel: Bei Herding Filtertechnik (Kapitel 21) hat das Systemhaus 3D CAD GmbH als Bestandteil der Einführung von 3D und PDM eine entsprechende Lösung implementiert.

PDM ist weniger und mehr.

Aber wie gegenüber PLM gilt: PDM allein macht noch kein Knowledge Management aus. Und umgekehrt: Wenn die Frage der Parametrisierbarkeit und die Anwendung von Knowledge Management in einem Unternehmen vielleicht noch keine Rolle spielt, ist damit noch keine Aussage über die Notwendigkeit und den möglichen Nutzen von PDM getroffen. Die Einsatzmöglichkeiten und die Bedeutung von PDM gehen weit über diese spezielle Anwendung hinaus.

6.4 PDM und ERP: Zwei Welten begegnen sich

Eine der Fragen, die in den letzten Jahren zunehmend an Brisanz gewonnen hat, ist die nach dem Unterschied zwischen ERP und PDM. Oder genauer: Wofür braucht der Fertigungsbetrieb die eine, wofür die andere Software, und braucht man tatsächlich beide?

Beides nötig?

In den 60er- und 70er-Jahren hat die Industrie enorme Summen in die Automatisierung investiert. Erst ging es um die Automatisierung der Fertigung und Montage, dann um die der Konstruktion und des Werkzeug- und Formenbaus.

Enterprise Resource Planning, abgekürzt ERP, hörte damals noch auf Produktionsplanung und -steuerung oder PPS. Es ist wohl dem ungeheuren Markterfolg von SAP zu verdanken, dass sich inzwischen ERP als Oberbegriff durchgesetzt hat, der natürlich wesentlich weiter greift als der frühere und den Anspruch auf Unterstützung des Managements des gesamten Unternehmens erhebt.

Von PPS zu ERP

Prof. Sandor Vajna von der Universität Magdeburg hat im Sommer 2004 auf einer Mittelstandsveranstaltung des VDMA eine sehr präzise, den neuralgischen Punkt der Auseinandersetzung treffende Differenzierung gefunden. Sinngemäß sagte er:

Zwei Millionen Mal

„ERP hat dafür zu sorgen, dass ein Produkt auch beim zweimillionsten Mal genauso hergestellt und ausgeliefert werden kann wie beim ersten Mal. Unabhängig auch davon, ob die Fertigung mal in Deutschland, ein anderes Mal in China, wieder ein anderes Mal in Mexiko geplant ist. Im Laufe der Zeit gibt es den Austausch von Werkzeugen und vielleicht sogar einer Produktionsanlage oder einer Maschine, aber das Produkt soll bleiben, wie es von Anfang an war. Klare Verhältnisse, gut regelbar.

In der Produktentwicklung dagegen herrscht – im positivsten Sinne – das absolute Chaos. Fast nichts bleibt, wie es ursprünglich angedacht war, die unentwegte Änderung des in seiner Entwicklung befindlichen Produktes ist hier der Dauerzustand. Nicht jedermanns Sache und nicht leicht zu strukturieren.

Kreatives Chaos

Beide Bereiche sind grundverschieden, und genauso verschieden sind die Systeme, die zu ihrer Unterstützung eingesetzt werden müssen. Wehe dem, der diese Unterschiede nicht ernst nimmt."

Vermischen nicht empfehlenswert

Die Produktionsplanung möchte sich zu einem möglichst frühen Zeitpunkt auf die aus der Entwicklung kommenden Daten stützen können, um einen reibungslosen Ablauf der Fertigung zu gewährleisten.

So früh wie möglich

Die Produktentwicklung dagegen muss den Zeitpunkt der Produktionsfreigabe so weit wie möglich nach hinten schieben. Zuerst müssen alle Unwägbarkeiten ausgeräumt und die gewünschte und geforderte Funktion des neuen Produktes abgesichert sein. Es darf nicht passieren, dass erst in der Fertigung Probleme sichtbar werden, die man am Entwicklungsmodell bereits hätte feststellen und lösen können. Und erst recht nicht sollten Konflikte nach der Fertigung auftauchen, die dann zu noch höheren Gewährleistungskosten führen.

So spät wie möglich

Auch diese unterschiedliche Sichtweise der beiden Welten ruft nach einer besonderen Berücksichtigung in den entsprechenden Applikationen.

Die Mauern und die Politik

Die traditionelle Arbeitsteilung und die organisatorische Gliederung der Unternehmen in sauber voneinander getrennte Abteilungen hat aber darüber hinaus den beschriebenen sachlichen, fachlich begründeten Unterschied zu einem Politikum werden lassen.

Die einen ...

Die einen, die über die Finanzen und den wirtschaftlichen Erfolg des Unternehmens wachen, sehen natürlich nicht ein, wieso ein einzelner Bereich, noch dazu ausgerechnet einer von der Bedeutung des Engineerings, bei ihren Überlegungen über strategische Investitionen oder Kostenreduzierungen außen vor bleiben soll. Wieso ausgerechnet die Projekte von der Bedeutung einer Neuentwicklung, ihre Meilensteine und ihre benötigten Kapazitäten nicht von vornherein in ihre Kalkulationen einfließen.

... und die anderen ...

Die anderen, die Ingenieure, Konstrukteure oder Berechnungsspezialisten, wissen sehr wohl um das höchst spezielle Know-how und seine Bedeutung für das Unternehmen und den Erfolg seiner Produkte. Meist wissen sie auch, wie schwer der Inhalt ihrer Arbeit den meisten anderen Mitarbeitern ihres Hauses verständlich zu machen ist. Manchmal neigen sie dazu, sich in ihre Technik einzukapseln, und wollen von der Realität einer Fertigung, eines Vertriebs und einer Kostenrechnung gar nichts wissen.

... brauchen sich.

So unterschiedlich diese Welten sind, so sehr brauchen sie sich gegenseitig. Ohne innovative, technologisch ausgereifte Produkte kann das Unternehmen schon mal Kontakt mit dem Insolvenzverwalter aufnehmen. Und ohne kosten- und zeitgerecht gefertigte und erfolgreich vermarktete Produkte hätten die Forschung und Entwicklung im Unternehmen nicht das Budget, das für ihre Arbeit dringend erforderlich ist.

Krieg und Frieden

Die gleiche Abhängigkeit gibt es im Grunde zwischen den Systemen. So wie es zwischen den beiden Welten – aller politischen Grabenkriege zum Trotz – nicht die Frage ist, wer wen besiegt, ist es auch nicht die Frage, welches System wichtiger oder mit höherer Priorität zu versehen ist. Die Frage ist, wie sich die Welten begegnen.

Zugriff unerwünscht?

In der Informationstechnologie nennt man die Stellen solcher Begegnung Schnittstellen. Welche Daten werden in welche Richtung übertragen, wie müssen sie aufbereitet sein, und auf welche Daten im eigenen System darf das andere bei Bedarf zugreifen? Darauf sollte sich die teilweise recht erhitzt geführte Debatte über PDM, PLM und ERP konzentrieren. Und darauf werden wir an geeigneter Stelle auch ausführlicher eingehen.

6.5 PDM und SOA

Eierlegend mit Wolle und Milch?

Ein weiteres Schlagwort hat sich in letzter Zeit einen wichtigen Platz in der IT-Welt erobert: Service Oriented Architecture (SOA). Wie so oft scheint nun darin die Lösung für nahezu alle Schwierigkeiten zu liegen, die Informatiker, IT-Verantwortliche und Softwareanwender aller Couleur in der Vergangenheit besonders geplagt haben und bis heute plagen. Und wie so oft entspringt dieser Schein einerseits den großen und berechtigten Wünschen der Betroffenen, andererseits aber auch den nicht immer einzuhaltenden Marketing-Versprechen mancher IT-Anbieter.

Tür auf zu Neuem

SOA ist – um es auf unser Thema zu beziehen – sicher nicht die Wunderwaffe, die über Nacht sämtliche Datenmanagementprobleme mit ein paar neuen Zeilen Sourcecode aus der Welt schaffen kann. Aber die Standardisierung von internetfähigen Programmen, die allgemein als Web Services bezeichnet werden, erlaubt in der Tat die Gestaltung von IT-Architekturen, die auch und gerade in Zusammenhang mit dem Datenmanagement die Tür zu neuen Anwendungsszenarien aufstoßen.

Konzept – nichts von der Stange

Grundsätzlich verbirgt sich hinter SOA ein Konzept für eine an den Geschäftsprozessen eines Unternehmens ausgerichtete IT-Infrastruktur, die verschiedene Systeme leichter miteinander integrieren kann, als dies Direktschnittstellen vermögen. Und die sich leichter und mit weniger Aufwand pflegen und sich rasch verändernden Anforderungen anpassen lässt. SOA ist also nicht von der Stange zu haben. Es erfordert strategische Überlegungen und Entscheidungen und ein Konzept, das die gefundene Strategie in eine IT-Architektur umsetzt.

Bessere EAI

Wenn nicht alles täuscht, ist SOA dabei, die bislang praktizierten informationstechnologischen Ansätze einer Enterprise Application Integration (EAI) mehr oder weniger obsolet zu machen. Dabei wurde ja versucht, mit den eher traditionellen Mitteln objektorientierter Programmierung integrierte Anwendungsumgebungen zu gestalten. Dieser Ansatz hat sich – aller Vorteile objektorientierter Entwicklung zum Trotz – als wenig realistisch herausgestellt. Der Aufwand, alle in einem Unternehmen infrage kommenden Softwaresysteme miteinander zu verdrahten, ist einfach zu groß und das Unterfangen zu komplex für das Tagesgeschäft. Ganz zu schweigen von der Unmöglichkeit, eine so komplexe Umgebung ständig aktuell zu halten und auf jedes neue Release irgendeiner der beteiligten Komponenten mit einem zeitnahen Update zu reagieren.

Nutzen statt koppeln

Eine serviceorientierte Architektur dagegen versucht gar nicht, Systeme direkt miteinander zu koppeln. Vielmehr dienen Web Services dazu, die Informationen, die etwa ein System vom anderen benötigt, in einer standardisierten Form so zur Verfügung zu stellen, dass sie – ohne Direktschnittstelle und ohne Zugang zum Quellsystem – genutzt und weiterverarbeitet werden können.

Der Standard XML

Dazu wird die Extensible Markup Language (XML) genutzt, auf die sich die gesamte IT-Welt Ende der 90er-Jahre als Standard verständigt hat. (Anmerkung: In Kapitel 12 finden sich hierzu eingehende Erläuterungen unter den Themen BizTalk Server und XML-Formulare.) Spezielle Services sorgen in einer SOA-Umgebung dafür, dass exakt die Daten, die für einen bestimmten Arbeitsablauf benötigt werden, dem Anwender über das Netz zur Verfügung stehen, gleichgültig in welchen Systemen sie erzeugt wurden beziehungsweise gespeichert sind.

Management gefordert

Hier liegt auch der Grund, warum SOA ein Konzept erfordert, das Top-down definiert wird. Die Daten von Systemen, die in verschiedenen Bereichen des Unternehmens zum Einsatz kommen, unterstehen natürlich auch der Hoheit der betreffenden Abteilung. Nur auf höchster Ebene kann beschlossen werden, welche Daten zwischen den Fachabteilungen ausgetauscht werden sollen.

Einbeziehung der Fachbereiche

Umgekehrt liegt in demselben Punkt auch der Grund dafür, dass eine SOA nur erfolgreich sein kann, wenn die Fachbereiche von Anfang an in die Konzeption mit einbezogen werden. Nur sie wissen, welche Daten in welchen Systemen stecken und welche Lösung mit welchen Daten angegangen werden kann. Und nur wenn sie von der Notwendigkeit und dem Nutzen eines umfassenden SOA-Ansatzes rundum überzeugt sind, während ihre Datenhoheit gleichzeitig gleichsam offiziell anerkannt wird, werden sie wirklich konstruktive Beiträge zum Gelingen leisten können.

Nützlich und schwierig

Das Paradoxon ist: Je größer ein Unternehmen, desto wichtiger ist es, die wesentlich größere Zahl von Softwareprogrammen zu integrieren. Aber gleichzeitig ist es auch erheblich schwieriger, viele große Fachbereiche unter einen gemeinsamen Hut zu bekommen.

Neue Tools braucht das Land für SOA.

Natürlich gehört auch die Auswahl der nötigen Tools zu einem SOA-Konzept. Hier ist eine ganze Welt neuer Werkzeuge im Entstehen. Man braucht ein Registry-/Governance-Tool, in dem alle SOA-Komponenten verzeichnet sind. Die Messaging-Infrastruktur (zum Beispiel mit SOAP, JMS oder MQ) muss eingerichtet werden. Für die Orchestrierung der Informationsflüsse zwischen den beteiligten Systemen und Datenbanken gibt es ebenfalls besondere Anwendungen. Die Pflege der Services, ihre Aktualisierung und Anpassung ruft nach einem Service-Management. Zur ständigen Kontrolle und Steuerung der einzelnen Geschäftsprozesse und ihrer Verknüpfungen gibt es ebenfalls Tools. Und das Sicherheitskonzept, das für eine PC-Landschaft ausreicht, muss den Bedingungen des XML-Datenverkehrs angepasst werden.

Schnelllebige Prozesse machen SOA dringend.

In der praktischen Anwendung hat sich herauskristallisiert, dass SOA besonders große Vorteile dort bringt, wo extrem schnelle Veränderungen in den Prozessen und angebotenen Dienstleistungen an der Tagesordnung sind und wo die Bedeutung der IT dafür sehr groß ist. Denn Web Services lassen sich schneller anpassen als herkömmliche Software. Und sie lassen sich für ähnlich gelagerte Anwendungen wieder verwenden, müssen also nicht stets neu geschrieben werden. Die genannten Bedingungen scheinen insbesondere auf Banken, Versicherungen, Krankenkassen oder die Telekommunikation zuzutreffen, denn in diesen Sparten gibt es bereits umfangreiche Erfahrungen mit SOA-Ansätzen. Maschinenbau, Elektrotechnik, Automotive und Chemie gehören dagegen eher zu den Nachzüglern. Auch wenn sich beispielsweise während einer Neuentwicklung eines Produktes täglich die Daten ändern – die Prozesse sind doch noch etwas langlebiger als bei einem Mobilfunkanbieter.

Nicht ohne Aufwand zu haben

Diese prinzipiellen Erläuterungen mögen genügen, um deutlich zu machen: SOA bietet offensichtlich ein enormes Potenzial, das nahezu allen Bereichen eines Unternehmens erheblichen Nutzen verspricht. Die Technik ist so weit ausgereift, dass es auch realistisch ist, von der Umsetzung entsprechender Konzepte in der nahen Zukunft auszugehen. Aber trotz aller Vereinfachungen und Standardisierungen ist auch dies ein Ansatz, der einen enormen Aufwand an Zeit und Geld bedeutet, bevor er sich für das Unternehmen tatsächlich und spürbar rechnet.

Elefant in Scheibchen

Deswegen zeichnet sich ab, dass die Industrie im Allgemeinen gut daran tun wird, auch das neue Großthema SOA scheibchenweise zu adaptieren. Es ist nämlich ein wenig so wie mit PLM: Letztlich sollte jedes Fertigungsunternehmen den gesamten

Produktentstehungsprozess integriert betrachten und die eingesetzten Systeme integriert verwalten. Aber diesem Ziel nähert man sich am besten stufenweise. Noch viel mehr als für den Bereich Produktentwicklung gilt das, wenn es um die Architektur eines ganzen Unternehmens geht.

Auch ohne ein allumfassendes und auf höchster Managementebene beschlossenes SOA-Konzept können Web Services sinnvoll genutzt werden, und zwar heute und ohne lange Vorbereitungszeit. Die Themen Produktdatenmanagement und Dokumentenmanagement bieten sich dafür sogar geradezu an, denn dabei geht es immer um die Verwaltung und effektive Nutzung von Daten unterschiedlicher Herkunft. Die Voraussetzung ist allerdings, dass die Hersteller entsprechender Systeme das Thema SOA ernst nehmen und standardmäßig Web Services anbieten. Bei PROCAD ist das der Fall, wie die bereits erwähnten Unterkapitel belegen.

Nutzen, der schon zu haben ist

Aber auch hier heißt die Devise: Mit einem SOA-fähigen Programm ist noch keine SOA-Architektur gekauft, geschweige denn installiert. Wer die Prozesse optimieren und dazu neueste Technologien einsetzen will, der muss seine Prozesse erst einmal unter die Lupe nehmen und festlegen, welchen Sollzustand er anstrebt. Die Nutzung eines PDM-Systems, dessen Entwickler die SOA-Zeichen der Zeit erkannt haben, ist allerdings ein guter Schritt in die richtige Richtung.

Ein Service macht noch keine SOA.

7 PDM-Grundfunktionen

Auch wenn wir hier nicht alle theoretischen Wahrheiten erneut aufrollen, ist es zum Verständnis der weiteren Kapitel sinnvoll, zuerst einmal die Frage zu beantworten, was eigentlich ein PDM-System im Einzelnen ausmacht. Einige Begriffe wollen systematisch erläutert und gegen verwandte Begriffe abgegrenzt werden. Ganz unabhängig vom einsetzenden Betrieb und hier zunächst auch noch unabhängig von der Art der CAD-Anwendung, in deren Zusammenhang es genutzt wird.

Begrifflichkeiten

7.1 Basisobjekte

Bevor wir uns den Funktionen zuwenden, die normalerweise in PDM-Systemen anzutreffen sind, ein Blick auf die Objekte, auf die diese Funktionen dann angewandt werden können. PDM-Systeme bieten einige Basisobjekte, die eine besondere, für den Entwicklungsprozess wichtige Rolle spielen und sich auch durch besondere Eigenschaften auszeichnen.

7.1.1 Artikel oder Teil

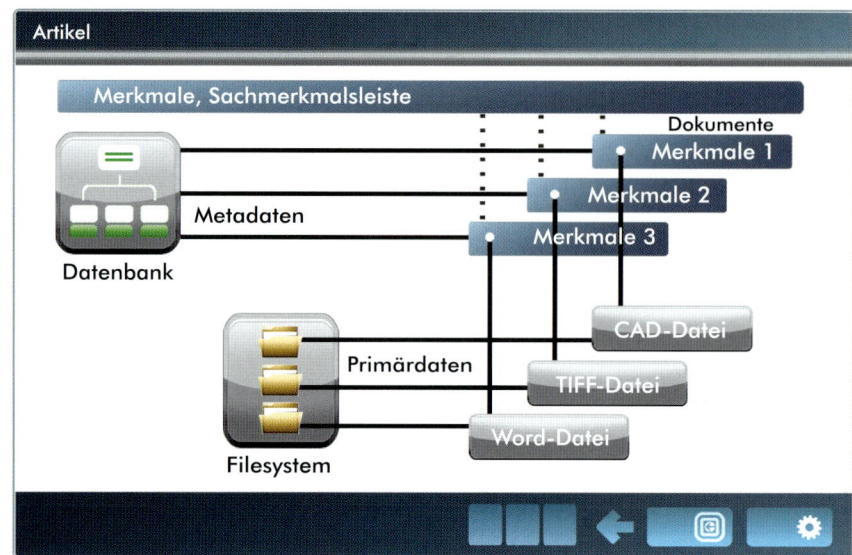

Bild 7.1 Artikelstammdaten und referenzierte Dokumente

Die Sache mit dem Teil
Das zentrale PDM-Objekt ist der Artikel oder das Teil. Dieses Objekt stellt zugleich das Bindeglied zwischen Produktentwicklung und anderen Unternehmensprozessen wie Fertigung, Vertrieb oder Kundendienst dar. Was in der Entwicklung als Artikel oder Teil bezeichnet wird, heißt in den fertigungsnahen Prozessen häufig *Material* oder schlicht *Sache*. Der Artikel kann ein komplettes Produkt sein, aber auch ein Einzelteil oder eine Unterbaugruppe. Und es kann sowohl ein zu entwickelndes und zu fertigendes Teil bezeichnen als auch ein von anderer Seite zugekauftes.

Eindeutig
Der Artikel hat eine eindeutige Bezeichnung, die es erlaubt, ihn über seinen gesamten Lebenszyklus von seiner Entwicklung (oder seinem Zukauf) an zu verfolgen.

Deshalb ist es auch sinnvoll, mit der Neuanlage eines Artikels nicht zu warten, bis etwa am Ende einer Produktentwicklung eine Fertigungsfreigabe erfolgt, sondern sie zu einem frühestmöglichen Zeitpunkt vorzunehmen. Ob sich das PDM-System dann die neue Artikelnummer aus der ERP-Software besorgt oder ob diese Nummer im PDM-System erzeugt und dann an ERP weitergereicht wird, ist eine Frage, die man im Einzelfall löst.

Der Kern im Stamm
Worum es sich bei einem Artikel genau handelt, seine Kerninformation, steht im Artikelstammsatz: beispielsweise die Artikelnummer (PXI435), die Benennung (Stempel), die Version (0.1.3) und der Status (in Arbeit). Daneben enthalten die Stammdaten aber noch diverse andere Informationen: Ist der Artikel ein nicht weiter demontierbares Einzelteil oder eine Baugruppe? Falls Teile oder Unterbaugruppen dazugehören, welche sind dies? Handelt es sich um ein Teil, das aus der eigenen Produktion kommt, oder ist es ein Zukaufteil?

Schnelle Metadaten
Der Artikelstammsatz kann also unter Umständen sehr umfangreich sein und eine höchst komplexe Struktur haben. Auch eine die Halle füllende Anlage in der chemischen Industrie hat eine Artikelnummer. Um beliebige Produktstrukturen schnell und einfach abbilden zu können, sind die Stammdaten aller Artikel ledig-

lich sogenannte Metadaten. Sie verweisen auf andere Datenbankeinträge, Dokumente und Dateien, aber die Dateien und ihre tatsächlichen Inhalte sind nicht Bestandteil der Artikelstammsätze.

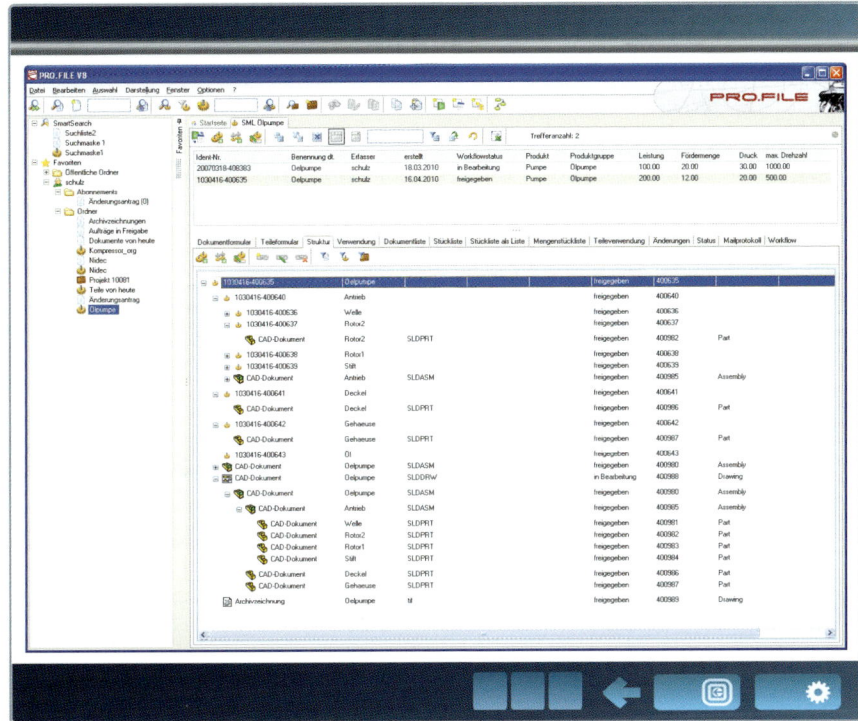

Bild 7.2
Stammdatensätze von Baugruppen mit zugehörigen Teilen und Dokumenten

Einem Artikel können beliebig viele Dokumente unterschiedlichster Art (Text, Zeichnung, 3D-Modell, Simulationsdaten, Stücklisten etc.) zugeordnet sein, und auch beliebig viele andere Artikel können zu ihm gehören. Artikelstammdaten erlauben nicht nur die genauere Information über den Artikel, sondern auch den einfachen und schnellen Zugriff auf alle zu ihm gehörenden Daten, soweit sie eben in den Metadaten erfasst wurden.

Was dranhängt

7.1.2 Dokument

Das Dokument ist im Unterschied zum Artikel oder Teil nicht ausschließlich ein PDM-typisches Objekt. Dokumente gibt es überall in der Fertigungsindustrie, aber auch in nahezu allen Bereichen des gesellschaftlichen Lebens, die mit Fertigung und Produkten gar nichts zu tun haben. Wir müssen also zwischen Dokumenten unterscheiden, die für den Lebenszyklus eines Produktes von Bedeutung sind, und solchen, auf die dies nicht zutrifft. Innerhalb der Produktentwicklung haben wir es in erster Linie mit Dokumenten zu tun, die den lebenden Prozess der Produktdefinition widerspiegeln.

Nicht typisch

Prinzipiell eignet sich PDM-Software natürlich für die Verwaltung beliebiger Dokumente. Die Verknüpfung einer größeren Anzahl von Berichten beispielsweise mit der Agenda für ein anberaumtes Management-Meeting kann selbstverständlich auch innerhalb des Produktdatenmanagements eine übliche Aufgabe sein. Aber diese Art der Zuordnung könnte auch mit zahlreichen anderen Applikationen – beispielsweise aus einer Office Suite – vorgenommen werden.

Von Version zu Version

Insbesondere das ausgefeilte Management von Dokumentversionen, auf das wir später noch zu sprechen kommen, macht PDM zu einem beliebten Tool an anderen Stellen, wo in lebenden Systemen Versionen gepflegt werden müssen, auch wenn es nicht um Entwicklungsdokumente geht.

Beziehung ist alles.

PDM-Systeme bieten aber gerade für die besondere Umgebung des Entwicklungsprozesses und mit Blick auf die angrenzenden Prozesse eine ganz spezifische Art von Dokumentenmanagement. Diese Programme können nämlich einerseits Dokumente verwalten, die sehr viel komplexer sind als etwa Briefdokumente (zum Beispiel Zusammenbauzeichnungen mit sämtlichen Einzelteildokumenten oder umfangreiche 3D-Modelle ganzer Produkte). Und sie erlauben zweitens eine Strukturierung der Dokumente und die Definition von Beziehungen unter ihnen in einem Umfang, wie dies bei reinen Dokumentenmanagementsystemen nicht nötig und oft nicht möglich ist.

Besondere Stärken

Auch wenn PDM längst mehr ist als eine Software zur Zeichnungsverwaltung – das sichere Management von Dokumenten mit Modell- und Zeichnungsdaten, ihrer Historie und der Randbedingungen ihrer Entstehung und das Verfügbarmachen dieser Daten in anderen Unternehmensprozessen ist eigentlich das Besondere, was diese Systeme gegenüber anderen auszeichnet. Allgemeine Dokumente verwalten, ist nicht schwer. Entwicklungsdokumente aber verlangen mehr.

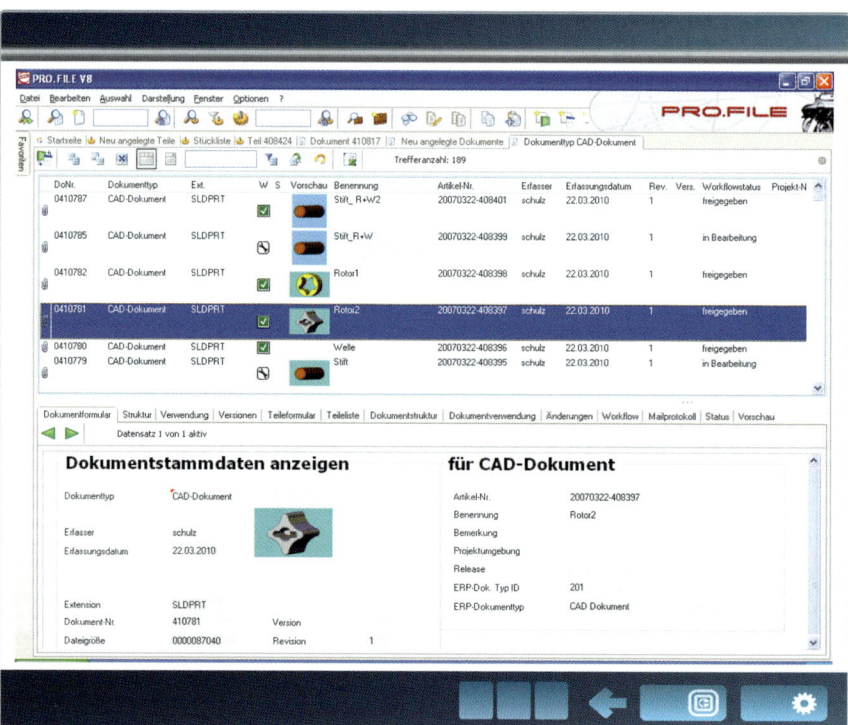

Bild 7.3
Dokumentenstammdaten für CAD-Unterlagen

7.1.3 Projekt

Fast überall in der Industrie wird heute von Entwicklungsprojekten gesprochen, für deren Dauer sich Teams bilden, die oft interdisziplinär beispielsweise aus Ingenieuren, Konstrukteuren, Fertigungsplanern oder Marketingmitarbeitern zusammengesetzt sind. Alle Teammitglieder haben innerhalb eines bestimmten Projektes den Bedarf, auf Dokumente zugreifen zu können, die dieses Projekt betreffen: Konzeptentwürfe, Designstudien, Ergebnisse von Studien zur Simulation oder Berechnung von Teile-Eigenschaften, 3D-Modelle von Teilen und Baugruppen und anderes mehr.

Team auf Zeit

Unabhängig von ihren sonstigen und generellen Zugriffsmöglichkeiten auf Produktdaten sollten die Mitarbeiter eines Teams folglich besondere, nämlich das einzelne Projekt betreffende Rechte haben, die in der Rolle begründet sind, die sie darin spielen. Alle Dokumente und Artikel, die in Zusammenhang mit diesem Projekt von Bedeutung sind, sollten auch miteinander verknüpft sein.

Sonderrolle

Deshalb gibt es im PDM-System als drittes Basisobjekt das Projekt, das sich seit der ersten Auflage dieses Buches erheblich weiterentwickelt hat, worauf wir in Kapitel 9 ausführlicher eingehen. Das Projekt bildet gewissermaßen eine Klammer um zusammengehörige Artikel beziehungsweise Teile und Dokumente.

Neben dieser Klammerfunktion ist das Projekt noch für weitere Aufgaben zuständig. Es erfüllt nämlich auch die Funktion des Projektmanagements. Dabei meinen

Projekt mit Struktur

Bild 7.4
Interdisziplinäre Projektteams

wir die Tatsache, dass auch das PDM-Projekt die Feingliederung in Teil- und Unterprojekte erlaubt, und natürlich können über die Eigenschaften der Teile eines Projektes die jeweiligen Zustände, Fortschritte und Ergebnisse abgefragt werden.

Bis ins Kleinste — Im Unterschied zum regulären Projektmanagement sind hier auch alle Details unmittelbar verfügbar. Die Mitglieder des Teams können also nicht nur sehen, wie weit ein Teilprojekt seine Ziele bereits erreicht hat. Sie können auch – abhängig vom jeweiligen Zugriffsrecht – in der zugehörigen Konstruktion, im 3D-Modell oder in anhängenden Dokumenten weitere Informationen erhalten, die in die Tiefe der einzelnen Disziplin reichen und etwa sehr konkret darstellen, welche Baugruppen schon fertig sind oder welche Berechnungen bezüglich der Belastbarkeit einzelner Komponenten bereits zu welchen Ergebnissen geführt haben. Informationen also, mit denen ein reines Projektmanagementsystem hoffnungslos überfrachtet und überfordert wäre.

Erleichterung — Wenn die Definition von Rollen innerhalb von Entwicklungsprojekten durch das PDM-System unterstützt wird, erleichtert dies nebenbei den Ingenieuren die Arbeit auf eine sehr effiziente Weise. Sie können sich dann zum Beispiel über ihr Projekt beim System anmelden und haben automatisch – und falls gewünscht ausschließlich – Zugriff auf die Dateien und Daten, die mit diesem Projekt verknüpft sind.

7.2 Stücklisten

Jedem seine Liste — Ein Element, das unweigerlich mit den Grundfunktionalitäten von PDM-Systemen in Verbindung gebracht wird, ist die Stückliste. Traditionell gibt es für jedes Produkt in der Regel viele solcher Listen. Meistens mindestens zwei: eine Konstruktionsstückliste und eine Fertigungsstückliste.

Des Pudels Kern — Gleichzeitig steckt hier oft der Kern des Streits, der sich – insbesondere bei Umstrukturierungen von Unternehmensprozessen – um die Verteilung der Zuständigkeiten innerhalb des Unternehmens entzünden kann. Wo wird die Stückliste erzeugt? Und wer ist der Besitzer? Die Antwort scheint einfach und ist doch vielschichtig.

Die Stückliste entsteht natürlich zuerst dort, wo die einzelnen Teile und Baugruppen entwickelt werden, die ja später in der Liste auftauchen sollen. Mit jedem Teil, mit jeder Unterbaugruppe, mit jedem Platzhalter für Zukaufteile füllt sich die Liste während der Detaillierung durch die Konstruktion.

Die Funktion im Blick — Sie entspricht der Sicht der Ingenieure, die sich bei ihrer Arbeit Gedanken um die Funktionen des Produktes machen. Ihre Struktur entspricht also zunächst der funktionalen Struktur des Produktes.

Mit der Hand am Arm — Ohne PDM-System wird sie auch heute von Hand aus den bereits existierenden Unterlagen der Entwicklungsabteilung zusammengetragen und dann – falls ein Produktionsplanungssystem im Einsatz ist – dort von Hand erneut eingegeben. Ein aufwendiger Vorgang mit vielen Fehlerquellen, die unter Verwendung von PDM ausgeschaltet sind.

Unbedingt benötigt wird die Stückliste zur Vorbereitung der Fertigung. Der Einkauf muss in Koordination mit dem Lager dafür sorgen, dass die erforderliche Anzahl Norm- und sonstiger Zukaufteile zur Verfügung steht. Und die Arbeitsplanung muss wissen, in welcher Reihenfolge die Teile gefertigt und schließlich zusammengebaut werden.

Ohne Stückliste kein Produkt

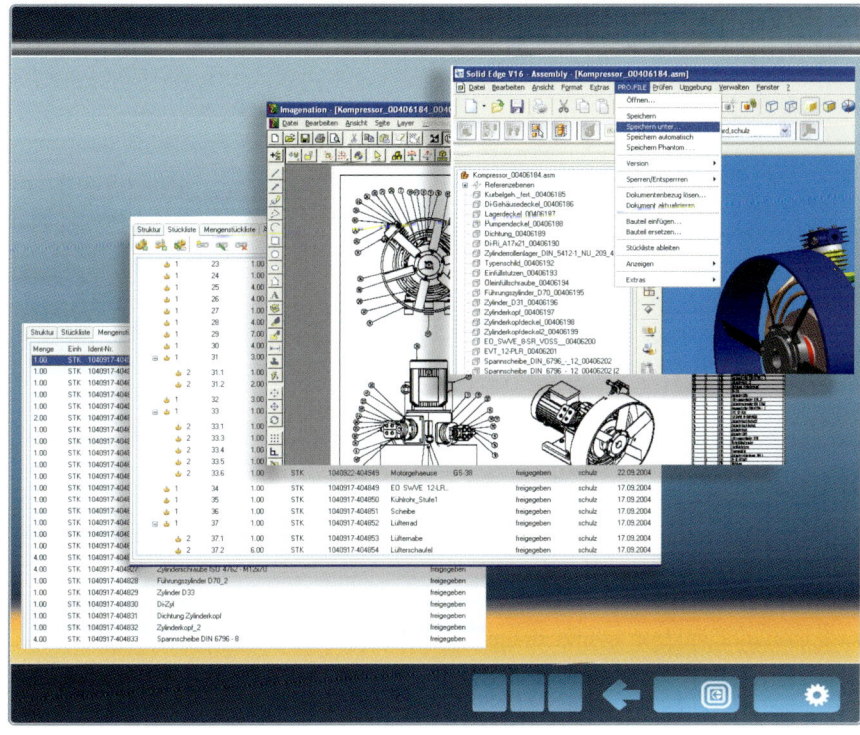

Bild 7.5 Stücklisten in unterschiedlicher Darstellung begleiten die Dokumente.

Die dafür nötige Struktur sieht anders aus, als die Konstruktion sie von sich aus liefern kann. Dem Konstrukteur kann noch gleichgültig sein, mit welcher Farbe eine Variante auf den Markt kommt, für die Fertigung macht dieser Unterschied gleich eine eigene Stückliste für ein weiteres Produkt erforderlich.

Mit PDM lassen sich die Konstruktionsstücklisten in allen gängigen Formen, von der Struktur- über die Baukasten- bis zur Mengenstückliste, automatisch aus den gespeicherten Modell- oder Zeichnungsstrukturen ableiten.

In jeder Form

Die offene Frage lautet: Wann, wie und von wem wird aus der Konstruktionsstückliste eine für die Fertigung gemacht, und wie wird dafür gesorgt, dass der Zusammenhang zwischen beiden erhalten bleibt?

PDM sorgt für die sichere Ableitung aus den aktuellen, freigegebenen Entwicklungsdaten. Die Konsistenz mit der Fertigungsstückliste ist eine Aufgabe, die jeweils in Einklang mit der Unternehmenskultur und der verfolgten Prozessstrategie gelöst werden muss.

Konsistenz ist gefragt.

7.3 Klassifizierung

Wer sucht, der findet.

Bekanntlich verbringen Mitarbeiter aller Berufsgruppen, und zwar nicht nur in der Fertigungsindustrie, einen beachtlichen Teil ihrer Arbeitszeit damit, etwas zu suchen. Das war schon so, als es noch keine Computerunterstützung gab. Seither aber hat das Problem noch erheblich größere Ausmaße angenommen. Gerade mal fünf Prozent aller verfügbaren Informationen sollen heute überhaupt als Wissen verwertbar sein. Innerhalb eines Unternehmens mag das Verhältnis von erzeugten und tatsächlich nutzbaren Daten etwas besser sein. Aber das Thema zwingt zum Nachdenken.

Nicht noch mal und noch mal!

Das vornehmliche Ziel eines PDM-Systems ist, Produktdaten so zu verwalten, dass das Unternehmen den größten Nutzen aus ihnen ziehen kann. Unsystematisch oder gar nicht gespeicherte Daten verursachen enorme und unnötige Kosten. Das Rad stets neu zu erfinden, ist nicht nur Unfug, sondern vor allem erheblich teurer, als einmal erzeugte Teile erneut zu verwenden. Wiederverwendung von Teilen setzt aber umgekehrt voraus, dass sie schnell gefunden werden können, und ebenso alle für den Einbau erforderlichen Dokumente. Die Ordnung von Objekten, Teilen oder Baugruppen in einer Art und Weise, die es erlaubt, sie problemlos wieder zu finden, ist eine zentrale Aufgabe von PDM.

Noch 'ne Variante

Die Entwicklung der modernen, industrialisierten Gesellschaft hat zu einer sehr starken Ausrichtung der Produzenten an den Wünschen und Anforderungen ihrer Kunden geführt. Die Mischung von kostengünstiger Serienfertigung in möglichst großen Stückzahlen bei gleichzeitiger Befriedigung höchst individueller Kundenwünsche lässt die Entwicklung und Fertigung von Varianten schon fast zur Norm werden.

Die Angehörigen

Variantenkonstruktion zwingt zu einer systematischen Ordnung der Produkte und ihrer Strukturen, um möglichst viele Teile für eine möglichst große Zahl der Varianten nutzen zu können. Es handelt sich um eine spezielle Ausprägung der Wiederverwendung einmal entwickelter Teile. Das Besondere: Hier reicht es nicht aus, die Artikel gut geordnet abzulegen. Schon bei der Entwicklung der Produkte muss vielmehr genau untersucht werden, wie ihre Struktur sinnvoll aufgebaut und in Teilefamilien zergliedert werden muss, um die gesteckten Ziele zu erreichen. Eine zweite zentrale Aufgabe von PDM besteht deshalb darin, dieses systematische Ordnen zu unterstützen.

Schnell oder gar nicht

Grundsätzlich kann man mit der heutigen Informationstechnik selbst dann irgendwelche Daten finden, wenn sie gar nicht nach bestimmten Kriterien geordnet sind. Volltextsuche beispielsweise hilft fast immer, Dokumente ausfindig zu machen. Aber erstens sorgt manche Minute, die ein Konstrukteur zu lange sucht, schon dafür, dass er lieber andere Wege geht, als Vorhandenes wieder zu verwenden. Und zweitens gibt es – insbesondere in Form dreidimensionaler Modelle von Teilen und Baugruppen, aber auch generell in grafischen Unterlagen – innerhalb der Produktentwicklung eben zentrale Elemente, in denen sich gar kein oder fast kein Text mehr findet, bei dem die Volltextsuche Erfolg verspricht. Man müsste also eine andere Suchmethode entwickeln, die Dokumente beispielsweise nach geometrischen Elementen durchforstet. Die Wahrscheinlichkeit allerdings, dass geometrische Suchkriterien eine noch größere Trefferquote und damit noch mehr nicht erwünschte Ergebnisse liefern als die Volltextsuche, ist groß.

PDM bietet den Unternehmen Unterstützung bei einer systematischen Ordnung ihrer gesamten Produkte. Sie können in Klassen eingeteilt und in Sachmerkmalsleisten eingebunden werden, die sich beliebig tief in hierarchischen Strukturen schachteln lassen. Die Klassifizierung der Teile kann auch zur Strukturierung von Variantenprodukten genutzt werden. Und alle Merkmale und Attribute einzelner Teile, Baugruppen oder Produkte lassen sich dann jederzeit als schnelles Suchkriterium heranziehen.

Klasse! Sachmerkmalsleisten

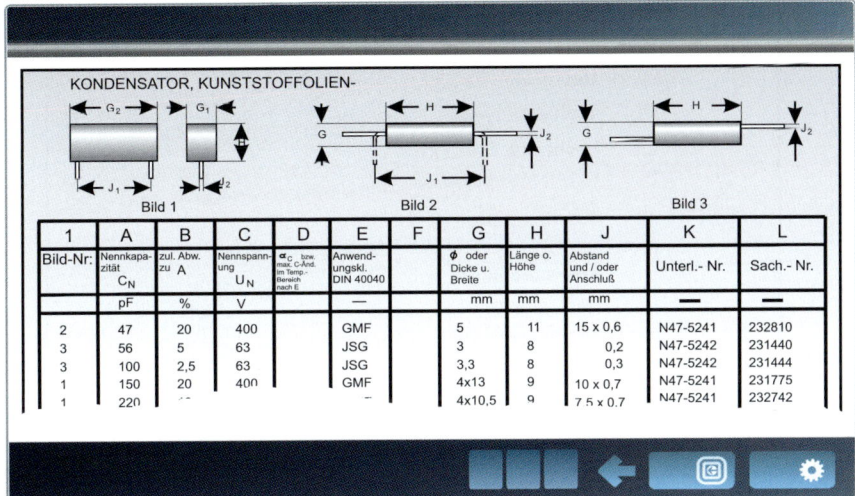

Bild 7.6 Sachmerkmalsleisten (traditionelle Form)

Sachmerkmale und Sachmerkmalsleisten sind nichts Neues. Es handelt sich dabei auch nicht um ein erst in Zusammenhang mit PDM aufgetauchtes Werkzeug. Aber gegenüber den früheren Papierformularen hat sich in der computergestützten Klassifizierung eine Menge geändert – und zwar ausschließlich in positivem Sinne.

Nicht neu, ...

War früher Klassifikation ein Buch mit mehr als sieben Siegeln für alle, die nicht täglich mit ihrer Pflege betraut waren, so ist es heute eine Methode, die selbst ein Ungeübter verstehen, nachvollziehen und damit nutzen kann.

... aber besser!

Die Merkmale, die ein Produkt, ein Teil, eine Baugruppe beschreiben, werden bereits bei der Anlage des jeweiligen Artikels eingegeben. Sie gliedern sich in feste und variable Stammdaten. Welche in jedem Fall eingegeben werden müssen und welche nicht, wird firmenspezifisch festgelegt.

Feste Merkmale könnten zum Beispiel sein: eine Artikelnummer; eine Bezeichnung der Produktart (etwa: Pumpe); der zu verwendende Werkstoff; der Konstrukteur; der Auftraggeber; die Bezeichnung einer Sachmerkmalsleiste, zu der dieses Teil gehören soll; das Datum der Erstellung.

Fest

Variable Merkmale wären etwa: der spezifische Typ des Produktes, zum Beispiel Ölpumpe; technische Eigenschaften des Teils wie Druck, Temperatur oder Einbaumaße.

Variabel

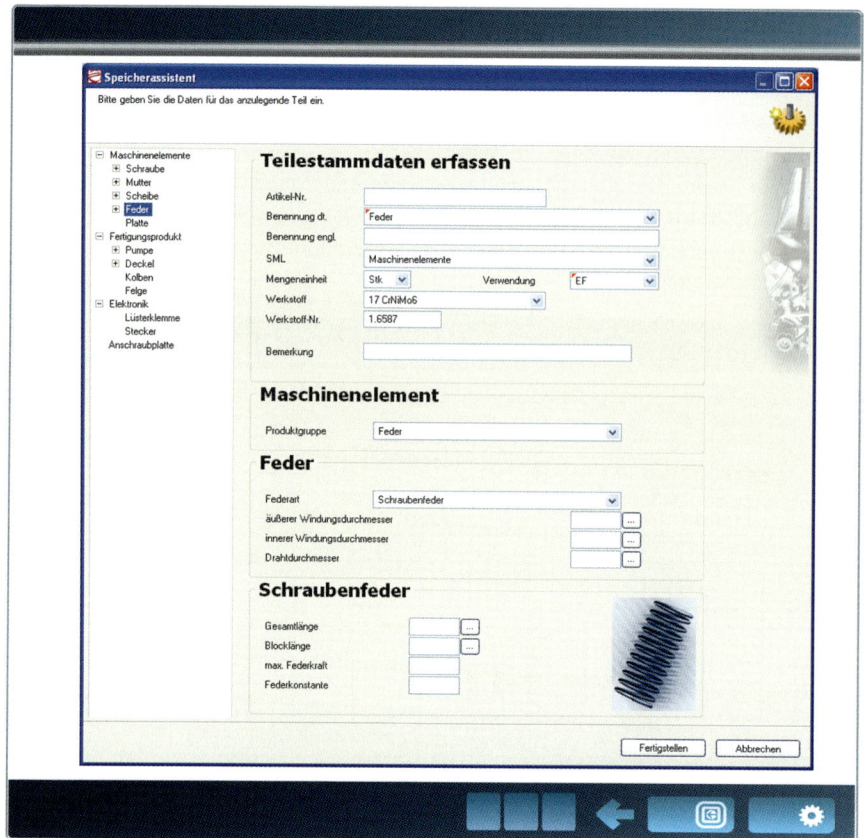

Bild 7.7
Sachmerkmale und Klassifikation im PDM-System

Es liegt nahe, diese ohnehin erforderlichen Eingaben zur genauen Spezifizierung eines Produktes und seiner Einzelteile so zu vereinheitlichen und für alle verbindlich festzulegen, dass sie in Form einer Klassifizierung der gesamten Produktpalette, einschließlich Norm- und Standardteile, genutzt werden können.

Kleiner Unterschied

Im Unterschied zu den früheren Papierformaten können jetzt die Beschreibungen, bei deren Form und Umfang den Verantwortlichen keine systembedingten Beschränkungen auferlegt werden, auch mit der Darstellung des Originalmodells oder einer Zeichnungsableitung verbunden werden.

Bequem geerbt

Noch ein großer Vorteil: Merkmale eines Produktes werden in der Teilehierarchie automatisch nach unten vererbt. Flügel- und Zylinderschrauben gehören zu den Metallschrauben als Untergruppe der Schrauben, und alle Schrauben sind wiederum in der Gruppe der Befestigungen zu finden. Die Anlage einer Sechskantschraube in dieser Hierarchie befreit den Benutzer von der Pflicht, alle Merkmale, die ohnehin zu dieser Klasse gehören, explizit einzugeben.

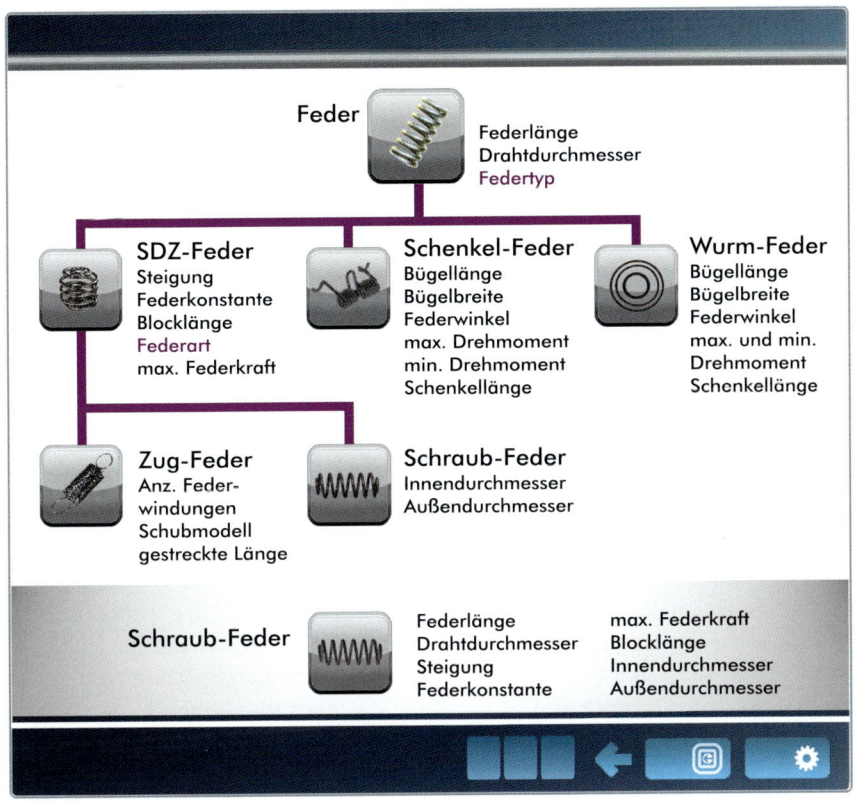

Bild 7.8 Klassifizierung mit Vererbungsprinzip

Im Rahmen der Klassifizierung können natürlich auch sinnvolle Eingabewerte vordefiniert werden, sodass in vielen Fällen ihre Bestätigung oder geringfügige Änderung als Input ausreicht.

Etliche Betriebe nutzen heute die Klassifizierung in Sachmerkmalsleisten, auch wenn es dabei gilt, den Aufwand für den Aufbau und die Pflege entsprechender Systeme nicht zu hoch anwachsen zu lassen. Er muss natürlich in einem guten Verhältnis stehen zu dem Aufwand, der bei der Entwicklung und Fertigung dadurch eingespart werden soll.

Das Verhältnis muss stimmen.

Aber viele Unternehmen insbesondere in der mittelständischen Industrie neigen vor allem hinsichtlich der Produktentwicklung eher zu einem Chaos, das in diesem Fall nicht gerade positiv zu bewerten ist. Verstärkt durch den enormen Kosten- und Zeitdruck, dem sich diese Firmen in wachsendem Maße ausgesetzt finden, hat die Erledigung von Aufträgen immer Priorität vor organisatorischer oder technologischer Neuorientierung. Wenn aber jeder sein Teil mehr oder weniger nach Gutdünken benennen kann, wird weder ihre Wiederverwendbarkeit noch ihre sinnvolle Strukturierung unterstützt. Wenn ein gleichartiges Blechteil einmal als Winkelblech, ein anderes Mal als Kantblech und ein drittes Mal vielleicht als Stützblech bezeichnet wird, dann gibt es unter Umständen schon drei Artikel, wo einer ausreichte. Hier kann PDM helfen, Dinge neu zu ordnen.

Chaos-Prinzip

Das Einsparpotenzial ist enorm. Nach einer Befragung von Kunden in einem VDI-Seminar spart ein Unternehmen pro Teil, das wiederholt verwendet wird, an Kons-

PDM macht's billiger.

truktions- und Artikelpflegekosten zwischen 700 und 5.000 €. Nach einer Studie von CIMdata werden über 60 Prozent mehr von den teuren Neukonstruktionen dort erstellt, wo kein PDM im Einsatz ist. Während bei PDM-Nutzern die Wiederverwendung verfügbarer Teile fast 50 Prozent häufiger registriert wird und auch der Einsatz vorhandener Teile, die lediglich leicht verändert werden, eine größere Rolle spielt.

Es geht nicht mehr ohne.

In manchen Bereichen der Industrie, zum Beispiel im Großmaschinen- und Anlagenbau, geht es um erheblich mehr als nur um Einsparungen. Wie das Fallbeispiel Blockformanlage der Firma Erlenbach in Kapitel 19 eindrucksvoll belegt, sind die heutigen Anforderungen an solche Maschinen gar nicht mehr ohne 3D CAD und vor allem nicht ohne PDM zu erfüllen. Die Frage ist nämlich dort, ob die Konstrukteure sich auf die Entwicklung genau der 20 Prozent neuen Teile konzentrieren können, die tatsächlich neue Funktionalität und Innovation beinhalten, oder ob sie bei jeder Maschine auch die 80 Prozent wieder neu entwickeln müssen, die eigentlich als Baugruppen oder Teile Wiederverwendung finden könnten.

So wie sich Produkte und geometrische Teile klassifizieren lassen, um die Suchmöglichkeiten zu verbessern und das Auffinden zu erleichtern, kann natürlich auch mit beliebigen anderen Dokumenten verfahren werden.

Kein Ersatz, aber Hilfe

PDM kann also helfen, die Prozesse zu verbessern und neu zu organisieren – es kann aber die Neuordnung nicht ersetzen. Dies als Warnung an alle, die möglicherweise hoffen, mit PDM so verfahren zu können wie vor einiger Zeit mit der Einführung von CAD: Die Prozesse bleiben dieselben, aber durch den Softwareeinsatz sollen sie schneller werden. Auch im Fall von Produktdatenmanagement wird dies nicht wirklich funktionieren. Abgesehen natürlich von der enormen Zeiteinsparung, die auf nichts anderes zurückzuführen ist als auf die Tatsache, dass Informationen direkt am Arbeitsplatz auf dem Bildschirm zu haben sind, für die man vorher lange Wege gehen musste; obendrein oft ohne Erfolg.

eCl@ss und PDM

Welchen Nutzen man aus der Klassifizierung in PDM ziehen kann, zeigt das herausragende Fallbeispiel des Gesundheitskonzerns Fresenius Medical Care. Hier wird das Standardsystem eCl@ss mit den Möglichkeiten der Merkmalvererbung in PRO.FILE gekoppelt. Welche Synergien aus dieser Kopplung erwachsen, lesen Sie in Kapitel 24. Internationale Standards wie eCl@ss sind gut. Aber erst in Verbindung mit PDM können sie ihre volle Wirkung im einzelnen Unternehmen entfalten.

7.4 Objektstatus und Workflow

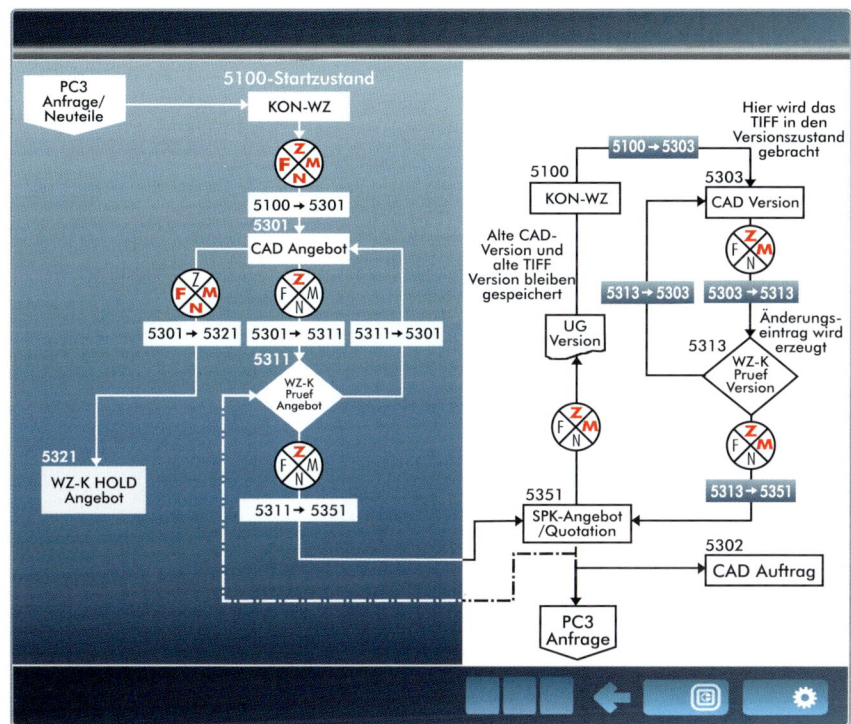

Bild 7.9 Workflow für Kundenanfrage mit PRO.FILE bei CeramTec

Der Status (Zustand) gehört zu den Kerninformationen eines PDM-Objektes. An ihm erkennt der Nutzer beispielsweise, ob das Objekt *in Arbeit* oder *in Änderung* ist oder bereits *Freigegeben* für weitere Arbeitsschritte. Diese Information wird innerhalb des PDM-Systems gleichzeitig genutzt, um zu steuern, was mit dem einzelnen Objekt gemacht werden kann und was nicht.

Den Status bitte!

Jedes Objekt hat einen bestimmten benutzerspezifischen und einen typspezifischen Startzustand. Welche Status danach möglich sind, wird bei der Implementierung des Systems festgelegt und richtet sich nach den im Unternehmen definierten Prozessen. Von Seiten des Systems ist die Anzahl der Zustände nicht begrenzt.

Jedem Zustand sind Berechtigungen von Benutzern und gegebenenfalls Benutzergruppen, zum Beispiel ein Projektteam, bezüglich des jeweiligen Objektes zugeordnet. Nicht jeder hat die Berechtigung, einen Artikel für die Fertigung freizugeben, und nicht jeder kann ein Teil als geprüft markieren. Über die Berechtigungen wird auch gesteuert, von welchem Status ein Objekt in welchen anderen Status wechseln kann.

Berechtigte Zustände

Auch festgelegte Aktionen können einem Zustand zugeordnet werden. Auf diese Weise mag beispielsweise ein Statuswechsel von *In Freigabe* zu *Freigegeben* auslösen, dass bestimmte Projektteammitglieder eine E-Mail erhalten oder dass automatisch von einer freigegebenen Konstruktion ein neutrales Datenformat erstellt

Status, wechsle dich.

wird. Auch die Vergabe einer Revisionsnummer kann das Ergebnis eines Statuswechsels sein.

Zündschlüssel für den Prozess

Objektzustände und ihre Wechsel lassen den vollständigen Lebenslauf eines Objekts beschreiben und die Prozesse, die dabei durchlaufen werden. Im Grunde genommen liegt hier der Schlüssel zur Prozesssteuerung. Allerdings gilt: Nur wer für die einzelnen Arbeitsabläufe – neudeutsch: „Workflows" – die verschiedenen Zustände und die zugehörigen Verantwortlichkeiten definiert hat, kann das System damit füttern. Umgekehrt bietet die Software dann die Gewähr, dass die einmal festgelegten Vorgehensweisen auch eingehalten werden.

Fluss und Diagramm

Manche Programme verfügen zur Unterstützung dieses Gestaltungsvorgangs über spezielle Workflow-Generatoren. Die Definition der einzelnen Abläufe wird damit unmittelbar in die Form leicht verständlicher Diagramme gebracht, die sich anschließend zur Generierung der Objekte und zur Verwaltung der Status einsetzen lassen. Wichtig sind allerdings nur die Analyse und die Definition der geeigneten Prozessschritte. Ob sie dann mit bunten Bildern darstellbar sind, ist für ihren Erfolg nicht ausschlaggebend.

7.5 Versionierung

Änderung pur

Eine Konstruktion zu dokumentieren, die Struktur selbst eines komplexen 3D-Produktmodells zu verwalten, wäre keine große Aufgabe, wenn es nur um eine einzige Version, eine bestimmte Struktur, ginge. Die Produktentwicklung zeichnet sich aber gerade dadurch aus, dass es anstelle eindeutiger, unveränderbarer Zustände permanent eine Vielzahl von Änderungen gibt. Die Produktentstehung ist gewissermaßen nichts anderes als ein kontinuierlicher Änderungsvorgang. Längst bevor ein Fehler in der Fertigung oder sogar im Betrieb eines Produktes zu einer sogenannten Änderungsanforderung und dann zum entsprechenden Auftrag führt, hat das Gerät oder die Maschine in der Regel schon eine kaum überschaubare Kette von Veränderungen erfahren.

Den Überblick behalten

Ein PDM-System ist dafür entwickelt worden, in diesem für den Laien nach Durcheinander und Chaos aussehenden Gewirr von neuen Ansätzen, verworfenen Ideen und aufgrund diverser Prüfvorgänge ausgeschiedener Lösungen den Überblick zu behalten.

Wo steckt was?

Und das wird immer wichtiger. Umweltschutzbestimmungen, Recycling-Vorschriften – aus einer Vielzahl von Quellen kommt der Druck, über jedes Einzelteil, jede Niete und jede Schraube, alle möglichen Informationen liefern zu können, und manche eben gerade dann, wenn das Produkt aus dem Verkehr gezogen und entsorgt wird. Zu einem Zeitpunkt also, wo früher der beobachtete Produktlebenszyklus längst beendet war. Welches Material wurde verwendet? Welche elektronischen Bauteile enthält das Produkt? Wie lassen sich die Baugruppen in wieder verwendbare Teile und Sondermüll trennen?

Noch gravierendere Probleme können sich aus der Produkthaftung ergeben. Wann wurde die Variante gewählt, deren Materialbruch an kritischer Stelle möglicherweise einen Unfall verursacht hat? Und wer war für diese Alternative verantwortlich? Ganze Firmen können in Gefahr geraten, wenn hier kein lückenloser Nachweis möglich ist.

Wer haftet?

7.5.1 Teileversionierung

Das Zauberwort im Datenmanagement heißt in diesem Zusammenhang: Versionierung. Bei der Änderung eines Teils wird die alte Version nicht gelöscht, sondern gespeichert. Die geänderte Version erhält eine andere Versionsnummer. Dasselbe gilt für Baugruppen und Unterbaugruppen und natürlich für das Gesamtprodukt.

Die meisten Unternehmen haben sogar eine mehrstufige Form der Versionierung. Es gibt dann einige – nicht für andere Konstrukteure verfügbare – Ausgaben, bis mit einer erneuten Freigabe eine bestimmte Version wieder (vorübergehend) festgeschrieben, eingefroren wird. Dafür werden der Eindeutigkeit halber auch unterschiedliche Begriffe verwendet. Das eine ist beispielsweise die Version, das andere die Revision oder umgekehrt.

Version und Revision

Eine Produktstruktur im PDM-System umfasst also neben der sichtbaren Verzweigung in alle Baugruppen und Einzelteile eine unter Umständen noch viel weiter verzweigte Struktur in der Ebene der Versionen. Diese geradezu räumliche Struktur erlaubt dem Benutzer, sofern er die erforderliche Berechtigung besitzt, jederzeit bezüglich des kleinsten Einzelteils in der Entwicklungshistorie zu forschen bis hin zur ersten je gespeicherten Version.

Strukturierte Versionen

Eine solche Versionsvielfalt ist im Detail nicht sinnvoll, wenn es um die Steuerung der Produktion geht, und auch im Einkauf, im Kundendienst und im Vertrieb wird sie eher hinderlich sein. In der Entwicklung ist sie überaus hilfreich, denn sie erlaubt nicht nur die Übersicht, sondern unterstützt die Konstrukteure, Ingenieure und Berechnungsspezialisten bei ihrer täglichen Arbeit. Wo Kreativität gefragt ist und Innovation, muss moderne Technologie dazu genutzt werden, genau das zu fördern. Die Methoden der Versionierung im PDM-System haben das Ziel, alle Informationen sicher zu verwalten, ohne dem Benutzer unnötige Zwänge aufzuerlegen.

Nicht überall

Dennoch sind die Produktdaten in der Vielfalt ihrer Entwicklungsphase für alle nachfolgenden Prozesse wichtig, nicht nur dann, wenn etwas nicht so läuft wie geplant. Viele Entscheidungen etwa über kostengünstigere Verfahren, schnellere Fertigungsmethoden oder die Erreichung längerer Haltbarkeit können fundiert nur getroffen werden vor dem Hintergrund der Entwicklungshistorie des Produktes, um das es geht. In sehr vielen Fällen wären dann die betreffenden Mitarbeiter anderer Bereiche froh, sie hätten Anschluss an ein gut gepflegtes PDM-System, in dem sie solche Daten finden.

Die Historie bleibt.

Für den Konstrukteur oder den Projektleiter bieten die gespeicherten Versionen noch weitere Möglichkeiten. Sie können nämlich entscheiden, welche Version sie sich in den Arbeitsspeicher laden. Soll die aktuell in Bearbeitung befindliche Datei weiter bearbeitet werden? Dann ist die zuletzt gespeicherte Version die richtige.

Was darf's denn sein?

Wird ein Blick auf die neueste Version gewünscht, dann lässt sich auch das realisieren. Oder es soll überprüft werden, welche Version die zuletzt freigegebene ist? Auch das dürfte keinem PDM Probleme bereiten.

Version rausgepickt — Der Konstrukteur kann aber – wenn es das System wie im Fall von PRO.FILE erlaubt – die gespeicherten Versionen sogar nutzen, um Varianten zu definieren, die sich nur in der Version einzelner Bauteile oder Baugruppen unterscheiden. In diesem Fall sucht er sich gezielt jenen Knoten in der Produktstruktur, an dem er eine ganz bestimmte Version, die vielleicht längst nicht mehr die aktuell eingebaute ist, bevorzugt. Im sogenannten Versionsbrowser wählt er dann unter den gespeicherten Versionen die Baugruppe oder das Teil aus, das er braucht, und ersetzt durch diese Wahl die momentan gespeicherte Version.

Überaus nützlich — Das ist nicht unbedingt eine Funktionalität, die jeder häufig braucht. Aber gerade im Maschinen- und Anlagenbau ist ein entsprechender Bedarf immer wieder anzutreffen. Und dort, wo sie zum Einsatz gebracht wird, ist sie extrem hilfreich.

7.5.2 Stücklistenversionierung

Eingefroren — Eine Besonderheit innerhalb der Produkthistorie sind jene Versionen, die jeweils zur Fertigungsfreigabe und zur Ableitung einer Stückliste führen. In dieser Stückliste ist nämlich exakt festgehalten, aus welchen Komponenten und Baugruppen mit welchem Versionsstand das Produkt zu diesem Zeitpunkt in die Fertigung ging. Die Stückliste ist gewissermaßen das Dokument des Produktzustandes, der nicht mehr verändert wird, sondern so und nicht anders zur Auslieferung der Maschine, des Gerätes, der Anlage führt. Jedenfalls ist das die Absicht zum Zeitpunkt des Produktionsstarts.

Späte Erkenntnis — Dass es dennoch zu Änderungen kommen kann, ist freilich klar. Vor der Einführung digitaler Entwicklungsmethoden war dies sogar die Normalität. Erst zum Zeitpunkt der Fertigung, wenn die Werkzeuge hergestellt waren und die ersten Teile aus der Form fielen, wenn in der Montage begonnen wurde, die Einzelteile zu einem Ganzen zusammenzubauen – jetzt stellte sich an dieser und jener Stelle heraus, dass etwas nicht passte.

Trotz alledem — Auch wenn heute Bauraumuntersuchung, Montagesimulation und Kollisionsbetrachtung am 3D-Modell auf dem Bildschirm mehr und mehr zur Normalität gehören, wird es immer wieder die eine oder andere Verbesserung geben, die trotz allem nicht vorher abzusehen war.

Kleine Änderung gefällig? — Eine andere Art von Konstruktionsänderung ergibt sich aus Erkenntnissen, die erst nach der Auslieferung des Produktes, bei der Inbetriebnahme der Anlage oder Maschine oder während der Nutzung des Produktes gesammelt werden. Da erweist sich unter Umständen das Auswechseln eines Lüfterrades zur Kühlung eines Kompressors als sinnvoll. Statt sechs werden acht Rotorblätter benötigt, um die erforderliche Kühlung zu erzielen.

Nicht mehr erhältlich — Ein dritter Grund für Änderungen der Produktstruktur und Auswechseln von Positionen der Stückliste kann sich ergeben, wenn ein bisher verwendetes Material nicht mehr zu erhalten ist und ausgetauscht werden muss. Oder wenn für eine

Komponente ein anderer Lieferant zum Zuge kommt. Hier ändert sich möglicherweise nichts an der Form und Funktion des Teils, und dennoch bekommt es eine neue Identnummer. Die Positionsnummer ist dieselbe geblieben.

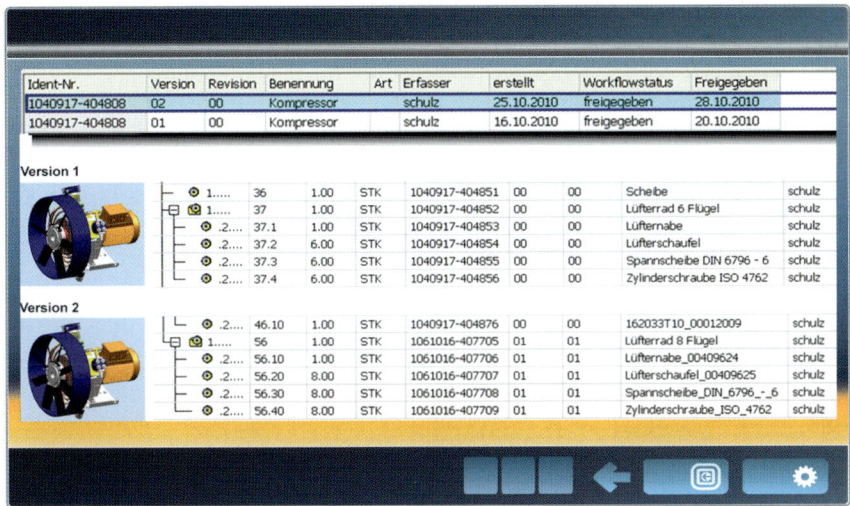

Bild 7.10 Stücklisten-Versionen

Wir reden also hier nicht von Variantenkonstruktion, wo sich das Produkt ja auch nur in Teilen unterscheidet. Bei einer Variante handelt es sich immer um ein neues Endprodukt, das in jedem Fall eine eigene Stückliste bekommt. In diesem Fall geht es um den Austausch von Positionen innerhalb desselben Produktes.

Keine Variante

Ein besonderer Nutzen entsteht nun für den Anwender, wenn sein PDM-System nicht nur die Teile, sondern auch die Stückliste zu versionieren vermag. Der Vorgang ist eigentlich einfach, aber keineswegs überall Standard. Statt bei jeder Ausleitung der Stückliste die alte zu löschen und nur die aktuelle zu speichern, verfährt die Software wie bei den Teilen selbst: Eine Kopie der alten Stückliste wird als neue Version angelegt, die alte wird eingefroren und gesichert. Dabei werden die Teile, die unverändert bleiben, nicht kopiert. Das System verweist vielmehr über die neue Stückliste auf dieselben Komponenten. Lediglich das ausgewechselte Teil wird neu angelegt.

Wie bei den Teilen

Beim Öffnen des Teilestamms des geänderten Produktes taucht unter der Rubrik Stücklistenversionen eine neue Versionsnummer auf, über die sofort festgestellt werden kann, an welcher Position es zu einer Veränderung gekommen ist. So enthält die Dokumentation der Produktentwicklung nicht nur implizit sämtliche Versionen der Teile und Baugruppen, sondern über die Stücklistenversionen auch die konkrete Historie des Produktes über seinen gesamten Lebenszyklus.

Komplette Historie

Wozu der Aufwand, wenn doch ab sofort nur noch nach dieser Stückliste eingekauft und gefertigt wird? Dafür gibt es mehrere gute Gründe.

Gute Gründe

Erstens sind nach dem alten Dokument bereits Produkte hergestellt und ausgeliefert worden. Wenn es hier zu Problemen kommt, die möglicherweise exakt das geänderte Teil betreffen, dann gibt die aktuell gültige Stückliste keine Auskunft darüber, welches Bauteil hier verwendet wurde. Es kann ja sein, dass in dieser Anlage nur dieses damals zugeordnete Teil verwendet werden kann, dass das neuerlich

Keine Missverständnisse

eingesetzte in der alten Struktur aus irgendeinem Grund nicht richtig funktioniert. Dann wäre es schön, der Service-Ingenieur könnte mit einem Blick auf die zum Zeitpunkt der Auslieferung gültige Liste sofort sehen, welches Element verbaut wurde, und das passende Ersatzteil in Auftrag geben.

Der Vollständigkeit halber

Ein weiterer Grund liegt in dem, was neudeutsch heute unter Compliance Management verstanden wird. Die Zahl der Vorschriften, die für Herstellung und Vertrieb von Produkten zu beachten sind, steigt kontinuierlich. National, europaweit, international. Das Qualitätsmanagement ist heute nicht nur für die Qualität eines Produktes zuständig, sondern zugleich für den Nachweis, dass die jeweils anzuwendenden Vorschriften eingehalten wurden. Dazu gehört immer häufiger der Nachweis, wie welche Teile wann zu welchem Endprodukt zusammengebaut wurden. Da darf oft der Nachweis der betreffenden Stückliste nicht fehlen.

7.6 Benutzer und ihre Rechte

Mit vollem Recht

Wie bei allen Applikationen, die den Zugriff auf firmenkritische Daten gestatten, muss selbstverständlich auch bei PDM sichergestellt sein, dass die Produktdaten weder unberechtigt noch ungewollt geöffnet und auch nur angeschaut werden können. Ein geeignetes Management der Benutzer und ihrer Rechte ist deshalb eine der Kernfunktionalitäten jedes PDM-Systems.

Neben dem einzelnen Anwender können auch Benutzergruppen in beliebiger Hierarchie angelegt und verwaltet werden. Darüber lässt sich – bei Bedarf – einerseits die Organisationsstruktur des Unternehmens abbilden, andererseits aber auch die Organisationsstruktur von Entwicklungsprojekten beziehungsweise der zu ihrer Durchführung gebildeten Teams.

Wer den Schlüssel hat

Außer der Festlegung von Namen und Passwörtern zum grundsätzlichen Systemzugang muss für jeden Benutzer und für jede Gruppe definiert sein, welche Daten und Dateien sie öffnen und was sie damit im Einzelnen tun dürfen. Viele werden Leserechte auf viele Daten haben, und eher wenige werden etwas ändern, eine neue Version erstellen, Verknüpfungen zwischen Dokumenten herstellen dürfen.

Unsichtbar

Ergänzt wird das Management solcher benutzerspezifischen Rechte im Umgang mit PDM-Objekten durch das Management der Status und ihrer geregelten Wechsel. Wer nicht das Recht hat, ein beispielsweise noch in Änderung befindliches Bauteil zu sehen, der findet nicht einmal einen Hinweis darauf, dass eine solche Änderungsversion existiert. Fehlt das Recht, eine Datei zu öffnen, dann bekommt der Benutzer nicht einmal den Namen der Datei zu sehen.

Darf er die Datei öffnen, hängt es von seinen Rechten im Einzelnen und vom Status des Objektes ab, auf welche Version – zum Beispiel die zuletzt freigegebene – er zugreift. Oder es kann sein, dass er zwar Informationsrechte bezüglich eines Produktes oder einer Baugruppe hat, aber nur das neutrale Datenformat anschauen kann und nicht die Originaldaten.

Was sich in traditionellen Arbeitsorganisationen sehr allmählich über viele Jahre entwickeln musste, lässt sich also mithilfe von PDM sehr einfach und sehr viel genauer beschreiben und dann auch steuern: die Aufgaben und Rechte aller Beteiligten bezüglich der Produkte, die sie entwickeln und fertigen.

Regeln und Steuern

Der Systemverwalter hat dann auch noch die Möglichkeit, diese Organisationsstruktur bis zu den Ein- und Ausgabemasken des Systems hin abzubilden. Entsprechend den konkreten Rechten einer Benutzergruppe etwa bekommen ihre Mitglieder auch ganz bestimmte Funktionen auf der Benutzeroberfläche angeboten und andere eben nicht. Die Anpassungsfähigkeit heutiger PDM-Systeme sollte gewährleisten, dass diese Aufgabe kein Hexenwerk mehr ist, das die kostenintensive Hinzuziehung von externen Beratern über Jahre hinweg erforderlich macht.

Die Maske

7.7 Sperren von Objekten

Objekte, die in einem PDM-System verwaltet werden, lassen sich auch unabhängig von Benutzerrechten für bestimmte Zwecke sperren. Dies dient vor allem der Verhinderung unkontrollierter Dokumentänderungen.

Kontrolle ist besser

Generell sind Dokumente automatisch für jeglichen Zugriff gesperrt, während sie gerade gespeichert werden. Unmittelbar nach dem Abschluss des Speichervorgangs wird die Sperrung auch automatisch wieder aufgehoben.

Alle anderen Dokumentsperren können aktiv von dazu berechtigten Benutzern ausgelöst werden, um gleichzeitig schreibenden Zugriff, also die parallele Änderung oder gar Löschung des Dokumentes, auszuschließen. Wenn ein Konstrukteur ein 3D-Modell bearbeitet, kann er die gleichzeitige Editierung durch andere vorübergehend unterbinden. Gelesen – also angeschaut – werden können sie aber trotzdem. Solche Sperren müssen normalerweise von dem aufgehoben werden, der sie verhängt hat.

Wer die Sperre aufhebt

7.8 Verteilte Datenhaltung

Die Trennung von Metadaten, die sich in den Stammdatensätzen der Objekte finden, und Primärdaten, also den Originaldaten in den entsprechenden Dateien aus Office- oder CAD-Applikationen, erlaubt nicht nur ein sehr schnelles Zugreifen auf Informationen, die in den Stammsätzen stecken. Er ermöglicht auch eine unterschiedliche Datenhaltung – mit positiven Auswirkungen auf die Datensicherheit und die Performance.

Gewünschter Unterschied

Üblicherweise werden die Stammdaten in einer zentralen Datenbank gespeichert, auf die nur über das PDM-System zugegriffen werden kann, folglich auch nur mit

Zentraler Stamm

den Berechtigungen, die der jeweilige Benutzer hat. Für alle anderen sind diese Daten nicht lesbar, ja nicht einmal sichtbar. Damit sind auch die Zusammenhänge zwischen Dokumenten unterschiedlichen Typs, zum Beispiel zwischen Kalkulationstabellen, Testbeschreibungen und 3D-Modellen, für Unberechtigte nicht nachvollziehbar.

Geschütztes Original

Die Originaldaten dagegen sind an einer anderen Stelle, in einem besonders geschützten Bereich des jeweiligen Rechnernetzwerks, gelagert. Mit den üblichen Mitteln des Verzeichniszugriffs, wie sie beispielsweise einem PC-Benutzer verfügbar sind, können diese Daten und Dateien nicht geöffnet oder geändert werden.

Insofern bedeutet allein die Implementierung eines PDM-Systems eine erhebliche Verbesserung des Schutzes unternehmenskritischer Daten, verglichen jedenfalls mit dem individuellen Ablegen in selbst generierten Verzeichnisstrukturen.

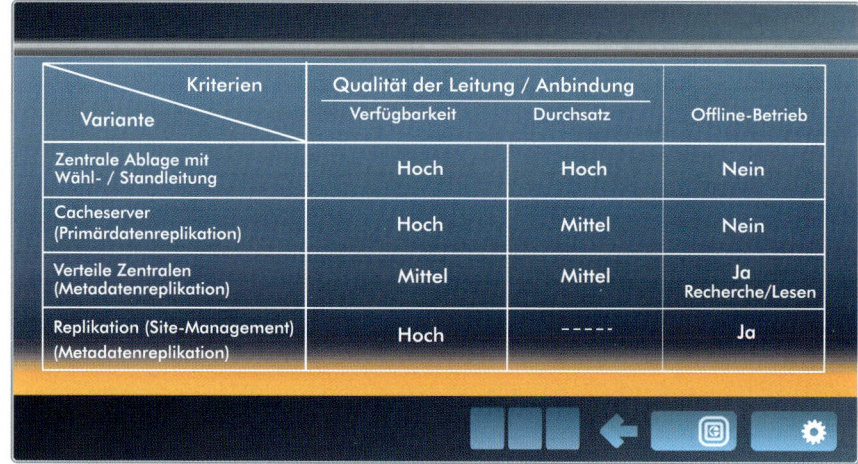

Bild 7.11 Verschiedene Möglichkeiten der Datenreplikation mit PDM-Systemen

Konzept ist Anwendungssache.

Auch bei der Verteilung der Daten über Standorte hinweg spielt die Unterscheidung zwischen Metadaten und Dateien – wie wir gleich sehen werden – eine wichtige Rolle. Für die genaue Art des Datenaustauschs beziehungsweise der verteilten Datenhaltung zwischen Zentrale und Standorten oder zwischen mehreren Entwicklungszentren und jeweils angeschlossenen Standorten gibt es eine Reihe von Konzepten, die heute von jedem marktgängigen PDM-System unterstützt werden sollten. Welches jeweils infrage kommt, hängt von den Anforderungen an die Performance und an die Sicherheit, aber auch von den Kosten ab, die im konkreten Fall zu berücksichtigen sind.

7.8.1 Zentrale Ablage mit Zugriff über Wähl- oder Standleitungen

Einfach nicht immer das Beste

Dieses erste mögliche Konzept ist der einfachste Fall mit den geringsten Anforderungen an Systemarchitektur, Wartung, Systemverwaltung und Datensicherung. Der Nachteil liegt – wenig erstaunlich – in der Performance und gegebenenfalls in den Übertragungskosten.

Bei diesem Konzept werden alle Metadaten und alle Primärdaten auf einem einzigen, zentralen Server abgelegt. Am Standort des Servers erfolgt der Zugriff über LAN. In Niederlassungen oder Zweigwerken wird über Stand- oder Wählleitung eine Datenanforderung an den zentralen Server geschickt, und der Server schickt, falls der Anfragende zum Empfang berechtigt ist, die geforderten Daten über denselben Weg zum Anwender.

Alles auf einem Server

Wenn es sich um Metadaten handelt, ist dieses Konzept völlig ausreichend. Wenn aber große TIFF-Dokumente oder CAD-Dateien mit vielen MByte übertragen werden sollen, dann muss die Übertragungsleitung eine hohe Verfügbarkeit und einen hohen Durchsatz bieten. Selbst dann ist es mit der Performance für den Anwender aber möglicherweise nicht allzu weit her. Im Falle eines Ausfalls der Leitung ist der Zugriff auf die Daten nicht möglich.

Für Metadaten o.k.

Für die intensive Nutzung von Entwicklungsdaten an verteilten Standorten dürfte also dieses Konzept kaum infrage kommen. Es ist prädestiniert für die Arbeit in der Zentrale.

7.8.2 Zentrale Ablage mit dezentralem Caching

Das zweite Konzept beruht zwar ebenfalls auf der zentralen Speicherung aller Meta- und Primärdaten, doch wird für die Arbeit an dezentralen Standorten ein Cache-Server hinzugefügt. Jede Datenanforderung führt automatisch zu einer Speicherung einer Kopie der zentralen Daten am Standort des Benutzers. Jeder erneute Zugriff auf diese Daten erfolgt annähernd unter denselben Bedingungen wie die Arbeit in der Zentrale, solange der Server keine Änderung der Originaldatei anzeigt. In diesem Fall wird erneut eine Kopie erstellt und dezentral abgelegt.

Wer den Cache-Server braucht

Um 75 bis 90 Prozent können mit dieser Methode Lade- und Bildaufbauzeiten gegenüber dem ersten Verfahren reduziert werden. Ein erheblicher Gewinn vor allem dort, wo immer wieder auf bestimmte große Dokumente zugegriffen werden muss.

'ne Menge schneller

7.8.3 Dezentrale Ablage der Primärdaten

Die Anforderungen an die Systemarchitektur bei Konzept Nummer 3 steigen, aber dafür gibt es auch – je nach Anwendung – erhebliche Verbesserungen in der Leistungsfähigkeit. Die Metadaten werden auch in diesem Fall ausschließlich zentral gespeichert, und der zentrale PDM-Server behält die volle Kontrolle über den gesamten Datentransfer. Aber die Primärdaten, die CAD-Modelle und sonstigen Dokumente werden auf File Servern abgelegt, die am Standort der jeweiligen Benutzer installiert sind.

Besser und schneller

Für eine Anwendung, bei der beispielsweise ein Konstrukteur hauptsächlich die von ihm selbst erzeugten und gespeicherten Daten nutzt, ist diese Methode sehr viel besser als die beiden vorher beschriebenen. Denn die Übertragungswege sind prinzipiell kurz.

Für Power-User

Benötigt ein Nutzer allerdings Daten, die auf einem anderen File-Server, möglicherweise in einem anderen Standort, abgelegt sind, dann sind wieder Fähigkeit und Sicherheit der Leitungen gefragt.

7.8.4 Dezentrale Ablage der Primärdaten mit Cacheing

Gute Kombi

Man kombiniere Konzept 2 und 3, und heraus kommt ein Verfahren, bei dem das Optimum an Performance beim Laden und beim Bildaufbau von Primärdaten erreicht wird.

Metadaten zentral, Primärdaten dezentral

Wie bei den bisherigen Vorgehensweisen bleiben die Metadaten auf einem zentralen Server, aber neben die dezentralen File-Server aus Konzept 3 treten nun auch Cache-Server, die alle einmal benötigten Dateien zwischenspeichern.

Bei allen Leistungsvorteilen hinsichtlich des Datenzugriffs bleibt auch dieses Konzept abhängig von der Verfügbarkeit der Übertragungsleitungen.

7.8.5 Verteilte Zentralen mit gegenseitigem Zugriff

Zwei, drei, viele Zentralen

Eine weitere Beschleunigung der Zugriffe bringt die Replikation der Metadaten. Die komplette Datenbank mit allen Metadaten wird zusätzlich zur Zentrale an einem zweiten oder weiteren Standort als Duplikat gehalten. Die Datenbank-Server arbeiten prinzipiell unabhängig voneinander, als wäre jeder Standort autonom. Bei allen Änderungen an den Metadaten erfolgt über die Zentrale der Abgleich der Informationen der einzelnen Datenbanken.

Ein wichtiger Vorteil dieses Verfahrens: Der Ausfall von Verbindungsleitungen zwischen den replizierten Servern kann in Bezug auf lesende Zugriffe sowie Änderungen an lokalen Daten toleriert werden.

7.8.6 Offline-Replikation

PDM ohne Netz und dicke Leitung

Aus dem Arbeitsumfeld des Anlagenbaus kommt eine Methode der Replikation von Daten und Dokumenten für Fälle, in denen eine Online-Verbindung nicht möglich ist. So benötigt beispielsweise der Anlagenbauer Lurgi den Austausch von PDM-Informationen zwischen der Engineering-Zentrale und entlegenen Großbaustellen. Sowohl in der Zentrale als auch auf den Baustellen befinden sich autonome PDM-Systeme mit gleichem Inhalt.

Jedes in PRO.FILE gespeicherte Objekt wird allerdings mit einem Feld in seinem Stammdatensatz versehen, in dem vermerkt wird, welcher Standort für das betreffende Objekt verantwortlich ist. Neben der Zentrale kann dies eben auch die Projektleitung auf einer Baustelle sein.

Datenpaketchen

Ein Sachbearbeiter kann in der Zentrale ein Paket von Daten und Dateien zusammenstellen, die er an den Standort Baustelle übergeben möchte. Er sendet dieses Datenpaket per Datenträger oder nimmt es auf dem Notebook auf die Baustelle und sorgt für die Übernahme des Pakets in der dort verfügbaren PDM-Installation. Zusätzlich delegiert er die Verantwortlichkeit für die übergebenen Datensätze von der Zentrale an die Baustelle.

Die entfernte PDM-Installation hat auf sämtliche Paketinhalte nicht nur lesenden Zugriff, sondern kann in vollem Umfang alle üblichen PDM-Funktionen darauf anwenden.

Solange der Standort Baustelle verantwortlich ist, kann an den entsprechenden Daten auf dem zentralen Server nichts geändert werden. Bei der Rückgabe der Verantwortlichkeit an die Zentrale werden alle zwischenzeitlich vorgenommenen Änderungen auf den Server überspielt.

Die Koordination der Offline-Replikation organisiert ein sogenannter Änderungswächter. Er stellt sicher, dass alle am entfernten Standort durchgeführten Änderungen in speziellen Tabellen protokolliert und bei der Rückgabe der Daten in der Originalumgebung nachvollzogen werden. Ein Site-Manager genanntes Werkzeug ermöglicht die Einrichtung und Verwaltung der Standorte und das Erstellen beziehungsweise Einspielen der Pakete.

Site-Manager und Änderungswächter

7.8.7 PRO.FILE Pocket

Vornehmlich für die Bereitstellung von Produktdaten und Dokumenten auf mobilen Datenträgern und Laptops eignet sich ein weiteres Offline-Konzept – genannt PRO.FILE Pocket. Es ermöglicht die Mitnahme von projekt- oder kundenbezogenen Unterlagen zu Kundenbesuchen oder Besprechungen, bei denen keine Online-Zugriffe auf die entsprechenden Informationen aus dem PDM-System möglich sind. Ebenso kann das System verwendet werden, um komplette Dokumentationen von Maschinen und Anlagen an Kunden- oder Service-Teams auszuliefern.

Für unterwegs

Die für diesen Zweck erforderlichen Daten und Dokumente werden an einem beliebigen Arbeitsplatz des PDM-Systems extrahiert, in einer Sammelbox abgelegt und auf einen mobilen Datenträger, ein Notebook oder einen Tablet-PC überspielt. Dort können sie dann mittels eines lokalen Internet-Browsers über HTML-Masken abgerufen und angezeigt werden. Alle im Originalbetrieb verfügbaren Merkmale von Teilen, Dokumenten und Projekten sind auch im PRO.FILE Pocket verfügbar. Dokumente können angezeigt und ausgedruckt werden. Die Nutzung dieser Daten und Dokumente ist völlig unabhängig von der regulären PDM-Infrastruktur.

Per Browser

Eine Warnung sei allerdings ausgesprochen: Wenn Daten auf diesem Weg den zentralen Server verlassen, dann ist der Nutzer allein und ohne Unterstützung für ihre Sicherheit verantwortlich. Er sollte also die Daten und nach Möglichkeit auch das mobile Gerät sinnvoll gegen unberechtigten Zugriff schützen, wie dies in Kapitel 13 ausführlich beschrieben wird.

Vorsicht Diebe!

7.9 Neutrale Datenformate

Original unerwünscht

In erster Linie dienen PDM-Systeme der Verwaltung von Originaldaten unterschiedlichster Herkunft und ihrer sinnvollen Verknüpfung, also Daten in der Form, wie sie vom jeweiligen Autorensystem erstellt wurden. Bezüglich einer Reihe von Dateien ist das aber nicht möglich oder nicht ratsam. Um sie dennoch stets verfügbar zu halten, werden verschiedene neutrale Datenformate genutzt, also Formate, die an kein bestimmtes Softwaresystem gebunden sind.

Die Lebensdauer des Systems

Das wichtigste Beispiel betrifft die Zeichnungen und Modelle der Produktentwicklung. Wie lange ist der Modellierer noch im Einsatz, bevor er durch einen anderen ersetzt wird? Sind die damit erzeugten Modelle und vor allem die noch zahlreicheren Zeichnungsableitungen mit dem neuen System noch editierbar oder wenigstens lesbar? Diese Fragen kann meist niemand beantworten. Fast sicher ist, dass irgendwann im manchmal sehr langen Lebenszyklus eines Produktes die Software, mit der die Konstruktion erzeugt wurde, nicht mehr zur Verfügung steht. Und damit wären Modelle wie Zeichnungen nur noch Makulatur.

Neutral ist gut.

Für 3D-Modelle gibt es deshalb einige neutrale Datenformate. Manche CAD-Systeme unterstützen mehrere, manche favorisieren das eine oder andere. Im PDM-System sollten sie alle genutzt werden können, ob sie VRML oder STEP heißen oder das etwas jüngere JT, das von Siemens PLM Software entwickelt wurde Ende 2010 von der ISO zur Standardisierung angenommen wurde, um den Austausch zwischen unterschiedlichen CAD-Systemen zu erleichtern.

PDF auch in 3D

Seit Anfang 2006 gibt es auch 3D-PDF. Es erlaubt die einfache Konvertierung aller gängigen CAD-Formate per Drag & Drop und bietet den besonderen Vorteil, dass für diese Form des 3D-Modells der kostenlose Adobe Reader, den die meisten PC-Benutzer ohnehin auf ihrem Rechner haben, als neutraler Viewer verwendet werden kann. Ob sich dieses Format einen ähnlich bedeutenden Platz unter den neutralen Formaten erobern wird wie das Standard-PDF, muss sich allerdings noch herausstellen.

TIFF

Für technische Zeichnungen wird das Format TIFF bevorzugt, zunehmend allerdings auch PDF. In diesem Fall wird neben der Originalzeichnung noch eine exakte TIFF-Datei abgelegt, die nicht der Auflösung des Bildschirms entspricht wie bei TIFF-Ausgabemechanismen mancher CAD-Systeme, sondern der tatsächlichen Genauigkeit der Vektorgrafik, die gespeichert werden soll.

A0, A1, A2 ...

Zu den meisten Konstruktionen gibt es nicht nur eine Zeichnung, sondern gleich einen ganzen Satz, und diese Zeichnungen haben in der Regel auch noch unterschiedliche Formate. Die abzuspeichernden TIFF-Dokumente müssen deshalb jeweils den ganzen Zeichnungssatz beinhalten, und sie müssen damit umgehen können, dass zum Beispiel die Zusammenbauzeichnung in A0 oder noch größer vorliegt, eine Reihe von Einzelteildarstellungen aber in A3 oder A4.

Auch Textdokumente oder Tabellen müssen häufig in neutralen Formaten abgelegt werden, wofür sich PDF derzeit als Standard durchgesetzt hat.

PDF/A

Seit Ende 2005 gibt es mit PDF/A auch eine ISO-Norm für die Langzeitarchivierung. Sie beruht auf dem Format PDF 1.4 und erlaubt es den Anwendern, Inhalte und vor allem Text – 3D-Daten sind nicht Bestandteil dieser Norm – auf Dauer zu sichern. Dabei geht es einerseits schlicht darum, die Daten jederzeit reproduzieren zu können. Andererseits gestattet PDF/A den Zugriff auf die Inhalte und die inhaltliche Struktur, beispielsweise für Wiederverwendung, Suchfunktionen und Export.

Alle neutralen Datenformate können mit PDM neben der manuellen Anlage auch automatisch erzeugt werden. Bei PRO.FILE heißt der Weg dazu Job-Server. Dazu lassen sich beispielsweise bestimmte Freigaben von Konstruktionen oder anderen Dokumenten mit der Ausgabe und Speicherung eines neutralen Dokumentes verbinden.

Verbindlich, automatisch

Selbstverständlich sind solche Dateien dann auch automatisch mit den zugehörigen Originaldokumenten verknüpft. Und sie können ebenso versioniert werden wie andere Dokumente. Wobei der Benutzer die Möglichkeit hat, die Versionen in gewünschter Weise an die Status und Versionen der Originaldokumente zu koppeln.

Wird eine Zeichnungskonvertierung aus dem CAD-System angestoßen, ist ohnehin sichergestellt, dass die aktuelle, geöffnete Datei mit Modell oder Zeichnungsableitung verwendet wird. Für den automatischen Vorgang wird die aktuelle Konstruktion zuerst über das PDM-System geladen und dann umgewandelt. Der entsprechende Workflow-Übergang von einem Dokumentzustand in einen anderen wird erst mit der fertigen Konvertierung tatsächlich abgeschlossen.

Wer das Format wechselt

■ 7.10 Zugriff aus dem Internet

Wenn PDM ausschließlich über die Client-Server-Umgebung und das Wide Area Network innerhalb eines Unternehmens genutzt werden könnte, wäre ein wichtiger Aufgabenbereich heute nicht mehr abgedeckt.

Mitarbeiter des eigenen Hauses müssen auch abseits ihres normalen Arbeitsplatzes Zugang zu den Entwicklungsdaten haben, um mit Partnern über notwendige Designkorrekturen zu beraten oder von unterwegs wichtige Neuerungen abgreifen zu können. Auch externe Partner selbst können so eng an die Produktentwicklung angekoppelt sein, dass ihnen sinnvollerweise gewisse Zugriffsrechte auf die Daten des Engineerings einzuräumen sind.

Flexibel und mobil

Web-Technologie hat hierfür die erforderlichen Voraussetzungen geschaffen, und mit PRO.FILE werden die damit gegebenen Möglichkeiten sehr intensiv genutzt.

Web intensiv

Als in der zweiten Hälfte der Neunzigerjahre die Welle der Internet-Firmengründungen und der auf Web-Technologie basierenden Produkte ihren höchsten Punkt erreichte, haben viele geglaubt, in Zukunft werde es den normalen PC am Arbeitsplatz, den Desktop-Computer, kaum noch geben. Nahezu alles werde über sogenannte Thin Clients geregelt, und die großen Applikationen lägen auf riesigen Servern im Hintergrund, auf die von überall via Internet/Intranet/Extranet zugegriffen werde.

Die Internet-Welle

Die neue Nüchternheit	Dieser Hype ist vorüber. Stattdessen hat sich die nüchterne Erkenntnis breitgemacht, dass die Web-Technologie zahlreiche neue Wege geöffnet hat, die vorher nicht existierten, dass aber für viele Aufgaben in der täglichen Arbeit zumindest auf absehbare Zeit eher nicht daran zu denken ist, den Arbeitsplatzcomputer durch einen Nur-Browser zu ersetzen. Einerseits breitet sich die Nutzung des Internets weltweit ungebrochen aus, andererseits kristallisieren sich allmählich Schwerpunkte der Arbeit über das Netz heraus. Und das Bewusstsein, dass man damit – jedenfalls vorläufig – beileibe nicht alles machen kann.
Typisch fürs Web	Die wichtigsten Tätigkeiten lassen sich heute reduzieren auf:

- Informationsbeschaffung (zum Beispiel über Suchmaschinen)
- Einfache Tätigkeiten (zum Beispiel Online-Banking)
- Einfache Aktionen in komplexen Anwendungen (etwa die Ein- und Ausgabe kleiner Datenmengen)

Lieber auf dem Desktop	Alle computergestützten Aktivitäten aber, bei denen häufig große Datenmengen geladen, übertragen und bearbeitet werden müssen, sind bis auf Weiteres für das Web nur in Ausnahmefällen anzuraten. Der Grund ist einfach: Die Performance reicht nicht aus, um solche Arbeiten komfortabel über das Netz abzuwickeln.
Jedem sein Client	Bei PROCAD wurde daraus der nahe liegende Schluss gezogen, zwei nahezu gleich aussehende und funktionierende Clients zu entwickeln, die klar abzugrenzende Aufgaben erfüllen. Der Windows-Client ist das Instrument für den sogenannten Power-User, der tagtäglich Gigabytes an grafischen oder anderen Engineering-Daten handhaben muss. Für ihn ist der Desktop-Rechner unverzichtbar. Der Web-Client hingegen eignet sich für alle Tätigkeiten, die ohne Datenübertragung größeren Umfangs auskommen.
Performance entscheidet	Konkret heißt das: Die Bearbeitung von Primärdaten, die Erstellung und Änderung von 3D-Modellen und Teilefamilien, die Erzeugung technischer Dokumentationen – solche Aufgaben bleiben die Domäne des Windows-Clients. Die Bearbeitung der schlanken Metadaten aber, das Anlegen, Ändern und Löschen von Stammdatensätzen, und vor allem die Informationsbeschaffung, die Recherche mithilfe der Metadaten über alle im PDM-System gespeicherten Daten und Objekte, ihre Zustände und Versionshistorien – dafür ist der Browser das richtige Werkzeug.
Gute Unterstützung	Die Unterstützung des Anwenders reicht auf beiden Clients von einem Assistenten, der sicher durch komplexe Menüaktionen führt, bis zur Möglichkeit, sich auf dem einzelnen Arbeitsplatz die individuell gewünschte Umgebung zu schaffen; vom intelligenten Smart Search für die schnellere Suche nach Datenbankeinträgen bis zu grafischen Symbolen, die zuverlässig Auskunft über Zustände von Objekten geben.
Ähnlichkeiten gewollt	An der Oberfläche sieht der Web-Client dem anderen sehr ähnlich. Gleiche Symbole, gleiche Vorgehensweisen, kurz: Wer nicht genau hinschaut, wird nicht auf den ersten Blick feststellen, welchen er gerade benutzt.

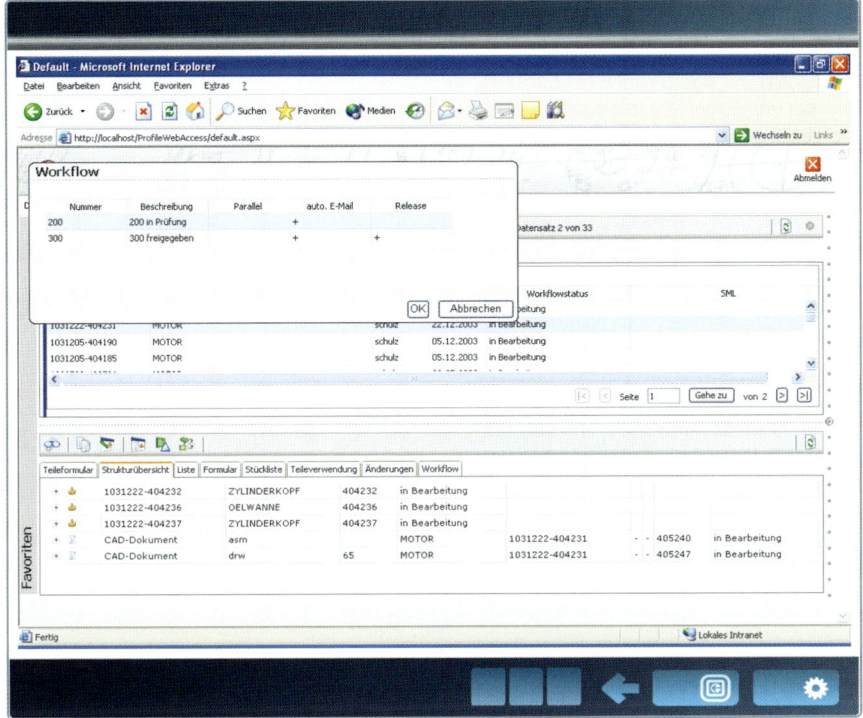

Bild 7.12 Der Web-Client bei PRO.FILE

Damit lässt sich der Nutzen von PDM hervorragend auf das moderne, um Partner und ausgelagerte Bereiche erweiterte Unternehmen ausdehnen. Abstimmungen über gemeinsame Projekte werden beschleunigt und erleichtert, die Flexibilität der Anwender deutlich erhöht.

Erweitertes Unternehmen

8 Dokumente intelligent managen

Es gibt auch im Fertigungsunternehmen eine Welt von Dokumenten jenseits des Artikels, jenseits von Teilestamm und produktrelevanten Daten und Dateien, und diese Welt wird jeden Tag unübersichtlicher und größer. Ihre Bedeutung für das Unternehmen und seine Wettbewerbsfähigkeit, für seine Organisation und seine internen Prozesse, für die Kommunikation nach außen zu Partnern und Kunden – sie ist längst nur noch zu schätzen, nicht mehr genau zu erfassen. Die Flut von digitalen Dokumenten, die weder exakt einer Artikelnummer zuzuordnen sind noch einem einzelnen Projekt, hat ein Ausmaß erreicht, das alle Unternehmen zum Handeln zwingt.

Jenseits des Artikels

Dabei geht es um dreierlei: Erstens müssen alle relevanten Informationen geordnet verwaltet werden können und nicht nur die Produktdaten im engeren Sinne. Zweitens muss die Ablage von Dokumenten so einfach und sicher sein, dass sie von allen Mitarbeitern ohne Weiteres zu beherrschen ist. Und drittens muss die Datenverwaltung ein rasches Finden und einen schnellen Zugriff gestatten, und zwar ohne nähere Kenntnis der Dokumenteninhalte, ihrer Herkunft und ihrer Autoren.

Dreimal DMS

8.1 Alles in einem

Das allgemeine Dokumentenmanagement unterscheidet sich in mehrerer Hinsicht von den besonderen Bedingungen im Engineering. Der Ingenieur arbeitet in der Regel mit speziellen Autorensystemen zur Konstruktion, zum Leiterplatten-Layout, zur Finite-Elemente-Berechnung, zur Softwareentwicklung und zu anderen Zwecken. Die Ergebnisse seiner Arbeit sind direkt oder indirekt ein wichtiger Bestandteil der Produktbeschreibung.

Das Besondere im Engineering

PDM hilft ihm, die dabei entstehenden Daten strukturiert abzulegen und zu verwalten. Er weiß sehr genau, zu welcher Baugruppe das Teil gehört, das er gerade entwirft, oder mit welchen Komponenten die Embedded Software in Verbindung

Wissen, was wohin gehört

steht, die er programmiert. Die Struktur, die er zur Ablage nutzt, entspricht in der Regel der Struktur des Produktes.

Hauptnutzer von PDM

Im Fachbereich Entwicklung, oder etwas weiter gefasst in Forschung und Entwicklung, wissen deshalb die Mitarbeiter in der Regel auch, wie und wo sie nach relevanten Informationen suchen müssen, und ihre Suche ist mithilfe von PDM in der Regel schnell von Erfolg gekrönt. Dieser Spezialbereich ist heute in den meisten Unternehmen der Hauptnutzer von PDM. Aber damit sind längst nicht alle Daten erfasst, die hier entstehen oder eine Rolle spielen.

Nebentätigkeiten

Die Tätigkeiten, denen die Entwickler abseits der Anwendung ihrer Spezialsoftware nachgehen – Tabellenkalkulation, Terminplanung, Berichte schreiben, Präsentationen erstellen –, sind für sie eher Nebentätigkeiten. Wenn sie die Ergebnisse dieser Tätigkeiten in irgendwelchen manuell erstellten Verzeichnissen auf der Festplatte am Arbeitsplatz oder auf dem Server aufbewahren, dann beeinflusst das zwar nicht unmittelbar die Produktentwicklung und die Vollständigkeit und Konsistenz der zugehörigen Dokumentation. Aber mittelbar führt auch hier mangelnde Ordnung zu fehlender Übersicht. Und zwar nicht erst, wenn der Kollege nach der Präsentation sucht, die der Autor gerade nicht selbst halten kann.

Der Normalfall

Andere Bereiche im Unternehmen, die nicht direkt an der Entwicklung neuer Produkte beteiligt sind, tun das, was der Ingenieur nur gelegentlich und nebenbei macht, hauptsächlich. Meist sind die Ergebnisse ihrer Office-Anwendung, ihres ERP-Systems oder die Papierdokumente, die sie bekommen haben oder weiterleiten, oder auch die Fotos oder Screenshots, die etwas bildlich festhalten sollen, für den Gesamtprozess des Unternehmens und auch für den Durchlauf von Entwicklungs- und Fertigungsprojekten keineswegs weniger wichtig als etwa die Entwicklungsdaten aus dem CAD-System.

Alles Schlagwörter

Aus diesen Bereichen kam ursprünglich das Bedürfnis nach Dokumentenmanagement. Nach einem System, das dem Sachbearbeiter hilft, seine Dokumente einfach zu verschlagworten, wie es hier gerne heißt, also mit einem Kopf zu versehen, der das Suchen eben nach Schlagwörtern erleichtert. Ein System, das gleichzeitig darüber wacht, welche Änderungen an dem Dokument vorgenommen wurden, und das diese Änderungen mit der Erstellung einer neuen Version quittiert, während es die alte sicher aufbewahrt. Ein System, das es gestattet, zum gleichen Thema gehörende Dokumente einfach miteinander zu verknüpfen.

Das kann PDM auch.

Die Bandbreite der beteiligten Applikationen, deren Daten von einem solchen Programm verwaltet werden müssen, ist in der Regel größer als bei einem PDM-System. Aber die Aufgabenstellung ist eigentlich sehr ähnlich. Denn das, was bei DMS Verschlagworten genannt wird, ist nichts anderes als die Definition des Dokumenttyps und seiner Metadaten oder Stammdaten. Versionieren ist etwas, das bei PDM mit viel komplexeren Daten als beispielsweise mit einfachen Textdateien absolut zuverlässig funktioniert. Und das Verknüpfen von Dokumenten gehört ebenfalls zur Standardfunktionalität. Was liegt also näher als der Wunsch, mit einem PDM-System nicht nur Artikel zu verwalten, sondern auch alle anderen Dokumente, die anfallen?

Andere Art von Ordnung

Viele Kunden tun das bereits, und zwar in rasch wachsendem Umfang. Es ist also möglich, DMS- und PDM-Anforderungen mit einer einzigen Software zu erfüllen. Dabei aber hat sich herausgestellt, dass es neben der für das Produktdatenmanagement üblichen Form der Klassifizierung beispielsweise mithilfe von Sachmerkmalleisten noch eine andere Art von Ordnung geben muss. Eine Ordnung, die leichter einzuhalten und bequemer zu nutzen ist.

8.2 Klassifikation durch Ablage

Die Kernfrage, die sich in der Industrie an diesem Punkt stellt, lautet also: Gibt es eine Ordnung, die weniger Aufwand erfordert als das Eintragen präziser Ausdrücke und Werte in vorgegebenen Feldern zur Beschreibung klar definierter Dokumenttypen und die gleichzeitig sicherer ist und schnelleren Zugriff erlaubt als die Ablage in selbst erzeugten Festplattenverzeichnissen?

Große Ordnung mit wenig Aufwand

Manchmal hört man an dieser Stelle von der Idee einer Suchmaschine, die überhaupt nicht in Strukturen, Metadaten und Klassifizierungssystemen arbeitet, sondern völlig unstrukturiert; eine Art Google oder Wikipedia für die Daten innerhalb des Unternehmens. Der offensichtliche Nachteil ist hier, dass so zwar das Suchen im einen oder anderen Fall schnell relativ erfolgreich endet. Aber von sicherer Ablage, nachprüfbaren Prozessen und erst recht von geordnetem Wissen kann keine Rede sein. Ganz abgesehen davon, dass eine solche Maschine eben viel mehr als das tatsächlich Gesuchte findet, und je größer die Menge der gefundenen Daten, desto weniger ist das Suchergebnis im konkreten Fall wert.

Enginoogle?

PROCAD hat eine in diesem Umfeld ungewöhnliche Antwort gefunden. Die Softwareentwickler in Karlsruhe orientieren sich dabei allerdings nicht an Google, sondern eher an Systemen wie eBay oder Amazon. Bei diesen Programmen, die jedermann über das Internet bedienen kann, muss es eine Ordnung geben, die ohne Einweisung zu verstehen ist und die keinerlei Formulierungstalent und Zeitaufwand erfordert, sonst wären solche Portale wirtschaftlich nicht erfolgreich. Eine Ordnung für Millionen von gelisteten Gegenständen und Produkten, die so einfach funktioniert, dass jeder Benutzer sofort weiß, wie er etwas findet. Und bei Bedarf auch, wie er selbst über das Portal etwas anbietet.

So einfach wie eBay

Wer in seinem Browser auf www.eBay.de klickt, bekommt ein Menü zu sehen, das an erster Stelle den Punkt „Kategorien" bietet. Darunter finden sich zunächst alle Hauptkategorien alphabetisch sortiert, etwa „Antiquitäten & Kunst", „Feinschmecker" und „Musikinstrumente". Darunter sind jeweils die Kategorien aufgeführt, die sich einem dieser Hauptbegriffe zuordnen lassen. So gibt es unter „Antiquitäten & Kunst" die Unterbegriffe „Antikschmuck", „Antiquarische Bücher", „Künstlerbedarf", „Malerei" und viele andere. Jeder einzelnen dieser Kategorien sind wiederum Unterkapitel angehängt, die eine genauere Spezifizierung gestatten. Unter „Malerei" finden sich: „Aquarelle", „Miniaturen & Silhouetten", „Gemälde vor 1700", „Gemälde 1700–1799" und so weiter, wobei hinter den Kategorien jeweils in Klammern angegeben ist, wie viele Einträge zu finden sind.

Selbst erklärende Kategorien

Ähnlich ist das Angebot bei www.Amazon.de gestaltet. Hier heißen die Kategorien „Shops", die jeweils ein bestimmtes Angebot umfassen, zum Beispiel „Musik, DVD

Wie im Kaufhaus

& Games", „Elektronik & Foto" oder „Baumarkt, Garten & Tier". Hier ist der „Shop" der oberste Knoten einer Hierarchie, in der sich jeder genauso schnell zurechtfindet wie der Käufer in den Abteilungen eines Kaufhauses.

Ins richtige Fach gestellt

Wer über solche Portale selbst etwas zum Verkauf anbieten möchte, dem werden dieselben Kategorien beziehungsweise Shops zur Einordnung seines Objektes angeboten. Nach seiner Eintragung ist es dort gelistet und kann von jedem neuen Besucher sofort gefunden werden. Da sich Gegenstände oft nicht eindeutig nur einer einzigen Kategorie zuordnen lassen, gestatten die Portale auch die Mehrfacheintragung. Dasselbe Teil ist dann also unter verschiedenen Begriffen aufgeführt, was das Finden durch den Kaufwilligen im Sinne des Verkäufers nochmals erleichtert.

Oberbegriff Taxonomie

Das Stichwort, um das es generell bei derlei Ordnungssystemen geht, heißt Taxonomie. Taxonomie ist gewissermaßen der Oberbegriff aller Klassifikationen. Das griechische Fremdwort meint die gesetzmäßige Ordnung (nomia) beispielsweise von Gegenständen, Lebewesen oder Ereignissen in Klassen oder Gruppen beziehungsweise Kategorien. In den Naturwissenschaften wird der Begriff in der Regel für eine hierarchische Klassifikation mit Klassen, Unterklassen, und Elementen verwendet. Beispiel: Ein Schimpanse gehört zu den Affen, die unter Säugetieren zu finden sind, was wiederum eine Unterkategorie zu Tiere darstellt.

Und-/Oder-Ablage

Wer bei Wikipedia unter „Taxonomie in der IT" nachschlägt, bekommt die Antwort: „In Bezug auf Dokumente bzw. Inhalte wird der Begriff Taxonomie für ein Klassifikationssystem, eine Systematik oder den Vorgang des Klassifizierens verwendet. Klassifizierungen können beispielsweise durch die Erfassung von Metadaten und/oder die Verwendung einer Ablagestruktur vorgenommen werden."

Die Struktur der Metadaten

Das „Und/Oder" im letzten Satz ist nun der entscheidende Punkt. Bisher kannten PDM-Systeme kein Entweder-oder und schon gar kein Und/Oder, sondern nur eine einzige Art von Klassifikationsmethode, und das war die durch Erfassung der Metadaten. Dadurch sollen sich ja gerade die in der Datenbank gespeicherten Informationen von anderen unterscheiden, dass sie nicht gesucht werden müssen wie in einer individuell erzeugten Ablagestruktur. Vielmehr erlauben die einheitlich festgelegten Schlüssel- oder Metadaten eine gezielte Suche, ohne dass der Benutzer eine Ahnung davon haben muss, wo die Daten tatsächlich gespeichert sind.

Virtuelle Ablage

Die Datenbank übernimmt das Öffnen der durch Schlagwörter richtig identifizierten Datei und die Verwaltung der Taxonomie, der hierarchischen Struktur der Elemente gemäß der definierten Klassen und Unterklassen. Das Prinzip dahinter ist die Trennung der physikalischen Daten und Dateien von ihrer Beschreibung in den Metadaten. Demgegenüber ist ein individuelles Festplattenverzeichnis die Abbildung der tatsächlichen Ablage der Dateien, und außer der Volltextsuche gibt es keine Methode, darin einzelne Dokumente nach bestimmten Kriterien zu suchen oder abzulegen.

Das Beste aus beidem

PRO.FILE bietet nun eine Taxonomie, welche die Einfachheit einer individuellen Verzeichnisablage auf dem PC mit der Sicherheit des Produktdatenmanagements in einer relationalen Datenbank verknüpft.

Das Recht zur Kategorie

Der Systemverantwortliche kann dazu neben den üblichen Berechtigungen, die den Zugang zur Datenbank, die Möglichkeit der Erstellung von Dokumenten oder die Anlage einer neuen Version regeln, auch die passenden Kategorien beziehungsweise eine Hierarchie von Kategorien definieren. Auf diese Weise entsteht eine betriebsspezifische Taxonomie, in der sich jeder schnell zurechtfindet. Unter der Kategorie „Projektmanagement" sind vielleicht „Terminpläne" und „Ressourcen" angeordnet, unter dem Knoten „Marketing" die Begriffe „Preisliste", „Referenzkunden", „Datenblätter" und „Produktbilder".

Durch das Anlegen oder Ablegen eines Dokuments unter einer Kategorie wird dieses Dokument automatisch vom System so klassifiziert, dass es von jedem berechtigten Benutzer über den entsprechenden Ast der Kategorie zu finden ist.
Klassifikation automatisch

Innerhalb dieser Taxonomie ist es möglich, ein Dokument mehreren Kategorien zuzuordnen. Wie in einem Ablageverzeichnis können sowohl Kategorien und Unterkategorien als auch die darin aufgeführten Dokumente per Drag & Drop verschoben oder mehrfach abgelegt werden. Wie dort lassen sich Kategorien, Unterkategorien und ihre Inhalte löschen.
Mehrfachzuordnung

So könnten beispielsweise die Fotos einer Maschine, die für einen Kunden gebaut wurde, sowohl unter dem Knoten „Referenzkunde" als auch unter „Produktbilder" abgelegt werden. Selbstverständlich sind die Bilder physikalisch nur einmal gespeichert. Durch die doppelte Ablage in zwei Taxonomieknoten lassen sie sich aber über beide Wege finden.
Doppelte Referenz

Was bei eBay die Taxonomie aller über dieses Portal verfügbaren Verkaufsgegenstände, das ist bei PRO.FILE die betriebsspezifische Taxonomie aller in einem Unternehmen erstellten oder gespeicherten Daten und Informationen.
Taxonomie für die Industrie

Über die Rechte zur Verwaltung der Kategorien kann das Unternehmen dabei steuern, welche Begriffe unternehmensweit und welche abteilungsweit zur Ordnung von Dokumenten genutzt werden sollen. Darüber hinaus bleibt es der Administration freigestellt, dem einzelnen Anwender auch die Möglichkeit der individuellen Ablage zu gestatten.
Flexibel bis zum Einzelnen

■ 8.3 Suche mithilfe von Favoriten

Zusätzlich zu den Möglichkeiten der Suche nach Klassifikationsmerkmalen und den neuen, einfachen Begriffen der Kategorien innerhalb der Taxonomie bietet PRO.FILE einen weiteren Weg, schnell benötigte Daten anzuzeigen und zur Auswahl aufzulisten: die Definition von Favoriten.

Mit einem Favoriten wird eine Suchanfrage generiert, die mit einem Namen versehen ist. Fortan genügt ein Knopfdruck, um alle Dokumente eines Favoriten anzuzeigen. Der eigentliche Speicherort bleibt aber der Datenbankserver von PRO.FILE, und selbstverständlich können die Dokumente auch über die üblichen Suchvorgänge entsprechend ihrer Klassifizierung gefunden werden. Der Favorit erleichtert aber die tägliche Arbeit enorm, denn mit seiner Hilfe sind beispielsweise alle besonders oft zu öffnenden Dateien nur einen Mausklick entfernt.
Für die tägliche Arbeit

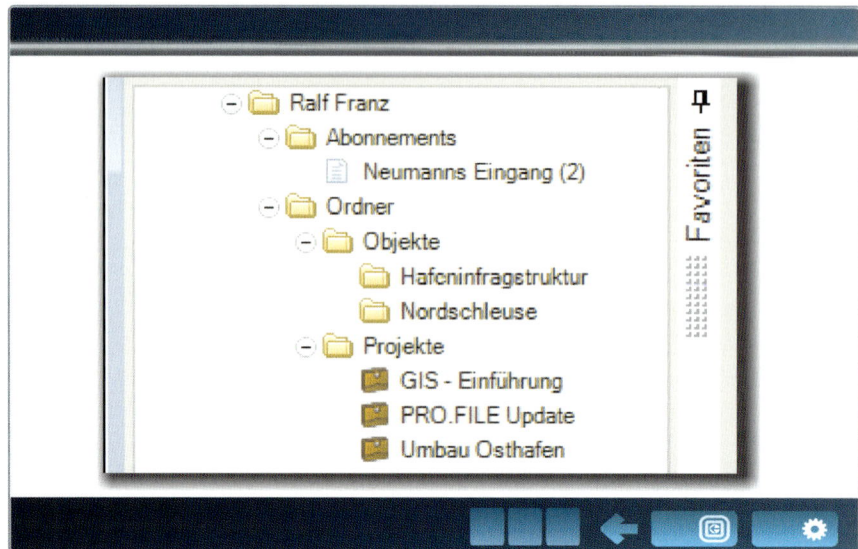

Bild 8.1 Nutzung der Favoritensuche bei Firma bremenports

Fachspezifische Sicht

Man kann damit nicht nur individuell arbeiten, sondern auch fachspezifische Sichtweisen abbilden, wenn die Favoriten nämlich zentral für ganze Benutzergruppen auf Abteilungsebene eingerichtet werden. Innerhalb des PDM-Systems sind damit Verzeichnisse und Verzeichnisstrukturen von Favoriten nach dem Vorbild und mit der Methode des Microsoft Explorers möglich, die widerspiegeln, wie ein bestimmtes Fachgebiet die Dokumente ablegen würde, wenn es nur um seine Sicht ginge. Da gibt es dann die Kundenordner, die Konstruktionshandbücher, die Preislisten, die Simulationsergebnisse und anderes mehr. Ein sehr anschauliches Fallbeispiel für den beschriebenen Einsatz der Favoriten ist das Organisationshandbuch der Firma bremenports (siehe Kapitel 23).

Daten-Abo

Zusätzlich bietet das System sogenannte Abonnements, mit denen der Anwender darüber informiert wird, wenn sich in von ihm definierten Favoriten etwas ändert. Sei es, dass ein neues Dokument darin angelegt wurde, sei es, dass ein bekanntes Dokument verändert oder entfernt wurde.

9 Auf den Prozess orientiert

Seit der zweiten Auflage des Buches hat sich im betrachteten System PRO.FILE etwas Grundlegendes geändert. Die Änderung entspricht einer Veränderung in der Arbeitsweise im industriellen Engineering. Angefangen hatte es wie oft in der Automobil- und Flugzeugindustrie, aber in den letzten Jahren hat der Trend in vollem Umfang auch die mittelständische Industrie unterschiedlicher Branchen erfasst. Der Trend heißt: Prozessorientierung. Bisher hatten wir dem Thema im Buch bereits ein eher theoretisches Kapitel gewidmet, das anhand eines konkreten Beispiels veranschaulicht wurde. Das reicht nun nicht mehr aus.

Prozess – ganz praktisch

PDM ist ein Kernelement der Orientierung auf den Prozess. Wo den Prozess definierende Dokumente ebenso wie Ergebnisse von Prozessen nicht zentral, abteilungsübergreifend verwaltet werden, ist der Prozess von Zufall gezeichnet: vom Zufall etwa, den richtigen Schritt mit den richtigen Partnern zum richtigen Zeitpunkt zu tun; vom Zufall, die richtigen Dokumente zum richtigen Zeitpunkt zu finden beziehungsweise an die richtigen Mitarbeiter weiterzugeben. Diese Positionierung ist unverändert richtig, aber sie hat sich als unzureichend erwiesen.

Zufallsprozess

Mit der schlichten Speicherung und Verwaltung von Dokumenten und Daten ist es nicht mehr getan. Das liegt vor allem daran, dass – wie im Kapitel über die Systementwicklung beschrieben – die Komplexität der Produktentwicklung sich rapide gesteigert hat. Wer erledigt welche Aufgabe? Wie weit ist das Projekt? Wer ist daran beteiligt mit welcher Aufgabe? Wer ist dafür verantwortlich? In welcher Phase des Produktlebenszyklus steht ein bestimmtes Entwicklungsprojekt? Oder ganz einfach: Wer hat wann und warum was geändert? Die Stammdaten und Dokumente selbst reichen für die Beantwortung dieser Fragestellung nicht aus. Deshalb wurden dem System neue Objekte hinzugefügt. Das Ziel der Einführung der neuen Objekte ist eine bessere Unterstützung der Arbeit in Projektteams und der Organisation der dafür erforderlichen Prozesse.

Verwaltung reicht nicht.

Was ist ein Prozess? Laut Wikipedia beschreibt ein Geschäftsprozess „eine Folge von Einzeltätigkeiten, die schrittweise ausgeführt werden, um ein geschäftliches oder betriebliches Ziel zu erreichen. Im Gegensatz zum Projekt kann der Prozess öfter durchlaufen werden. Geschäftsprozesse gehen oft über Abteilungen und Betriebsgrenzen hinweg und gehören zur Ablauforganisation eines Betriebs. Wichtige Merkmale eines Geschäftsprozesses stellen die Bündelung und Strukturierung funktionsübergreifender Aktivitäten mit einem Anfang und einem Ende und genau definierte Inputs und Outputs dar."

Eine strukturierte Folge

Der Bezug zum Produktdatenmanagement ist einleuchtend: Die im System gespeicherten Informationen, Dateien und Dokumente sind die konkreten Ausformungen von Prozessen und Projekten. Sie können Input sein oder Output, Voraussetzung oder Ergebnis einer Einzeltätigkeit, eines einzelnen Arbeitsschritts. Anders herum kann ein Arbeitsschritt mehrere Arten von Input benötigen und verschiedene Arten von Output hervorbringen. In- und Output also stecken bereits im System. Was fehlte, waren drei Elemente: der Arbeitsschritt beziehungsweise die Einzeltätigkeit, der Prozess als logische Abfolge von Einzeltätigkeiten, und das Projekt als einmalige Abfolge von Tätigkeiten. Letzteres gab es zwar schon, aber es war nicht auf das Management von Projekten ausgerichtet.

Drei Objekte haben gefehlt.

9.1 Die Aufgabe

Die Einzeltätigkeit, der Arbeitsschritt – bei PRO.FILE heißt das entsprechende Objekt *Aufgabe*. Die *Aufgabe* kann alles sein, von der Konstruktion eines 3D-Modells über die Erstellung eines NC-Programms oder die Formulierung einer Einkaufsanfrage bis zur Rechnungsstellung oder zur Inbetriebnahme einer Anlage beim Kunden.

Einfach zu beschreiben

Was unterscheidet das neue Objekt *Aufgabe* von anderen PDM-Objekten? Zunächst gibt es viel Gemeinsamkeit. Wie jedes andere PDM-Objekt braucht auch die *Aufgabe* eine Bezeichnung oder einen Namen, zum Beispiel *Angebot*. Der *Aufgabe* kann wie jedem Dokument eine Beschreibung beigefügt werden, aus der andere PDM-Anwender im Haus leicht erkennen, was mit *Angebot* gemeint ist. Und schließlich bietet auch die *Aufgabe* flexible Merkmale, die beispielsweise zur Unterscheidung verschiedener Aufgaben ähnlicher Art genutzt werden können. Das *Angebot* könnte bei Bedarf nach Standard- und Einmalangebot unterschieden werden.

Den Überblick behalten

Was das neue Element *Aufgabe* unterscheidet und auszeichnet, hat mit dem Zweck zu tun, den es erfüllen soll. Es soll in erster Linie für größere Transparenz sorgen. Welche Aufgaben sind gerade in Arbeit? Wer ist damit befasst? Wann ist mit einem Ergebnis zu rechnen? Um diese Fragen schnell und sicher zu beantworten, gibt es einen Aufgaben-Monitor in Form eines Report-Diagramms. Je nach Bedarf kann hier personen-, abteilungs-, standortbezogen oder auch konzernwert nachgeschaut werden, wo welche Aufgabe gerade steht. Das System übernimmt die Terminkontrolle.

Damit es nicht eskaliert

Der Monitor zeigt nämlich auch den Status, den die *Aufgabe* gerade hat. Er hängt unmittelbar zusammen mit dem Zeitpunkt, der für das Ende der Aufgabenerledigung geplant war. Jede Aufgabe hat einen Anfang und ein Ende. So wie sie eine Person kennt, der sie zuteilt, und einen, der sie erledigt. Diese besonderen Eigenschaften des neuen Objekts gestatten das, was bei PRO.FILE Eskalationsmanagement heißt. Derjenige, der die Aufgabe definiert und einem bestimmten Mitarbeiter zugewiesen hat, kann und sollte auch festlegen, was geschieht, wenn die Aufgabe zum vorgesehenen Zeitpunkt nicht erfüllt wurde. Es kann ja etwas dazwischengekommen sein, eine unerwartete Auslandsreise, die Übernahme einer anderen Aufgabe höherer Priorität oder auch einfach eine Krankheit. Dann sollte vorher klar sein, wer in diesem Fall was zu tun hat. Wer muss möglicherweise stellvertretend für die erste Person die Erledigung der Aufgabe übernehmen? Und wer muss darüber informiert werden?

Schließlich bietet sich das Objekt *Aufgabe* als Bezugspunkt für alle Daten und Dokumente an, die als Input oder Output mit dieser Aufgabe zu tun haben. Ob ein CAD-Modell, das für die Spezifizierung einer Einkaufsanfrage mitgeschickt wird, ob ein Projektplan, der zur Erstellung eines Besprechungsprotokolls benötigt wird – alles kann mit einer *Aufgabe* verknüpft sein. Wobei hier – im Unterschied zu handelsüblichen Aufgaben-Tools – nicht eine Kopie eines Dokuments an die *Aufgabe* gehängt wird. Es wird eine Beziehung hergestellt. Wenn sich an dem Dokument etwas ändert, wenn es eine neue Version gibt, dann ist das in Zusammenhang mit der *Aufgabe* sichtbar, denn sie ist nicht losgelöst von den tatsächlich lebenden Daten.

Beziehungsgeflecht

Das Objekt Aufgabe ist eine Grundvoraussetzung, um Prozesse und Projekte zu planen und zu steuern. Denn in beiden Fällen geht es ja um eine Abfolge von Arbeitsschritten, in denen jeweils bestimmte Aufgaben erfüllt werden.

■ 9.2 Der Prozess

Das zweite neue Objekt ist der *Prozess* selbst. Es kennt zwei Erscheinungsformen, die jeweils unterschiedlichen Zwecken dienen. Die erste Form, die *Vorlage*, ist übergeordnet und dient der Definition und Beschreibung eines Prozesses. Dazu bietet das System dem Anwender jetzt die integrierte Microsoft-Funktion Visio zur grafischen Darstellung an. Damit lassen sich Aufgaben in einer logischen Abfolge miteinander verknüpfen. Das Ergebnis ist ein Ablaufdiagramm, aus dem abzulesen ist, welcher Arbeitsschritt auf welchen folgt oder folgen kann, denn wie in solchen Diagrammen üblich und notwendig, gestattet es logische Verzweigungen, etwa, dass unter bestimmten Bedingungen auf Schritt b Schritt c1 folgt, sonst Schritt c2.

Prozessvorlage

Mit solchen Vorlagen kann ein Unternehmen jetzt seine Prozesse – ob im Engineering oder in anderen Bereichen – definieren und beispielsweise in einem Prozesshandbuch zusammenfassen. Darin liegen dann für einzelne Fachgebiete alle vorkommenden Prozesse von Bedeutung in einer Form bereit, die ihre Steuerung und ihr Management durch die Verantwortlichen erlaubt. Gleichzeitig dient die *Vorlage* der konkreten Prozesserfüllung. Sie kann als Instrument benutzt werden, das den Mitarbeitern hilft, die im Rahmen eines Prozesses zu erledigenden Aufgaben in der vorgesehenen Reihenfolge abzuarbeiten und dazu die nötigen Informationen abzurufen und zu wissen, an wen welche Ergebnisse zu liefern sind.

Prozessmanagement

Die zweite Erscheinungsform ist die *Instanz*. Ein Mitarbeiter, der eine Prozessvorlage öffnet und mit ihrer Hilfe entweder einen Prozess anstößt oder selbst mit der Umsetzung beginnt, macht aus der allgemeingültigen Vorlage eine Prozessinstanz.

Wenn der Prozess läuft

Jeder einzelne Schritt des Prozesses besteht jetzt aus einem Objekt *Aufgabe*, das wiederum bestimmte Dokumente und Dateien benötigt beziehungsweise liefert, die mit ihm verknüpft werden; das einen Anfangs- und Endtermin hat und weiß, was zu tun ist, wenn Planung und Realität auseinanderdriften; ein Objekt, das einen Verantwortlichen kennt für seine Realisierung.

Wie der Prozess läuft

Und so wie jede einzelne Aufgabe erlaubt, ihren Status zu überprüfen und im Bedarfsfall einzugreifen, falls ihre Erledigung anders nicht zu gewährleisten ist, so gibt es auch für die Verkettung von Aufgaben zu einem Prozess ein Monitoring, das der Prozessüberwachung dient. An welcher Stelle befindet sich der Prozess? Läuft alles erwartungsgemäß? Woran liegt es, wenn das nicht der Fall ist? Bis hin zur Möglichkeit, mehrere Prozessdurchläufe zu vergleichen und beispielsweise die durchschnittliche Laufzeit zu berechnen und einen bestimmten Prozess daran zu messen.

■ 9.3 Das Projekt

Einmalig

Eine andere Möglichkeit, mit der Komplexität moderner Geschäftsprozesse nicht nur im Umfeld des Engineering umzugehen, ist das Projektmanagement. Der wichtigste Unterschied zum Prozess besteht darin, dass ein *Projekt* ein einmaliger Vorgang ist. Ein *Projekt* kann zwar ein Folgeprojekt haben, das ähnlich strukturiert und ähnlichen Bedingungen unterworfen ist, aber dasselbe *Projekt* gibt es nur einmal. Es hat deshalb – wie die einzelne *Aufgabe* – einen definierten Anfang und ein definiertes Ende.

Gantt-Diagramm

Beim Projekt wird aber, da es wie der Prozess eine Verkettung von – auch parallel abzuarbeitenden – Aufgaben darstellt, eine Darstellung bevorzugt, die den zeitlichen Ablauf im Überblick zeigt. Die hierfür gebräuchlichste grafische Form ist das Gantt-Diagramm, das auch für das *Projekt* in PRO.FILE verwendet wird.

Projekt mit Status

Auch für dieses Objekt gibt es eine Bezeichnung und eine Beschreibung, auch hier können flexible Merkmale definiert werden. Die wichtigste Neuerung – denn die Möglichkeit, Dokumente in einem Projekt zusammenzufassen, gab es schon lange – besteht darin, dass auch das *Projekt* nun seinen Status kennt und zeigen kann. Ähnlich wie andere Objekte können *Projekte* Freigabeketten durchlaufen, die durch Statusänderungen gekennzeichnet werden. Dies schafft Erleichterungen und zusätzliche Aktionsmöglichkeiten in der Projektleitung. Bei der Überführung eines Projekts in einen neuen Status werden die Zugriffsberechtigungen auf Dokumente an den neuen Status angepasst. Eine komplette Arbeitsgruppe kann so den Zugriff auf die Projektunterlagen erhalten oder auch verlieren. Ein möglicher Status ‚Projekt abgeschlossen' erlaubt dann beispielsweise die Unterbindung weiterer Änderungen von Dokumenten.

Hierarchie

Projekte können hierarchisch strukturiert werden, denn ein einzelnes Projekt kann sich ja in eine Reihe von Teilprojekten gliedern. Und sowohl dem übergeordneten Projekt wie seinen Teilprojekten können nun Aufgaben zugeordnet werden, die wiederum mit Dokumenten und Daten verknüpft sind. Für das *Projekt* können Vorlagen erstellt werden, die sich aus der Erfahrung in ähnlichen Projekten ergeben. Oder es werden Vorlagen für Prozesse herangezogen. Im Grunde ist ja die Prozessvorlage die Verallgemeinerung einer Aufgabenverkettung, die sich in ähnlicher Form oft wiederholt. Ganze Projekte oder Teile von Projekten werden deshalb immer Abläufe von Arbeitsschritten enthalten, die auch als Prozess definiert werden können oder die bereits in Form von Vorlagen so definiert wurden. Das Objekt *Projekt* kann also im Rahmen eines Prozessmanagements genutzt werden, aber es muss nicht. Es kann auch eine einfache und wirkungsvolle Hilfe für Projekte sein, ohne dass es überhaupt eine umfassende Prozessanalyse gab.

Wie bei *Aufgabe* und *Prozess* gilt auch beim *Projekt*, dass diese Objekte genauso in das System der Benutzer- und Zugriffsrechte eingebunden sind wie alle anderen Daten und Objekte. Keiner sieht etwas, keiner hat die Möglichkeit, etwas zu verändern, es sei denn, er hat ausdrücklich das Recht dazu. Dadurch, dass dieses Grundprinzip des Produktdatenmanagements mit der gezielten Vergabe von Rechten und Rollen auch für Projekte und die darin definierten Aufgaben zutrifft, ist jedes Projekt zugleich ein klar definierter Projektraum, der qua Definition nur denen offensteht, die an diesem Projekt beteiligt sind – ob als Projektleiter oder als Mitarbeiter. Oder andersherum: Projekträume, in denen die Daten und Dokumente eines laufenden oder eines gelaufenen Projektes gespeichert sind, sind gegenüber anderen Projekträumen abgeschottet.

Rechtevergabe wie gewohnt

Mit diesen drei neuen Objekten und den zugehörigen Funktionalitäten bietet PRO.FILE seinen Kunden ein Werkzeug, das ihnen auf einfache Art und Weise erlaubt, Prozessorientierung nicht als Worthülse zu behandeln, sondern mit Leben zu füllen. Auf diese Weise bietet das System eine integrierte Möglichkeit, den Schritt von PDM als der zentralen Datenverwaltung hin zu PLM als einer prozessorientierten Managementstrategie mit einem einzigen IT-Tool zu gehen.

Keine Worthülse

Dahinter steckt natürlich mehr als die Nutzung von drei neuen Objekten und deren sinnvoller und sachgemäßer Verwaltung. Es steckt ein Umdenken dahinter, das jedes Unternehmen mit unterschiedlichem Tempo und mit unterschiedlichen Schwerpunkten und Stufenmodellen meistern wird. Es war schon ein großer Schritt, vom ewigen Neuerfinden benötigter Konstruktionen zur Klassifizierung und Wiederverwendung zu kommen, indem Daten strukturiert und mit den notwendigen Beziehungen und entsprechend ihrer Version gespeichert wurden. Es wird noch einmal ein großer Schritt, vielleicht sogar ein noch größerer Schritt sein, von hier weiterzugehen zu einer strategischen Sichtweise. Es fällt schwer, die Unternehmen so zu organisieren, dass jeder seine Aufgaben und deren Ergebnisse im größeren Zusammenhang beispielsweise einer abteilungsübergreifenden Zusammenarbeit sieht und erledigt. Wenn man es schafft, sind die Resultate um Klassen besser und wirtschaftlich um Klassen erfolgreicher. Viele Produkte beziehungsweise interdisziplinäre Systeme der Zukunft lassen sich anders gar nicht mehr entwickeln und herstellen.

Umdenken verlangt

Wie gut und wie schlecht das einzelne Unternehmen diesen Sprung schafft, wird über seine Position im Wettbewerb entscheiden. Die Voraussetzungen dazu sind jedenfalls um ein Werkzeug angereichert worden, das auf diesen Bedarf passt.

10 Mechatronik und PDM

Wir haben schon auf die wachsende Bedeutung der Mechatronik für alle Aspekte der industriellen Produktentwicklung hingewiesen. Was fehlt, ist die Erläuterung der Rolle, welche die Mechatronik in Zusammenhang mit dem Thema PDM spielt. Oder anders herum: Was fehlt, ist die Antwort auf die Frage, welchen konkreten Nutzen die Implementierung eines PDM-Systems für den Entwicklungsprozess mechatronischer Produkte haben kann.

Wie hilft PDM?

Produktdatenmanagement hatte seinen Ursprung in der Aufgabenstellung der Verwaltung von Konstruktionszeichnungen, später 2D- und 3D-Daten unterschiedlichster CAD-Systeme. PDM ist ein Werkzeug, das sehr stark in der Konstruktion, im Maschinenbau, in der Mechanik verwurzelt ist. Es war nicht zuletzt die Entwicklung der 3D-Modellierung zur Standardmethode in der Konstruktion, die den Run auf PDM in den letzten Jahren mit ausgelöst hat.

M-CAD und PDM

Der Maschinenbauer war bis vor gar nicht langer Zeit der Ingenieur, dessen Arbeit den wichtigsten und größten Anteil an der Neuentwicklung von Produkten hatte. Die Mechanik gab noch bis zu Beginn der 90er-Jahre mehr oder weniger den Ausschlag für die Funktionsweise, für den Funktionsumfang und die Leistungsfähigkeit industrieller Produkte (fast) aller Art. Hydraulik und Pneumatik wurden als besondere Ausprägungen mechanischer Konstruktionen betrachtet, ergänzten die reine Mechanik. Für manche Komponenten brauchte man Elektrik. Elektronik war ein kleiner Bereich, der für Hightech-Produkte zum Einsatz kam. Software war noch Anfang der 80er-Jahre ein Fremdwort, dessen Erklärung einem nicht leichtfiel.

Engineering gleich Maschinenbau?

Die heutige Situation ist so sehr davon verschieden, dass es jungen Ingenieuren schwerfällt, sich die Vorgeschichte überhaupt noch vorzustellen. Sie sind ja mit dem PC im Kinderzimmer groß geworden. Elektronik und Software bestimmen die Funktionsweise für fast jedes Gerät, jedes Auto und jede Anlage. Die mechanische Konstruktion ist zuständig für das Gehäuse, die schöne Außenhaut, den Zusammenbau. Wie schnell derselbe Motor, der in acht verschiedenen Baureihen eingebaut wird, beschleunigen kann, hängt von der Programmierung eines Chips ab.

Der Chip macht den Unterschied.

Die Verhältnisse – im Konkreten das Verhältnis zwischen der Mechanik und den anderen Ingenieurdisziplinen – haben sich geändert und ändern sich, aber die Strukturen in der Industrie kommen keineswegs im selben Tempo nach. Zwar gibt es immer mehr Softwareentwickler, Elektroniker oder auch ausgebildete Mechatro-

Wenn Krusten brechen

niker, aber ihre Rolle in der Organisation der Unternehmen ist oft eher ein Abbild vergangener Zeiten als ein Spiegel ihrer aktuellen Bedeutung in Bezug auf die Innovationskraft. Wer an Siemens denkt, der hat meist elektrische und elektronische Hardware vor Augen. Ist ihm auch bewusst, dass von 9.000 Ingenieuren bei Automation & Drive rund 6.000 Softwareingenieure sind?

Prozessverzögerung

Die Zusammensetzung der Produkte ändert sich schneller als die Unternehmensprozesse zu ihrer Entwicklung und Fertigung. Das ist der Hauptgrund, warum das Zusammenspiel der verschiedenen Fachbereiche heute oft zu wünschen übrig lässt.

Überraschung programmiert

Ein Produktkonzept wird vielleicht – in der Automobilindustrie beispielsweise ist es so – von interdisziplinären Projektteams beschlossen, und die Spezifikationen des künftigen Geräts werden gemeinsam definiert. Aber danach gehen die Fachbereiche – wie früher, möchte man sagen – an die Arbeit und entwickeln das, was ihre Disziplin beitragen soll, in ihren Abteilungen. Noch zu häufig stellt sich erst, wenn das Produkt fertig ist, heraus, ob alle Bausteine passen und so ineinandergreifen, wie es geplant war. Die Kommunikation, der regelmäßige Abgleich der Zwischenstände, selbst der Abgleich der ursprünglich parallel aufgesetzten Terminpläne – es gibt noch viel Potenzial zur Prozessoptimierung.

Vorsprung in der Mechanik

In der Mechanikkonstruktion, die früher mehr als 90 Prozent eines Produktes ausmachte, hat man relativ früh begonnen, moderne IT zu nutzen, um böse, teure Überraschungen in der Fertigung oder gar im Betrieb neuer Produkte zu vermeiden. Der Prozess ist noch keineswegs abgeschlossen, aber auf einem guten Weg. 3D-Animation und Digital Mock-up helfen immer häufiger, den Zusammenbau, kritische Fertigungsschritte oder die Funktionsweise qua Simulation vorab zu prüfen. PDM hilft dabei, die verschiedenen, mechanischen Komponenten eines Produktes so zu verwalten, dass der Zugriff auf ein falsches Dokument, der Einbau einer veralteten Version praktisch ausgeschlossen werden kann. Gleichgültig, wie viele Konstrukteure und Berechnungsspezialisten an wie vielen Standorten daran beteiligt waren.

Außen vor

Andere Fachbereiche sind in dieser Hinsicht sehr unterschiedlich weit vorangekommen. Es gibt speziell auf die Elektronik und Elektrotechnik ausgerichtetes Datenmanagement. Meistens ist es eng an ein bestimmtes Entwicklungstool gekoppelt und sieht nicht die Integration von M-CAD und anderen Systemen vor. In der Softwareentwicklung ist Datenmanagement, einschließlich Versionierung wie in PDM, noch eher selten. Selbst Firmen, die umfassende Konzepte für den Produktlebenszyklus in Angriff nehmen, berichten fast durchgängig, dass diese Konzepte das Thema Softwareentwicklung überhaupt noch nicht einbeziehen.

Standard Excel

Die Kommunikation zwischen diesen Bereichen etwa im Rahmen der Entwicklung mechatronischer Maschinen und Anlagen basiert – das zeigen Workshops und Veranstaltungen landauf, landab – vorwiegend auf Excel-Tabellen und Papierdokumenten. Eine Klammer um alle Daten und Informationen, die aus den einzelnen Fachbereichen kommen, gibt es nur erst in Ansätzen. Eine wirklich gekoppelte Entwicklungsarbeit, welche die Bezeichnung Concurrent Engineering verdiente, ist die absolute Ausnahme.

Zusammenarbeit gefragt

Dem entspricht die disziplinspezifische Entwicklung von Forschung und Lehre. Auch wenn immer mehr Universitäten und Hochschulen Studiengänge in Mechatronik anbieten, auch wenn überall Einigkeit darüber herrscht, dass die Mechatronik eine der größten Herausforderungen unserer Zeit für die Fertigungsindustrie darstellt – kaum je wird man auf einer Veranstaltung einer Uni oder FH Professoren aller beteiligten Disziplinen antreffen. Meist ist es eine bestimmte Fakultät, die Vertreter entsprechender Fakultäten anderer Einrichtungen und Institute einlädt. Diese disziplinübergreifende Abstimmung, beispielsweise in gemeinsamen Forschungsprojekten, wäre aber ebenso notwendig wie das Einreißen der Abteilungsmauern in der Industrie. Und der mechatronisch ausgebildete Maschinenbau-Ingenieur wird nicht alle Probleme lösen können, für die Elektronikspezialisten oder Informatiker gebraucht werden.

Die dritte Ebene, auf der gegenwärtig noch viele Antworten auf die Mechatronik fehlen, ist die der innerhalb der industriellen Produktentstehung eingesetzten IT. Auch hier haben sich – weil Software zunächst ausschließlich die Unterstützung ganz spezifischer Anwendungen zum Ziel hatte – Gräben gebildet. Jeder Fachbereich hat seine Spezialsysteme, jedes Aufgabengebiet sein besonderes Tool. Und über 25 Jahre gab es kaum ernsthafte Erfolge in den Bemühungen, diese IT-Werkzeuge miteinander reden zu lassen. Von einer gemeinsamen Sprache ganz zu schweigen.

Spezial-IT

■ 10.1 Die Spezialisierung des Maschinenbaus

Betrachtet man moderne, mechatronische Produkte und ihren Entstehungsprozess, dann fällt schnell auf, dass diese Uneinheitlichkeit in der Entstehung und Verwaltung der Entwicklungsdaten ein großes Problem darstellt, das sich sowohl auf die Qualität der Produkte als auch auf die Zeit bis zur Markteinführung und die Entwicklungs- und Produktionskosten negativ auswirkt. Schauen wir uns die Situation in den Kernbereichen an.

Kostenfaktor

Mechanik: Mithilfe von 2D oder 3D CAD werden Bauteile, Gehäuse, Aggregate entwickelt. Zur Simulation kommen entweder integrierte Module oder separate Programme zum Einsatz. Nichtmechanische Elemente, die in der Mechanik verbaut werden müssen oder die damit in Verbindung stehen, vielleicht sogar ihre Funktion bestimmen, werden in der Regel mit anderen Spezialsystemen entwickelt. Eine Kopplung geschieht über Direktschnittstellen oder Datenaustauschverfahren, manchmal durch eine tiefer gehende Integration mit dem M-CAD-System. Eine Verwaltung der Mechanikkomponenten via PDM wird allmählich der Normalfall. Dazu gehört auch das Management der CAD-Modelle und der damit verknüpften Unterlagen in einer Multi-M-CAD-Umgebung. Manche PDM-Systeme sind wie PRO.FILE speziell darauf hin ausgerichtet.

Gut aufgestellt

Elektrotechnik: Ursprünglich der Oberbegriff für alles, was mit der Erzeugung, Übertragung und Nutzung elektrischer Energie zu tun hat, teilt sich die E-Technik heute dieses Gesamtgebiet mit der Elektronik, deren Bedeutung besonders stark

Alles im Schaltschrank

gewachsen ist und weiter wächst. Wer heute von Elektrotechnik spricht, meint in der Regel Schaltplanerstellung sowie Planung und Layout von Schaltschränken und ihre Verkabelung. Im Maschinenbau ist das ein Kern der Automatisierung. Für die Steuerung, Konfiguration und Wartung der modernen Maschine oder Anlage muss als Erstes der Monitor am Schaltschrank eingeschaltet oder der Kasten mit der gesamten Steuerung geöffnet sein.

Nicht nur Kabel

Auch der Begriff E-CAD hat sich im Verlauf der Jahre stark verändert. Anfangs ebenfalls Oberbegriff für sämtliche CAD-Systeme, die sich mit E-Technik und Elektronik befassten, gibt es heute zwei deutlich getrennte E-CAD-Systembranchen, deren eine sich schwerpunktmäßig mit E-Technik, die andere mit Elektronik beschäftigt. Um die elektrotechnische Software von der elektronischen zu unterscheiden, wird bezüglich der E-Technik vielfach auch von Cable-Harness-Systemen, also Software zur Verkabelung gesprochen. In Wirklichkeit ist aber die physikalische Verkabelung nur ein Aspekt neben dem Schaltschranklayout, das auch sämtliche Relais, Schütze und sonstigen Komponenten in ihrer Verbindung miteinander beschreibt.

Spezial-Datenmanagement

Für das Design elektrischer Komponenten wird in hohem Umfang auf standardisierte Bauteilbibliotheken zurückgegriffen, die sich – mit zahlreichen am Bildschirm abrufbaren Attributen zu den Bauteileigenschaften – in die Pläne eintragen lassen. Das Datenmanagement beschränkt sich in der Regel auf die Beziehungen zwischen Plänen und Bauteilen aus den Bibliotheken und der Versionierung von Entwicklungsschritten.

Signalgesteuert

Elektronik: Hier geht es um die Entwicklung, Modellierung und Anwendung elektronischer Bauelemente, die sich von den elektrotechnischen dadurch unterscheiden, dass sie frei sind von jeglicher mechanischen Bewegung. Ihre Funktion wird ausgelöst durch elektrische oder nichtelektrische Eingangssignale, die ihr Verhalten – beispielsweise den Spannungs- oder Stromwert – verändern. Über diese Veränderung wirken sie wiederum selbst auf andere Bauteile. Von rasch wachsender Bedeutung sind diverse Arten digitaler ICs (integrierter Schaltkreis), die simple Ein-/Ausschalter ebenso umfassen wie Logikbausteine, die frei und teilweise auch im Betrieb programmiert und umprogrammiert werden können.

Logisch

Wichtige Funktionalitäten von CAD-Systemen für Elektronikdesign sind: Entwurf der Schaltplanlogik und Layout von Leiterplatten oder Printed Circuit Boards (PCB), die zur Befestigung und elektrischen Verbindung elektronischer Bauteile dienen. Sowohl die Platzierung der Bausteine als auch ihre korrekte Verbindung werden dabei weitgehend automatisiert durchgeführt. Für das Datenmanagement gilt wie bei der Elektrotechnik, dass es sich im Wesentlichen auf die verwendeten Komponenten beschränkt.

Fest verdrahtet

SPS und Firmware: SPS steht für Speicherprogrammierbare Steuerung. Dabei handelt es sich um Baugruppen, die zur Steuerung oder Regelung von Maschinen oder Geräten eingesetzt werden. Fast immer sind sie nicht beliebig, sondern nur zur Steuerung eines spezifischen Geräts zu verwenden. Eine spezielle Art von Software dient der Programmierung elektronischer Bausteine und Steuergeräte, die auch als Firmware bezeichnet wird, weil sie in Chips oder Mikrocontrollern fest verankert ist. Für die Entwicklung und Verwaltung solcher hardwarenahen Software gilt im Prinzip: Ihre versionsgerechte Verwaltung steckt noch in den Anfängen. Meist wird eine fertige Komponente wie ein mechanisches Bauteil in der Stückliste geführt.

Software: Das ist das am schnellsten wachsende und an Bedeutung gewinnende Fachgebiet. Ob es um die Darstellung von Anlagenzuständen am Monitor geht oder um ein Programm zur Verwaltung von Wartungsintervallen großer Maschinen, Softwareentwicklung ist zu einem zentralen Bestandteil beinahe jeglicher Produktentwicklung geworden. Zahlreiche Entwicklungstools unterstützen die Entwickler bei ihrer Arbeit. Sie werden teilweise auch zur Programmierung von Firmware benutzt, bevor diese auf einem Chip abgespeichert wird. Ein Datenmanagement, das mit dem eines PDM-Systems vergleichbar wäre, existiert wie bei Firmware nur in Ansätzen, ist aber keinesfalls die Regel.

Weiche Welle

■ 10.2 Mechatronische Produktentwicklung

Wie sieht es nun aus, wenn diese verschiedenen Ingenieurdisziplinen in einem Entwicklungsprojekt zusammenarbeiten? Konkret haben wir das in dem Fallbeispiel Blockformanlage unter der Überschrift „Verlinkte Mechatronik" (Kapitel 19) beschrieben. Aber betrachten wir ganz allgemein, wo die Disziplinen aufeinandertreffen und welche Probleme dabei zu lösen sind.

Interdisziplinär

Das einfachste Beispiel ist der Zusammenbau nichtmechanischer Elemente in ein Gehäuse oder mit einer Baugruppe einer Maschine oder eines Geräts. Im Vergleich zu reinen Maßangaben, wie viel Raum etwa eine Leiterplatte mit bestimmter Bestückung insgesamt oder maximal beansprucht, ist die direkte, visuelle Überprüfung des Zusammenbaus erheblich effektiver. Wenn der Konstrukteur genau sieht, an welchem Punkt ein Widerstand oder eine Spule auf der Leiterplatte wie hoch in den Bauraum hineinragt, kann er möglicherweise den nicht benötigten Raum besser nutzen oder sich optimale Alternativen für Kühlmöglichkeiten überlegen.

Bauraum

Umgekehrt sind absolute geometrische Rahmenbedingungen für den PCB-Layouter wesentlich leichter zu berücksichtigen, wenn auch er den Zusammenbau simulieren, zumindest aber den aktuellen Stand der geometrischen Entwicklung auf der anderen Seite abrufen und visualisieren kann.

Infos von drüben

Auch die Befestigung und der Anschluss nichtmechanischer Komponenten, ihre Verbindung mit Gehäuse oder Maschinenteil, ist ein Thema, das sowohl auf der Seite der Mechanikkonstruktion als auch auf der Seite der Elektrik/Elektronik gelöst werden muss. Dem Bohrloch in der Leiterplatte entspricht das Gewinde an der Maschine oder im Schaltschrank. Jede Veränderung der Verbindungsgeometrie muss zwischen den Systemen abgestimmt und am besten visuell überprüft werden können.

Feste Verbindung

Kabelbäume – in einem Kraftfahrzeug unserer Zeit haben sie eine Gesamtlänge von rund drei Kilometern – können erst im Zusammenbau mit der Geometrie des

Kabelschlangen

fertigen Produktes exakt bestimmt werden. Die Kurven um Bauteile, die Führung durch Kabelkanäle und durch Schlitze in Gehäusen ergeben erst die tatsächlich benötigte Länge von Isolierung und Kabel sowie Drahtquerschnitte, die dann Grundlage für die Arbeit des Kabelkonfektionierers sind. Für Planung und Prüfung ist der virtuelle Zusammenbau der aus unterschiedlichen Systemen stammenden Modelle eine große Hilfe, die Zeit, Kosten und Fehler sparen lässt.

Alles zusammen

So wie heute für Zugfestigkeit oder Crashtauglichkeit Tests am Bildschirm laufen, so muss künftig auch das Zusammenwirken von Elektronik, Software, Hydraulik, Pneumatik mit den mechanischen Teilen einer Maschine oder Anlage schon im Vorfeld der Fertigung simuliert werden können. Dieses Zusammenspiel aller an einer mechatronischen Entwicklung beteiligten Disziplinen stellt den Höhepunkt der Integration dar.

Jeder für sich?

Um bei der Maschine und dem zugehörigen Schaltschrank mit dem Steuerungssystem zu bleiben: Immer mehr Bussysteme ersetzen Kabelverbindungen; immer häufiger werden Steuergeräte an der Stelle von elektrotechnischen Bauteilen verwendet; Software, die das funktionsgerechte Zusammenwirken aller Komponenten sicherstellt, steht im Zentrum dessen, was in den Anfängen über Schalter, Relais und Schütze eine Steuerung ausgemacht hat. Kann es sinnvoll sein, dass die Entwicklung all dieser Elemente, die letztlich in einem einzigen Gehäuse zusammengebaut werden, ohne intensive Kopplung der Autorensysteme stattfindet?

Funktionales DMU

Im Grunde geht es darum, nicht nur ein geometrisches Digital Mock-up zu erzeugen, sondern ein funktionales. Für dieses gemeinsame Funktionsmodell, an dem auf verschiedenen Seiten der beteiligten Softwarehersteller seit einigen Jahren gearbeitet wird, sind zwei Dinge entscheidende Faktoren: dass erstens alle Daten der unterschiedlichen Systeme zur Verfügung stehen; und dass zweitens klar ist, welche Version der jeweiligen Komponente die aktuelle ist.

Software vor

Hydraulik, Pneumatik, Mess- und Regeltechnik – der Maschinenbau war schon lange vor dem Schlagwort Mechatronik nicht mehr Mechanik pur. Eine Vielzahl von Spezialdisziplinen ergänzt und untergliedert den klassischen Maschinenbau immer weiter. Was aber bei verschiedenen Teildisziplinen noch gelang, nämlich ihre Integration in (oder Unterordnung unter) das Gesamttätigkeitsfeld des Maschinenbaus, gelingt immer weniger, je weiter die Mechanik in den Hintergrund und die Software in den Vordergrund tritt.

Andere Sprachen

Die Ingenieurdisziplinen haben sich auf ihrem Weg in die Spezialgebiete voneinander getrennt. Nicht nur durch die unterschiedlichen Werkzeuge, die sie für ihre Entwicklungstätigkeit benötigen. Nicht nur durch die Abteilungsmauern, die in vielen Jahrzehnten um die Fachbereiche errichtet wurden. Oft ist es auch schwer, miteinander zu reden. Spezialsprachen mit einer Vielzahl von Fachbegriffen und Kürzeln, die nur die jeweils Eingeweihten verstehen, erschweren die Kommunikation und die Zusammenarbeit.

Besondere Rolle für PDM

Zum Finden einer gemeinsamen Sprache kann die IT möglicherweise nicht viel beitragen; zur Überwindung der Systemgrenzen und damit zur Optimierung der Prozesse sehr wohl. Schnittstellen und Standardisierungsanstrengungen sind in aller Munde. Im Kapitel „Schnittstellen" werden in diesem Zusammenhang zentrale bei PRO.FILE verfügbare Kopplungs- und Integrationsmöglichkeiten vorgestellt, die als Vorreiter wirken können. Denn PDM ist prädestiniert dafür, auch die Daten aus nichtmechanischen Entwicklungswerkzeugen zentral zu verwalten und damit alle für die Fertigung relevanten Informationen, vor allem jene in der Stückliste, aus einer Quelle zu liefern. Und wie die Erläuterungen zu den Schnittstellen zeigen, können sie wesentlich tiefer gehen und nicht nur den Austausch von Dateien ermöglichen.

11 PDM-Funktionen in der täglichen Anwendung

So weit zu den Grundfunktionalitäten von PDM, wie Sie sie mehr oder weniger in allen marktgängigen Produkten finden sollten. Vieles davon hat sich inzwischen als Standard etabliert, und die Unterschiede zwischen den einzelnen Programmen sind in dieser Hinsicht eher gering.

Aber in vielen Jahren praktischer Anwendung haben sich im Zusammenwirken zwischen Softwareherstellern und Kunden zahlreiche spezifische Methoden herausgebildet, die vielleicht nicht überall oder nicht in dieser Kombination zu finden sind. Etliche Unternehmen haben aufgrund ihrer besonderen Prozessorganisation Anforderungen für Erweiterungen des Leistungsumfangs formuliert, die im Laufe der Zeit Eingang gefunden haben in die Standardfunktionalität.

Besonderes im Lauf der Jahre

Die Kunst ist freilich herauszufinden, ob eine entsprechende Entwicklungsarbeit ausschließlich zur Befriedigung der Bedürfnisse eines einzigen Unternehmens dient oder ob dieser Kunde mit seinem Wunsch einen Punkt getroffen hat, der für viele andere Anwender ebenfalls einen großen Nutzen bringen kann.

So ist auch die Situation bei PRO.FILE. In den mehr als zwanzig Jahren, in denen sich Entwicklungsteams von PROCAD mit dem Thema PDM befassen, hat das Haus in seinem PDM-System standardmäßig eine Reihe von Besonderheiten vorzuweisen, die nicht überall zu finden sind und die vielleicht gerade deshalb in der täglichen Praxis des Datenmanagements den kleinen Unterschied ausmachen, der sich für die Anwender rechnet.

Der „kleine" Unterschied

Wir sprechen von Methoden oder Technologien, nicht von Funktionen im engeren Sinne. Sie werden keinen Menüpunkt finden mit dem Namen der im nächsten Abschnitt näher beschriebenen Methode des automatischen Speicherns ganzer Modellstrukturen, RecursiveSave. Es soll an dieser Stelle aufgezeigt werden, dass die kombinierte, gezielte Nutzung bestimmter Funktionen zum Abspeichern von Daten einen ganz konkreten Zusatznutzen bietet, wenn es im Einzelfall um die Verwaltung etwas komplexerer Baugruppenstrukturen aus der 3D-CAD-Anwendung geht. Entsprechendes gilt für alle fünf Abschnitte dieses Kapitels.

Auf die Methode kommt es an.

Suchen Sie also nicht nach solchen Menüpunkten in PRO.FILE. Aber versuchen Sie ruhig herauszufinden, ob vergleichbare Methoden der Produktentwicklung auch ohne PDM möglich wären oder ob sie von anderen Managementsystemen ebenso unterstützt werden.

11.1 Automatisches Speichern von Baugruppen (RecursiveSave)

Alles auf einmal — RecursiveSave steht für rekursive Sicherung von Daten, denn alle Bauteile einer Baugruppe werden so zusammen mit ihren Beziehungen untereinander gespeichert, dass der Benutzer jederzeit auf diese Verbindung zurückgreifen kann.

Top-down — Eine der bedeutendsten Veränderungen, die innerhalb der Produktentstehungsprozesse durch die Einführung der Volumenmodellierung ausgelöst wurden, ist die Möglichkeit, von der Konzept- oder Designphase an in kompletten Baugruppenstrukturen zu arbeiten. Top-down also, von oben nach unten. Und das nicht an einem einzigen Arbeitsplatz, sondern parallel an mehreren, womöglich über Standorte verteilt.

Bottom-up — Bis vor nicht allzu langer Zeit war das übliche Vorgehen dagegen Bottom-up, die Konstruktion der einzelnen Bauteile, die dann im letzten Schritt mit der Zusammenbauzeichnung zum Produkt zusammengefügt wurden. Dies entsprach den Möglichkeiten der 2D-Zeichnungserstellung, und dementsprechend waren (und sind es vielfach heute) auch die PDM/EDM-Systeme meist so programmiert, dass sie dieses Procedere unterstützten.

Modellstruktur unterstützt — PRO.FILE ist den Kunden auf dem Weg zu den neuen Konstruktionsverfahren gefolgt und unterstützt umfassend die Arbeit in Baugruppen. Ohne die Nutzung dieser Fähigkeit ist nämlich die 3D-Modellierung kein wirklicher Fortschritt, sondern nur der Ersatz eines Softwaretyps durch einen anderen. Jedes Produktmodell entstünde zwar auf CAD-Seite in seiner vollen Struktur, und jedes Bauteil, jede Unterbaugruppe wäre entsprechend gespeichert. In einem PDM-System, das diese Struktur nicht übernehmen kann, wären aber nun die einzelnen Dateien wieder miteinander zu verknüpfen bis hinauf in die oberste Baugruppe.

Beim automatischen Speichern eines 3D-Modells in PRO.FILE wird es sofort mitsamt seiner vollständigen Struktur und allen Verzweigungen der Baugruppenhierarchie abgelegt, einschließlich aller zu den einzelnen Elementen gehörenden Zeichnungen.

Metastruktur — Das Besondere ist die gleichzeitige Erzeugung der Artikelstruktur in Form von Metadaten in PRO.FILE, die auf diesem Wege vollständig der Struktur des Modells entspricht. Denn über diese Stammdaten kann eine ganze Reihe von Arbeitsschritten automatisiert werden, weil sie die Modelle gewissermaßen mit zusätzlichen Informationen unterfüttern.

Das Programm berücksichtigt zum Beispiel bei jedem Speichervorgang, welche Teile bereits vorhanden waren, welche unverändert sind, welche neu angelegt und welche geändert wurden. Daraus folgt einerseits, welche Elemente mit einer neuen Versionsnummer versehen werden müssen, und andererseits der Status, den sie im Rahmen des gesamten Entwicklungsablaufs haben.

Status Tracking — Was noch zu handhaben ist für den Konstrukteur, der ganze Produkte allein entwickelt, ist in Concurrent-Engineering-Teams ohne PDM unmöglich: zu verfolgen, welches Teil sich beispielsweise gerade in welchem Zustand befindet, ob es geändert wurde oder geändert werden darf. Aber durch PRO.FILE erhält das gesamte Team dererlei Informationen jederzeit. Und regelt gleichzeitig, wer welche Änderungen am Modell oder seinem Status vornehmen kann.

Wenn jemand eine Baugruppe auscheckt, die gerade bei einem anderen Ingenieur in Bearbeitung ist, dann sieht er erstens diesen Bearbeitungszustand, und zweitens wird er bei Abschluss der Änderung über den neuen Workflow-Zustand informiert, sodass er die Baugruppe erneut laden und die eigene Konstruktion anpassen kann.

Bestens informiert

Noch wichtiger wird das Management von Baugruppen, wenn neben den Konstrukteuren im eigenen Haus externe Partner beteiligt sind oder verteilte Standorte. Nehmen wir ein Beispiel: Ein Konstruktionsbüro liefert die komplette Baugruppe eines Elektromotors – mitsamt den Zeichnungen – bereits mit dem ausgefüllten Zeichnungskopf des Auftraggebers. Teile der Baugruppe sind Standardteile und Normteile, die beim Kunden schon in PRO.FILE klassifiziert wurden und verfügbar sind.

Ein Beispiel

Bei der Abspeicherung dieser gelieferten Baugruppe werden die bereits vorhandenen und in PRO.FILE gespeicherten Modelle erkannt und nicht mit übertragen, sondern es wird stattdessen lediglich eine Referenz erzeugt. Aus der Modellstruktur wird automatisch die Artikelstruktur und daraus eine Stückliste abgeleitet. Die Modelle und Zeichnungen der Baugruppe werden nach Firmennorm umbenannt und im CAD-Arbeitsverzeichnis abgelegt.

Gute Referenzen

Mit der Speicherung in PDM wird der Baugruppe und ihren Untergliederungen ein definierter Workflow-Status vergeben. Die Zuordnung zu Dokumenttypen wie CAD-Modell oder Zeichnung trifft das System ebenfalls automatisch. Bei gewissen Dokumenten wird der Benutzer dann noch zur Angabe fehlender Stammdaten aufgefordert, wie die Zeichnungsnummer oder andere Daten für einen Zeichnungskopf.

Alles zu seinem Typ

Ein weiteres Highlight dieser Baugruppensicherung: Neben den unmittelbaren Zusammenhängen innerhalb des Komplettmodells werden auch etwaige Beziehungen zwischen einzelnen Teilen dieser Konstruktion zu Teilen anderer Modelle mit gepflegt.

11.2 Klonen von Teilen und Baugruppen (ManagedCopy)

ManagedCopy ist im Grunde eine spezielle Anwendung der eben beschriebenen Möglichkeit der Baugruppenspeicherung. Eine Anwendung, die überall dort extrem nützlich ist, wo ein großer Teil einmal konstruierter Baugruppen bei Neukonstruktionen wieder verwendet werden kann.

Nicht alles noch einmal

Viele Maschinen- und Anlagenbauer steigen wie die übrige Fertigungsindustrie zunehmend auf 3D-Modellierung um. Vergessen sind die über lange Jahre gültigen Argumente, große Maschinen oder gar Hallen füllende Anlagen seien viel zu komplex, um sie als Volumenmodell erstellen und verwalten zu können. Im Gegenteil. Gerade bei solch großen Investitionsgütern wird es immer mehr zu einer Existenz-

Nur das Nötigste

frage, wie weit mithilfe von 3D und elektronischem Datenmanagement die Neukonstruktion auf die wirklich relevanten Teile reduziert und das ganze Produkt als Variante eines früher gefertigten betrachtet und entwickelt werden kann.

Auf der Basis von ManagedCopy kann die Konstruktion einen bestimmten Maschinentyp als Ganzes, also auch einschließlich aller Referenzen und existierenden Zeichnungen, kopieren, indem im PDM-System neue Artikelstammdaten angelegt werden.

Der Bezug stimmt.

Nun werden eine Reihe von Teilen oder ganze Unterbaugruppen identifiziert, die teilweise oder auch vollständig modifiziert, also neu anzulegen sind, um den Kundenanforderungen zu entsprechen. Der Konstrukteur kann sich bei diesem Vorgehen hundertprozentig auf alle nicht veränderten Teile der Maschinenstruktur beziehen. Nicht einmal Dateikopien der unveränderten 3D-Modelle werden benötigt.

Maschine aus dem Baukasten

Selbst die Verwendung von Teilstrukturen einer Maschine mit Baugruppen aus anderen Konstruktionen unter Hinzufügen neuer Komponenten lässt sich so realisieren. Je nach Produktportfolio kann mit ManagedCopy folglich eine regelrechte Baukastenkonstruktion verfolgt werden, die ohne zusätzliches Personal mehr Maschinen in kürzerer Zeit ausliefern lässt; zu wesentlich geringeren Kosten.

Sind die teilweise geklonten Maschinen oder einzelne Unterbaugruppen reif für die Fertigung, dann müssen die zu den übernommenen Teilen gehörigen Fertigungszeichnungen nicht eine nach der anderen geöffnet und bezüglich Beschriftung und komplettem Zeichnungskopf neu abgespeichert werden. Über ManagedCopy erhalten sowohl die Zeichnungen als auch die Stücklisten automatisch die richtigen Kennungen. Die neuen Nummern der Bauteile einer geklonten Maschine und der neue Freigabestatus werden in den ausgeleiteten Zeichnungen automatisch angepasst und aktualisiert.

Gewusst wie

Das könnte man nun auch mit Fug und Recht Knowledge Management titulieren, denn auf diesem Weg wird der Wert von speziellem Know-how und Firmenwissen für das Unternehmen erheblich gesteigert, indem es immer wieder in den Wertschöpfungsprozess einfließt.

11.3 Lokale Arbeitsbereiche (DesignBox)

Zur Probe

Man nehme das Beispiel aus dem letzten Abschnitt und stelle sich konkret vor, was dabei passiert. Ein Konstrukteur oder ein Entwicklungsteam erstellt die Kopie einer Maschine und beabsichtigt, sie im Sinne einer Neuentwicklung in einigen wenigen, aber entscheidenden Teilen zu verändern. Aber es ist keineswegs sicher, dass dies gelingt.

Kein Overhead

Wer wollte unter solchen Umständen die ganze Kette von Prozessschritten in Gang setzen, die bei einer Neukonstruktion zu durchlaufen sind? Wäre es nicht viel sinnvoller, erst einmal zu testen, ob die Idee überhaupt stimmig ist und das Klonen funktionieren kann? Ohne die Anlage von Artikelstammdaten und erst recht ohne einen Abgleich mit dem ERP-System?

Dazu bietet PRO.FILE seinen Anwendern etwas an, das sonst eher aus der Softwareprogrammierung bekannt ist. Man entwickelt einen Quellcode und lässt das neue Programm in einer Reihe von Tests erst einmal in einer sogenannten Sandbox laufen, ohne es bereits für die Freigabe auf irgendeinem bestimmten Betriebssystem oder gar innerhalb einer größeren Applikation zu kompilieren. Erst wenn das Programm ausgetestet ist, wird es in die lauffähigen und laufenden Programme übernommen.

So ähnlich können Konstrukteure auch mit PRO.FILE verfahren, wenn sie die Methode der DesignBox anwenden. Sie kopieren die gewünschten Teile oder Baugruppen auf einen lokalen Speicherplatz und beginnen hier die geplanten Änderungen auszuführen, die für PRO.FILE erst einmal uninteressant sind und auch nicht verfolgt werden.

Unbeobachtet

Während aber die aktiven und archivierten Daten in PRO.FILE nicht von den lokalen Änderungen tangiert sind, kann der Konstrukteur in seiner DesignBox jederzeit seine lokal gespeicherten Daten mit denen im PDM-System vergleichen und eventuell einen zwischenzeitlich freigegebenen neuen Stand der Teile übernehmen.

Abgleich erlaubt

Dieses lokale und von den Archivdaten unabhängige Arbeiten ist anderen PDM-Programmen vielfach unbekannt. Jede Änderung wird dort mitgespeichert, jeder missglückte oder abgebrochene Test muss auch wieder aus dem Archiv entfernt werden.

Die DesignBox verbindet die Sicherheit elektronischen Datenmanagements mit der Freiheit, die der Konstrukteur braucht, wenn er seine Kreativität für innovative Produkte zur Geltung bringen will.

Mit Sicherheit frei

11.4 Automatische Synchronisation (ManagedSynchronisation)

ManagedSynchronisation nennt PROCAD den automatischen Abgleich von Datenständen unterschiedlichster Herkunft und Art, die in der Entwicklung und über den gesamten Produktlebenszyklus benötigt werden. Das erinnert – gewollt – an die heutigen Möglichkeiten, mithilfe eines kleinen, mit dem Mobiltelefon gelieferten Synchronisationsprogramms die Adressen und Telefonnummern zwischen Computer und mobilem Gerät abzugleichen.

Wie beim Telefon

Was aber beim Handy jedem klar ist, ist im Umfeld des Engineerings noch längst keine Selbstverständlichkeit. Wer würde darüber diskutieren, ob der Computer oder das mobile Gerät das „führende System" darstellt? Wer könnte für sinnvoll halten, dass die Daten des einen Systems automatisch durch die Inhalte des anderen überschrieben oder gar ersetzt werden, sodass etwa sämtliche von Hand eingetragenen Handy-Nummern bei jedem Abgleich wieder verschwunden sind?

Wozu ein „führendes System"?

Viele reden im Engineering von der Notwendigkeit, Datenredundanz zu eliminieren und wenn irgend möglich zu vermeiden. Prinzipiell ist das richtig, denn die

Null Redundanz?

wiederholte Eingabe von Kenngrößen, Geometrien oder Parametern birgt die Gefahr von Eingabefehlern und mangelnder Konsistenz des gesamten Datenstandes. Aber gerade hier kommt es häufig vor, dass Daten unbedingt redundant vorhanden sein sollten. In unterschiedlicher Ausprägung nämlich, an verschiedenen Stellen jeweils so, wie sie für die spezifische Aufgabe gebraucht werden.

Jede Menge Teile ...

Nehmen wir ein Beispiel: Ein Konstrukteur entwickelt einen Stahlrahmen, der das Gehäuse eines größeren Maschinenteils aufnehmen und stabilisieren soll. Sein Konstrukt setzt sich aus insgesamt 27 Stahlrohren, acht Querstreben und 16 Halterungen zusammen, die alle miteinander verschweißt werden. Für ihn und für die Schweißer existiert eine Modellstruktur aus 51 Einzelteilen und über 50 Schweißstellen, die in mehreren Baugruppen hierarchisch verschachtelt ist. Und ein ganzer Stapel von abgeleiteten Fertigungszeichnungen.

... und bloß eine Position

Sobald es aber um die Montage der gesamten Anlage geht, ist das Stahlgerüst möglicherweise nur eine einzige Position, und niemand interessiert in diesem Prozess, aus wie viel einzelnen Teilen der Rahmen zusammengesetzt ist. Aber deshalb darf weder die Konstruktionsstückliste gelöscht und durch die Montagestückliste ersetzt werden, noch sollte der Zusammenhang zwischen beiden gekappt werden. Bei jeder Änderung, bei jedem auftretenden Konflikt wird dieser Zusammenhang unbedingt benötigt.

Jedem seine Struktur

Es gibt Phasen und Bereiche, in denen eine andere Struktur benötigt wird. Dennoch sollten alle daran beteiligten Informationen auf derselben Datengrundlage basieren. Der Monteur sollte über das Einzelteil Rahmen auch die zugrunde liegende Struktur der Schweißteile überprüfen können, wenn er beispielsweise Probleme mit der Position einer Halterung hat, an der ein weiteres Maschinenteil befestigt werden soll.

Koexistenz statt Grabenkrieg

Mit der Methode ManagedSynchronisation setzt das Unternehmen den kontrollierten Abgleich von Informationen an die Stelle inkonsistenter Redundanzen. Statt der Diskussion darüber, welches System die Führungsrolle wahrnimmt, herrscht eine effiziente Koexistenz gleichberechtigter Partner.

Das Produktdatenmanagement hat in dieser Hinsicht eine besonders wichtige Aufgabe. Hier werden alle während der Produktentstehung erzeugten Daten gespeichert, von hier aus gehen die entscheidenden Daten zur Arbeitsvorbereitung und zur Produktion und Montage, und hier müssen sie wieder aktiviert werden, wenn eine Änderung notwendig oder sinnvoll erscheint.

Der Schlüssel: Synchronisation

Deshalb ist ManagedSynchronisation bei PRO.FILE eine der zentralen PDM-Methoden. Die Synchronisation von CAD-Daten mit den PDM-Metadaten der Artikelstammdaten; von den Artikelstammdaten im PDM mit den Materialstammdaten im ERP-System; von Office- und Finanzdaten auf der einen und Produktdaten auf der anderen Seite; von Modell- und Stücklistenstrukturen mit den zugehörigen neutralen Zeichnungsformaten; von extern gespeicherten mit in PRO.FILE verwalteten Informationen.

11.5 Management von Produktvarianten (PartVariation)

Die letzte der Methoden, die wir hier besonders herausheben, heißt PartVariation und betrifft die vielen Möglichkeiten der Variantenkonstruktion mit 3D-Modellierern.

In den letzten zehn Jahren ist die Parametrisierung von Konstruktionen auch in 3D immer populärer geworden. Parameter sind zum Beispiel Maßvariablen, welche die automatische oder teilautomatische Erzeugung von Formvarianten erlauben. In Tabellen zusammengestellt gestatten Parameter die Definition ganzer Teilefamilien in Verbindung mit einem Mastermodell, das je nach Auswahl der Parameter seine Gestalt anpasst. Andere Systeme erlauben eine einfache Ableitungskonstruktion, legen aber für jede Variante eine Datei an, die einen Bezug zum Ursprungsmodell hat.

Die Mutter und die Kinder

Hier spielt die Verwaltung der zur jeweiligen Konstruktion gehörenden Ausprägungen eine herausragende Rolle. Ohne tiefgreifende Integration müssten nämlich die Instanzen eines Mastermodells, also die eigentlichen Varianten, separat gepflegt werden.

Bei allen Unterschieden, welche die verschiedenen CAD-Systeme in diesem Zusammenhang aufweisen, bei allen Differenzen in der Güte der Unterstützung von Variantenkonstruktion – es nützt dem Unternehmen wenig, wenn über das Werkzeug der Teilefamilie zwar sehr einfach Varianten erzeugt werden können, aber in der Praxis daraus jeweils neue Teile werden, die weder einander kennen noch die Bedeutung ihrer einzelnen Parameter. So werden lediglich in der Konstruktion einige Kosten gespart, aber nicht in den wesentlich stärker zu Buche schlagenden Bereichen der Produktion und Verwaltung.

Wo die Variante sich auszahlt

Das PDM-System PRO.FILE behandelt beispielsweise eine Variantenfamilie mit drei verschiedenen Instanzen – gleichgültig mit welcher Methode sie erzeugt und gepflegt wird – als drei miteinander verknüpfte Dokumentenstammdaten. Die Erzeugung und Verbindung der Artikelstammdaten kann dabei weitgehend automatisiert werden.

Aber auch die festen oder parametrischen Beziehungen zwischen Bauteilen, die in unterschiedlichen Modellen verbaut sind, die sogenannten Soft-Links, die in den verschiedenen CAD-Systemen natürlich ebenfalls wieder ihre eigenen Bezeichnungen haben, merkt sich das System.

Querverbindung erkannt

Eine Änderungskonstruktion innerhalb einer Teilefamilie muss also nicht die Erzeugung einer neuen Variante bedeuten, sondern kann zielgenau nur die Teile eines Modells betreffen, die tatsächlich optimiert oder ersetzt werden sollen.

Noch wichtiger ist PDM aber im Zusammenhang mit der Pflege der Variablen, der Instanzen einer Familie von Bauteilen oder Baugruppen. Nehmen wir an, ein kleiner Bolzen, der in allen Varianten mit unterschiedlichen Längen und Durchmessern vorkommt, wird geändert. Aus fertigungstechnischen Gründen hat sich das

Verwandtschaftspflege

Version oder Teil? Anbringen einer Zentrierbohrung als sinnvoll herausgestellt, wobei die Tiefe der Bohrung vom Durchmesser des Bolzens abhängig sein soll.

Diese zusätzliche Bohrung hat keinen Einfluss auf die anderen Teile der Baugruppe, zu welcher der Bolzen jeweils gehört. Seine Funktion hat sich nicht geändert. Hier kann die Version hochgezählt werden, die Anlage eines neuen Artikels ist nicht erforderlich. In anderen Fällen aber führen Änderungen von Instanzen zu funktionalen Modifikationen und verlangen nach neuen Artikelstammdaten.

Oder es gibt Teile, die verschiedene Darstellungen im Modell kennen. Eine Feder etwa, die entweder im gespannten oder im entspannten Zustand vorkommen kann. Es gibt nur einen einzigen Artikel und Stammdatensatz, der aber verschiedene Instanzen haben kann.

Jede Instanz ein Artikelstamm? Umgekehrt gibt es Teilefamilien, die zum Beispiel in Sachmerkmalsleisten klassifiziert werden. Schrauben unterschiedlichster Art und je nach Art auch unterschiedlicher Größe und Form. Hier gehört zu jeder einzelnen Instanz ein eigener Artikelstamm.

Das Management solcher Unterscheidungen und die Kontrolle der Verwendung von Teilen aus Teilefamilien ist ohne PDM nicht möglich. Erst recht nicht im Abgleich mit ERP oder anderen Unternehmensapplikationen.

12 Schnittstellen

Wir haben sie schon erwähnt, jene Stellen, an denen sich Systeme und manchmal ganze Welten begegnen. Für manche Software sind sie weniger wichtig, für andere sind sie wichtiger, je nachdem, welche Rolle die einzelne Anwendung im Kontext anderer Informationstechnologie spielt.

In den Anfängen der Computerunterstützung im Bereich der Produktentwicklung gab es sie kaum. Schlüsselfertig nannte man die Systeme, bei denen die Software gegenüber anderen Bereichen so abgeschottet war, dass sie sogar nur auf einer einzigen Hardware eingesetzt werden konnte. Die Ausgabe der Daten erfolgte auf dem Bildschirm oder über einen Drucker oder Plotter, und gespeichert wurden sie auf Datenbändern oder auf – für heutige Begriffe – riesigen Platten.

Abgeschottet

Auch wenn solche Umstände längst Geschichte sind, hat sich doch über lange Jahre eine Insellandschaft in den Fertigungsunternehmen herausgebildet, mit vielen heterogenen Produkten unterschiedlicher Hersteller auf diversen Computertypen. Je mehr die Industrie nun daran arbeitet, ihre Prozesse zu optimieren, desto wichtiger werden die Verbindungen zwischen den nach wie vor existierenden Anwendungsinseln.

Brückenbau

Die extrem große Verbreitung des Betriebssystems Windows von Microsoft hat in dieser Hinsicht kaum eine Verbesserung gebracht, denn beinahe jeder Softwarehersteller nutzt für die Entwicklung ein eigenes Format. Daran wird sich allen Standardisierungsbemühungen zum Trotz voraussichtlich auch in Zukunft nicht viel ändern.

Es wäre vielleicht auch gar nicht wünschenswert, denn bei einem festgeschriebenen Standardformat wäre es schnell vorbei mit der Innovation, die doch gerade durch den Softwareeinsatz gefördert werden soll. Das Datenformat ist nämlich die Basis der Funktionalität, die eine Applikation bietet. Nur deshalb übrigens gibt es allenthalben im Abstand weniger Jahre komplett neue Programmversionen, meist mit einem grundsätzlich neuen Datenformat.

Wider die Gleichmacherei

Schnittstellen werden uns also weiter begleiten in der Unternehmens-IT. Und sie werden an Bedeutung gewinnen. Dies gilt in ganz besonderem Ausmaß für PDM. Man könnte sogar sagen: Neben den Fähigkeiten zur Strukturierung, Versionierung und sicheren Verwaltung von Entwicklungsdokumenten aller Art ist es gerade die Güte der Schnittstellen, die ein PDM-System auszeichnet.

Verbindung erwünscht

In Zusammenhang mit dem Produktdatenmanagement haben Schnittstellen nämlich nicht nur wie in vielen anderen Fällen die Aufgabe, Daten mit anderen Systemen auszutauschen. Sie dienen dem Abgleich von Informationen und sollen sicherstellen, dass Daten auch über Systemgrenzen hinweg dieselbe Aktualität und denselben Wert haben.

Bild 12.1 PDM als Drehscheibe in der Unternehmens-IT

Hinter den Kulissen

Einen Großteil dieser Aufgabe müssen sie gleichsam unmerklich im Hintergrund erfüllen, ohne großen Aufwand für die Benutzer. Je besser dies gelöst ist, desto mehr funktionieren die Schnittstellen eher wie Integrationsbausteine. Und genau das ist es, was von PDM erwartet wird: die Integration aller am Produktentwicklungsprozess beteiligten Autorensysteme.

12.1 Schnittstellenpolitik

Schnittstellen können der Verbindung zwischen IT-Anwendungen dienen, aber auch Gegenstand heftiger, gegenseitiger Wettbewerbsbehinderung sein. Beides ist leider auch im Zusammenhang mit PDM zu beobachten.

Eine Schnittstelle lebt von den Informationen, die über das Datenformat eines Fremdsystems und seine Besonderheiten zur Verfügung stehen. Im Detail können sie nur vom jeweiligen Hersteller bereitgestellt werden. Nur wenn ich weiß, wie eine Baugruppenstruktur in einem spezifischen System abgebildet wird, wie eine Datei aufgebaut ist, mit der ein 3D-Modell gespeichert wird, kann ich diese Daten auch sinnvoll verwalten.

Abschnittstelle

Bei der Mehrheit der heute marktgängigen CAD-Applikationen – namentlich bei Inventor, Pro/E Wildfire, Solid Edge und SolidWorks – werden die nötigen Informationen vollständig und im Übrigen auch kostenlos herausgegeben. Unabhängig davon, ob es eng verbundene Managementsysteme aus dem eigenen Haus gibt, sind die Hersteller dieser Programme bemüht, dem Kunden die freie Wahl zu lassen bezüglich des Datenmanagements. Jeder Anbieter umfassender Produktdatenmanagement-Software, aber auch Hersteller anderer Systeme, etwa für die NC-Bearbeitung oder die Produktionsplanung, bekommt die Informationen, die er benötigt.

Vorbildlich

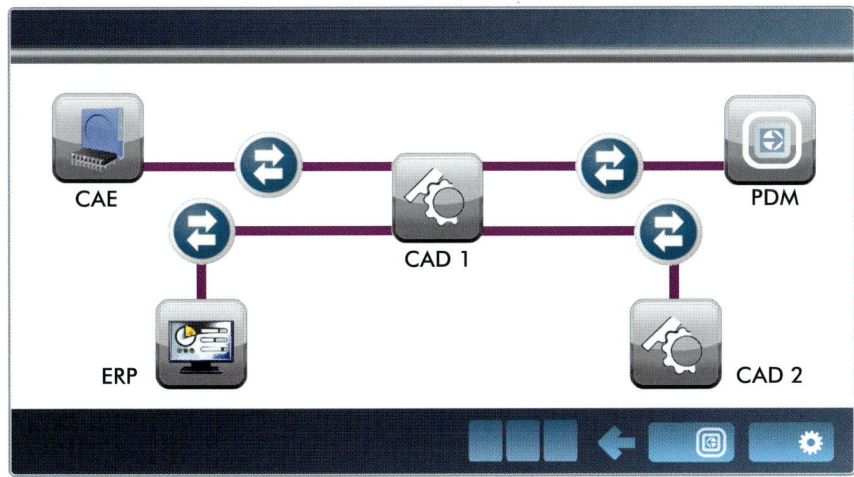

Bild 12.2

Bei einigen anderen Systemen werden die Daten nur an unmittelbare Systempartner weitergegeben. Oder auch gar nicht. Oder die Programmierschnittstellen werden so schlecht dokumentiert, dass es praktisch nicht möglich ist, sie für ein funktionierendes Interface heranzuziehen. Oder sie beinhalten nur die Geometrie, aber nicht die Logik dahinter. Oder die Lizenzen zu ihrer Nutzung werden so teuer verkauft, dass sich die Programmierung der Schnittstelle für keinen Beteiligten mehr rechnet.

Kein Vorbild

Der Grund ist naheliegend: Kunden im CAD-Umfeld sollen zur Verwendung bestimmter – meist eigener – PDM-Systeme bewegt werden, bei anderen lässt sich ja nun nachweisen, dass ihre Funktionalität im konkreten Fall nicht ausreichend ist.

Kleiner Trick

Große Hoffnung Auf die Dauer, so bleibt wenigstens zu hoffen, hat diese Politik auf Kosten des reibungslosen Informationsaustausches keine Zukunft. Es wird sich auf Seiten der Anwender herumsprechen, dass der Umkehrschluss nämlich nicht zulässig ist: Weil ein System bestimmte Daten oder Strukturen besser verwalten kann, muss es nicht auch insgesamt nützlicher für den Kunden sein. Nicht selten ist neutrale PDM-Software solch proprietären Lösungen in vielen anderen Punkten überlegen und bietet dem Anwender den größeren Nutzen.

Der Erfolg zählt. Welche Kombination im Einzelnen den gewünschten Erfolg bringt, wird sich nicht verheimlichen lassen. Über diese Information nämlich hat kein Hersteller Verfügungsgewalt.

■ 12.2 CAD-Integration

In den folgenden Abschnitten befassen wir uns mit den Funktionalitäten, die Schnittstellen zu den wichtigsten Autorensystemen im Unternehmen und zu anderer Systemperipherie bieten können. Der größte Block betrifft, das ist keine Überraschung, die Integration von CAD und PDM.

Konkrete Hilfe in CAD Dabei werden zunächst verschiedene Themen angesprochen, die mehr oder weniger für alle CAD-Programme gelten, und dann einige Besonderheiten einzelner Applikationen, die – im Falle von PRO.FILE – auch besondere Unterstützung erfahren. Auch dies ist schließlich für den Entwicklungsingenieur ein wichtiges Kriterium für den Nutzen von PDM: Wie weit hilft ihm die Software bei seiner Arbeit auch in konkreten, methodischen Schritten, die CAD bietet.

Bild 12.3

Die Liste ist nicht vollständig, weder hinsichtlich der Systeme noch in Bezug auf die hervorgehobenen Funktionen. So wurde Software nicht berücksichtigt, die zwar schon sehr lange auf dem Markt und sehr verbreitet ist, aber nicht mehr oder nicht mehr lange weiterentwickelt wird oder nicht mehr das strategische Produkt des Herstellers ist. Und bezüglich der unterstützten Funktionen wurden lediglich jene herausgegriffen, die in Zusammenhang mit dem jeweiligen Programm von besonderer Bedeutung zu sein scheinen.

Alle relevanten Systeme

Für den Überblick über die Funktionalität, die ein CAD-Anwender beziehungsweise seine Systemverantwortlichen generell von einer PDM-Integration erwarten können, finden Sie im Anhang eine tabellarische Übersicht.

Tabelle im Anhang

Das wichtigste Autorensystem hinsichtlich der Produktentwicklung ist in den meisten Unternehmen die CAD-Software. Hier entstehen die Modelle der Produkte, hier werden sie detailliert und entsprechend der beabsichtigten Funktion in Baugruppen und Einzelteile untergliedert.

Wie effektiv diese Konstruktionstätigkeit ist, wie schnell sie abgewickelt werden kann, wie gut sich die Ingenieure auf ihre eigentliche, kreative Aufgabe konzentrieren können, hängt nicht zuletzt auch vom Grad der Integration in eine PDM-Software ab.

Effizienz durch PDM

Besonderes Gewicht erhält die CAD-Integration überall dort, wo nicht nur ein einziges CAD-Tool, sondern gleich zwei oder mehr genutzt werden, also im Falle sogenannter Multi-CAD-Installationen. Oft geübte Praxis ist, dass jedes der Programme mit einem eigenen Team-Datenmanagementsystem ausgestattet ist. Oft lassen sich nämlich bestimmte Sonderfunktionalitäten der Software nur so wirklich nutzen und die Ergebnisse in den Modellen dann auch so darstellen, dass man bei ihrer Änderung wieder auf die entsprechenden Spezialfunktionen zurückgreifen kann.

Multi-CAD

Meistens sind aber diese komplett integrierten Datenmanagementsysteme, die vielleicht sogar auf demselben Datenformat basieren wie das CAD-Paket, wenn überhaupt nur sehr schwer oder sehr marginal in der Lage, mit den Modellen oder Zeichnungen anderer Anwendungen umzugehen.

Gerade hier also ist das Thema PDM als integrativer Aspekt mit hoher Priorität zu versehen, um das Potenzial der heterogenen CAD-Landschaft ohne Abstriche auszuschöpfen und dennoch ein zentrales Management der Entwicklungsdaten zu garantieren.

Neutralität ist Trumpf.

Dennoch ist hier eine Warnung angebracht: Je komplexer die Landschaft der Entwicklungssysteme wird, desto mehr droht diese Komplexität die Vorzüge einer Best-of-Breed-Implementierung wieder zunichte zu machen.

Noch ein Aspekt der PDM-Integration, der häufig nicht genug Beachtung findet: Es mag ja sein, dass die Konstruktion für den Augenblick und vielleicht sogar für einige Jahre mit dem CAD-System allein oder in Verbindung mit einer proprietären Managementsoftware ausreichend versorgt ist. Aber was passiert im Falle eines erforderlichen Systemwechsels? Was, wenn beispielsweise durch Firmenaufkauf oder strategische Partnerschaft plötzlich ein anderes CAD-System, das natürlich ein anderes Format hat, installiert werden muss? Wie können dann die mit einem Schlag sehr alt gewordenen Konstruktionsdaten gepflegt, weiterhin genutzt und gegebenenfalls im neuen System erneut verwendet werden?

Vorausgedacht?

Daten verloren?	Ohne eine systematische, elektronische Sicherung aller Daten in einem System, mit dem dann die Ausgabe und eventuell die Konvertierung erledigt werden können, kommen hier enorme Kosten auf das Unternehmen zu. Wobei sich nicht einmal ausschließen lässt, dass ein großer Teil der Altdaten schlicht verloren geht oder nur noch als Ausdruck beziehungsweise TIFF-Datei lesbar ist.
Unauffällig	Integration meint prinzipiell: PDM-Funktionalität wird innerhalb des CAD-Systems angeboten. Der Konstrukteur muss seine Anwendung nicht verlassen, sondern kann das Anlegen oder Speichern, das Laden oder Löschen von CAD-Dokumenten in PDM über seine gewohnte Benutzeroberfläche auslösen. Für ihn bedeutet die Integration hauptsächlich eine Erweiterung seines Anwendungsmenüs um die Funktionen, die ihm das CAD-System allein nicht bietet.

Integration von CAD und PDM heißt auch: Alle Konstrukteure arbeiten unabhängig von einem spezifischen CAD-System mit einheitlichen Klassifikationsmerkmalen und einer einheitlichen Sachmerkmalsleiste. Vor allem in Multi-CAD-Umgebungen ist das ein nicht zu unterschätzender Vorteil.

Umgekehrt bedeutet sie, dass vom PDM-Programm direkt auf die Daten der verbundenen CAD-Software zugegriffen werden kann, die dann unter Umständen über einen eigenen Viewer auf dem Bildschirm dargestellt werden.

12.2.1 CAD-Baugruppen

Gefahr in Verzug	Ohne Datenmanagement muss jeder einzelne Konstrukteur versuchen, wenigstens die wichtigsten Versionen seines Modells zu speichern, zum Beispiel indem er an einen Dateinamen jeweils eine Nummer anhängt. Der Zusammenhang mit den Modellen anderer Bauteile oder Baugruppen ist nur über die direkte Kommunikation zwischen den Beteiligten herzustellen. Wobei äußerst fraglich ist, dass auf diesem Wege schnell genau jene Version eines bestimmten Teils gefunden wird, nach der man sucht.
Eingabepflicht	Mit PDM werden die Teile bereits bei der Neuanlage mit den Stammdaten versehen, die später das Auffinden und damit die Wiederverwendung zu einem Kinderspiel werden lassen. Vor allem aber werden die Verknüpfungen zwischen allen miteinander zu verbauenden Modellen jederzeit erkannt, was etwa ihren virtuellen Zusammenbau zum Zwecke einer Einbauuntersuchung deutlich erleichtert.
	Das Datenmanagementsystem sorgt bei jeder Änderung eines einzelnen Elementes dafür, dass die Eintragungen entsprechend aktualisiert werden. Damit ist es keine Frage, dass bei Zugriff auf irgendwelche Komponenten immer die richtige Version geladen wird.
Wiederfinden leicht gemacht	Viele Teile, zum Beispiel standardisierte Befestigungselemente oder andere Wiederholteile, existieren in verschiedenen Baugruppen desselben Modells, aber auch in ganz anderen Konstruktionen. PDM stellt auch diese Verbindung her. Es erlaubt die Abfrage, in welchen Modellen oder Baugruppen ein Teil verbaut wurde und in welcher Version. Darüber ist auch sicherzustellen, dass ein geändertes Bauteil überall aktualisiert wird, wo dies notwendig ist.
Ohne CAD	Zusätzlich zu den im CAD-System erzeugten Modellen können mit PDM auch andere Elemente zur Teilestruktur hinzugeladen werden, zu denen möglicherweise gar

keine Zeichnung oder kein CAD-Modell existiert, beispielsweise eine Farbe. Das ist dann eben ein Teil ohne CAD-Dokument.

Dagegen muss ein Kaufteil, etwa ein Elektromotor, der als fertige Komponente eingekauft und als CAD-Baugruppe positioniert wird, zwar für den Konstrukteur mit seiner kompletten Struktur sichtbar sein, aber in der Stückliste soll er dennoch nur als einzelne Position auftauchen.

Gekauft

Mit diesen Vorgehensweisen wird die Möglichkeit eröffnet, schon in einem sehr frühen Entwicklungsstadium die vollständige Produktstruktur zu verwalten und nicht nur die im CAD konstruierten Teile davon.

Oberstes Element in der Hierarchie einer Dokumentstruktur ist die Zusammenbauzeichnung. Sie enthält die Informationen über alle Baugruppen und Bauteile sowie sämtliche Einzelteilzeichnungen, die dazugehören. Alle aus den im System gespeicherten Informationen abgeleiteten Zeichnungen werden gemeinsam mit den Ursprungsdaten verwaltet, und PDM sorgt dafür, dass sie bei jeder Änderung aktuell bleiben.

Zeichnung ist Top

PDM übernimmt auch die automatische Ausleitung von Stücklisten. Alle erzeugten CAD-Teile und alle erfassten Zukaufteile können in unterschiedlichen Stücklistenformaten und auch innerhalb von Zeichnungen ausgegeben werden. Eine gesonderte Stücklisteneingabe ist nicht mehr erforderlich, und jede Ausgabe von Stücklisten berücksichtigt die aktuelle Version der gesamten Teilestruktur.

Stückliste: Na klar!

12.2.2 CATIA V5

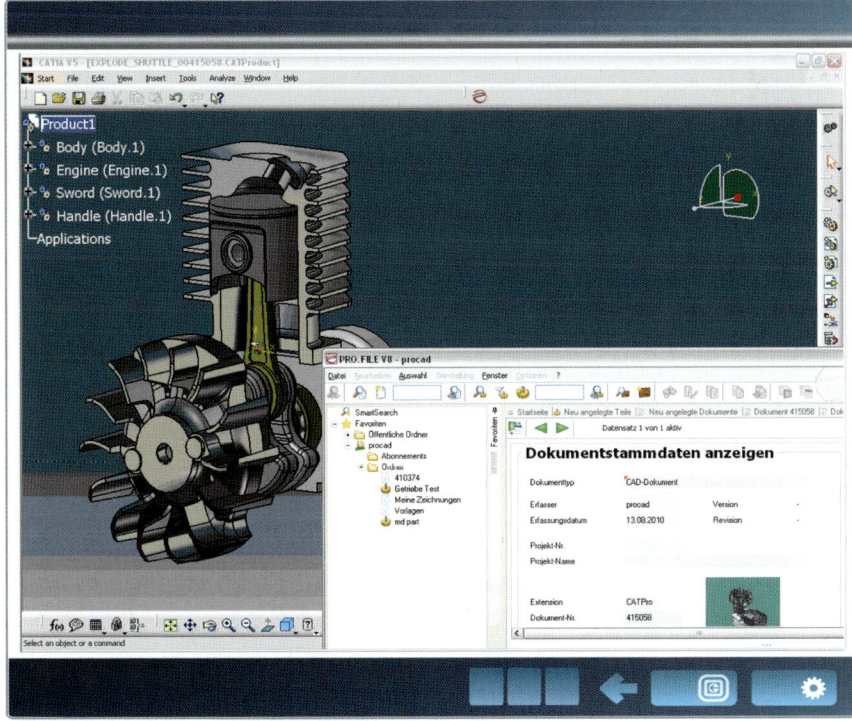

Bild 12.4 Prozessorientierter Modellierer

CATIA ist das Produkt, das Dassault Systèmes für die Modellierung neuer Produkte in einem organisierten Produktentstehungsprozess zur Verfügung stellt. CATIA V5 ist dabei die derzeit vorherrschende Version, die unter Microsoft Windows läuft und die Vorgängerversion auf UNIX-Workstations abgelöst hat.

PLM mit V6 — Seit Anfang 2008 gibt es die Version CATIA V6 als Teil einer neuen PLM-Plattform V6. Neben CATIA sind dabei auch Dassault-Applikationen für die digitale Fabrik, Simulation und Visualisierung mit dem Datenbanksystem ENOVIA vollständig integriert. CATIA V6 soll bis etwa 2013/2014 – so die aktuelle Planung laut WIKIPEDIA – bei den wichtigsten Kunden die Version V5 ablösen.

Strategiewechsel — Es gibt zwei Gründe, weshalb eine ausführliche Berücksichtigung der neuen Version in dieser Auflage nicht angebracht erscheint. Erstens ist CATIA V6 in seiner Grundstruktur als CAD-System und von seiner Funktionalität im Wesentlichen identisch mit CATIA V5. Insofern gelten alle Aussagen zur Integration von V5 weiterhin. Zweitens wird mit V6 eine eigene Datenbank mitgeliefert. Es könnte also sein, dass es für die Integration durch andere PDM-Systeme künftig gar keine Unterstützung mehr gibt.

Integration von PRO.FILE mit CATIA V5 — CATIA V5 von Dassault Systèmes bietet dem Konstrukteur die Möglichkeit, innerhalb einer Baugruppendatei die gesamte Baugruppenstruktur einschließlich der Strukturen der Unterbaugruppen abzulegen.

Mit Dokumentenstamm — PRO.FILE unterstützt diese Vorgehensweise, indem zu den einzelnen Komponenten einer Baugruppe auch ohne separate Dateien Dokumentenstammdaten mit der Verknüpfung zur Baugruppe angelegt werden.

Selbstverständlich lassen sich aus einer solchen Baugruppenstruktur jederzeit die entsprechende Teilstruktur und somit die Stückliste ausleiten.

Projektumgebung — Ein anderes Feature von CATIA V5 besteht in der sogenannten Projektumgebung. Vor allem in der Automobilindustrie hat es sich eingebürgert, mit den Projektbeteiligten und insbesondere mit den Zulieferern im Entwicklungsprozess über spezielle Projektumgebungen zu kommunizieren. Jeder Automobilhersteller hat hier seine besonderen Methoden, wie Teile zu strukturieren und die zugehörigen Zeichnungen zu formatieren sind, wann welche Attribute wo anzubringen sind und so weiter. Ähnlich wie in CATIA V4 können solche Projektspezifika nun auch in V5 gepflegt werden.

PRO.FILE gestattet dieses Arbeiten in Projektumgebungen. Es merkt sich, für welche Umgebung sich der Benutzer angemeldet hat. Wer sich zum Beispiel für ein BMW-Projekt angemeldet hat, der hat nur Zugriff auf Daten, die mit BMW und diesem Projekt verknüpft sind.

12.2.3 Inventor

Besondere Familien — PRO.FILE unterstützt alle Formen der Inventor-spezifischen Teilefamilien, der hier sogenannten i-Parts, bei denen Versionen auch über die Schnittstellenfunktionalitäten in PRO.FILE erstellt und verwaltet werden können.

Inventor kennt die Möglichkeit, über Projekte eigene Suchpfade zu definieren. Dabei besteht allerdings die Gefahr, dass Dateien mit gleichem Namen in mehreren

Verzeichnissen vorliegen. Die Folge könnte sein, dass eventuell ungültige Dateien beim Laden einer Baugruppe angezogen werden. PRO.FILE unterstützt generell die Arbeit mit Inventor-Projekten, erweitert aber diese Arbeitsweise, indem einerseits die Eindeutigkeit der Dateinamen im PDM-Kontext gewährleistet und andererseits das PRO.FILE Arbeitsverzeichnis in der Suchreihenfolge im Projekt an die erste Stelle gesetzt wird.

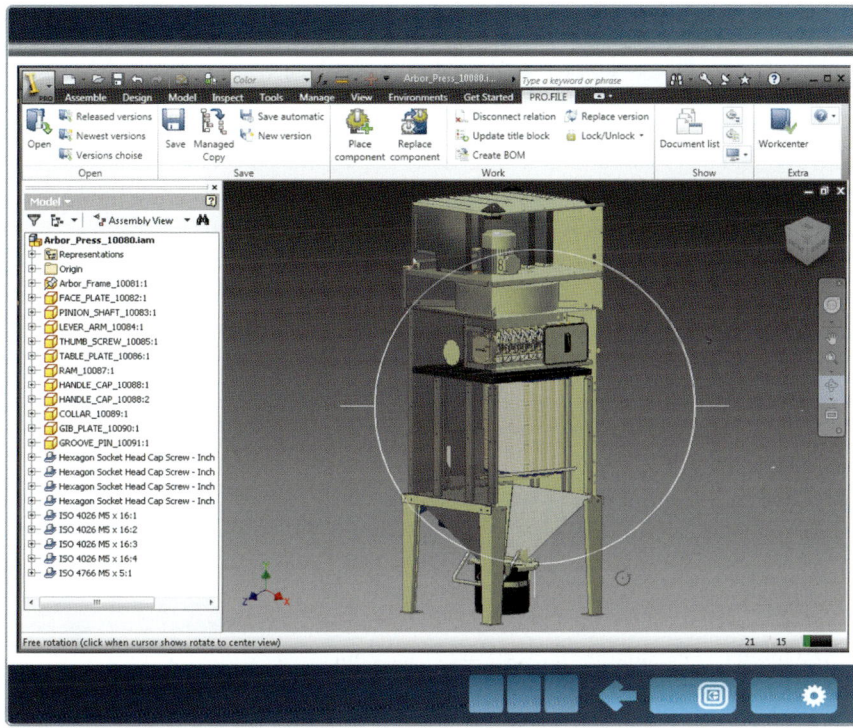

Bild 12.5 Integration von PRO.FILE mit Inventor bei Herding

Darüber hinaus bietet Inventor seinen Anwendern die Möglichkeit, Präsentationen zu erzeugen, mit denen sich Baugruppen animieren lassen. Diese Präsentationen sind eigene AVI-Dateien, die im PDM-System zusätzlich verwaltet und in Zusammenhang mit der jeweiligen Baugruppe gespeichert werden. Auch diese Dateien lassen sich natürlich über PDM versionieren, ohne die Verbindung zur Baugruppe zu verlieren.

3D-Bibliotheken

12.2.4 Pro/ENGINEER

PTC's Pro/ENGINEER Wildfire oder kurz Pro/E ist durch seine voll integrierte 3D-Parametrik bekannt geworden, und es hat mit dieser seinerzeit – nämlich Ende der 80er-Jahre – revolutionären Technik auch sehr stark zur Bereinigung des CAD-Anbietermarktes beigetragen. Für einige Zeit war Pro/E das einzige CAD-System, das überhaupt gestattete, mit 3D-Volumenmodellen parametrische Varianten zu erzeugen. Diese Funktionalität war so wichtig, dass sie für eine Reihe von Jahren zum Hauptkriterium für Auswahlentscheidungen wurde.

Vorreiter in Parametrik

Neue Produktstruktur

Im November 2010 hat PTC eine grundsätzliche Neustrukturierung der drei Produkte Pro/ENGINEER, CoCreate und ProductView bekanntgegeben. Damit ändern sich auch die Produktnamen. Alle drei sind jetzt Module eines neuen Gesamtsystems namens Creo, das den CAD-Anwendern schneller zu ihren Funktionen, zu ihrer Modellierungsart und zur Zusammenarbeit in heterogenen CAD-Landschaften verhelfen soll. Pro/E heißt Creo Elements/Pro, CoCreate ist Creo Elements/Direct und ProductView wurde Creo Elements/View. Da vorläufig alle installierten Systeme weiter betreut werden, ändert sich für die Darstellung der entsprechenden Schnittstellen – hier zu Pro/E – in diesem Buch zunächst nichts. Welche konkreten Auswirkungen die Produktneustrukturierung auf die Verwaltung der damit erzeugten Modelle und Daten hat, lässt sich zum Zeitpunkt der Veröffentlichung dieser Ausgabe noch nicht absehen. Von einer durchgehenden Namensänderung haben wir abgesehen, da auf einige Jahre bei den meisten Anwendern die bisherigen Bezeichnungen der vorhandenen Installation gültig bleiben dürften.

Parameter

Bauteile, ja selbst einzelne Geometrieelemente haben bei Pro/E stets eine logische Beziehung zueinander, die auf Parametern beruht. Über die Definition dieser Parameter kann die Geometrie in der Regel einfacher und schneller beeinflusst und verändert werden als durch das Editieren der Geometrie selbst.

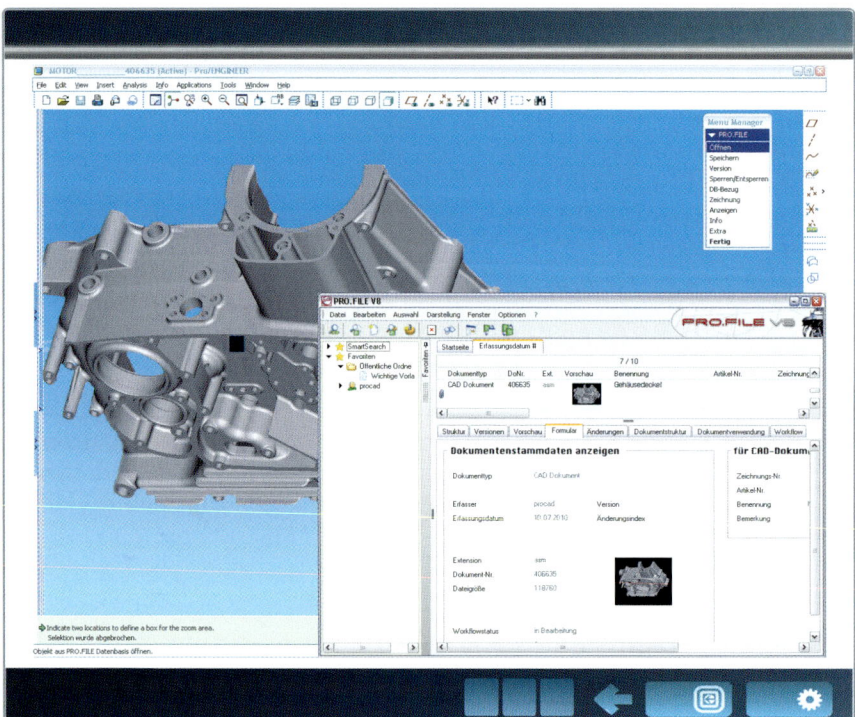

Bild 12.6 Integration von PRO.FILE mit Pro/E Wildfire

Historie bekannt

Die Parametrik beinhaltet daher die in Pro/E sogenannten rückwärts gerichteten Referenzen. Eine Bohrung weiß eben, dass sie in Verbindung mit einer bestimmten Welle erzeugt worden ist, und merkt sich diese Beziehung. Die Veränderung des Durchmessers der Welle wird dann – wenn das möglich ist – automatisch zu einer Veränderung der Bohrung führen und umgekehrt. Obwohl die Welle ein anderes Bauteil ist als beispielsweise die Gehäuseplatte, in der sich die Bohrung befindet.

Mit PRO.FILE können derartige Verknüpfungen zwischen Geometrieelementen sehr gut genutzt werden. Das System weiß nicht nur, welche Teile zueinander gehören, sondern kennt auch sämtliche Versionen und unter Umständen auch sämtliche Modelle, in denen diese Kombination verbaut wurde.

Aufbauend auf der prinzipiellen Parametrik war Pro/E auch sehr früh Trendsetter für die intensive Verwendung von Teile- und Baugruppenfamilien zur Variantenkonstruktion. Wie bei anderen Applikationen unterstützt PRO.FILE auch hier die Verwaltung und das Management der Instanzen solcher Familien.

Bei der Pro/E-Integration ist noch eine weitere Funktion erwähnenswert. Wer über das PDM-System Sachmerkmalsleisten verwaltet, der kann CAD-Modelle beziehungsweise deren geometrische Abmaße direkt abgreifen, um damit Sachmerkmale zu füllen.

Sachmerkmale aus CAD abgreifen

12.2.5 Solid Edge

Die für Windows-Betriebssysteme geschriebene Software, die ursprünglich von Intergraph entwickelt wurde und heute zur Produktpalette von Siemens PLM Software (vormals UGS) gehört, unterscheidet bei Teile- und Baugruppenfamilien zwischen publizierten und nicht publizierten Tabellen. Nicht publizierte enthalten lediglich die möglichen Parameter, publizierte die Ausprägungen, die sich im Einzelfall ergeben.

Publik und nicht publik

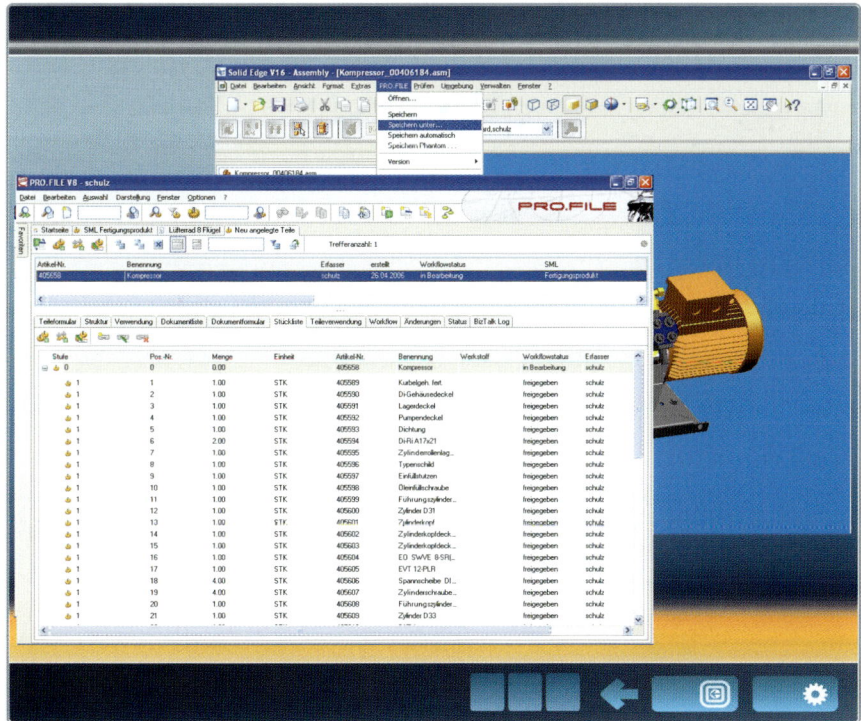

Bild 12.7 Integration von PRO.FILE mit Solid Edge

In Verbindung mit dem PDM-System wird diese Unterscheidung berücksichtigt. Im Falle der publizierten Teile werden die notwendigen Verknüpfungen zwischen Ausprägung, Tabelle und Modelldatei hergestellt und verwaltet, und auf das Masterteil wird eine Referenz hinterlegt.

Embedded model

Solid Edge war das erste System, das die Einbettung von 3D-CAD-Modellen in Office-Dateien ermöglicht hat. Und zwar sowohl statisch mit einer bestimmten Kopie als auch in Form einer Referenz, die sich jeweils auf die aktuelle Version bezieht.

Da PRO.FILE ebenfalls eine enge Integration der Office-Anwendungen bietet, sind auch diese Features hier gut aufgehoben.

UG-Import

Eine für Siemens PLM Software-Kunden unter Umständen ausgesprochen wichtige Funktion von Solid Edge ist der vereinfachte Import von Modellen aus Unigraphics. Sie werden im Native Format mit einer Hülle versehen, die Solid Edge versteht. PRO.FILE erlaubt mit diesen eingebetteten NX-Parts (früher UG-Parts) genauso zu arbeiten wie mit ursprünglich in Solid Edge erstellten Teilen. Und vor allem erlaubt es die gemischte Verwendung beider Modelltypen innerhalb einer Gesamtkonstruktion.

Wie bei CATIA V5 gilt auch für diese Integration, dass in einer Baugruppendatei enthaltene Unterstrukturen vom PDM-System erkannt und entsprechend ausgewertet werden.

12.2.6 SolidWorks

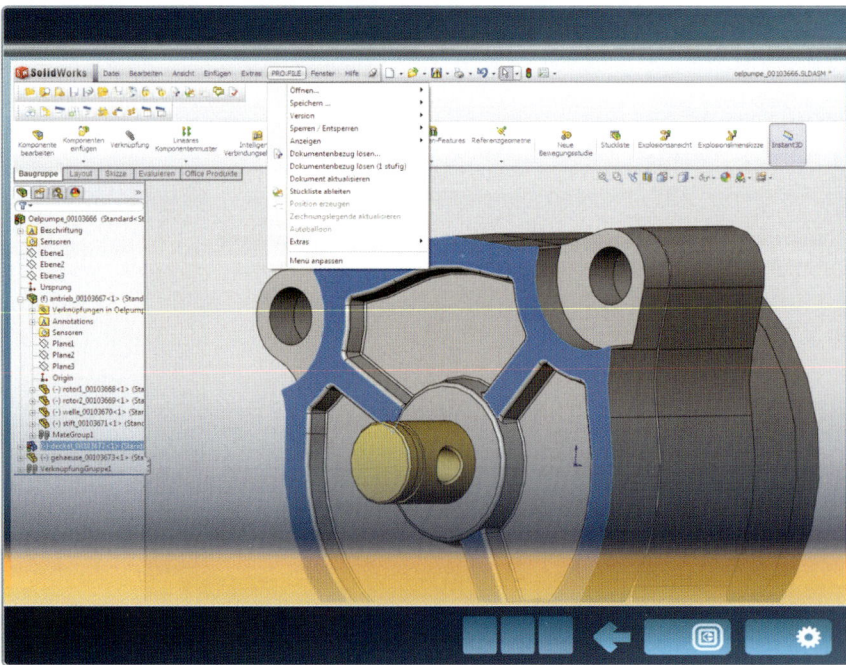

Bild 12.8 Integration von PRO.FILE mit SolidWorks

SolidWorks gehört zu den bei PRO.FILE-Anwendern beliebtesten CAD-Systemen. Die einfache Verwaltung von Teilen und Baugruppen, die automatische Erstellung von Stücklisten und Verwendungsnachweisen, das Versions- und Änderungsmanagement und das „Arbeiten im Kontext" fügen sich gut in die Funktionen von SolidWorks ein und unterstützen kleine wie große SolidWorks-Installationen. Ebenso die Ausgabe von Stücklisten, Änderungsjournalen und die automatische Befüllung der Schriftköpfe mit PDM-Metadaten.

Ziemlich beliebt

Teile- und Baugruppenfamilien, die in SolidWorks zur Konfiguration von Variantenkonstruktionen benutzt werden, lassen sich mit PRO.FILE wie andere Formen der Variantenerzeugung in diversen Systemen auch hier effizient verwalten.

12.2.7 NX

NX (früher Unigraphics beziehungsweise I-DEAS) ist eines der ältesten und zugleich erfolgreichsten unter den großen CAD/CAM/CAE-Systemen. Es erlaubt den Konstrukteuren verschiedene Möglichkeiten bei der Abspeicherung von Zeichnungen und von Modellen, aus denen sie abgeleitet wurden.

Der eine Weg ist der allgemein übliche: die Ableitung von Zeichnungen aus dem Einzelteil beziehungsweise aus dem Baugruppenmodell, sodass beide Instanzen derselben Konstruktion – das Modell wie die Zeichnung – in separaten Dateien gepflegt werden können, die einen klaren Bezug zueinander haben. Dies wird von Siemens PLM Software auch als Master-Model-Konzept bezeichnet. Die spezielle Alternative dazu besteht darin, dass neben dem 3D-Modell auch die zugehörigen Zeichnungen in ein und derselben Datei gespeichert sind.

Alles in einem?

PRO.FILE kann mit beiden Wegen gleichermaßen gut arbeiten. Im Falle der Speicherung in einer einzigen Datei findet, analysiert und beschriftet das Programm die Zeichnungen und erzeugt die erforderlichen Dokumentenstammdaten.

Wie bei Pro/E Wildfire gibt es auch für NX eine Kopplung der Sachmerkmalsleisten mit den Geometrien, sodass Merkmale aus den Modellen abgegriffen werden können. Und wie bei Pro/E können parametrische Beziehungen zwischen Teilen in unterschiedlichen Dateien – hier heißen sie Wave Links – verwaltet werden.

Sachmerkmal-Kopplung

■ 12.3 Integration Elektrotechnik

Eine Reihe von E-CAD-Systemen erlaubt die Entwicklung von Schaltplänen und das Design von Schaltschränken einschließlich ihres kompletten Interieurs, also aller Bauteile und Komponenten samt ihrer Platzierung und Verbindung. Sogar die mechanische Seite, zum Beispiel die Blechkonstruktion des Schrankes selbst, wird nicht selten mit dem E-CAD-System entwickelt.

E-CAD-Konstruktion

Doppelter Schrank	Da es sich bei einem Schaltschrank in der Regel um eine Baugruppe innerhalb einer Maschinen- oder Anlagenentwicklung handelt, gibt es möglicherweise sowohl im E-CAD- als auch im M-CAD-System den Schrank selbst als Modell beziehungsweise Zeichnungen dazu.
Abgleich durch Austausch	Da weder die umgebenden Baugruppen im E-CAD verfügbar sind noch die elektrischen Bauteile und ihre Verbindungsinformationen im M-CAD, gibt es großen Bedarf an mehr oder weniger intensivem Datenaustausch zwischen beiden. Die Schnittstellen, die PRO.FILE zu allen marktgängigen M-CAD- wie E-CAD-Systemen bereithält, gestatten mehr als nur den Austausch von Daten beziehungsweise ihre gemeinsame Verwaltung in einer Datenbank.
Minimalintegration	Der Elektrotechniker kann seine Schaltpläne, seine Verbindungen in der „Wire List", seine Schaltschrankgeometrie im PDM-System verwalten, wie dies der Maschinenkonstrukteur tut, Versionsmanagement, Stücklistenausleitung et cetera eingeschlossen. Über einen neutralen Viewer können die Geometrien beider Art angeschaut werden. Das ist sozusagen die Minimalintegration, die auch heute noch keineswegs überall Standard ist.
Abstimmung inklusive	Die Entwicklungsprozesse können aber, wenn die Daten gemeinsam verwaltet sind, auch aufeinander abgestimmt werden. Dazu gehört die Information des Elektrotechnikingenieurs, wenn der Maschinenbau etwa eine Veränderung der Schaltschrankgeometrie verlangt. Dazu gehört die Information des Mechanikingenieurs, wenn sich Verbindungselemente ändern oder zusätzliche Kühlaggregate erforderlich sind.
Immer aktuell	In jedem Fall erlaubt die Integration zu verhindern, dass irgendjemand auf der Basis von Daten arbeitet, die veraltet, oder mit Daten, die gerade in Arbeit und deshalb noch nicht freigegeben sind. Die gegenseitige Sperrung, das Einfrieren von in Änderung befindlichen Geometrien ist ein wesentliches Element der interdisziplinären Zusammenarbeit.
Nur das Beste	Über die Integration können sogar so weitgehende Abstimmungen ermöglicht werden wie die Auswahl der präferierten Geometrie, falls sie auf beiden Seiten konstruiert wurde, wie im Beispiel des Schaltschrankgehäuses beschrieben.
Zukunftsträchtig	Auf Grundlage der Integration sind noch tiefer gehende Abstimmungen möglich, die sicherlich in der nächsten Zeit auf die Wunschliste der Kunden kommen werden. Denkbar ist ja schließlich, dass Alternativen eines Designs dem komplementären Fachbereich zur Validierung zur Verfügung gestellt werden, bevor sie umgesetzt sind und sich möglicherweise als unrealisierbar herausstellen, was zu erneuten Änderungsprozessen führt.
	Die Liste der integrierbaren Systeme umfasst im Einzelnen: e^3series, ecscad, ELCAD, Eplan, Logic Cable von Mentor Graphics, Promis, ProPlan, Ruplan und andere.

12.4 Integration Elektronik

Die Elektronik unterscheidet sich von der Elektrotechnik nicht nur durch die Bauteile und die Art der Verbindungsleitungen. Die Miniaturisierung vieler heutiger Produkte geht ja oft gerade auf die immer weiter gehende Miniaturisierung in der Elektronik zurück. Auf immer kleinerem Platz können immer mehr Leistung und Funktionalität angeboten werden. Mehrfach beschichtete Leiterplatten, jeweils mit kaum noch mit dem bloßen Auge erkennbaren Leiterbahnen auf Vor- und Rückseite der Platine, sind ein Beispiel dafür. Die Entwicklung der Nanotechnologie – bei der es um Strukturen von weniger als einem Milliardstel Meter geht – zu einer eigenen Disziplin ist ein weiteres.

Klein, kleiner, Nano ...

Die Vielzahl der elektronischen Bauelemente und ihrer Kombinationsmöglichkeiten zu immer neuen Geräten, Minimotoren oder Prozessbausteinen hat dazu geführt, dass sich gleich mehrere Systemarten zur Unterstützung des Elektronikdesigns herausgebildet haben, die in der Regel alle drei benötigt werden, wo es um den Einsatz der Elektronik in der Fertigungsindustrie geht. Es sei denn, ein Haus konzentriert sich allein auf einen bestimmten Aspekt und bietet Dienstleistungen ausschließlich dazu an.

Drei für eins

Alle drei Werkzeugarten können mit PRO.FILE integriert werden. Es handelt sich um die Systeme für Leiterplattenlayout, für die Definition der Logik und für das Engineering der Firmware.

12.4.1 Leiterplattenlayout

Das Design von Printeld Circuit Boards (PCB) ist auf den ersten Blick verwandt mit der Entwicklung eines Schaltschranks. Auch hier geht es um die Erstellung eines Schaltplans, um die Befestigung und Platzierung von Bauteilen und ihre Verdrahtung. Aber erstens umfassen die Bauteilbibliotheken in der Elektronik völlig andere Elemente als in der E-Technik, und zweitens ist die Realisierung von Verbindungen auf einer Leiterplatte eine Wissenschaft für sich.

Schaltbrett

Nach der Erstellung eines elektrischen Schaltplans und der Platzierung der Bauteile am Bildschirm liegt das sogenannte Rattennest vor, bei dem alle elektrischen Verbindungen in einem wilden Durcheinander auf den kürzesten Wegen dargestellt sind. Dieses Durcheinander muss im nächsten Schritt entflochten werden, um die optimalen Verbindungswege zu finden. Für beides, für die Platzierung der Bauteile und die Entflechtung, gibt es viel Systemunterstützung und Simulationsmöglichkeiten. Dennoch sind die Beziehungen oft so komplex, dass Autoplatzierung und Auto-Routing an ihre Grenzen stoßen und der Benutzer manuell eingreifen muss.

Rattennest entflechten

Bei beiden Arbeitsschritten muss eine Vielzahl von Randbedingungen berücksichtigt werden, was die meisten Systeme unterstützen. Leiterplattentechnologie, Bauteilgeometrien, Lage der Bauteile, Signallaufzeiten, Stromstärken, elektromagnetische Verträglichkeit (EMV) oder die Lage der äußeren Anschlüsse und Steck-

2D- und 3D-Elektronik

verbindungen müssen ebenfalls berücksichtigt werden. Das Ergebnis des Layouts ist eine zwei- und dreidimensionale Darstellung der Platinengeometrie, in der einerseits die Umrisse und Positionierung, andererseits Bauteile, Platine und Stecker als Volumenkörper erscheinen.

Automatismen in der Schnittstelle

Die Anwendung der PDM-Integration entspricht weitgehend der in der Elektrotechnik. Erstens dient sie der gemeinsamen Verwaltung der Entwicklungsdaten im Rahmen einer Neuentwicklung oder Änderung und der Abbildung der Beziehungen zwischen der Platine und anderen Komponenten und Baugruppen eines Produktes. Schaltplan und Platinengeometrie werden im PDM gespeichert und versioniert. Aus den Metadaten lassen sich automatisch Zeichnungsrahmen beschriften. Die Stückliste für die Leiterplattenproduktion wird automatisch an PRO.FILE ausgeleitet.

Abgleich erleichtert

Zweitens erleichtert die Integration den Austausch der Daten zwischen Mechanik und Elektronik, etwa durch den Aufruf der Geometrie des Einbauraums aus dem Elektroniksystem heraus oder umgekehrt durch das Einlesen der Platinengeometrie in M-CAD, um sie jeweils visuell zu prüfen und Abstimmungen durchzuführen. Und drittens geht es wie in der Elektrotechnik um das Ableiten gemischter Stücklisten aus dem PDM-System.

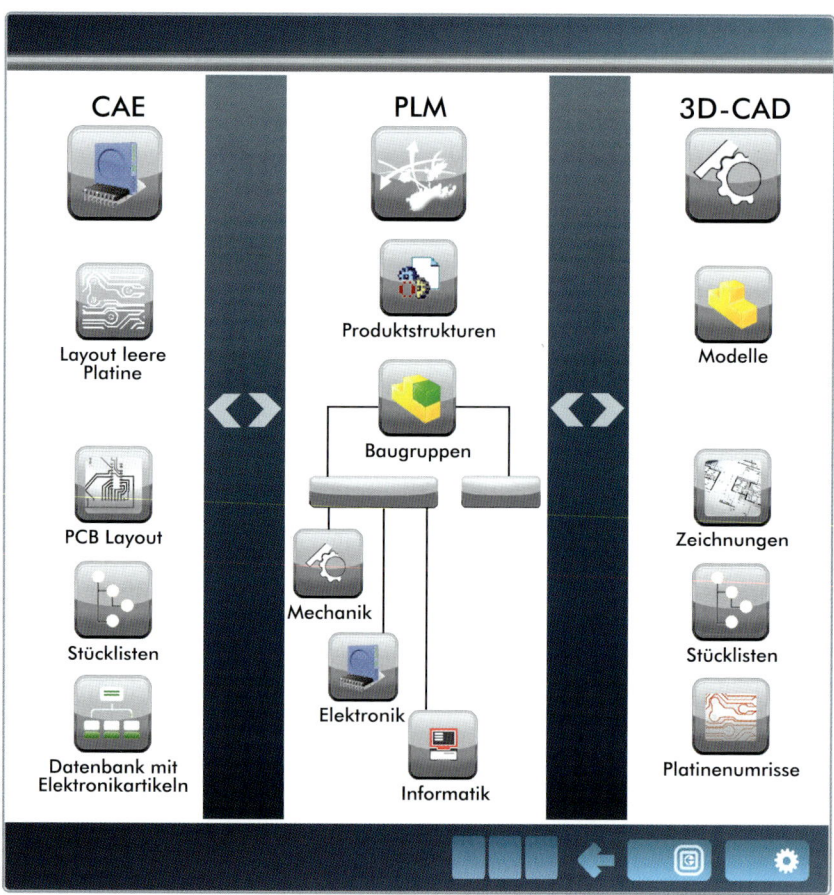

Bild 12.9

Alle Systeme für PCB-Layout und Leiterplattenentflechtung können mit PRO.FILE integriert werden. Schnittstellen existieren unter anderem für Programme der Hersteller Bartels, Cadence Design Systems, Integra, Mentor Graphics, Pads, Protel und Zuken Redac.

Große Auswahl

12.4.2 Logik

Mit Logikdesignsystemen entwerfen Elektroniker ein Schema, das die zur Erfüllung gewünschter Funktionen erforderlichen Bausteine miteinander verbindet. Mithilfe von Logik-Simulatoren können dann bereits anhand des Schemas exakt die Ergebnisse abgelesen werden, beispielsweise ein Spannungs- oder Stromwert. Logikpläne werden nicht nur für Leiterplatten, sondern auch für integrierte Schaltkreise erstellt.

Simulierte Logik

Das Ergebnis eines Logikdesigns zeigt die Verbindungen zwischen definierten Bauelementen eindeutig an. Aber es ist abstrakt, eben ein Schema, das hundert oder gar Hunderte von Varianten zulässt, die dann konkrete Leiterplattenstrukturen ergeben. Abhängig von den physikalischen Bausteinen, die im Einzelfall bevorzugt werden.

Variantenvielfalt

Die Integration entsprechender Programme mit PDM gestattet die Verwaltung und Versionierung der Logikpläne, die Ausleitung von Komponentenstrukturen und Stücklisteninformationen und die Abbildung der Beziehungen zwischen Logik und Leiterplatten-Layouts, die auf ihrer Grundlage erstellt wurde.

Die Version der Logik

Mit PRO.FILE lassen sich alle wichtigen Logiksysteme integrieren, insbesondere die der Hersteller Bartels, Cadence Design Systems, Mentor Graphics, OrCAD, Pads, Protel, VeriBest, Altium und Zuken Redac.

12.4.3 Firmware

Für die Programmierung von Chips gelten andere Regeln als für die Softwareentwicklung generell. Oft wird – um auf möglichst kleinem Raum möglichst schnell reagierende Programme zu erzeugen – in Assembler, also in maschinennaher Programmiersprache, gearbeitet.

Maschinennah

Die Verwaltung solcher Firmware hat große Auswirkungen auf die Sicherheit der Fertigungsprozesse. Handelt es sich um ein fest programmiertes Bauteil? Ist es frei programmierbar? Welches Softwaremodul gehört zu welchem Baustein auf welcher Platine? Kann ein programmierbarer Rohling gegen einen vorprogrammierten Baustein ausgewechselt werden?

Wissen, was passt

Mit der Integration in PDM können auch hier Versionen und Verknüpfungen verwaltet werden, und die Ausleitung gemischter Stücklisten ist möglich. Alle wichtigen Systeme zur Chipprogrammierung lassen sich bei PRO.FILE ankoppeln. Unter anderem die der Hersteller Altera, Actel, Intel, Xilinx, LatticeLogic, Motorola, Texas Instruments und Mentor Graphics.

Vielfach verknüpft

12.5 Softwareintegration

Raus aus den Kinderschuhen

Obwohl die Software mittlerweile größten Einfluss auf die Funktionsweise und Leistungsfähigkeit moderner Produkte und Investitionsgüter hat; obwohl schon heute in etlichen Bereichen rund 90 Prozent aller Innovationen durch Software getrieben sind; obwohl 50 bis 70 Prozent der Entwicklungskosten beispielsweise eines Steuergerätes auf die Software entfallen – die Methoden und Verfahren der Softwareentwicklung stecken in vieler Hinsicht noch in den Kinderschuhen. Insbesondere gibt es noch kaum so etwas wie ein standardisiertes Datenmanagement.

Wichtiger Schritt

PDM ist nicht auf die Strukturierung von Programmiercode spezialisiert. Das Computermodell eines Softwarebausteins hat nicht viel gemein mit dem 3D-Modell einer Maschinenbaugruppe. Und dennoch: Die Versionierung fertiger, für den Zusammenbau mit Produkten und Geräten freigegebener Softwarebausteine und ihre Verknüpfung mit anderen Baugruppen ist über die PDM-Integration möglich und bietet selbstverständlich großen Nutzen im Vergleich mit der heutigen Situation, wo die meisten Firmen die Software beim Datenmanagement noch gar nicht berücksichtigen.

PRO.FILE unterstützt auch hier alle bedeutenden Entwicklungstools wie ClearCase, PVCS, SCCS, RCS und etliche andere.

12.6 Office

Der Text zum Bild

Was bezüglich der Integration von CAD gesagt wurde, gilt in vielen Punkten auch für die Schnittstellen zu Office-Anwendungen. Die PDM-Funktionen sind Bestandteil der Office-Oberfläche, gleichgültig ob es sich um Textverarbeitung, Tabellenkalkulation oder PDF-Dateien handelt. Die entstehenden Dokumente werden über ihre Stammdaten mit anderen Dokumenten eines Entwicklungsprojektes verknüpft, die Ablage und sichere Speicherung im PDM-System erfolgt aus dem Autorensystem heraus.

Konfliktvermeidung

Typische Probleme, die in der gemeinsamen Bearbeitung von Entwicklungsdokumenten im Unternehmen auftreten können, werden bei einer Integration von Office und PDM zuverlässig vermieden.

Chaos abgelehnt

Jedes Dokument existiert in der nun hinterlegten Datenbank nur einmal, und sich widersprechende Änderungen verschiedener Mitarbeiter an unterschiedlichen Kopien, die im Haus kursieren, gehören der Vergangenheit an. Gleichzeitig gestattet aber die PDM-Anbindung auch bei allen Office-Dokumenten die Versionierung, sodass Änderungen eines Schriftstücks ebenso über den gesamten Lebenszyklus verfolgt werden können.

Wer das Recht hat

Auch für Texte und Tabellen gilt dann: Zugreifen darf nur, wer das Recht dazu hat, Änderungen unterliegen ebenfalls den firmenspezifischen Regelungen der Benutzerrechte, und die Definition von Arbeitsabläufen verhindert beispielsweise, dass bei der Freigabe von Schriftstücken zustimmungspflichtige Personen oder Abteilungen vergessen werden.

Im Übrigen müssen in PDM gespeicherte Dokumente gar nicht unbedingt zuerst mit dem betreffenden Autorensystem geöffnet werden, um die darin enthaltenen Informationen zu sichten. Die Volltextsuche erlaubt die Identifizierung von Dokumentbestandteilen aller in der Datenbank abgelegten Objekte.

Der Kniff mit dem Volltext

Für viele Aufgaben, die typischerweise auch in der Produktentwicklung mit Office-Programmen erledigt werden, ergibt die Integration besonders ansprechende Vereinfachungen und Nutzeffekte.

Wird beispielsweise eine technische Dokumentation erstellt, kann der Sachbearbeiter zur Illustration bestimmter Aspekte die Darstellung von Modellen direkt über PDM laden und in seine Texte einbinden. Verwendet er Microsoft Office und Windows Object Linking and Embedding (OLE), hat er die Wahl, ob er die Dateien fest einbindet, sodass sie in der kopierten Form bleiben, oder dynamisch, sodass nur die Referenz auf die in PDM verwalteten Geometrien gespeichert wird. Im letzten Fall wird bei erneutem Aufruf der Textdatei die zu diesem Zeitpunkt gültige Version der Zeichnung oder der Modelldarstellung geladen.

Technische Dokumentation leicht gemacht

Ein anderer Vorteil: Über die Integration können Vorlagen für Fax, Brief, Rechnung, Tabelle und so weiter genutzt werden, bei deren Aufruf automatisch nach den Stammdaten gefragt wird, die dann wiederum im PDM-System als Metadaten gesichert sind.

Rechnung gestellt und abgelegt

12.7 E-Mail

Elektronische Post ist auf dem besten Weg, herkömmlicher Geschäftspost den Rang abzulaufen. Auf jeden Fall gelten für E-Mails einschließlich eventuell angehängter Dateien die gleichen Anforderungen wie für Brief, Hauspost oder Fax. Eine Missachtung oder Unterschätzung dieser Tatsache kann, das zeigt ein Beispiel vom Juli 2004, durchaus erhebliche Kosten nach sich ziehen.

Ein Brief wie jeder andere

Im Heise Newsticker fand sich am 27.7.2004 folgende Nachricht: „Der Tabakkonzern Philip Morris, eine Tochterfirma der Altria Group, muss nach Beschluss des US-Bundesbezirksgerichts in Washington eine Strafe in Höhe von 2.75 Millionen US-Dollar zahlen. Richterin Gladys Kessler hatte das Unternehmen im laufenden Prozess um eventuell verschwiegene Gesundheitsrisiken in den Marketingkampagnen bereits im Oktober 1999 aufgefordert, den gesamten E-Mail-Verkehr des Unternehmens zu archivieren. Daran hat sich Philip Morris nicht gehalten, sondern sich vielmehr an seiner Praxis orientiert, sämtliche Mails nach sechs Wochen zu löschen."

Teure Mail-Entsorgung

Solche „Praxis" also sollte im professionellen E-Mail-Verkehr unbedingt vermieden werden. E-Mails sind zu behandeln wie andere Dokumente, sie sollten auch genau-

Professionell

so sicher verwaltet und archiviert werden. Sowohl aus den Bestimmungen des deutschen Handelsgesetzbuches (HGB) als auch aus der Abgabenordnung (AO) ergeben sich darüber hinaus klare Anforderungen, die unter anderem ausdrücklich auf die Pflicht eines Unternehmens hinweisen, für die Dauer der Aufbewahrungspflicht – das sind bei den meisten Schriftstücken entweder sechs oder zehn Jahre – dafür Sorge zu tragen, dass alle auf Datenträgern gespeicherten Unterlagen jederzeit ohne Weiteres lesbar gemacht werden können. Die Speicherung in PDM gibt diese Sicherheit.

Mit Bezug und Betreff

PDM hilft darüber hinaus wie bei allen anderen Dokumenten, den Bezug der elektronischen Post, der Textnachrichten und der Anhänge zu den betreffenden Projekten oder Produkten herzustellen und zu bewahren.

Aufgepasst!

Angesichts der bereits betonten Relevanz der E-Mail für die Geschäftskommunikation ist es ratsam, die Archivierung von E-Mails und die sachgerechte Zuordnung der elektronischen Post zu den Projekten oder Kunden nicht der individuellen Aufmerksamkeit oder Sorgfalt der Anwender zu überlassen. Eine zentrale Analyse der eingehenden Mails durch den PDM-Server erlaubt es, ein- und ausgehende Mails automatisch in Kunden- oder Projektmappen des PDM-Systems einzufügen. Die Auswahl des Projektordners erfolgt auf Basis des Absenders, des sendenden Domainservers oder bestimmter Stichwörter im Betreff. Die Mails bleiben als Merker in den betreffenden Outlook-Postfächern. Passende Workflows des PDM-Systems sorgen dann für die vorgegebene Abarbeitung der Meldungen.

Umgekehrt sorgt die Integration von E-Mail-Programm und PDM dafür, dass etwa bei Arbeitsschritten oder Statuswechseln von Entwicklungsobjekten automatisch elektronische Nachrichten an andere Projektbeteiligte verschickt werden können.

Nachricht und Link

Beim Versenden von elektronischer Post können nicht nur per Anhang Dokumente mitgeschickt werden, auf die der PDM-Anwender Zugriff hat. Wenn der Brief innerhalb des Netzwerks an die Adresse eines anderen Anwenders gerichtet ist, dann kann ihm ein direkter Link auf entsprechende Zeichnungen oder andere Objekte gegeben werden. In diesem Fall genügt das Anklicken des Links, um das PDM-Objekt zu öffnen.

12.8 ERP

Mehr als Engineering

Damit sind wir bei der Schnittstelle, die Welten verbinden kann und muss. Es ist eine andere Art von Schnittstelle. Sie verbindet nicht unterschiedliche Applikationen, die in erster Linie innerhalb der Produktentwicklung im Einsatz sind, wie CAD, Textverarbeitung oder Mail-System. Sie verbindet verschiedene Bereiche, die unterschiedliche Sprachen sprechen und unterschiedliche Anforderungen haben; auch und gerade hinsichtlich der Produktdaten.

Je mehr das Unternehmen in Richtung PLM-Strategie denkt, desto gründlicher müssen die Aufgaben analysiert und definiert werden, welche die Schnittstelle zwischen PDM und ERP erfüllen soll.

Auf einer bereits an anderer Stelle erwähnten Veranstaltung des VDMA Mitte 2004 ließen die Teilnehmer, in ihrer Mehrheit PDM-Verantwortliche in mittelständischen Unternehmen der Investitionsgüterindustrie, keinen Zweifel daran, dass ihnen diese Dringlichkeit bewusst ist. In einem Workshop über Schnittstellen und Integration kamen die meisten Fragen, als es um die saubere und sichere Anbindung von ERP-Systemen und ihre Versorgung mit Produktdaten und Strukturen aus der Entwicklung ging, insbesondere auch unter den Bedingungen weltweit bis nach China verteilter Projekte.

Dringender Bedarf

Worum geht es prinzipiell, und was muss von einer Standardschnittstelle mindestens erwartet werden? Im Grundsatz handelt es sich eben um mehr als die Speicherung von oder den Zugriff auf Daten aus einem anderen System. Wir sprechen vom Abgleich sehr unterschiedlicher Datensätze, die verschiedene Sichten auf dasselbe Thema widerspiegeln, und vom Abgleich zwischen den Materialstammdaten im ERP-System und den Teilestammdaten im Produktdatenmanagement.

Das Minimum

Definiert werden muss, welche Stammdaten des einen Systems welchen Daten des anderen entsprechen. Auf dieser Basis kann sichergestellt werden, dass bei jedem Anlegen, Ändern oder Löschen eines Datensatzes ein Mapping auf die festgelegten Felder erfolgt, das beide Systeme wieder auf den aktuellen Stand bringt.

Mapping

Hinsichtlich der Struktur, die ja in beiden Welten auch in unterschiedlichen Stücklisten dargestellt wird, gilt: Soweit die Teile identisch sind, wird wie bei den Stammdaten ein automatischer Abgleich möglich.

Darüber hinaus muss aber hier noch bestimmt werden, welche Daten der Fertigungsstückliste im PDM-System als Daten ohne Geometrie übernommen werden. Umgekehrt werden etliche Teile automatisch in einer Konstruktionsstückliste auftauchen, weil die Produktstruktur bis ins Einzelteil verzweigt ist und für jedes Teil auch eine Positionsnummer erzeugt wird. Auf der ERP-Seite werden aber nur solche Bauteile eine eigene Positionsnummer haben dürfen, die für die Fertigung oder Montage ein separates Teil darstellen.

Wer sagt's wem?

Einen deutlichen Schritt weiter geht die Integration, wenn das PDM-System von der anderen Seite auch genutzt werden kann, um über Viewer Geometriedaten anzeigen zu lassen, die auf der ERP-Seite üblicherweise nicht gespeichert sind.

Das alles ist möglich, machbar und vielfach auch schon realisiert. Wie der Abgleich der Informationen erfolgt, ob automatisch oder nicht, von wem er angestoßen wird und welche Informationen von wo nach wo gelangen sollen – das ist ein weites Feld, auf dem leider zu oft noch die alten Grabenkriege entfesselt werden, statt die Schnittstellen als Brücken zu nutzen. Mit dem Ziel, die Unternehmensprozesse immer besser miteinander zu verzahnen.

Bridging the gap

■ 12.9 XML-Schnittstellen über BizTalk Server

Neuer Standard

Eine Schnittstelle unterscheidet sich deutlich von den bisher beschriebenen. Bei PRO.FILE ist sie im Einsatz, und in zahlreichen Kundenprojekten hat sie sich schon mehr als bewährt. Vorläufig wichtigstes Thema ist die Synchronisation von Daten zwischen PDM und ERP.

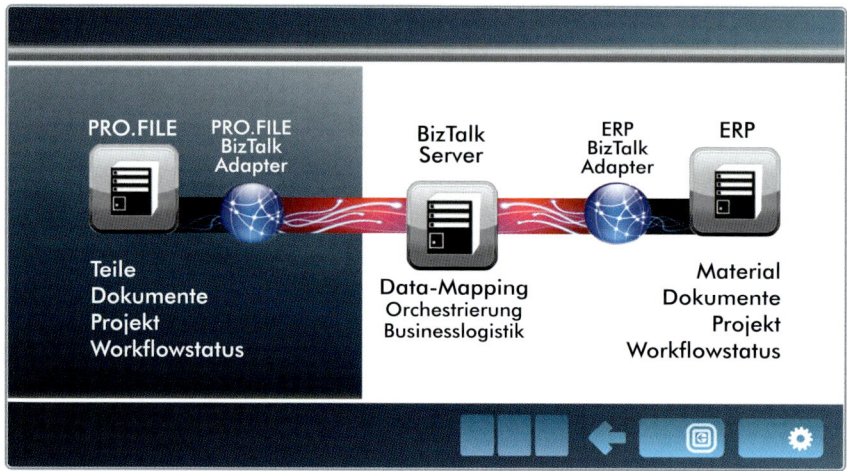

Bild 12.10
Integration von PRO.FILE mit ERP über den Microsoft BizTalk Server

Die Methode basiert auf XML, und das wiederum steht für Extensible Markup Language. XML ist ein wichtiges Element von dem, was gemeinhin als serviceorientierte Architektur (SOA) bezeichnet wird, und wurde Ende der 90er-Jahre zum international verbindlichen Standard erklärt.

Metasprache

XML verpackt die zum Informationsaustausch notwendigen Elemente in eine standardisierte, für den Computer lesbare Form. Das ist die sprachliche Komponente der neuen Schnittstelle. Dieser Standard wird dazu genutzt, Informationen über das Internet oder über andere Netzwerke auszutauschen.

Statt Dateiaustausch

Die Idee dahinter ist, den Informationsaustausch via Prozesskommunikation oder sogar den Dateiaustausch zu ersetzen, der ja bei den herkömmlichen Schnittstellen die Grundlage aller Kommunikation zwischen Systemen darstellt. Statt eine Datei zu schreiben und zu verschicken, die dann nur mit einem bestimmten Programm geöffnet und gelesen werden kann, um nach eventueller Veränderung wieder gespeichert und verschickt zu werden, sollen die Informationen möglichst pur, eben in Form von beschreibenden Metadaten, von einem Ort zum andern gelangen.

Automatisch

Und möglichst automatisiert obendrein. Systeme sollen über Netzwerke miteinander kommunizieren können, sodass die Anwender nur die Ergebnisse abfragen müssen. Natürlich bedarf es dazu mehr als einer standardisierten Sprachsyntax.

Die einen und die andern

Wir haben schon betont, wie unterschiedlich die Welten und auch die Sprachen verschiedener Bereiche im Unternehmen sind, insbesondere die der Technik auf der einen und der Produktion und Verwaltung auf der anderen Seite. Was beim einen Artikelstamm ist, heißt beim anderen Teilestamm oder noch anders, und selbst was auf beiden Seiten Stückliste genannt wird, meint in der Regel ganz verschiedene Dinge. Folglich ist ein Mittler zwischen den Welten nötig, der beide Seiten versteht und die Informationen in beide Richtungen übersetzen kann.

Dieser Dolmetscher sollte ohne menschliches Eingreifen arbeiten und Informationen empfangen und weiterleiten können. Gesucht ist eine Art elektronischer Übersetzer, eigentlich ein Informationsroboter, und daran arbeitet die gesamte IT-Branche, insbesondere die Hardwarehersteller und die Anbieter von Middleware-Produkten, mit Hochdruck. *Dolmetscher*

Es hat ein paar Jahre länger gedauert als die reine Sprachstandardisierung, bis nun tatsächlich einige marktfähige Produkte verfügbar sind, auf die sich professionelle Software stützen kann. Bei PRO.FILE ist es wegen der grundsätzlich gewählten Plattform der Microsoft BizTalk Server 2004. *Let's BizTalk*

Dieser Server setzt sich mit zwei Adaptern zwischen die Applikationen, die miteinander kommunizieren sollen. Genau genommen sind es vier Adapter: auf der Seite jeder Anwendung einer für die zu empfangenden und einer für die zu sendenden Daten.

Jeder Adapter überwacht seine Leitung und prüft ununterbrochen, ob relevante Daten für eine Übertragung anstehen oder nicht. Nehmen wir ein etwas konkreteres Exempel: Vom ERP-System kommen Daten, die an das PDM weitergereicht werden müssen – also zum Beispiel die Artikelstammdaten einer freigegebenen Fertigungsstückliste, die auf Seite der Entwicklung mit denen der Konstruktionsstückliste abgeglichen werden müssen. Der Ausgabeadapter für ERP greift die Daten auf und schickt sie über den BizTalk Server an den Empfangsadapter für PDM. Der übernimmt die Daten in der richtigen Formatierung und liefert sie aus. *Adapter an Adapter*

Die erste große Besonderheit, die diesen Informationsaustausch kennzeichnet, ist die Sicherheit. Die Daten werden nämlich asynchron übertragen. Sie müssen nicht im selben Moment empfangen und komplett gelesen werden können, in dem sie abgeschickt werden, sondern sie warten, bis der Adapter frei ist und sie vollständig verdauen kann. Es passiert also nicht, dass ein Netzausfall oder ein Softwarefehler die Übertragung stört oder dass gar als Ergebnis fehlerhafte Daten ankommen. *Sicher. Asynchron*

Beim Austausch von Stammdaten und Produktstrukturen reicht es nicht aus, dass ein PDM-System Dateien mit Daten quasi über den Zaun wirft und darauf baut, dass das ERP-System diese richtig aufgreift und verarbeitet. Ein System wie der BizTalk Server protokolliert deshalb die Transaktionen und alarmiert, wenn ein Datentransfer nicht vollständig oder fehlerhaft ausgeführt wurde. *Sichere Transaktion*

Aber wie versteht der eine Adapter, was der andere schickt und an wen diese Info wann weitergegeben werden soll? Das ist ja eigentlich immer die Aufgabe der Schnittstellenprogrammierer gewesen und wird sie auch künftig sein. Nur lässt sie sich dann erheblich schneller und einfacher erledigen. *Verständnisvoll*

Der BizTalk Server verfügt nämlich über eine Komponente zur Orchestrierung – also zur Koordination und Synchronisation von Datenaustauschprozessen. Dabei handelt es sich in der Tat um ein Element, das viel mit dem Dirigieren eines Orchesters zu tun hat. Es erlaubt die grafische Beschreibung von Informationsflüssen in Form von Flussdiagrammen. Damit lassen sich die Formate eingehender Informati- *Dirigent und Orchester* onen den Formaten des nächsten Empfängers zuordnen und gleichzeitig die einzelnen Schritte festlegen, die bei der Weiterleitung einzuhalten sind.

Reelle Sache

Der Einsatz des BizTalk Servers zur Realisierung einer Integration von PDM und ERP ist dabei keine Zukunftsvision, sondern gelebte Wirklichkeit. So übernimmt er heute schon bei einer großen Zahl von Kunden den Austausch der Stammdaten zwischen PRO.FILE und beliebigen ERP-Systemen im Rahmen einer standardisierten Schnittstelle. Der große Vorteil: der Transfer von PRO.FILE zum BizTalk Server ist für alle Integrationen gleich und gleich leistungsstark. Die Übergabe trägt den Fähigkeiten der einzelnen Systeme Rechnung. Für zahlreiche Lösungen liegen auch auf der ERP-Seite standardisierte und teilweise zertifizierte Adapter vor, zum Beispiel für SAP, APplus, ams.erp, Epicor, infor ERP COM, Infor ERP Xpert, oxaion oder auch PSIpenta.

BizTalk-Austausch

Bis vor wenigen Jahren ging es in erster Linie noch darum, Artikelstammdaten und Stücklisten aus der CAD-Welt zu übertragen. Das ist mittlerweile überholt. PDM und ERP synchronisieren komplexe Datenstrukturen aus Artikeln, Baugruppen, Stücklisten, Dokumenten und Projekten. Typische Konstellationen sind:

Von CAD/PDM zu ERP:

- Artikelstammdaten von Teilen und Baugruppen
  aus Konstruktionssystemen für Mechanik, Elektrik, Elektronik, Informatik
- Sachmerkmalsleisten
- Strukturinformationen zwischen Artikeln / Produktstrukturen
- Stücklisten
- Dokumentenstammdaten mit Dokumenten und ohne
- Strukturinformationen zwischen Artikelstammdaten und Dokumenten
- Zustände / Status
- Projektstammdaten

Von ERP zu CAD/PDM:

- Artikelnummern und Artikelstammdaten für die Eigenfertigung
- Artikelstammdaten von Zukaufartikeln und Normteilen für die Konstruktion
- Projektstammdaten und Projektstrukturen

Schnell mehr wert

Der Vorläufer der Schnittstelle, der in C++ geschrieben wurde, musste mit jeder neuen Softwareversion des PDM-Systems und häufig auch des ERP-Systems überarbeitet und angepasst werden. Beim Neubau dieser Integration mit dem BizTalk Server und den Adaptern wurden wesentliche Schritte im Datenaustausch standardisiert. Sie ist weitgehend versionsunabhängig und dabei leistungsfähiger als die alte.

Selbst ist der Kunde.

Der Neubau der ERP-Integration über den BizTalk Server bietet dem Kunden den Vorteil, an- und umbauen zu können. Im Laufe der Jahre wachsen Interfaces. Neue Datenelemente sollen übertragen werden, und zusätzliche Zusammenhänge zwischen Objekten sind zu synchronisieren. Solche Schnittstellenerweiterungen und betriebsspezifischen Anpassungen kann der Kunde ohne große Programmierkenntnisse selbst vornehmen. Mit dem BizTalk Server und den Adaptern zu PRO.FILE und den ERP-Systemen erhält er nämlich auch die Werkzeuge zur Orchestrierung, und damit wird er von beiden Seiten unabhängig.

Es gibt Unternehmen mit zwei und mehr ERP-Systemen. Vor allem dort, wo Firmen zugekauft wurden oder Fusionen stattfanden, ist das nicht selten der Fall. Wird die Fertigung dann an den Standorten über verschiedene ERP-Lösungen gesteuert, führt an einer Synchronisierung von CAD/PDM mit mehreren ERP-Systemen kein Weg vorbei. Ein Beispiel hierfür ist im Kapitel 24, Fallbeispiel Gesundheitskonzern, geschildert.

Mehrere ERP-Anwendungen

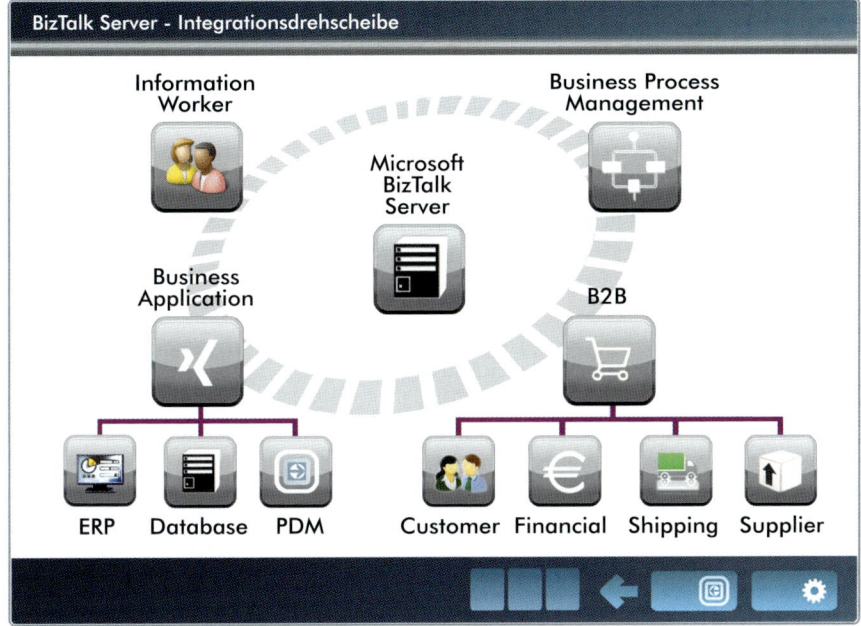

Bild 12.11

Was auch gezielt Verwendung findet, ist die Übergabe von CAD/PDM über Links an das ERP-System, die unmittelbar zu den Speicherorten von Dateien oder Programmen lenken. Damit können dann entweder Dateien geöffnet oder Anwendungen gestartet werden.

Programme starten

Bei PRO.FILE bekommt der Anwender so die Möglichkeit, aus dem ERP-System heraus über eine Dokumentidentifikation einen Viewer aufzurufen, der TIFF- oder PDF-Dateien öffnet und anzeigt.

Neben dem eigentlichen Informationsaustausch beinhaltet die Schnittstelle auch die Möglichkeit, den Status von Daten zu überwachen. Dies ist eine der Voraussetzungen dafür, dass sie automatisch in den beteiligten Applikationen abgeglichen werden können.

Datenkontrolle

Der Status kann zum Beispiel lauten *Neu*, dann weiß SAP/R3, dass ein Dokument im PDM neu angelegt wurde. *Neu in Arbeit* heißt, das neue Dokument ist an BizTalk weitergeleitet. *Neu bestätigt* meint die Annahmebestätigung des BizTalk Servers und so weiter.

Auf den Status kommt es an.

Die neue Technik bewährt sich auch im Alltag des PDM-Betriebs. PROCAD hat nach und nach alle Integrationen verschiedener ERP-Systeme auf den BizTalk Server umgestellt und in den Produktivbetrieb genommen.

12.10 XML-Formulare

Einfach erfasst

Ein weiteres Einsatzgebiet, in dem Web Services und XML eine wachsende Rolle spielen, ist die Erhebung von Daten für Prozesse im Produktdatenmanagementprozess. Ein konkretes Beispiel sind XML-Formulare, mit denen einzelne Arbeitsabläufe in den Unternehmensprozessen wesentlich besser gestaltet werden können als bisher. Die Formulare dienen der Erfassung von Daten, und Web Services sorgen für die automatische Nutzung der eingegebenen Daten und zu ihrem Eintrag in der Datenbank.

Zu viel noch manuell

Nach einer Studie von AMR Research aus dem Jahr 2005 finden 51 Prozent aller Prozessschritte heute immer noch informell und außerhalb der zu ihrer Unterstützung implementierten Systeme statt. Und 63 Prozent heutiger Prozesssteuerung und Sicherheitsmaßnahmen werden von Hand erledigt.

PDM-Bremsen

Das hat viele Gründe. Nicht alle beispielsweise, die an einem bestimmten Arbeitsschritt beteiligt sind, haben Zugang zu einem PDM-System und müssen auch keinen haben, denn sie sind nur am Rande involviert. Nicht alle, die PDM für verschiedene Zwecke nutzen, beherrschen den gesamten Funktionsumfang. Oft haben sie nur wenige Male im Monat Zugriff und müssen nur einen bestimmten Schritt erledigen. Ansonsten arbeiten sie mit anderen Systemen und gehen völlig anderen Aufgaben nach. Noch ein wichtiges Hindernis: Nicht von allen Mitarbeitern, deren Input für einzelne Schritte benötigt wird, möchte man verlangen, dass sie die Bedienung eines technischen EDV-Systems vom Funktionsumfang einer PDM-Software erlernen.

Das gute Formular

Der Hauptgrund aber ist: Für viele Aufgaben innerhalb eines Industrieunternehmens haben sich Papierformulare aus guten Gründen als zentrales Medium der Kommunikation etabliert. Sie sind von jedermann – auch ohne irgendwelche Systemkenntnisse – schnell zu bearbeiten, vor allem dort, wo routinemäßig immer wieder gleichartige Daten erfasst werden müssen. Darüber hinaus sind sie auch abteilungs- und firmenübergreifend einsetzbar.

Elektronisches Formular

Es ist also kein Wunder, dass nach wie vor sehr viele Aufgaben, vom Anstoßen eines Änderungsauftrages bis zur Fertigungsfreigabe für ein neues Produkt, teilweise über handschriftlich ausgefüllte Formulare abgewickelt werden. Das Problem damit war, dass sie zusätzlich eingescannt und die Daten nachträglich elektronisch ins PDM System eingegeben werden mussten. Aber mit den neuen Möglichkeiten von XML und Web Services hat sich die Situation grundlegend verändert. XML-Formulare verlangen ebenfalls keine Systemkenntnisse. Die Fähigkeit, E-Mails zu empfangen, zu öffnen und zu beantworten, reicht völlig aus. Aber im Unterschied zu Papierformularen können die Inhalte von XML-Formularen elektronisch genutzt und in elektronisch gesteuerte Abläufe integriert werden. Und ihre Inhalte sind auch noch nachweisbar, wenn die Tinte einer Unterschrift auf dem Papier möglicherweise bereits verblichen wäre. Vor allem aber: Sie erlauben die Gestaltung völlig neuer Prozesse, die mit Papierformularen gar nicht denkbar sind.

Alles im Handbuch

Nehmen wir ein Beispiel aus der Praxis, um den Unterschied zu verstehen, den die neuen Methoden bedeuten. Ein Maschinenbaubetrieb hat eine komplexe Fertigungsanlage ausgeliefert, zum Beispiel eine automatisierte Montagestraße für die

Automobilindustrie. Alle Daten sämtlicher Komponenten einer solchen Anlage sind in dem Betriebshandbuch abgelegt, das den Inhalt der Produktdatenbank des Herstellers spiegelt. Einschließlich der Daten aller von Dritten zugekauften Bauteile, Baugruppen und Produkte, die in der Anlage verbaut sind.

Was nicht eintreten darf, tritt ein: Ein Teil der Anlage fällt aus, beispielsweise weil er durch ein in der Halle bewegtes Transportfahrzeug beschädigt wurde. Im Normalfall muss jetzt der Hersteller angerufen werden, der natürlich wissen will, um welche Anlage es sich genau handelt, wann sie geliefert wurde und vor allem welcher Teil der Anlage welche Fehlfunktion aufweist. Dazu sucht der Verantwortliche beim Kunden das Betriebshandbuch und darin nach den betreffenden Daten, mit denen der Kundendienst nun seinerseits auf die Suche geht nach den hinzuzuziehenden Fachkräften, den möglicherweise zu bestellenden Teilen und anderem mehr.
Anlagen-GAU

Es ist meistens dieser Abstimmungsvorgang zwischen Kunde und Hersteller, der für Verzögerungen sorgt an einem Punkt, an dem sehr schnell sehr hohe Beträge auf dem Spiel stehen können.

Mithilfe des Einsatzes von XML-Formularen und Web Services könnte der Ablauf so aussehen: Das Unglück ist passiert. Der Verantwortliche öffnet an seinem Rechner das Formular „Fehlermeldung", das ihm bei der Übergabe der Anlage zusammen mit dem Betriebshandbuch ausgeliefert wurde. Er beantwortet die darin formulierten Fragen und kreuzt einige Felder an, die zur raschen, automatischen Identifikation der betroffenen Maschinenteile dienen, und schickt das Formular ab.
Elektronische Fehlermeldung

Der Web Service, den der Lieferant der Anlage für solche Kundendienstfälle erstellt hat, wird automatisch angesprochen und prüft zunächst die gemachten Angaben auf Plausibilität. Findet sich zum Beispiel eine Anlagenkomponente angekreuzt, die mit den anderen benannten Teilen in keinem Zusammenhang steht, wird eine Rückfrage ausgelöst, die den Kunden um Klärung bittet. Entweder wurde ein Kreuz falsch gesetzt, oder es handelt sich um mehrere betroffene Teile der Anlage, die nicht unmittelbar miteinander zusammenhängen.
Plausibel?

Die Angaben aus der Fehlermeldung und gegebenenfalls der nachgeschickten Ergänzung können vom Web Service direkt den Produktdaten in der Datenbank zugeordnet werden. Der Anstoß eines Kundendienst-Workflows erfolgt möglicherweise ohne ein einziges Telefonat.
Kundendienst automatisch

Mit den richtigen Daten versehen, mit den Angaben über eventuell zu involvierende Zulieferer, mit allen Informationen über benötigtes Werkzeug kann der Servicetechniker sich nach kurzer Absprache mit dem Kunden sofort auf den Weg machen.

Wie funktioniert das? Und warum konnte man das nicht schon früher so machen? Es funktioniert eben erst über den Standard von XML und Web Services, und dafür benötigte man bis vor Kurzem besondere Werkzeuge, die aber inzwischen bei verschiedenen Anbietern standardmäßig verfügbar sind.
Standards geboten

Um ein XML-Formular zu erstellen, bietet Microsoft die Software Infopath. Das Programm ist Bestandteil von Office Professional. Es erlaubt die Gestaltung von Formularen, die mithilfe eines Internet-Browsers ausgefüllt werden können. Ab der Version Office 2007 ist es auch möglich, mit Infopath erstellte Formulare in einem Webbrowser auszufüllen, ohne dass das Programm selbst installiert sein muss.
Im Browser ausgefüllt

Um die Daten aus einem Formular automatisch in einer Datenbank zu verwenden, sind Web Services notwendig, die im Falle von PRO.FILE ab der Version 8.2 standardmäßig mitgeliefert werden.

SOA macht den Unterschied.

Die Nutzung von XML-Formularen steht insgesamt noch am Anfang. Noch ist es in der Industrie üblich, Formulare mit einem Textverarbeitungssystem zu erstellen und auszudrucken. Das Ausfüllen geschieht von Hand, und eine Nutzung der eingetragenen Informationen in irgendwelchen IT-Systemen ist entweder ausgesprochen kompliziert und fehlerbehaftet, oder sie findet gar nicht statt. Mit serviceorientierten Architekturen wird sich diese Situation grundlegend verändern.

Auch intern genutzt

Bei PROCAD wurde die neue Technologie auch intern bereits zur Anwendung gebracht. Denn die Einführung der Methoden des Configuration Management II (CMII), wie sie von der Gesellschaft für Konfigurationsmanagement (GfKM) beschrieben werden, in den Prozess der Änderung von Softwarekomponenten erfolgte vollständig auf Basis von XML. Eigens entwickelte Web Services steuern heute sämtliche Phasen eines Änderungsvorgangs, von der exakten Beschreibung der Anforderung oder Fehlermeldung und der ins Auge gefassten Lösung über die Definition der dazu erforderlichen Änderungen, das Protokoll der Kostenabwägung und gegebenenfalls einer entsprechenden Gremienentscheidung bis hin zum Arbeitsauftrag und zur abschließenden Meldung der Fehlerbehebung.

Auch für GfKM-Prozesse

All diese Schritte beruhen nicht mehr auf Papieren, sondern auf XML-Formularen, über die jeder Mitarbeiter auch ohne Zugang zu PRO.FILE Daten beisteuern kann. Und alle Informationen über den Gesamtvorgang sind jederzeit im System nachvollziehbar, denn die Inhalte der Formulare werden automatisch in der Datenbank gespeichert. PRO.FILE kontrolliert den Prozess, obwohl die Daten nicht über PRO.FILE eingegeben werden. Auch wenn das PDM-System derzeit noch nicht zu den von GfKM zertifizierten IT-Tools gehört, kann man seine Fähigkeit, den Prozess exakt nach diesen Vorgaben zu steuern, in der praktischen Anwendung begutachten.

Ideen gefragt

Wie die erläuterten Beispiele zeigen, ist die Anwendung dieser Technik nicht auf bestimmte Aufgaben beschränkt. Im Gegenteil. Der Kunde kann seiner Fantasie – oder besser seiner Innovationskraft – freien Lauf lassen. Es werden in den kommenden Jahren gerade auch solche Möglichkeiten sein, mit denen sich Unternehmen von ihren Wettbewerbern absetzen.

12.11 Plot- und Druckmanagement

Plotmanagement

Trotz der allgegenwärtigen Digitalisierung von Dokumenten werden nach wie vor auch großformatige Pläne und technische Zeichnungen auf Papier gefordert. Größere Unternehmen setzen schon seit etlichen Jahren auf spezielle Softwareprogramme, die für das Plotmanagement, also im Wesentlichen für die Ausgabe der Zeichnungen oder Modelldarstellungen auf Druckern und Plottern, entwickelt wurden. Zentrale Ausgabegeräte können so von sehr vielen Anwendern gleichzeitig angesprochen werden, und es bleibt der Software überlassen, die Aufträge zwischenzuspeichern, die Daten gegebenenfalls für das jeweilige Gerät zu formatieren und ihren Ausdruck auf unterschiedlichen Blattformaten oder Materialien zu regulieren.

Über PDM stößt der Anwender diese Systeme nicht nur an und übergibt ihnen die nativen Dokumente zur Ausgabe. Er kann etwaige Funktionen solcher Programme zum Stempeln von Zeichnungsköpfen dafür auch direkt mit den Stammdaten des Dokumentes versorgen, also zum Beispiel mit dem Status der Konstruktion im Workflow, dem Namen des Konstrukteurs und anderem mehr.

Kopf ausgefüllt

Ein gutes Beispiel dafür, dass der Nutzen von PDM sich oft gerade in Bereichen zeigt, die nicht unmittelbar zur Produktentwicklung gehören, sondern nachgelagert sind, ist die automatisierte Erstellung technischer Dokumentationen, also Bedienungsanleitungen, Handbücher, Montagevorschriften oder Schulungsunterlagen für den Kundendienst.

Nicht nur für die Produktentwicklung

Solche Unterlagen haben natürlich einen direkten Bezug zu den Entwicklungsdaten, und es wird nicht mehr lange dauern, bis kein Unternehmen sich mehr erlauben kann, hier mit der manuellen Anfertigung mittels Fotos, Handskizzen und Kopien zu arbeiten, obwohl alle geometrischen Darstellungen beispielsweise bereits im 3D-CAD-System existieren – und im PDM-System mit allen anderen dazugehörigen Dokumenten gefunden werden könnten. Firmen mit auftragsbezogener Produktentwicklung und Produktion, Hersteller etwa von chemischen oder petrochemischen Anlagen oder Sondermaschinen mit hohem Exportanteil können sich dies schon seit Jahren nicht mehr leisten.

Früher oder später ein Muss

Die Integration von CAD, PDM und ERP wird hier ergänzt durch eine weitere Komponente, die für die Automatisierung der Zusammenstellung, Druckvorbereitung und Ausgabe der unter Umständen äußerst umfangreichen Dokumentationen benötigt wird. Führender Anbieter auf diesem Feld ist die Firma SEAL Systems, in den vergangenen Jahren entstanden aus dem Zusammenschluss von Gral Systems und S.E.P.P. AG.

Integrationskette

Ein Beispiel zur Veranschaulichung des Aufwands, von dem wir hier sprechen, bietet die Firma Lurgi Oel Gas Chemie, ein Tochterunternehmen der Metallgesellschaft, konkret der mg Engineering. Lurgi entwickelt und vertreibt weltweit Anlagen, zu deren Abnahme und Inbetriebnahme gemäß heutiger Qualitätsmanagement-Anforderungen nach eigenen Angaben folgende Dokumentationen gehören:

Zum Beispiel Lurgi

- Verträge (mit verschiedenen Anhängen): 20–1000 Seiten
- Anfrage- und Bestellspezifikationen: 100–2500 Seiten
- Studien (Wirtschaftlichkeit etc.): 1–10 Ordner
- Behördendokumentationen: 5–50 Ordner
- Enddokumentationen (Betriebshandbücher etc.): 100–800 Ordner

Kurz gesagt, in einem einzigen Projekt sind 20000 bis 80000 Dokumente zu handeln, bei einem Durchschnitt von fünf Revisionen pro Dokument. Solche Großprojekte haben Laufzeiten von zwei bis drei Jahren, wobei in verteiltem Engineering jeweils zwischen 30 und 120 Zulieferer integriert werden müssen, mit internen und externen Prüfungen und Freigaben, mit der sicheren Verfolgung auch der externen Freigaben und zahlreichen Zwischendokumentationen.

Große Projekte

Hohe strukturelle Anforderungen	Ein Dokument kann zu verschiedenen Dokumentationen gehören, und ein Dokument kann auch an unterschiedlichen Stellen derselben Dokumentation auftreten. Die Dokumentation wird permanent erweitert und angepasst, und zeitgleich mit dem Ende des Engineerings steht ohne manuelle Nachbearbeitung die vollständige Enddokumentation zur Verfügung.
Wann, von wem, in welcher Revision?	Für Lurgi bedeutet Dokumentenmanagement, so Peter Rehwald, „zu wissen, wann, von wem, mit welchem Status und welcher Revision welches Dokument oder welche Dokumentation zu erstellen ist – das ist die Planung – beziehungsweise erstellt wurde – das ist das Controlling". Dafür wird PRO.FILE genutzt. Hier werden Dokumentationen, Strukturen, Links und Ausgabeparameter so verwaltet, dass eine automatisierte Ausgabe der jeweils benötigten Dokumente möglich ist.
Alles drin	Bestellung, Bestelltext, allgemeine Bedingungen, Betriebshandbuch, Verfahrensbeschreibung, Blockdiagramme, Verfahrensfließbilder, R&I-Fließbilder, Sicherheitskonzepte und andere Dokumentationen werden bei Lurgi in PRO.FILE parametergesteuert zusammengestellt. Noch vor der Weitergabe an das Ausgabesystem von SEAL Systems kann die Zusammenstellung auf Vollständigkeit überprüft und die richtige Ausgabe simuliert werden. Dann erfolgt wahlweise die Ausgabe auf unterschiedlichen Papierformaten sowie in neutralem oder nativem Format auf elektronischen Ausgabemedien.
Das Beispiel LEWA	Ein anderes Beispiel ist die Firma LEWA, die unter anderem Pumpen und Pumpensysteme für die Dosier- und Prozesstechnik sowie Pumpenzubehör und die Systemkomponenten für die Steuerungs- und Regeltechnik entwickelt und herstellt. Hier geht es unter anderem darum, technische Dokumentationen im Umfang von bis zu 200 Seiten, die etwa 40 Einzeldokumente enthalten, in 14 verschiedenen Sprachen auszugeben. Die Lösung lautet: PRO.FILE plus SAP plus SEAL Systems.
Gutes Zusammenspiel	Der Anstoß für die Erstellung einer auftragsbezogenen Betriebsanleitung kommt aus SAP/R3. Dort werden der Kundenauftrag und die gewünschte Sprache ausgewählt und der nachfolgende Prozess initialisiert. Auf Basis der Materialstammliste in SAP selektiert PRO.FILE alle benötigten Dokumente und stellt sie für die Druckaufbereitung zur Verfügung. Alle Dokumente werden schließlich über das Plotmanagementsystem in der richtigen Reihenfolge und Auflage ausgegeben und anschließend mithilfe eines Digitalkopierers gedruckt – mit einem Ausgabevolumen von 60 Blatt pro Sekunde.
Es geht um mehr.	Diese beiden Beispiele zeigen, dass es beim Plotmanagement um erheblich mehr geht als um den Ausdruck von Zeichnungen. Der unerhörte Nutzen, der sich aus der PDM-Installation auf diese Weise in der technischen Dokumentation ergibt, liegt auf der Hand.

12.12 Bestandsdatenübernahme

12.12.1 Übernahme von CAD-Modellen

Ein ausgesprochen kritischer Punkt bei den meisten PDM-Implementierungen ist die Frage, wie gut und vollständig vorhandene Entwicklungsdaten übernommen und als Grundbestand in das PDM-System übertragen werden können. Bei der PDM-Einführung trifft das Projektteam in der Regel auf einen Bestand von einigen Tausend bis zu Hunderttausend CAD-Objekten, die dezentral auf CAD-Arbeitsplätzen abgelegt sind und in das PDM-System überführt werden müssen.

Gut und vollständig?

Selten beginnt ja der PDM-Einsatz gleichzeitig mit dem Einsatz von CAD. Und noch seltener können Unternehmen auf die bereits erstellten Zeichnungen und 3D-Modelle verzichten. Im Gegenteil wird PDM in der Regel eingeführt, um diese Daten – und natürlich alle künftigen – besser zu sichern.

Was bei der Importierung von 2D-Zeichnungen noch verhältnismäßig einfach ist, wird beim Import von 3D-Modellen aber für manche PDM-Systeme zum K.o.-Kriterium: Können Referenzen zwischen Bauteilen und Baugruppen übernommen werden? Lassen sich Baugruppenstrukturen exakt in PDM abbilden? Wird die Stückliste von den richtigen Baugruppen abgeleitet? Können Teilefamilien mit ihren Instanzen korrekt importiert werden? Und schließlich und nicht zuletzt: Ist die Versionshistorie übertragbar?

KO bei 3D

Wer all diese Fragen mit einem eindeutigen Ja beantworten kann, wer diesen Einstieg ins Produktdatenmanagement erfolgreich meistert, der hat den Grundstein gelegt für eine effektive Nutzung. Bei einer guten PDM-Software sollte diese Übernahme von Bestandsdaten freilich auch durch entsprechende Tools unterstützt werden, die das Einsammeln aller benötigten Dateien, das Erstellen der Stammdaten, das Verknüpfen von Dateien und das Speichern zur Routine machen, die nicht Jahre in Anspruch nimmt.

Alles mit Ja beantwortet?

Wie für das Produktdatenmanagement in einer Multi-CAD-Umgebung gilt auch hier: Das neutrale, nicht zu eng an ein bestimmtes CAD-System gebundene PDM-Produkt ist für dieses Thema oft der richtige Ansprechpartner, denn der optimale Umgang mit den Modellstrukturen aller gängigen CAD-Programme gehört zu den Kernaufgaben, denen sie sich täglich stellen.

Neutral ist gut.

12.12.2 Übernahme von Altzeichnungen durch Scannen

In vielen Unternehmen liegen nach wie vor Zeichnungen in Ablageschränken, die für die Wartung von Maschinen und teilweise auch noch als Vorlagen für die Neukonstruktion herangezogen werden. Sollen diese Unterlagen ebenfalls über das PDM-System bereitgestellt werden, müssen sie eingescannt werden. Die unterschiedliche Beschaffenheit hinsichtlich Format, Schriften und Zustand erfordert

Papier! Los!

zumeist ihre manuelle Bearbeitung. Vielfach wird diese Aufgabe an Dienstleistungsanbieter übertragen.

Von Hand Je nach dem Funktionsumfang der entsprechenden Scan-Software gibt es mehrere Möglichkeiten, das Einlesen der Dokumente sofort mit der gewünschten Zuordnung in PDM zu speichern. Die einfachste: Der Benutzer gibt beim Scannen von Hand die Stammdaten ein und verknüpft das Dokument bei Bedarf mit anderen.

Per Barcode Stammdaten wie Artikelnummer und Bezeichnung können auch in einem ersten Schritt mit Aufklebern als Barcode auf Papierdokumente aufgebracht werden, um diese Dokumente dann „en bloc" zu scannen. In diesem Fall kann das PDM-System die Zuordnung der Daten und deren Verknüpfung automatisch vornehmen.

Nach Vorlage Der dritte Weg ist die Nutzung von Vorlagen des Scan-Systems, um bestimmte Informationen aus definierten Teilen der Vorlage für die Abspeicherung zu nutzen. Beispielsweise wird erkannt, wenn es sich bei einem Dokument um eine TIFF-Datei handelt, und Angaben wie Zeichnungsnummer, Erstelldatum und Erzeuger werden durch das sogenannte OCR-Verfahren (Optical Character Recognition) aus dem Zeichnungskopf gelesen und ins PDM-System übertragen. Mit denselben Methoden lassen sich auch Projektdokumente und Korrespondenzen übernehmen.

12.12.3 Übernahme von Dokumenten aus digitalen Archiven

Rausgezogen Häufig treffen PDM-Projektteams auf Zeichnungen, Normblätter und andere Entwicklungsdokumente, die in unterschiedlichen digitalen Datensammlungen auf Basis von Office-Programmen oder Datenbanken existieren. Auch solche Daten müssen durch ein PDM-System übernommen werden können. In der Regel werden sie aus den vorhandenen Systemen extrahiert und auf ein vorgegebenes Schema abgebildet. Von dort aus lassen sie sich dann mit einem Document Loader importieren.

■ 12.13 COLD, externe Tabellen und Document Loader

Digitale Kopie Eine weitere Besonderheit in Zusammenhang mit dem Management von Produktdaten ist die Möglichkeit, beim Ausdruck von Dateien automatisch auch eine digitale Kopie des Ausdrucks zu speichern. Das kann sinnvoll sein bei Auftragsbestätigungen, Rechnungen oder anderen wichtigen Dokumenten, die auch nach ihrem Ausdruck oder ihrer Versendung verfügbar sein müssen. Dafür hat sich ein Standard herausgebildet, der Computer Output to Laser Disc (COLD) heißt. Auch diese Variante sollte von PDM unterstützt werden.

Feldabgleich Fast alle Fertigungsunternehmen haben nicht nur eine Datenbank, sondern deren viele. Sie dienen unterschiedlichen Bereichen und Disziplinen zur sicheren Speicherung ihrer jeweiligen Daten. Aber so wie zwischen den Bereichen viele Verbindungen und Schnittstellen existieren, gibt es auch Schnittmengen der verschiedenen Datentöpfe, die jeweils auch für andere kritisch sind und verfügbar sein müssen. PDM sollte auch in der Lage sein, hier Verbindungen herzustellen. Das muss nicht bis zum Abgleich entsprechender Informationen reichen, aber wenigstens die Referenzen auf bestimmte Felder in externen Datentabellen mit ihren aktuellen Inhalten will der Benutzer gemeinsam mit seinen eigenen Daten verfügbar haben.

Und auch diese vorher bereits erwähnte Funktionalität gehört zur Basis eines PDM-Programms. Bei PRO.FILE nennt sie sich Document Loader. Damit erhält der Systemadministrator die Möglichkeit, bestimmte Verzeichnisse im Netzwerk zu bestimmen, deren Inhalt zum Beispiel regelmäßig nach Dateien durchsucht wird, die dann geöffnet und nach vorgegebenen Regeln als Dokumente abgelegt werden. Damit können zum Beispiel große Mengen von Daten automatisiert verarbeitet werden. Ein häufig genutzter Weg zum Abspeichern von vorhandenen 2D-Zeichnungsdaten, die langfristig archiviert werden müssen.

Urladen

13 PDM und Datensicherheit

Ein großes Thema in Zusammenhang mit dem Management von Entwicklungsdaten ist die Sicherheit dieser Daten. Und das gleich in sehr unterschiedlicher Hinsicht.

Einmal ist ein zentraler Zweck von PDM, alle in Zusammenhang mit einer Produktentwicklung anfallenden Daten zu speichern, und das heißt in der Tat sie zu sichern. Sie bleiben nicht nur erhalten, sondern sind auch jederzeit verfügbar. Was von abgelegten Zeichnungen oder verteilten Arbeitsplänen nicht immer behauptet werden kann. Ohne elektronisches Datenmanagement ist auch nie ausgeschlossen, dass irgendeine kleine Änderung an einer Zeichnung oder einem Teilmodell schlicht verloren geht. Die erneute Abspeicherung der Datei im CAD-System löscht den vorherigen Zustand möglicherweise für immer.

Back-up

Zum Zweiten sind mit PDM verwaltete Daten sicher gegen unbefugte Nutzung oder Veränderung, denn die Zugriffsrechte regeln zuverlässig, wer welche Daten unter welchen Voraussetzungen sehen darf und wer nicht.

Zugriff verweigert

Zum Dritten bieten PDM-Daten eine hohe Informationssicherheit, denn das System weiß immer, in welchem Status sich jedes Dokument befindet, um welche Version es sich handelt, wie aktuell die gespeicherten Daten sind, wer der Autor ist und welches System für die Erzeugung genutzt wurde.

Up to date

Diese Informationssicherheit ist gleichzeitig ein wichtiger Faktor zur Erhöhung der Prozesssicherheit, denn nur mit den richtigen Daten und Dateien können Projekte sicher zum anvisierten Ziel geführt werden.

Schließlich gibt es aber in diesem Zusammenhang noch ein Thema, das besondere Beachtung verdient, denn nicht jede Art von Sicherheit ist schon durch den Einsatz von PDM gewährleistet. Und jetzt reden wir von der Sicherung der Daten (die ja für die betreffenden Unternehmen absolut kritisch sind) gegen Diebstahl; von der Festplatte, aus dem Netzwerk oder auf dem Weg durch Firewall und Internet.

Diebstahlsicherung

Wir haben uns daran gewöhnt: Viren und Spams gehören zum Alltag jedes Computernutzers. Softwarehersteller von Antivirenprogrammen verdienen gut am steigenden Sicherheitsbedürfnis. Aber was, wenn statt Hackern Profis ans Werk gehen und sich sensible Daten eines Unternehmens oder einer Behörde vornehmen? Das ist im Bereich industrieller Produktentwicklung erstaunlicherweise noch kaum ein Thema. Obwohl Schutz möglich – und längst dringend geboten ist.

13.1 Auch Werksspionage entwickelt sich weiter

Ohne Papiere — Wenn der Besucher den Entwicklungsbereich einer Firma betritt, ist er gewohnt, an der Pforte seinen Pass abzugeben. In den Bereich selbst kommt er nur mit einem Mitarbeiter des Hauses, der die Sicherheitstür öffnen darf.

Ohne Kamera — Der Besucher findet es auch verständlich, wenn er darauf hingewiesen wird, dass Fotografieren in dieser Umgebung nicht gestattet ist. Aus meiner Tätigkeit als Fachjournalist weiß ich, wie schwer oft Illustrationen für Fachbeiträge über Entwicklungsprojekte zu bekommen sind. Die Freigabe der Artikel selbst ist nicht selten ein schwieriges Unterfangen: Was darf der Öffentlichkeit und damit der Konkurrenz mitgeteilt werden, und wodurch wird der Wettbewerbsvorsprung gefährdet?

Nicht verständlich ist, warum dieselben Unternehmen nicht auch alles daransetzen, die viel größeren Gefahren eines Angriffs über das Internet oder von innen auszuschließen.

Ohne Bild — Mit der Kamera kann man nämlich nur ein Bild vom Produkt oder von seiner technischen Zeichnung machen, das gewisse Rückschlüsse auf geometrische und funktionale Eigenschaften zulässt. Im Computer aber stecken die kompletten Daten, die vollständige Geometrie, die verwendeten Materialien, Toleranzen, Bearbeitungshinweise – kurz: alles Know-how, das zu seiner Produktion benötigt wird. Handelt es sich dabei um Investitionsgüter im Maschinenbau, kann ein Diebstahl solchen Know-hows sogar für die Existenz des Unternehmens gefährlich werden.

Mit USB-Stick — Die rasante Entwicklung der Computertechnologie hat indes fast unmerklich dazu geführt, dass nicht nur kleine Blechteile, sondern ganze Maschinen keineswegs mehr sicher sind. Die umständliche Datensicherung mithilfe von Floppy-Disks, auf denen gerade mal 1 MByte gespeichert werden konnte, ist Schnee von vorgestern. Einen daumengroßen Memory-Stick, der in den USB-Anschluss des PC geschoben wird, erkennt der Computer heute automatisch. In Sekunden ist die Verbindung hergestellt, und blitzschnell wandert ein Gigabyte von der Festplatte in den Stick. Ein moderner Turbolader, die Konfigurationsdaten einer kompletten Verpackungsmaschine haben einen geringeren Datenumfang. Und nichts deutet darauf hin, dass etwas gestohlen ist. Es wurde ja nur kopiert, nicht verschoben.

Unverhältnismäßig — Werksspionage war noch nie so einfach wie heute, und die Abwehr noch nie so veraltet und unwirksam. Aber die schlimmsten Angreifer kommen ohne Einbruch und persönliches Eindringen, ohne fühlbare Schäden, ohne Anschlagen eines Alarmsystems. Sie kommen über das Internet. Sie werden immer raffinierter und professioneller. Und sie lassen den eigentlichen Einbruch durch Software ausführen.

Gegen die normalen Viren und Würmer, mit denen Computerfreaks ihr Unwesen treiben, gibt es Firewall und Antiviren-Programme. Dass sie nützlich sind, weiß jeder Anwender. Ein Unternehmen mit 70 Mitarbeitern berichtet von 1000 bis 1500 Spams, die mittlerweile täglich herausgefiltert werden. Und von durchschnittlich rund 500 Angriffen auf die Firewall.

Eine unheilvolle Allianz von Viren-Hackern und kriminellen Organisationen, die Spams verschicken, ist den Ermittlungsbehörden bereits seit einiger Zeit bekannt. Die einen bauen sogenannte trojanische Pferde, die sich ohne Wissen des Computerbesitzers auf seiner Festplatte einnisten und wichtige Daten wie Passwörter und Zugangskenndaten lesen. Die anderen kaufen solche Daten den Hackern für teures Geld ab, um dann die „verratenen Computer" mit Spams bombardieren zu können.

Alarmbereitschaft

Was, wenn das Ziel solcher Angriffe nicht mehr das Portemonnaie des Computerspielfans oder die Telefonrechnung seiner Eltern ist, sondern die Ingenieursdaten eines Industriebetriebs? Darüber mag offenbar derzeit noch kaum jemand nachdenken.

Wehe, wenn der Profi kommt!

13.2 Verschlüsselung kritischer Daten

Ein Minimum an Sicherheit verlangt die Verschlüsselung aller kritischen Daten, und dazu sollten im Falle eines Fertigungsunternehmens auf jeden Fall alle Daten gehören, welche die Produkte, ihre Entwicklung und ihre Fertigung betreffen.

Dabei werden die Inhalte der Dateien in einem Verschlüsselungsgatter unlesbar gemacht. Statt für jedermann verständliche 3D-Modelle bietet der Zugriff auf verschlüsselte Daten ein für niemanden verständliches Gewirr von Daten, das erst durch Entschlüsseln wieder lesbar wird. Solche Schlüssel können unterschiedliche Größe haben. 112 Bit Triple DES heißt der gegenwärtig in der Automobilindustrie verwendete Standard. Doppelt so große Schlüssel sind aber ebenfalls schon im Einsatz.

Schlüssel

Bild 13.1
Verschiedene Schlüssel sichern kritische Daten vor unberechtigtem Zugriff.

Nur mit dem richtigen Schlüssel können die Daten gelesen werden. Die Sicherheit erfordert also als Erstes die Einrichtung einer Schlüsselverwaltung. Wer darf auf welche Daten zugreifen und benötigt deshalb den entsprechenden Schlüssel? Und

Schlüsseldienst

mit dieser Zuteilung eines Schlüssels ist die Aufgabe noch nicht gelöst. Wie bei der Vergabe von Schlüsseln zu Geheimfächern ist eine Reihe weiterer Festlegungen zu treffen.

Ausweis bitte! Die Vergabe des Schlüssels muss über eine Art Ausweis, ein Zertifikat, abgesichert werden, das mit einem Ablaufdatum versehen ist. Nach Ablauf des Zertifikats wird der Schlüssel automatisch unwirksam. Was geschieht, wenn ein Benutzer sein Passwort vergessen hat und nicht mehr an seine Daten kommt? Wie kann verhindert werden, dass hier wie beim Personalausweis Missbrauch betrieben wird? Was passiert, wenn ein Schlüssel nicht verloren oder vergessen, sondern gestohlen wurde? Was geschieht mit Zertifikat und Schlüssel, wenn der Inhaber plötzlich verstirbt? Wer darf oder muss für Notfälle einen Ersatzschlüssel besitzen, um Datenverlust zu verhindern? Wie viele Schlüssel dürfen für bestimmte Daten vergeben werden, ohne das System ad absurdum zu führen?

Guter Rat ist teuer. Wer heute versucht, auf diese Fragen die richtigen Antworten zu bekommen, steht meist auf verlorenem Posten. Entweder muss er ein – sagen wir vorsichtig – Ein- bis Zweijahresprojekt aufsetzen, in dem zahlreiche Spezialisten zu koordinieren sind, die häufig mehr neue Fragen aufwerfen, als konkrete Handlungsorientierung zu geben. Oder er gibt sich mit der standardmäßig über MS Windows verfügbaren Verschlüsselung zufrieden.

13.3 Erste Schritte zur Sicherheit

Die richtigen, für das jeweilige Unternehmen passenden Antworten gehen über den Standard des Betriebssystems hinaus, aber erfordern bei Weitem keine jahrelangen Analysen. Was nötig ist, lässt sich relativ leicht definieren:

Mit Plan
- Konzepte zur Verschlüsselung der Datenablage und der Übertragungswege zwischen den Niederlassungen eines Unternehmens

Mit Schloss und Riegel
- Verfahren zum Schutz der Rechner und Laptops mit personenbezogenen Hardwaresicherungen (USB-Keys oder eTokens). Dabei können die Daten nicht mehr ohne die entsprechende Hardware gelesen und kopiert werden. Bei eToken lässt sich sogar sicherstellen, dass der Rechner sonst nicht einmal gestartet werden kann.

Mit Struktur
- Die Installation einer PKI (Personal Key Infrastructure). Die PKI stellt sicher, dass Rechner oder Benutzer erst nach Identifikation über ein digitales Zertifikat Zugriff auf ein Netz erhalten. Kann sich zum Beispiel ein Laptop nicht über ein der PKI bekanntes Zertifikat ausweisen, wird ihm der Zugang ins Unternehmensnetz, egal ob Festnetz oder Funknetz, verweigert. Personen müssen sich entsprechend mittels Zertifikaten auf einer SmartCard oder einem eToken identifizieren.

Safety first
- PKI können darüber hinaus auch genutzt werden, um die Integrität von Daten und Dokumenten sicherzustellen. Beim Abspeichern von Dateien werden sie mit einem Prüfschlüssel versehen, der beim Lesen überprüft wird. Dieses Ver-

fahren dient nicht nur der „Security", sondern auch der „Safety" – sowohl unberechtigte als auch unbeabsichtigte Veränderungen (z.B. durch Übertragungsfehler) an Dateien werden sofort erkannt.

Die konkrete Lösung kann für jeden anders aussehen, je nachdem, welchen Grad an Sicherheit er erreichen möchte. Dies muss er in einer Security Policy – einem Sicherheitshandbuch – festschreiben, was weniger eine technische als eine unternehmenspolitische Aufgabe ist. Die Palette reicht von einer externen Schlüssel- und Zertifikatsverwaltung bis zur Einrichtung eines innerbetrieblichen Systems. Wichtigstes Ziel sollte sein, den Weg und Zeitraum, den die Daten in unverschlüsselter Form im Zugriff sind, so kurz wie möglich zu halten.

Jedem sein Schlösschen

Möglich, aber heute in der Regel noch nirgends realisiert ist die Verschlüsselung der Daten in der Datenbank selbst. Unter keinen Umständen aber sollten sicherheitsrelevante Daten das Unternehmen in unverschlüsselter Form verlassen. Bis zu diesem Ziel ist es noch ein weiter Weg. Den meisten Kunden fehlt das Bewusstsein der Gefahr. Die Technologie ist da, wird aber noch von kaum einem Unternehmen genutzt.

Bild 13.2 Vor allem in Funknetzen sollte gelten: Safety first

Vorreiter gesucht

Obwohl die Vorteile auf der Hand liegen: Rechtsgültige E-Mail-Signaturen, verschlüsselter Nachrichtenverkehr, sicherer Zugang zu Rechnern über Authentifizierung – um nur die wichtigsten zu nennen. Deutschland ist das erste Land der Welt, in dem die digitale Unterschrift Rechtskraft hat. Bezüglich der Anwendung digitaler Verfahren zur Verbesserung der Sicherheit von Ingenieursdaten sucht man hierzulande die industriellen Vorreiter noch vergeblich.

14 PDM und Projekträume

Produktdatenmanagement kann viele Probleme in Zusammenhang mit industrieller Datenerzeugung und -verwaltung lösen, innerhalb eines Unternehmens. Auch über Standorte und Ländergrenzen hinweg. Firewall und andere Sicherheitsmaßnahmen wie im letzten Kapitel behandelt garantieren weltweit sicheren Zugang der Mitarbeiter zu allen Daten, für deren Zugriff sie eine Berechtigung haben. Eine Frage ist damit nicht gelöst: der Austausch größerer Dateien oder Datenmengen über Firmengrenzen, Firewalls und Sicherheitsbestimmungen unterschiedlichster Art.

Jenseits der Firewall

In den Anfangszeiten der digitalen Produktentwicklung war es über viele Jahre ein schier unlösbares, vor allem aber enorm teures Problem, den Austausch zwischen CAD-Systemen verschiedener Hersteller und damit Formate zu regeln. Diese Frage hat die Industrie mittlerweile im Griff. Nicht zuletzt haben neutrale Datenformate dafür gesorgt, dass es immer leichter geworden ist, Modelle zwischen diversen Autorensystemen auszutauschen oder sogar miteinander in einem System zu nutzen. Die Frage des Austauschs selbst, die Frage des Versendens und des Empfangs immer größer werdender Datenmengen ist damit keineswegs erledigt.

Der Versand ist das Problem.

Dies ist nicht nur eine Frage im Maschinenbau oder in anderer diskreter Fertigungsindustrie. In der Bauwirtschaft scheitern viele Versuche der Digitalisierung selbst einzelner Prozesse schließlich immer noch daran, dass hier zahlreiche unabhängige, meist kleine Unternehmen und Dienstleister miteinander kommunizieren müssen. Sie sind an unterschiedlichen Standorten, verfügen über diverse Infrastrukturen, der Zugriff auf Breitbandleitungen ist alles andere als eine Selbstverständlichkeit. Größer als Baupläne, Konstruktionsdaten und Simulationsmodelle sind Mediadaten aller Art. Sobald es um Audio- oder Visualisierungsformate geht, sind der Versand und Empfang entsprechender Dateien per E-Mail eine Quälerei.

Die Datenmenge wächst – überall.

Jeder hat natürlich die Möglichkeit, über einen entsprechenden Serviceprovider selbst einen Platz auf dem Server einzurichten, auf den er oder seine Partner Daten hochladen und von dem sie Daten herunterladen können. Das ist aber nicht für jedermann ein Kinderspiel, weil diese Vorgehensweise IT-Systemkenntnisse und zusätzlich Administratorrechte erfordert. Es ist nicht kostenlos möglich, die Ressourcen sind begrenzt, das Prozedere umständlich.

Im Dezember 2010 hat PROCAD nun – zunächst völlig getrennt vom PDM-System – einen virtuellen Projektraum namens PROOM eingeführt. Er ist ganz speziell darauf ausgerichtet, große beziehungsweise sehr große Dateien für einen namentlich

Die Lösung ist virtuell.

bekannten Kreis von Nutzern zum Austausch bereitzustellen. Das Thema ist ja unabhängig von der konkreten Datenart, ja sogar unabhängig davon, ob Informationen privat oder geschäftlich ausgetauscht oder gemeinsam genutzt werden sollen. Allerdings wird bereits in Kürze eine Verbindung zum Datenmanagement mit PRO.FILE hergestellt werden, sodass eine direkte Kopplung von Projektraum und Datenbank gegeben ist.

14.1 Der Dienst in der Cloud

Sicherer Server

Bei PROOM muss der Anwender sich nicht um die Infrastruktur kümmern. Das ist Bestandteil des Angebots. Ein Server wird vom Anbieter in einer speziell gesicherten Umgebung bereitgestellt, eingebunden in regelmäßige Datensicherung und Back-up-Systematik.

1, 2, viele Räume

Der Benutzer zahlt – je nach Intensität und Umfang der Nutzung – einen Betrag für die zeitliche Verfügbarkeit des Service. Dann steht ihm der Projektraum zur Verfügung. Er kann auf dem Server eigene Projekträume einrichten und benennen, in denen er selbst Daten hochladen und anderen zur Verfügung stellen will oder in denen andere für ihn Daten bereitstellen.

Besuchsregelung per Rechtevergabe

Dazu kann er andere in einen solchen Projektraum einladen und über ein einfaches Berechtigungssystem festlegen, was sie dort für Rechte haben. Die Funktionen, die dabei freigeschaltet werden können, sind leicht zu überschauen: Hochladen, Herunterladen, Verschieben, Ändern, Löschen, Versionen verwalten, Ordner einrichten und über neue Dateien informieren. Wobei die Rechtevergabe von lediglich Herunterladen bis zur Einrichtung eines neuen Ordners reicht.

Abgeschottet

Projekträume innerhalb des Systems sind dabei genauso gegeneinander abgeschottet, wie wir dies vom PDM-System auch kennen. Jemand, der zu einem bestimmten Projektraum eingeladen wird, sieht nicht, was in den anderen Projekträumen des Einladenden abgelegt ist. Die Zugriffsrechte stellen sicher, dass niemand auf Daten zugreifen kann, die ihn nichts angehen. Er kann nicht einmal sehen, welche Projekträume außer dem für ihn geöffneten noch existieren.

Damit steht ein Dienst zur Verfügung, der eine sinnvolle Ergänzung zu PDM darstellt. Jeder kann darüber Daten in beliebiger Größe, die per E-Mail gar nicht mehr verschickt werden könnten, mit anderen austauschen. Mit einem Minimum an Aufwand und gleichzeitiger Sicherheit vor unbefugtem Zugriff.

Zugriffe steuern

Der Zulieferer, der seine Komponente fertig modelliert hat, kann seinen Auftraggeber einladen, sich die Daten im Projektraum abzuholen, und umgekehrt kann der Auftraggeber Lieferanten einladen, Daten zu einem zu vergebenden Auftrag aus dem Projektraum abzurufen und entsprechende Angebote, verbunden mit Entwurfsmodellen, im selben Raum abzugeben. Dabei behält derjenige, der einen Projektraum einrichtet, den Überblick. Wer der von ihm Eingeladenen hat wann welche Datei angeschaut oder heruntergeladen? Bei Bedarf kann er die Zugriffsrechte auch wieder zurücknehmen, einen Benutzer sperren oder eine vorübergehend notwendige Sperrung wieder aufheben.

15 PDM und mobile Geräte

Über den mobilen Zugang zum Internet ist schon lange viel geredet worden. Seit etlichen Jahren gibt es Autos, die über ihr Infotainment einen Zugang bieten. Auch die Möglichkeit, mit dem Mobiltelefon Internetseiten aufzurufen oder mit dem Blackberry auf dem Laufenden zu sein, was den E-Mail-Posteingang betrifft, ist nicht neu. Aber was wirklich mit diesen Möglichkeiten gemacht werden konnte, hielt sich in erstaunlich engen Grenzen. Wirklich smart waren die Geräte lange Zeit nicht.

Was lange währt ...

Den Internetzugang im Fahrzeug herzustellen, war nicht nur meist sehr umständlich und schwierig. Es gab auch so gut wie keine Möglichkeit, nach hergestellter Verbindung damit etwas anzufangen. Ähnlich erging es dem Benutzer eines ‚normalen' Handys. Auf den kleinen Displays etwas zu lesen oder zu schreiben, was über eine SMS hinausging, war selbst dann fast unmöglich, wenn tatsächlich ein Zugang hergestellt werden konnte.

Doch in den letzten Jahren hat das mobile Internet nicht zuletzt durch den immensen Erfolg der Geräte mit dem kleinen i vor der Produktbezeichnung – aber auch von Smartphones anderer, zuvor völlig unbekannter Hersteller – einen technologischen Sprung gemacht, dessen Auswirkungen noch gar nicht ins allgemeine Verständnis vorgedrungen sind und dessen Folgen und Potenziale nur erst zu ahnen sind. Es gibt heute diverse Arten von Hardware für die Nutzung, die erschwinglich und leicht zu bedienen sind. Es gibt preiswerte und schon fast überschaubare Flatrates, die die Furcht vor dem Zugang nehmen. Und es gibt immer mehr Funktionalitäten, für die sich die Nutzung lohnt.

... wird endlich gut.

Eins ist in Zusammenhang mit diesem Buch schon jetzt klar: Die Nutzung von PDM-Software wird in Verbindung mit mobilen Endgeräten neue Anwendungsmöglichkeiten erleben. Einige davon sind heute verfügbar, einige in der Pilotphase oder in der Forschung. Das meiste entzieht sich noch unserer Vorstellungskraft. Die Grundprinzipien und der grundlegende Unterschied der verfügbaren Technologie allerdings sind klar.

15.1 Ortsungebunden exakt im Raum

Auf den Zentimeter genau

Das erste grundlegend Neue ist die Integration der Verfügbarkeit von GPS. Das Global Positioning System, ein globales Navigationssatellitensystem zur Positionsbestimmung und Zeitmessung, stellt eine Ortungsgenauigkeit in der Größenordnung von oft besser als 10 Metern sicher. Die Genauigkeit lässt sich durch Differenzmethoden (Differential-GPS/DGPS) in der Umgebung eines Referenzempfängers auf Werte im Zentimeterbereich oder besser steigern.

Eindeutige Lage

Eine weitere Neuigkeit betrifft den ‚Kompass', die Integration von Magnetometern in mobile Geräte. Dies sind Sensoren zur Messung magnetischer Flussdichten. Vektor-Magnetometer sind dabei in der Lage, die exakte räumliche Positionierung zu messen. Es gibt sie in einer Reihe von Mobiltelefonen unterschiedlicher Hersteller, und man darf davon ausgehen, dass sich die Verfügbarkeit solcher Komponenten schnell zum Standard entwickeln wird. Damit ist es möglich, zusätzlich zur örtlichen Position auch die genaue Ausrichtung eines Gerätes zu bestimmen.

Wo ist der Stahlträger verbaut?

Eine konkrete Anwendung in Zusammenhang mit PDM wird im Fallbeispiel Digitale Baustelle des Forschungsprojektes ForBAU (Kapitel 25) erläutert. Bauteile, in diesem Fall große Fertigbetonelemente, deren Beschreibung mit allen dazugehörenden Dokumenten im PDM-System gespeichert ist, werden mit einem RFID-Chip unverwechselbar gekennzeichnet. Damit lassen sich diese Elemente dauerhaft leicht und eindeutig identifizieren. Werden diese Teile nun geliefert und eingebaut, kann sie der Bauleiter vor Ort mit einem Smartphone scannen, identifizieren und die RFID-Daten zusammen mit den Ortsdaten über das Internet direkt zurückmelden. So wird der Verbauungsort ohne Umwege und ohne zusätzliche Eingriffe und deren potenzielle Fehlerquellen gemeinsam mit den anderen Projektdaten im System verbucht. Ein einfaches Mittel übrigens gegen das unerwünschte und nicht nachvollziehbare Abhandenkommen von Stahlträgern und anderen wertvollen Bauteilen aus Großbaustellen.

Dieses Verfahren bietet völlig neue Möglichkeiten im Umgang mit individualisierten Systemen und Bauteilen. So wie auf jeder Art von Baustelle kann damit gerade auch der Anlagen- und Sondermaschinenbau eine bessere Nachvollziehbarkeit gewährleisten.

15.2 Auf die Apps kommt es an

Uferlose Auswahl

Das dritte grundlegend Neue sind die kleinen – oder auch größeren – Softwareprogramme, die sich der Besitzer eines mobilen Gerätes herunterladen und installieren kann. Innerhalb kürzester Zeit hat sich ein Marktplatz mit Hunderttausenden solcher Programme geöffnet. Teilweise sind sie nur für Geräte bestimmter Hersteller verfügbar, teils sind sie völlig frei. Sehr viele Apps sind kostenlos, andere muss der Installierende bezahlen. Die Auswahl ist uferlos. Wer für einen bestimmten Zweck etwas sucht, hat in der Regel die Wahl zwischen einer ganzen Palette von Anwendungen unterschiedlichster Hersteller weltweit.

Erst die Applikationen machen das mobile Gerät so interessant. Sie nutzen GPS und/oder Magnetometer in Verbindung mit dem Internet und damit eben auch in Verbindung mit beliebigen Applikationen, zu denen der Zugang über das Internet hergestellt werden kann. Dem Erfindungsreichtum der Softwareentwickler sind keine Grenzen gesetzt. Natürlich erscheinen auch immer mehr Applikationen, die das Leben des Ingenieurs erleichtern. Seit Ende 2009 gibt es beispielsweise Alias Sketchbook Pro von Autodesk als App für den Tablet PC. Damit kann der Designer – oder auch jeder andere – schöne Skizzen entwerfen, wo ihm gerade die Idee dazu kommt. Ebenfalls seit September 2009 ist 3DVIA Mobile von Dassault Systèmes im Apple App Store verfügbar und erlaubt das Darstellen und Manipulieren von 3D-Modellen.

Engineering Apps

Eine weitere Anwendung ist gerade in Arbeit: Ein PLM Collaboration Portal wird den mobilen Zugang zu den Projekträumen gestatten, die in dem im vorigen Kapitel vorgestellten System PROOM eingerichtet sind.

Der Zugriff auf PDM-Daten aus einem mobilen Gerät ist also nur eine Frage der Zeit, nicht der technischen Möglichkeiten. Der Web-Client, über den PRO.FILE bereits seit etlichen Jahren verfügt, könnte die Richtung weisen, welche Funktionalitäten sich dadurch dem PDM-Anwender auftun. Alle Darstellungen, die normalerweise aus der Datenbank auf den Bildschirm kommen, müssen dann lernen, sich auf dem kleinen Display eines mobilen Endgerätes zurechtzufinden. Und der Anwender muss lernen, sie eventuell auch auf dem Minibildschirm zu editieren, indem er sie mit zwei Fingern in die Größe zieht. Dann benutzt er smart PDM.

Smart PDM

16 CAx verändert die Produktentwicklung

Es gibt bereits verschiedene Publikationen zum Thema Produktdatenmanagement, die sich mit dieser Technik und ihrer Einführung im Fertigungsunternehmen befassen. Und nach rund 15 Jahren Verfügbarkeit von PDM-Standardsoftware sollte man auch annehmen, dass die Verantwortlichen in den Unternehmen aus praktischer Erfahrung wissen, was sich hinter diesen drei Buchstaben verbirgt und welchen Nutzen PDM ihren Organisationen bieten kann.

Doch je mehr sich PDM ausbreitet, je deutlicher die Notwendigkeit elektronischen Datenmanagements für Konstruktion und Produktion zutage tritt, desto mehr scheint die Klarheit darüber zu schwinden, wovon eigentlich die Rede ist.

Viele sprechen nämlich heute von PDM, auch wenn sie nur einen kleinen Ausschnitt an Funktionalität meinen. Die Verwaltung etwa von freigegebenen Konstruktionsdaten und der zugehörigen Stücklisten und ihre Aufbereitung für Fertigung, Logistik, Kostenrechnung und Portfoliomanagement ist selbstverständlich ein Teil der Aufgaben, die sich mithilfe von PDM lösen lassen. Aber das ist nicht PDM.

Der Kern ist nämlich damit gar nicht erwähnt: das Management des gesamten Produktentwicklungsprozesses von der ersten Anforderung über Konzept und Detaillierung, Werkzeug- und Formenbau bis hin zu Prototypen und Versuchsreihen, und zwar einschließlich der vollständigen Entwicklungshistorie mit Versionierung, Änderungsaufträgen und Workflows.

Es scheint also an der Zeit zu sein, kurz innezuhalten und noch einmal genauer hinzuschauen. Insbesondere dort, wo der dringendste Bedarf und das größte Nutzenpotenzial von PDM zu finden sind: im strukturierten Management dreidimensionaler Produktdaten. Deshalb sei ein kurzes Abschweifen in die Entwicklung der sogenannten Autorensysteme gestattet, ins Gebiet von CAD, CAM, CAE oder kurz CAx.

Marginalien: Alles klar? · Nur ein Teil von PDM · Der Kern von PDM

16.1 Von 2D CAD zur 3D-Standardsoftware

Es hat lange gedauert, und wir sind noch lange nicht am Ziel.

Sonderfall 3D

Als vor über 25 Jahren die ersten 3D-Modellierer auf den Markt kamen, war das Arbeiten mit diesen Systemen so kompliziert, die Rechenleistung der verfügbaren Hardware so langsam und der Nutzen der Anwendung so begrenzt, dass viele Beobachter der Szene geneigt waren zu glauben, 3D werde wohl ewig ein Thema für besondere, besonders wichtige und extrem kritische Aufgabenstellungen bleiben. Für Aufgaben, für die sich ein so hoher Aufwand eben lohne. Andere sahen früh den ungeheuren Vorteil, den die 3D-Konstruktion der industriellen Produktentwicklung generell bieten würde, und prophezeiten das baldige Aussterben der technischen Zeichnung. Wie meistens im richtigen Leben hatten beide Seiten teilweise recht – und lagen beide teilweise auch fürchterlich daneben.

Reißbrett ade!

Für runde 20 Jahre war 3D vor allem ein Gebiet, auf dem Spezialabteilungen in den Großkonzernen oder Spezialunternehmen in den Zulieferketten Erfahrungen sammelten. Erst auf Großrechnern, später auf Workstations unter Unix in Client-Server-Umgebungen. In derselben Zeit setzte sich nach und nach 2D CAD als elektronisches Zeichenbrett durch und sorgte dafür, dass das physikalische Reißbrett heute nur noch Museumswert besitzt.

Standard 3D

Es hat mehrere Systemgenerationen bei der Software und viele Entwicklungsschritte in der Hardware gebraucht, bis wir – etwa seit Beginn des neuen Jahrtausends – wirklich von 3D-Standardsoftware reden können, die inzwischen auch auf dem PC massenhaft und quer durch alle Branchen gut einsetzbar ist. Die Ausgereiftheit der Technologie spiegelt sich auch in einer umfassenden Konsolidierung des Anbietermarktes, der von weit über Hundert mittlerweile auf eine gute Handvoll zusammengeschrumpft ist.

3D für jedermann

Für den Einsatz dieser Systeme benötigt ein Unternehmen keine Spezialisten mehr, die sich auf die Administration von Host- oder Minicomputern verstehen und mit eigenen Support-Gruppen für das reibungslose Funktionieren von Unix-Derivaten und Netzwerken sorgen. Es müssen auch – im Normalfall – keine Programmierer mehr vorgehalten werden, die mit umfangreichen Zusatzprogrammen und betriebsspezifischen Anpassungen eine sinnvolle und effiziente Anwendung erst ermöglichen.

Standardsoftware in Sachen 3D heißt heute tatsächlich: Die Software ist mit minimalem Schulungsaufwand für jeden Konstrukteur sofort einsetzbar, und für wahrscheinlich 80 Prozent aller Installationen gilt, dass sie ohne aufwendige Anpassung ihren Zweck voll und ganz erfüllen.

Zeichnung? Na klar!

Insofern sich aber die meisten CAD-Anwender – neutralen Untersuchungen zufolge – immer noch mit der Erstellung oder Anpassung technischer Zeichnungen auf dem Bildschirm beschäftigen, sind wir noch nicht am Ziel.

Dennoch kann man mit Fug und Recht behaupten, dass sich 3D bereits durchgesetzt hat. Es gibt nämlich kaum noch Unternehmen mit einer nennenswerten Eigenkonstruktion, die kein 3D-System nutzen. Die meisten erfolgreichen Firmen konstruieren in 3D – auch wenn die Unterlagen für die nachfolgenden Prozesse vielfach noch als Zeichnungen abgeleitet und ausgegeben werden.

Zitieren wir den Hersteller des wohl am weitesten verbreiteten CAD-Systems, Carol Bartz, CEO von Autodesk, im Juni 2004 auf einer Pressekonferenz in Frankfurt: „Die Zeit ist reif für 3D." Das 2D-Programm AutoCAD wird weltweit (legal) über zwei Millionen Mal allein in der mechanischen Konstruktion genutzt. Die illegalen Kopien schätzt Autodesk auf mehr als das Fünffache. Aber bis zu diesem Zeitpunkt sind auch bereits 260000 Kunden auf das 3D-Produkt Inventor umgestiegen, und ein Gutteil des überproportionalen Umsatzwachstums von Autodesk in diesem Jahr lässt sich nur mit einem rapiden Wechsel von AutoCAD zu Inventor erklären. Mit einem Wechsel, der erheblich mehr ist als der Austausch eines Software-Tools durch ein anderes.

„Die Zeit ist reif."

Technisch gesehen sind also inzwischen die Weichen gestellt. Hard- und Software haben ein Niveau erreicht, das die massenhafte Umstellung der Konstruktion auf das Erstellen von räumlichen Modellen erlaubt. Wichtiger aber noch als diese technologische Entwicklung sind die wirtschaftlichen Faktoren, die heute den Einsatz von 3D geradezu erzwingen, wenn ein Unternehmen im Wettbewerb bestehen will.

Technisch und wirtschaftlich

3D-Konstruktion bedeutet nämlich auch: Virtuelle Modelle sind bereits zu einem sehr frühen Zeitpunkt verfügbar; Zusammenbauten können unter vielerlei Gesichtspunkten überprüft werden, ohne auch nur ein einziges Bauteil zu fertigen; Einbauuntersuchungen sind am Bildschirm möglich; Funktionstests und nahezu beliebige Simulationen des späteren Produkteinsatzes können am 3D-Modell vorgenommen werden; ebenso erlaubt das Modell die automatische Erstellung von NC-Bearbeitungsprogrammen; das Marketing kann mit Darstellungen arbeiten, die aussehen, als gäbe es das künftige Produkt schon; Kundendienst und Techniker können anhand der Modelle frühzeitig ausgebildet werden. Und, und, und.

Was bedeutet 3D?

Es ist leicht zu verstehen, warum diese Technik in der heutigen Zeit zu einem Muss geworden ist. Der enorme Zeitdruck, unter dem Angebots- und Projektabwicklung stehen, die stetig weiter angezogene Kostenschraube, der Zwang zur Zusammenarbeit über Firmen- und Ländergrenzen hinweg und nicht zuletzt der Trend zu einer Massenfertigung von individuell zugeschnittenen Einzelprodukten – all dies ist mit den traditionellen Mitteln von Zeichnungserstellung, Prototyp und Musterbau in ihrer seriellen Abfolge nicht mehr zu stemmen.

Der Druck steigt.

Auch wenn für die TÜV-Abnahme eines neuen Produktes noch immer die technische Zeichnung vorzulegen ist, auch wenn für verschiedenste Aufgaben das 3D-Modell nach wie vor in 2D übersetzt und ausgedruckt wird – der Master, an dem sich Entwicklung, Versuch, Werkzeugbau und Fertigung orientieren, ist mehr und mehr das dreidimensionale Computermodell. Insofern sind wir nach langen Anläufen allmählich am Ziel.

Das Modell ist der Master.

Es wäre aber zu schön, wenn die neue Technologie nur Vorteile brächte und alles nur einfacher machte. Weit gefehlt. Schon wer glaubt, dass es mit dem Wechsel vom elektronischen Zeichenbrett zum Solid-Modeler getan sei, irrt gewaltig. Alle Vorzüge, die eben kurz angerissen wurden, kommen nämlich nur zum Tragen, wenn die gesamte Konstruktionsmethodik gründlich umgekrempelt wird.

Der Haken

Hier ist noch viel zu tun, denn leider denken zu viele Konstruktionsleiter und Konstrukteure: Installation und Kurzschulung genügen. Unter diesem Gesichtspunkt sind wir deshalb noch keineswegs am Ziel.

■ 16.2 Von der Dateiablage zur Produktstruktur

Wo bitte ist die Konstruktion?

Schaute ein Konstrukteur des Jahres 1965 in die Entwicklungsabteilung eines heutigen Unternehmens, dann würde er vergeblich nach *seiner* Abteilung suchen. Die Konstruktion ist schon einige Zeit nicht mehr annähernd das, was darunter früher verstanden wurde.

Es war ein Bereich, der Aufträge zu bearbeiten hatte, an deren Anfang etwa die Definition eines Produktes, seiner Funktionalität und seines Zielmarktes standen und deren Ende sich niederschlug in einer Anzahl technischer Zeichnungen, nach denen die Einzelteile des Produktes schließlich gefertigt werden konnten.

Sag mir, wo die Zeichner sind.

In der Konstruktion gab es neben den eigentlichen Konstrukteuren, also umfassend ausgebildeten Ingenieuren, auch die zahlenmäßig häufig größere Gruppe der technischen Zeichner, deren Aufgabe sich in der Umsetzung von Konstruktionen und Konstruktionsänderungen in Tuschezeichnungen erschöpfte.

Blatt für Blatt

Neben den normierten Darstellungen der Einzelteile fanden sich die Zusammenbauzeichnungen, und über komplizierte Nummernsysteme konnte man alle zu einem Produkt gehörenden Zeichnungen in Spezialschränken finden. Man musste allerdings die Nummer kennen, nach der gesucht werden sollte. Und außer der Nummerierung gab es nichts, was den Zusammenhang zwischen den einzelnen Blättern hergestellt hätte.

Ändern bitte!

Waren die Zeichnungen von der Normenstelle abgesegnet und vom Abteilungsleiter freigegeben, hatte der Konstrukteur beinahe nur dann etwas mit den Folgeprozessen zu tun, wenn sich irgendwo zeigte, dass beispielsweise Fertigungsbedingungen, Materialverwendung oder verfügbare Maschinerie mit den gezeichneten Ideen kollidierten. Da wurde *der Weißkittel* schon mal in die Halle gerufen. Und vielleicht ergab sich daraus die Notwendigkeit einer Änderung der Konstruktion.

Zweidimensionale CAD-Systeme waren das zeitgemäße Werkzeug, um die Erstellung und Ausgabe der Zeichnungen zu automatisieren und zu beschleunigen. Mehr waren sie in der Regel nicht.

Der Einsatz von 3D ist demgegenüber Ausdruck des grundsätzlichen Wandels des industriellen Produktentstehungsprozesses.

Nebensache

Die Ausgabe von Zeichnungen kann damit nun fast vollständig automatisiert werden, was aber gar nicht der zentrale Aspekt ist. Die Zeichnung, ob normiert oder nicht, ob von Zusammenbau oder Detail, ist eher nur noch ein Nebenprodukt, das sich ergibt, aber nicht das Ziel, das dem Einsatz der Technologie zugrunde liegt.

Mit 3D ist es möglich, vom Gesamtprodukt auszugehen und gewissermaßen *Top-down*, vom Großen ins Kleine, zu detaillieren. Am Schluss steht ein Modell, das aus einer beliebigen Zahl von Baugruppen und Unterbaugruppen bestehen kann, die sich ihrerseits wieder aus einer größeren oder kleineren Zahl von Einzelteilen zusammensetzen.

Alle Bestandteile des Modells können assoziativ miteinander verbunden sein. Die Beziehungen mögen neben rein geometrischen Abhängigkeiten auch beliebige andere Faktoren berücksichtigen, die in Form von Parametern festgelegt wurden. Möglicherweise sind Teilefamilien und ganze Variantenstämme im 3D-Modell abgebildet.
Beziehungskiste

Neben diesen modellinternen Abhängigkeiten und Beziehungen gibt es noch eine Neuerung, die durch 3D möglich wird: Das einmal erzeugte Modell kann von vielen Bereichen und Mitarbeitern im Unternehmen für unterschiedlichste Zwecke genutzt werden, an die früher, zu Zeiten der 2D-Konstruktion, nicht einmal zu denken war: Simulation, fotorealistische Darstellung, Abbildung in Handbüchern und Montageanleitungen und vieles mehr.
Vielfachnutzen

Nur wenn solche Möglichkeiten der 3D-Modellierung genutzt werden, macht sich ihr Einsatz bezahlt. Wer mithilfe eines 3D-Systems lediglich wie gehabt *Bottom-up*-Einzelteile konstruiert, sie schließlich zum Produkt zusammenlädt und davon eine Zusammenbauzeichnung zum Plotter schickt, der hat vermutlich noch nicht einmal Zeit gespart. Aber ganz sicher kommt er nicht in den Genuss der Vorteile, mit denen er sich künftig im Wettbewerb absetzen kann.
Nichts gespart

Parallelisierung der Prozesse und damit Verkürzung der Gesamtentwicklungszeit, Beherrschung der Variantenvielfalt, Wiederverwendung bereits erprobter (Teil-)Konstruktionen, Nutzung von Rapid Prototyping, NC-Bearbeitung, Simulation, Berechnung und Virtual Reality verlangen den sinnvollen Einsatz von Assoziativitäten und Parametrik, verlangen gut strukturierte Modelle.
Gute Struktur

Die Daten solcher Modelle lassen sich aber mit herkömmlichen Methoden nicht verwalten. Zur Zeichnung nach eigenem Nummernsystem passte der Zeichnungsschrank, und später passte dazu ein individuell gestaltetes Ablagesystem auf der Festplatte. Wo die Nummer ausreicht, um sehr einfache Zusammenhänge herzustellen, wo es allenfalls Parametertabellen gibt, die mitgespeichert werden müssen, kann der verantwortliche Konstrukteur sich zur Not behelfen mit einer elektronischen Zeichnungsverwaltung Marke Eigenbau: Benennung spezieller Verzeichnisse und systematische Ablage unter speziellen Dateinamen.
Es war einmal.

Das 3D-Modell mit einer bis ins Kleinste ausgefeilten Struktur verlangt nach einem Instrument, das nicht nur die Geometrie der einzelnen Bestandteile transparent verwalten lässt, sondern auch ihre vielfältigen Beziehungen untereinander. Ein System, mit dem man Produktstrukturen in ihrer vollständigen Historie nicht nur darstellen, sondern bei Bedarf auch zur Erzeugung neuer Produkte, zum Beispiel mit ähnlicher Struktur, aber anderem Aussehen, verwenden kann.
Nützliche Kenntnisse

16.3 Virtuelle Produktentwicklung

Der wichtigste Unterschied heutiger Produktentwicklung besteht darin, dass vor dem wirklichen Produkt ein virtuelles entsteht.

Das erste Teil zählt.

Von Anfang an. Oder sagen wir lieber fast von Anfang an, denn bei mancher Art von erforderlicher Kreativität gerade in der Konzeptphase ist auch das schönste CAD-System heute noch überfordert. Fast von Anfang an also und bis zum ersten realen Teil, das montiert wird oder vom Band fällt, entwickelt sich das virtuelle Produkt, entweder parallel zu den ersten physikalischen Prototypen oder ausschließlich digital. Es gibt bereits – insbesondere aus Branchen mit hochkomplexen Produkten wie Passagierflugzeugen – Beispiele (in einem Fall wurde das erste tatsächlich gefertigte Produkt bereits an den Kunden ausgeliefert).

Schön und gut, aber ...

Dass dies heute möglich ist, erklärt vielleicht auch, warum die Funktionen und Funktionalitäten von CAD-Systemen nicht mehr so sehr im Zentrum des Interesses stehen. Beinahe alles ist machbar, aber damit allein sind eben noch nicht die Potenziale ausgeschöpft, die sich hier auftun. Die Entstehung des digitalen Produktes soll deshalb nun im Detail betrachtet werden, mit dem jeweiligen Bezug zu unserer Frage, welche Rolle dabei PDM spielen kann.

16.3.1 Digitales Konzept

Gleichgültig, ob es sich um die Änderung eines vorhandenen Produktes dreht, um eine neue Generation oder um ein völlig neues Gerät – bevor irgendjemand an die Entwicklung gehen kann, muss eine Reihe von Vorarbeiten erledigt worden sein. Auch in dieser Konzeptphase spielt Software-Unterstützung eine zentrale Rolle.

Vor dem Projekt

Marktrecherchen zeigen, wie weit das anvisierte Produkt den Bedürfnissen der künftigen Kunden entspricht. Die Ergebnisse dieser Untersuchungen, ob sie aus Internet-Seiten, Zeitschriften oder in Auftrag gegebenen Straßenbefragungen resultieren, werden heute mit einer Bürosoftware zusammengefasst und gespeichert. Ebenso die Kalkulationen, die vielleicht mithilfe eines ERP/PPS-Systems angestellt oder unterstützt wurden.

Gesammelt, gespeichert

Diese Texte, Tabellen und Diagramme dienen als Grundlage für die Entscheidung, ob ein Entwicklungsprojekt dann tatsächlich gestartet wird. Eigentlich sollte bereits hier die Sammlung und Speicherung der Daten beginnen, die ein werdendes Produkt begleiten sollen.

Wiedervorlage

Selbst wenn das Projekt für den Augenblick vielleicht abgelehnt oder zur Wiedervorlage auf einen späteren Zeitpunkt verschoben wird, soll auch diese Vorarbeit nicht umsonst gewesen sein. Das Team will sich nach einem halben oder nach eineinhalb Jahren auf diese Informationen stützen und dort wieder aufsetzen können, wo die Entscheidung vertagt wurde.

Startpunkt

Wird das Projekt aber beschlossen, sind die bis zu diesem Punkt gesammelten Zahlen und Fakten gewissermaßen die Solldaten, an denen sich die Entwicklung und das Produkt messen lassen müssen. Denn von hier aus geht es zur Bildung des

Projektteams, zur Verteilung der Aufgaben und zur ersten begreifbaren Darstellung des Produktes in Form einer Designstudie.

Spätestens wenn der Designer seine häufig von Hand ausgearbeiteten Skizzen vorgelegt und das Team gemeinsam eine der Varianten als beste Lösung ausgewählt hat, wird das digitale Produkt geboren. Meist ist es noch der Designer, der seine Idee in ein CAD-Modell überträgt. Das Modell verfügt dann über das gewünschte Äußere, die entworfene Form und Größe, aber es kennt noch keine Details, hat noch kein Innenleben.

Die Geburt des Produkts

Eventuell wurden aber bereits Trennlinien vorgegeben, wie zum Beispiel die Teilung eines Kunststoffgehäuses aussehen sollte. Bei größeren Produkten wird zu diesem Zeitpunkt vermutlich schon die Untergliederung in Baugruppen und eventuell sogar in einzelne Teile vorgenommen.

Anstelle eines Kunststoffmodells steht das virtuelle Modell auf dem Bildschirm zur Diskussion, wenn nun im Team über Korrekturen und Verbesserungen diskutiert wird. Mithilfe eines Beamers wird es in Übergröße an die Wand projiziert, wenn die Spezialisten der verschiedenen Bereiche zusammensitzen.

Das Modell auf dem Schirm

Das 3D-Teil lässt sich nicht anfassen und verweigert sich damit dem tastenden Begreifen. Noch nicht, denn die Hersteller von Virtual Reality Software arbeiten bereits seit Jahren an der sogenannten Haptik, um auch dieses Manko zu beseitigen. Aber es kann gedreht, gekippt und von allen Seiten betrachtet werden, Farbstudien sind möglich.

Voll funktionsfähig

Dieses Modell, das den Startpunkt der eigentlichen Konstruktion markiert und nun vom Designer für die Detailentwicklung freigegeben wird, kann durchaus bereits eine recht differenzierte Struktur aufweisen. Es wird im PDM-System als neues Teil angelegt, wobei die Struktur übernommen werden kann, soweit sie existiert. Die Anlage der Stammdaten geschieht entweder hier oder auf der ERP-Seite.

Neues Teil

16.3.2 Digitales Konstrukt

Mehrere Konstrukteure machen sich gemeinsam an die Arbeit. Entsprechend der funktionalen Untergliederung des Produktes haben sie jeweils einen Teil der Konstruktion verantwortlich übernommen.

Parallel

Auf ihren Bildschirmen verändert sich allmählich die Gestalt der einzelnen Bauteile. Aus zunächst noch vollständig ausgefüllten Volumenblöcken werden Schalen. Über Sachmerkmalsleisten wählen die Ingenieure Normteile wie Schrauben, Muttern oder Unterlegscheiben aus, die mit ihrer kompletten Geometrie im Modell positioniert werden.

Im Detail

Vielleicht gibt es eine eigene Bibliothek oder Sachmerkmalsleiste, in der Augen, Rippen und andere häufig wiederkehrende 3D-Features mit den im Haus üblichen Erfahrungswerten für Auszugsschräge, Schrumpfung und so weiter abgelegt sind. Sie werden positioniert und müssen nur noch gegen die Modellwände getrimmt werden, um das Bauteil zu vervollständigen. Und auch für Leiterplatten, Motoren und andere Kaufteile oder die elektrischen Anschlüsse bedienen sie sich über das PDM-System aus Listen verfügbarer Komponenten. Mit der festen Positionierung

Eingebaut

im Teilmodell erhalten alle Teile automatisch ihre Versionsnummer und ihren Platz in der Gesamtstruktur.

16.3.3 Digitaler Zusammenbau

Vom Nachbarn — Das parallele Arbeiten der Konstrukteure an Baugruppen oder Teilen ist möglich, weil sie jederzeit den Zusammenhang aller Teile untereinander herstellen können. Denn während sie innerhalb ihres Teilmodells alle Teile selbst positionieren und virtuell verbauen können, brauchen sie ja die Modelle angrenzender Baugruppen oder Teile, um sicherzustellen, dass sie auch in den größeren Zusammenhang passen.

Konfliktlösung — Kollisionen von Bauteilen und Baugruppen werden sofort sichtbar, wenn sie auf dem Bildschirm zusammengebaut sind – am Digital Mock-up, denn dieser Ausdruck hat sich durch die Verwendung in der Automobilindustrie als geläufiger Begriff dafür etabliert. Je nachdem, ob die Konstrukteure im selben Haus, eventuell sogar im selben Raum sitzen oder ob sie sich in verschiedenen Standorten oder gar Ländern mit ihren Teilkonstruktionen beschäftigen, kann die PDM-Anbindung zum Beispiel genutzt werden, um per E-Mail auf solche Konflikte aufmerksam zu machen und vielleicht in Verbindung mit einer Modelldarstellung sogar Schritte zur Lösung vorzuschlagen.

Das PDM-System sorgt einerseits für das sofortige Auffinden eines benötigten Teils, andererseits garantiert es aber auch, dass niemand an Bauteilen Änderungen vornimmt, für die ein anderes Mitglied des Teams die Verantwortung trägt.

Problem erkannt — Schon bei der virtuellen Vorstellung einer größeren Produkteinheit oder Baugruppe im interdisziplinären Team können Probleme, die für die NC-Fertigung oder Montage erkannt werden oder die sich aus der Sicht des Kundendienstes durch bestimmte Details ergeben, gemeinsam besprochen und gelöst werden. Selbst Dinge wie das Verstauen eines Netzkabels an der Unterseite einer Kaffeemaschine zu Transportzwecken lassen sich am digitalen Produkt überprüfen.

16.3.4 Digitale Prototypen

Versuch — Das Ziel von Prototypen ist die frühzeitige Prüfung aller Teile eines neuen Produktes im Zusammenwirken und in ihrer Funktionsweise. Dauerversuche sollen die Zuverlässigkeit oder Bruchfestigkeit bestimmter Elemente testen. Crashtests werden angestellt, um das Verhalten des Mobiltelefons beim Sturz auf den Boden oder beim Aufprall eines Kraftfahrzeugs auf eine Mauer beurteilen zu können.

Je ausgereifter die 3D-Modellierung wurde und je weiter sich diese Technik als Standardwerkzeug industrieller Produktentwicklung ausbreitete, desto mehr verlagerte sich die Versuchs- und Testphase weg vom harten Prototyp hin zum Modell.

Simulierter Test — Über die letzten 25 bis 30 Jahre sind auch die Methoden des Testens und der Berechnung digitalisiert worden. Neben den Möglichkeiten der Finite-Elemente-Methode (FEM) zur Berechnung von Bauteilbelastungen gibt es heute eine schier unüberschaubare Zahl von Programmen, die den Entwicklungsteams gestatten, nahezu alle Arten von Produktfunktionalitäten – und nicht nur den Zusammenbau und mögliche Kollisionen – bereits am digitalen Modell des Produktes zu simulieren.

Wie anders wäre auch vorstellbar, dass eine Airline ein Flugzeug einer neuen Baureihe übernimmt und Passagiere darin befördert, für das es nie einen Prototyp gegeben hat?

Wie weit die Möglichkeiten der Simulation inzwischen reichen, zeigen Beispiele von Automobilfirmen, die virtuell sogar die Geräuschentwicklung in verschiedenen Situationen oder die mögliche Spiegelung der Innenraumbeleuchtung in der Frontscheibe testen. *Hörbar*

Ein großes Manko hat diese Seite der modernen Produktentwicklung allerdings derzeit noch fast überall: Sie ist nicht wirklich mit den übrigen Prozessschritten integriert. *Abgekoppelt*

Volumenmodelle werden als digitale Prototypen herangezogen. Oft erfahren diese Modelle dann durch die Berechnungsspezialisten gewisse Veränderungen, die sich aufgrund von Simulationsergebnissen als Optimierungsmöglichkeit erweisen. Manchmal werden auch ganze Reihen von Optimierungsalternativen entwickelt, von denen letztlich nur eine übrig bleibt, die anschließend der Konstruktion aus der Sicht der Berechnung empfohlen wird.

Leider gibt es in den meisten Unternehmen noch kein Konzept, wie diese ganzen Berechnungsarbeiten gespeichert werden. Noch stärker als im Umfeld CAD ist hier die individuelle Verantwortlichkeit des einzelnen Spezialisten für die sinnvolle Ablage der Dateien, Tabellen, Grafiken und anderer Dokumente der Normalfall. Das ergab eine Studie, die von der Technischen Universität Darmstadt unter Prof. Rainer Anderl in der Automobilindustrie durchgeführt wurde. *Konzeptlos*

Dabei zeigte sich, dass Berechnungsingenieure durchschnittlich 50 Prozent ihrer Arbeitszeit auf Datenbeschaffung verwenden müssen und nur jeweils 10 % auf ihre Aufbereitung und Modellierung. „Das Gros der Berechnungsergebnisse wird nach wie vor in Einzeldateien oder auch nur auf Papier festgehalten. PDM wird hier im Wesentlichen nicht eingesetzt. Der Berechnungsingenieur ist fast nirgends in die Ablauforganisation eingebunden", musste Prof. Anderl nach der Studie 2002 feststellen. Er ist davon überzeugt, dass sich daran noch nichts Grundsätzliches geändert hat. Eine PDM-Einbindung verspricht demnach an dieser Stelle eine Verringerung von Komplexität und Datenmenge um rund 50 %. An einigen konkreten Beispielen wurde sogar nachgewiesen, dass die Berechnungszeit um 85 beziehungsweise 93 Prozent verkürzt werden konnte. *Optimierungspotenzial*

Viel gravierender noch als die für unnötiges Suchen vergeudete Zeit der Spezialisten ist aber die Tatsache, dass außer den letzten Endes in die Konstruktion zurückgegebenen Daten alle Zwischenergebnisse, die Gründe für bestimmte Entscheidungen, alle Versionen und Varianten der Berechnungsmodelle nicht mehr unmittelbarer Bestandteil der Entwicklungshistorie sind. Gerade in diesen Daten steckt aber oft das kritische Ingenieurwissen, das später unter bestimmten Bedingungen, vom Unfall über neue Nachweispflichten bis hin zum Recycling, wieder benötigt wird. *Ohne Historie*

Produktdatenmanagement sollte also diese Informationen nicht aussparen, sondern im Gegenteil dabei helfen, sie – passend zur eigentlichen Produktstruktur – zu ordnen und in allen Details als besonders wichtigen Bestandteil der Entwicklungshistorie zu sichern. *Hilfe!*

16.3.5 Digitale Werkzeuge

Kopiert und gefräst

Früher wurde beispielsweise ein Modell erzeugt und daraus eine Form zum Gießen oder Spritzgießen abgeleitet, zum Beispiel durch Kopierfräsen. Dann kamen die Vorrichtungen dazu, für die man sich auf Normalien und Standardteile stützte. Der physikalische Prototyp diente in vielen Fällen auch dazu, Werkzeuge und Formen auf ihre Brauchbarkeit und Funktionsfähigkeit für dieses neue Produkt zu prüfen. Auch dies sind in den meisten heutigen Entwicklungen Bilder aus vergangenen Tagen. Auch hier wird durch die Digitalisierung des Entwicklungsmodells vieles überflüssig.

Abbild

Während das Modell am Bildschirm detailliert wird, kann bereits parallel an der digitalen Werkzeugform gearbeitet werden. Sie ist ja unter Umständen nichts anderes als der negative Abdruck des Modells, das nach dem Design für die Konstruktion freigegeben wurde. Unter Berücksichtigung von Schwindung und anderen Besonderheiten, je nachdem, für welches Verfahren das Werkzeug hergestellt wird.

Auch für die NC-Fertigung der Werkzeuge können die Programme bei richtiger Anbindung an die CAD-Daten weitgehend automatisch aus den Modellen abgeleitet werden, inklusive der Simulation des Fräs- oder Drehvorgangs auf dem Bildschirm.

Sichere Verbindung

Alle hier in Zusammenhang mit dem Werkzeug- und Formenbau entstehenden Daten und Dateien sollten natürlich ebenfalls über PDM ständig mit dem sich entwickelnden Produktmodell verbunden sein.

Erstens können so alle Verfeinerungen und erst recht grundsätzliche Modifikationen des Modells unmittelbar für die Werkzeugdaten nachvollzogen werden. Zweitens lassen sich alle zum Produkt gehörenden Werkzeugdaten sofort finden. Und drittens können manche Vorgänge automatisiert und an bestimmte Workflow-Schritte gekoppelt werden. Etwa die Neuerstellung des NC-Programms und der Bearbeitungssimulation nach der Freigabe einer neuen Modellversion.

16.3.6 Digitale Fertigung

Virtuelle Fabrik

Auch die Serienfertigung in Pressen- und Lackierstraßen, mit Schweißrobotern, in Montagehallen und unter Verwendung von Hochregallagern kann heute mit 3D-Technik simuliert werden. So leistungsfähig sind die Produkte geworden, dass selbst die Maschinen und Anlagen ganzer Produktionsstätten damit dargestellt werden können. Und nicht nur dargestellt.

Was der Roboter tut

Die Bewegungen der Teile von einer Maschine zur anderen, der Bewegungsablauf eines Schweißroboters von Punkt zu Punkt, ja selbst die Ergonomie der menschlichen Bewegungen beim Montieren von Teilen lässt sich so realistisch simulieren, dass daraus Schlüsse auf die Fertigbarkeit, auf den Kapazitätsbedarf und die Durchlaufzeiten gezogen werden können.

Noch ist es vorwiegend die Automobilindustrie, die diese Möglichkeiten anwendet, aber die Richtung ist vorgegeben, und in nicht allzu ferner Zukunft wird es auch für Fertigungsunternehmen im Mittelstand keine Frage sein, ob solche Methoden zum Einsatz kommen oder nicht.

Für die Anordnung und Nutzung entsprechender Szenarien ist die zusammenhängende Verwaltung der Produktdaten eine der Voraussetzungen sine qua non – ohne die es gar nicht geht.

Doch hier sind in der Mehrzahl Daten und Informationen gefragt, die nicht zum einzelnen Produkt gehören und mit der eigentlichen Produktentwicklung weniger zu tun haben als eben mit der Produktion. Fertigungssimulation ist ein Thema, an dem sich sehr anschaulich zeigen lässt, warum die Prozessintegration immer mehr zur Notwendigkeit wird und dass die Abgrenzung einzelner Bereiche wie der Produktentwicklung oder gar der Konstruktion nicht mehr funktioniert.

Produkt und Produktion

Schon mit der Simulation seines Fertigungsvorgangs hat das Produkt ja virtuell die Grenzen der eigentlichen Produktentstehung überschritten. Wenn auch nur digital, so ist doch hier das Gros der Daten bereits fertigungsspezifisch. Ein typischer Fall, wo ohne eine vernünftige Kopplung von Produktdatenmanagement und Produktionsplanungs- und Steuerungssystem nichts mehr geht, wo eine hervorragende Technologie, die ein beachtliches Potenzial zur Verbesserung bietet, nicht genutzt werden kann.

Grenzüberschreitung

Simuliert werden konnte die Fertigung also schon. Aber für die echte Herstellung freigegeben war das neue Produkt damit noch nicht.

16.3.7 Digitale Produktfreigabe

Alle Teile sind virtuell fertig. Alle wesentlichen Funktionalitäten sind geprüft, das digitale Produkt hat langwierige Versuchsreihen und umfangreiche Tests durchlaufen. Auch ohne physikalischen Prototyp ist das Projektteam überzeugt, dass der Freigabe für den Serienstart oder für die Einzelfertigung nichts mehr im Wege steht.

Fertig. Los!

Auch dieser letzte Schritt, die Absegnung der Entwicklung und der Anstoß der Produktion, wird mit moderner Informationstechnologie zusehends in den Bereich virtueller Realität verschoben.

Schon gibt es etliche Unternehmen, bei denen dieser Schritt im Rahmen eines letzten Meetings des Projektteams oder der Projektverantwortlichen vollzogen wird. Da treffen sich dann 15 Mitglieder des Teams vor einer sogenannten Powerwall, auf der mithilfe von Virtual-Reality-Software das Produkt so real präsentiert wird, dass der Betrachter – wie in einem 3D-Kinofilm – das Gefühl hat, das Gerät, die Maschine, das Werkzeug oder das Auto stünde in voller Größe vor ihm.

Virtuell real

Wenn hier das ‚Go!' ausgesprochen wird, wenn keine Bedenken mehr auszuräumen bleiben und das digitale Produkt alle Beteiligten restlos überzeugt hat, dann muss sich noch einmal erweisen, wie gut das Management der Daten funktioniert. Und vor allem, wie gut die Verbindung mit dem PPS-System realisiert wurde.

Denn jetzt muss das Produkt vollständig beschrieben sein. Die gesamte Struktur seiner Baugruppen muss sich in einer Stückliste niederschlagen, die neben den neu konstruierten Teilen auch die Standardteile enthält, die im Lager sind oder inzwischen sein sollten. Die Daten des PDM-Systems sollten so gut abgestimmt sein mit denen der ERP-Software, dass nun keinerlei Verzögerung mehr nötig ist, um die Produktion zu starten.

Bruchlos

| In der Ferne | Besonders wichtig ist diese Abstimmung, wenn nicht im eigenen Haus, sondern an einem anderen Standort, vielleicht in unmittelbarer Kundennähe, gefertigt werden muss. Man stelle sich vor: Die Planungen sind abgeschlossen, der Zeitpunkt der Freigabe ist eingehalten worden, und dann fehlt im entscheidenden Moment an der Fertigungsstätte ein Zukaufteil, weil es in der Stückliste nicht aufgeführt war.

Kosten und Imageverluste, wie sie bei solchen Gelegenheiten unvermeidlich sind, kann sich ein Unternehmen sparen, indem es die Digitalisierung der Produktentwicklung so ernst nimmt, dass bei ihrem Management nichts vergessen wird.

17 Prozessorientierung

Der wichtigste Wandel im Produktentstehungsprozess zeigt sich in diesem Begriff selbst: Die Konstruktion ist ein Arbeitsschritt in einem übergeordneten Prozess geworden, der Konstrukteur ein Mitglied in einem Projektteam, das sich aus unterschiedlichen Disziplinen zusammensetzt. Das Team hat den Prozess erfolgreich zu beherrschen.

Prozess und Team

Das verlangt vom Fertigungsplaner, sich frühzeitig für die Konstruktion zu interessieren. Und es erfordert beim Konstrukteur Interesse an Kriterien aus Fertigung, Einkauf oder Kundendienst. Die Konstruktion, die geometrische Gestaltung des Produktes ist nur mehr ein Aspekt in diesem Prozess und nicht unbedingt der wichtigste.

Neue Kriterien

PDM übernimmt bei der Neugestaltung der Prozesse eine Schlüsselfunktion. Hier werden die Rollen der Beteiligten immer wieder neu definiert, hier nehmen die Abläufe neue Konturen an, hier entsteht das Gerüst, das von allen Mitarbeitern des Projektteams nach und nach mit den Produktdaten ausgefüllt wird.

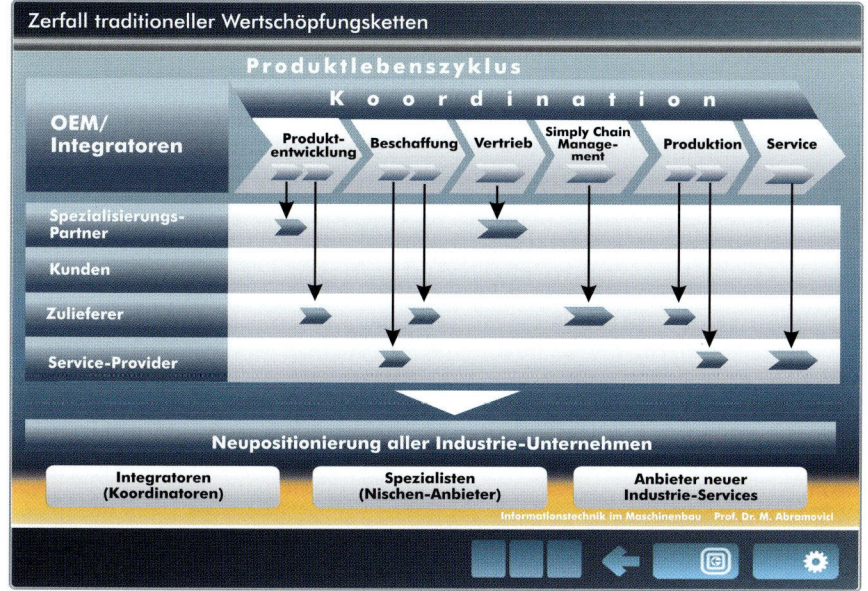

Bild 17.1 Verteilte Entwicklung wird zum Normalfall

Engineering Backbone	Kosten- und Zeitdruck, aber auch die Komplexität und Variantenvielfalt der Produkte haben dazu geführt, dass der Produktentstehungsprozess nur noch selten in einem Haus und unter einem Dach organisiert werden kann. Die Wertschöpfungskette ist unter unseren Augen dabei, sich auf eine Vielzahl von Beteiligten zu zergliedern.
Verteilte Rollen	War früher Konzept und Design, Konstruktion und Versuch, Werkzeug- und Formenbau, Produktionsplanung und Fertigung wie selbstverständlich im selben Haus angesiedelt, so gilt dies heute nur noch in Ausnahmefällen. Im firmenübergreifenden Netzwerk von Projektpartnern führen diese Aufgaben, die ja nach wie vor erfüllt werden müssen, zum spezifischen Rollenverständnis des einzelnen Glieds.
Wer die Fäden zieht	Das eine Unternehmen mag innovative Konzepte entwickeln und die Fäden der Projektleitung in der Hand halten, die letztlich vielleicht im eigenen Haus auch zur Serienproduktion führen; ein anderes liefert aufgrund exakter Anforderungen Komponenten oder Teilprodukte; ein drittes ist für Berechnung, Simulation und eventuell den Aufbau von Prüfständen unterschiedlichster Art verantwortlich. Je nach Branche, je nach Produkt, je nach Größe der Unternehmen kann diese Aufgabenverteilung äußerst unterschiedlich ausfallen.
Kompliziert	Umfangreiche, internationale und interkontinentale Vernetzungen mit Ingenieurbüros, Entwicklungspartnern und Zulieferern haben dabei die Aufgabe des Managements dieses Prozesses in einer Weise verkompliziert, die noch vor zehn, fünfzehn Jahren kaum jemand hat voraussehen können. In diesem Netzwerk ist PDM als Engineering Backbone genauso unverzichtbar wie die Produktionsplanungs- und Steuerungssysteme, die sich unter dem Kürzel ERP weltweit längst in allen Unternehmen finden, die auch in fünf Jahren noch wettbewerbsfähig sein wollen. Die Anforderungen weltweit agierender Entwicklungs-, Produktions- und Vertriebsorganisationen haben nämlich nicht nur die intelligente Nutzung des Internets zur Voraussetzung, sondern vor allem auch ein Datenmanagement, das unberechtigte Zugriffe ausschließt, berechtigte Zugriffe aber schnell und sicher macht.
Zu komplex?	Noch mehr verschärft sich dieser Trend durch die Zunahme der Rolle, die Elektronik und Software in modernen Produkten spielen. Ob Automobil oder Kühltruhe – in naher Zukunft wird der Anteil der mechanischen Konstruktion am Wertschöpfungsprozess dramatisch in den Hintergrund treten. Produkte werden sich möglicherweise nicht mehr so sehr durch ihre mechanische Funktionsweise oder ihr äußeres Erscheinungsbild, sondern vor allem durch den Komfort unterscheiden, der per Softwareansteuerung elektronischer Komponenten geboten wird.
Millionenkosten	Natürlich muss auch hier die Frage der Versionierung, des Managements von Änderungen, die Wiederverwendbarkeit von elektronischen und von Softwarekomponenten gelöst werden. Und zwar schnell, wie die Milliardenkosten vor Augen führen, die in den letzten ein, zwei Jahren allein durch Rückrufaktionen bei den Automobilherstellern verursacht wurden. Laut ADAC-Statistik waren sie 2003 zu einem Anteil von rund 50 Prozent ausgelöst durch Mängel in Elektrik, Elektronik und Software.
Keine Zeit fürs Integrieren?	Die schwierigste Frage ist dabei derzeit noch kaum im Visier der Verantwortlichen: die Integration von Mechanik, Elektronik und Software innerhalb des Entwicklungsprozesses. Hier kommen nämlich Fragen auf, für die es noch gar keine befriedigenden Antworten gibt. Etwa die nach den unterschiedlich langen Entwicklungszyklen.

Ist überhaupt vorherzusagen, welche Möglichkeiten allein hinsichtlich Infotainment und Sicherheitseinrichtungen im Kfz der neuen Generation verfügbar sein werden, für die ja die nötigen mechanischen Elemente rechtzeitig entwickelt sein müssen?

Aber auch wenn diese Fragen noch ungelöst sind, eine Antwort ist sicher: Ohne transparentes, interdisziplinäres, elektronisches Management aller zu einem solchen Produkt gehörenden Daten ist eine Lösung nicht möglich. Auch wenn es wahrscheinlich nicht ein einziges System sein wird, in dem all diese Informationen gespeichert sind, sondern vermutlich mehrere, den einzelnen Disziplinen nahe stehende Systeme, welche die Logik, die Regeln und die Details der jeweiligen Entwicklungsumgebung beherrschen. Aber die Integration, die Verknüpfung solcher Knoten, verlangt nach digitalem Management der Daten.

Eins ist sicher.

Ein weiterer Faktor: Die immer genauer einzuhaltenden gesetzlichen Rahmenbedingungen in Europa und der Welt zwingen zum Nachweis der einzelnen Entwicklungsschritte, der verwendeten Werkstoffe und der vorgesehenen Recyclingwege. Auch das ruft nach PDM.

Scharfe Gesetze

Ein Aspekt schließlich fehlt noch, um die Liste der Dringlichkeiten weitgehend zu vervollständigen: Auch wenn nur noch wenige CAD-Systeme auf dem Markt sind, gibt es eine unüberschaubare Zahl von Industriebetrieben, die mehr als nur eines dieser Programme einsetzen, und diese Situation wird sich in der Zukunft nur unwesentlich entschärfen lassen. Eine Multi-CAD-Anwendung aber braucht, möglicherweise neben den spezifischen, integrierten Managementsystemen, eine neutrale PDM-Software, die den Zusammenhang über alle Systemgrenzen hinweg und die Verbindung zu den anderen Prozessen in der Organisation sichert.

Eins für alle

Kurz gesagt: So wenig Erfolg die Implementierung von 3D ohne Änderung der Konstruktionsmethodik verspricht, so wenig ist die notwendige Änderung der Methoden zur Optimierung der Prozesse machbar ohne den Einsatz von PDM. Einfach machbar ist diese Änderung dennoch nicht.

Einschneidende Vereinfachung der Prozesse und wo irgend möglich Eliminierung von nicht mehr erforderlichen Arbeitsschritten ist die Voraussetzung, um die wachsende Komplexität noch im Griff behalten zu können. PDM ist dabei ausgesprochen hilfreich. Ein Patentrezept bietet es nicht.

Neue Methoden braucht das Land.

Schauen wir uns einige Eckpfeiler der Prozessorientierung an, um dann ein aus der Masse herausragendes Beispiel der Praxis kennenzulernen.

17.1 Projektteams

Arbeitsteilung war etwas, auf das die Industrie noch weit über die Mitte des letzten Jahrhunderts hinaus stolz war. Rationalisierungsmöglichkeiten wurden lange Zeit darin gesucht, Montage und Fertigung so weit in einzelne Handgriffe zu zerlegen, bis dafür auch ungelernte Hilfskräfte eingesetzt werden konnten. Die Beschleunigung bestand dann in verschiedenen Formen der Akkord- und Schichtarbeit.

Im Akkord

In der Gruppe	Schon da kamen aber Arbeitswissenschaftler zunehmend zu der Erkenntnis, dass bei einem solchen Procedere die Übergänge zwischen den einzelnen Arbeitsschritten, sprich Handgriffen, nicht optimal zu gestalten waren. Denn auf diese Weise war zwar jeder Handgriff für sich maximal zu beschleunigen, aber das nützte wenig, wenn an anderer Stelle ein Arbeitsgang nicht so schnell vonstattenging. Gruppenakkord hieß die Alternative, die nun auch das reibungslosere Ineinandergreifen aller einzelnen Schritte zu einem wichtigen Leistungskriterium einer Gruppe machte. Von Teams wurde da nur selten geredet. Teams gab es eher außerhalb der Fertigungsindustrie. In der Filmproduktion etwa oder bei der Durchführung von Veranstaltungen oder Großprojekten, an denen zahlreiche Partner unterschiedlicher Herkunft und Unternehmenszugehörigkeit beteiligt waren.
Im Team	Seit sich die Anwendung von 3D-Modellierung, Digital Mock-up und virtueller Produktentwicklung in den 90er-Jahren ausgeweitet hat, ist hier eine gründliche Veränderung zu verzeichnen. Das Projektteam ist heute aus dem Produktentstehungsprozess nicht mehr wegzudenken, sondern eines seiner Kernelemente. Möglichst parallel sollen alle Schritte ablaufen, um die Gesamtentwicklungszeit zu verkürzen. Permanente Abstimmung ist die Anforderung, die sich daraus für alle Beteiligten ergibt.
Verständlich	Das Volumenmodell mit seiner auch für den Nichtkonstrukteur verständlichen Erscheinung ist die Grundlage, die das erlaubt. Denn solange die technische Zeichnung das ausschließliche Kommunikationsmedium der Konstrukteure war, konnte gar keine andere Disziplin mitreden.
Das Wachsen des Teams	Der Zwang, nahezu alle auftauchenden Konflikte und Problemstellungen schon während der Entwicklung zu berücksichtigen, dehnt die Teams immer weiter aus. Neben Design, Konstruktion und Arbeitsvorbereitung gehören heute Qualitätssicherung, Fertigung, Berechnung und Simulation, Versuch, Marketing, Vertrieb, Kundendienst, Kostenrechnung, Produktplanung, Recycling und Umweltschutz zu den potenziell eingeschlossenen Bereichen.
Beschreibung ohne Bild	Die Existenz des 3D-Modells allein reicht aber nicht aus, um so unterschiedliche Disziplinen effizient und zielgerichtet miteinander arbeiten zu lassen. Sie müssen über eine allgemein verständliche Methode verfügen, bei Bedarf auf die entscheidenden Daten der Entwicklung zugreifen zu können. Eine Methode, die auch ohne die Beherrschung von CAD oder anderen Autorensystemen des Engineerings im engeren Sinne funktioniert, die ja auch in ihrer Benutzeroberfläche normalerweise die Sprache der Ingenieure sprechen.
Leicht verständlich	PDM ist hier das Mittel der Wahl. Seine tiefe Integration in diverse Autorensysteme und insbesondere in die 3D-Modellierer gestattet nämlich auf der einen Seite den Konstrukteuren, in ihrer gewohnten Umgebung so kreativ und innovativ zu sein, wie es ihre Aufgabe verlangt. Auf der anderen Seite aber bringt es die gesammelten Daten der Projekte in einer auch für jeden anderen leicht verständlichen Form auf den Bildschirm, einschließlich der komplexen Geometriedaten selbst.
Große Leistung	Auch wenn möglicherweise eine immer größere Zahl von Projektteam-Mitgliedern üblicherweise mit anderen Softwareprogrammen arbeitet wie Office oder ERP – diese Programme werden niemals leisten, was PDM kann: das Know-how, das in den Entwicklungsdaten steckt, transparent und konsistent für alle zur Verfügung zu stellen.

17.2 Globalisierung

Ein kleines Team von Ingenieuren in Villingen-Schwenningen, als eigenständiger Dienstleister unterwegs, hat aufgrund langjähriger Erfahrung einen neuartigen Kaminofen entwickelt. Fertigen will es das Produkt allerdings nicht selbst. Stattdessen sucht es einen Produzenten, der als Partner infrage kommt.

Der Kamin aus dem Schwarzwald

Die Suche in der näheren Umgebung im Schwarzwald wird bald erfolglos abgebrochen. Über das Internet entpuppt sich aber ein Ofenfabrikant in China als möglicher Produktionspartner. Über E-Mail wird der erste Kontakt hergestellt, und nach einigen Telefonaten stellt sich heraus: Die Firma in Shanghai arbeitet nicht nur mit demselben CAD-System, sondern sie bietet auch noch die für die Entwickler in Süddeutschland günstigsten Konditionen. Selbst unter Berücksichtigung der weltweiten Auslieferung scheint dies die mit Abstand beste und wirtschaftlichste Lösung zu sein.

Produktion in China

Solche Szenarien werden immer selbstverständlicher. Der Fall der Mauer und der Grenzen des Kalten Krieges, der Zusammenbruch des Ostblocks – die rasante Öffnung zahlreicher Märkte, die noch vor fünfzehn Jahren zu einer anderen Welt gehörten, lassen Unternehmen weltweit zu ernsthaften Konkurrenten des eigenen Hauses werden, von deren Existenz man vor Kurzem noch nichts wusste und wissen musste.

Konkurrent unbekannt

Genauso werden Firmen zu potenziellen Entwicklungs- oder Fertigungspartnern, Lieferanten oder Dienstleistern, die man vielleicht lediglich ein einziges Mal zur Kontaktaufnahme besucht, vielleicht nicht einmal das. Die Vorteile der weltweiten Zusammenarbeit wären sofort wieder verschluckt, wenn der Versuch unternommen würde, dabei mit den alten Methoden der Kommunikation voranzukommen.

Partner gefunden

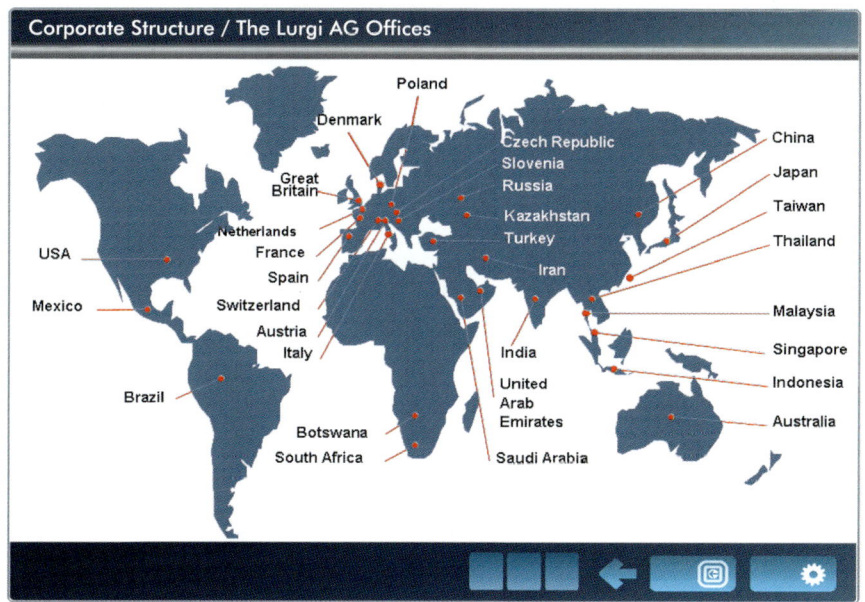

Bild 17.2 Weltweite Standorte prägen moderne Konzerne wie die Lurgi AG.

Es ist aber nicht damit getan, die modernsten Kommunikationsmittel zu haben. Globale Zusammenarbeit wird nur erfolgreich sein, wenn die Prozesse quer über die Kontinente aufeinander abgestimmt und effizient koordiniert werden.

Einheitlich, eindeutig, passend

Innerhalb eines weltweit aktiven Konzerns bedeutet dies einheitliche Prozesse, eindeutige Klassifizierung, eindeutige Artikelnummern und Bezeichnungen sowie sinnvoll verteilte Datenhaltung mit größtmöglicher Sicherheit. Als eines der größten Hindernisse dürften sich dabei die enormen kulturellen Unterschiede erweisen, von der Sprache bis zu den Gewohnheiten der Menschen, über die man sich innerhalb einer nationalen Organisation nie große Gedanken gemacht hat.

Kulturschock

Über Firmengrenzen hinweg ist globale Zusammenarbeit noch schwieriger zu beherrschen. Neben den nationalen Unterschieden kommen hier auch die Differenzen in den Unternehmenskulturen zum Tragen. Um ein Vielfaches steigen die Anforderungen an die Datensicherheit. Aber auch die Frage, welche Daten und Informationen der Partner bekommen kann und muss und welche auf keinen Fall in seine Hände gelangen dürfen, hat erheblich größeres Gewicht, wenn es um Firmengrenzen und nicht um Kontinente geht, die überbrückt werden müssen.

Der 3D-Effekt

3D-Modelle sind auch hier die Grundvoraussetzung gemeinsamer Produktentwicklung, aber wirklich effizient wird die Zusammenarbeit erst mit PDM. Zentrale Steuerung der Benutzerrechte und der Arbeitsabläufe, zentrale Verwaltung der Datenspeicherung und des Austauschs mit Fremdsystemen machen den geregelten und sicheren Abgleich der unterschiedlichen Entwicklungsstände erst möglich. Entweder über dasselbe Programm oder über den Internetzugang aus einem Browser heraus.

17.3 Outsourcing

Es ist nicht erst die Öffnung des Weltmarktes, die das Thema Outsourcing akut werden ließ. Sie hat die Lage nur erheblich verschärft und beschleunigt. Ursache ist vor allem die Entwicklung der Unternehmensprozesse selbst.

Kernkompetenz

Während Teams bereichsübergreifend gemeinsame Projekte in Angriff nehmen, steht für das Management nämlich gleichzeitig immer wieder von Neuem die Frage der Kernkompetenz des Unternehmens auf der Tagesordnung. Und je weniger die komplette Wertschöpfungskette unter demselben Dach stattfinden muss, je einfacher über Computerunterstützung und Web-Technologie die Zusammenarbeit auch über Firmengrenzen hinweg funktioniert, desto leichter fällt natürlich die Entscheidung, auf manche Nichtkernbereiche – und die damit verbundenen laufenden Kosten – lieber zu verzichten.

Auch in Europa

In Deutschland mag diese Entwicklung etwas später eingesetzt haben, jetzt ist sie jedenfalls auch dort nicht zu übersehen. In anderen Ländern, auch und gerade in Europa, ist sie schon seit einigen Jahren einer der wichtigsten Trends, auch in der Fertigungsindustrie.

Untersucht man alle Unterprozesse der gesamten Produktentstehung, dann gibt es kaum noch einen, der nicht auch für solche Überlegungen infrage kommen könnte. Jedenfalls sind das Design, die Konstruktion, die Berechnung, der Werkzeug- und Prototypenbau längst nicht mehr tabu.

Entwicklung eingeschlossen

Unternehmen, in denen solche Schritte überlegt werden oder zur Entscheidung anstehen, sollten aber auf einige Dinge Wert legen:

- Das wichtigste Kapital eines Fertigungsbetriebes liegt in der Regel nicht in den Maschinen und Hallen, sondern im Know-how seiner Spezialisten.

Know-how zählt.

- Bevor die Konstruktion oder andere Bereiche der Entwicklung ausgelagert werden, muss sichergestellt sein, dass dieses intellektuelle Kapital wirksam geschützt ist.
- Eine Auslagerung erfordert die gründliche Vorbereitung der Kommunikation zwischen den verschiedenen internen und externen Bereichen der Entwicklung.

Nicht ohne Weiteres

Das sichere und transparente Management der Produktdaten ist auch und gerade im Falle von Outsourcing einer der Schlüssel, um unter veränderten Bedingungen erfolgreiche, stabile Prozesse zu erreichen.

17.4 Produktentstehungsprozess bei AGFA im Wandel

Wir haben uns nun schon eingehend damit beschäftigt, was sich in den letzten zehn, zwanzig Jahren durch den zunehmenden Einsatz von Computerunterstützung in der Produktentwicklung geändert hat. Wie aber sah eine typische Produktentwicklung vor rund zehn Jahren konkret aus? Und wie heute? Nehmen wir ein Beispiel aus dem wirklichen Leben zur Veranschaulichung. Es ist kein Beispiel der Anwendung von PRO.FILE. Es dient in erster Linie zum Verständnis der wesentlichen Trends im modernen Produktentstehungsprozess.

Nicht wie bisher

Der langjährige Leiter von Forschung und Entwicklung bei AGFA München, Bereich Healthcare, Jürgen Müller, war bis zu seiner Pensionierung 2003 ein Manager, der auf Herausforderungen des Marktes nicht mit kurzfristigen und kurzlebigen Schnellschüssen, sondern mit Visionen und handfesten, strategischen Roadmaps zu reagieren pflegte. Das Ergebnis sind höchst innovative Prozesse, die uns ahnen lassen, was heute schon möglich und in wenigen Unternehmen auch realisiert ist und worauf sich vielleicht die Zukunft unserer Fertigungsindustrie insgesamt gründen wird. Die folgende Darstellung basiert auf intensiven Gesprächen mit Jürgen Müller.

Innerhalb von zehn Jahren

17.4.1 Produkte: immateriell, digital und kurzlebig

AGFA Healthcare entwickelt und fertigt Geräte zur konventionellen und digitalen Röntgendiagnostik, also zur Entwicklung konventioneller Bilder aus Röntgenauf-

Gute Diagnose

nahmen, zunehmend aber auch zur Umsetzung von Kernspin- oder Röntgenuntersuchungen in digitale Bilder auf verschiedenen Ausgabemedien.

Leichtes Design

Mitte der 90er-Jahre analysierten die Ingenieure in München einige wichtige Trends, die schließlich zur Implementierung einer Firmenphilosophie unter dem Namen *Light Design* führten. Die Trends waren einerseits der generell rasant wachsende Ersatz beziehungsweise die Ergänzung mechanischer Komponenten durch elektronische und durch Software und andererseits die Miniaturisierung der Produkte.

Halb so groß, doppelt so gut

Die Folgerungen der Experten bei AGFA waren drastisch. Sie gründeten ihr *Light Design* auf ein Konzept, das der langjährige Chefdesigner von Siemens, Herbert H. Schultes, formuliert hatte. Das Leitmotiv dabei lautete vereinfacht: Jedes neue Produkt muss wenigstens um die Hälfte kleiner sein als sein Vorgänger, und es sollte gleichzeitig deutlich mehr leisten können und spürbar kostengünstiger sein.

Greifen wir ein Produkt heraus: Die vier Generationen Digitizer der digitalen Radiographie erfuhren eine erstaunliche Miniaturisierung. Die ADC 70 beeindruckte 1995 mit der Größe eines Klaviers und bestand aus 21000 Einzelteilen mit entsprechend hohen Kosten. Der Nachfolger, die ADC Compact, hatte schon 2000 Teile weniger und kam mit halbierter Größe und halbiertem Preis auf den Markt.

Bild 17.3 Light Design führt zu drastischer Miniaturisierung.

Miniatur

Wieder einen Schritt weiter brachte es das ADC Solo auf knapp 10000 Teile, kostete nur noch 30% und benötigte ein Viertel der Stellfläche des ADC 70. Das nächste Gerät beinhaltet nur noch zehn Prozent der Teilezahl, 15 Prozent der Zahl seiner Ersatzteile – und hing an der Wand.

In den Workflow integriert

Die Folgen sind nicht weniger dramatisch. 1995 war im Normalfall ein separater Raum als Röntgenzentrale in einer Praxis oder Klinik erforderlich. Das heutige Gerät hängt im Behandlungsraum und ist kaum größer als das Röntgenbild selbst. Statt einen speziellen Arbeitsablauf zu erzwingen, wird der ganze Prozess in den vorhandenen Workflow integriert.

Ein weiterer Trend war nicht zu übersehen. Die Produkte veralten immer schneller. Die immer raschere Entwicklung neuer Technologien zwingt den Produzenten immer früher zur Lieferung neuer Produkte, mit denen der Kunde auch den Nutzen aus technologischen Neuerungen ziehen kann. Oder auf der Linie des *Light Design*: In ständig kürzer werdenden Abständen sind immer kleinere, leichtere, billigere und zugleich leistungsfähigere Produkte zu entwickeln. Weder die Anforderungen des Marktes noch die visionäre, neue Entwicklungsphilosophie, das war allen Beteiligten klar, konnten mit den herkömmlichen Methoden der Produktentwicklung erfüllt werden.

Schneller alt

17.4.2 Prozesse: Virtuelle Realität

Die verblüffende Lösung dieser beinahe unlösbar erscheinenden Aufgabenstellung lag in der Anwendung der Erkenntnisse über die Produkte auf deren Entwicklung. Auch in der Produktentwicklung müssen Mechanik und physikalische Prototypen mithilfe von Software, Elektronik und modernen Technologien durch virtuelle Modelle ersetzt werden.

Naheliegend

Traditionell war die Produktentwicklung ein langwieriger Iterationsprozess. Der Weg von der Idee zum Produkt führte über das funktionale Konzept schnell zu ersten Detaillierungen und Hardware-Prototypen. An diesen wurde aufwendig getestet, was das Produkt später einmal leisten sollte.

Lange Reihe

Nie war der erste Prototyp der einzige. Immer gab es eine ganze Reihe von Schleifen, in denen jedes Mal erneut die Kette von Konstruktion, Werkzeugbau, Modellbau, Prototypenerstellung und Versuchsreihen durchlaufen werden musste. Und erst beim Zusammenbau des Prototypen und bei den damit durchgeführten Tests stellte sich heraus, ob die Konstruktion gut genug oder immer noch verbesserungswürdig war.

Diese Vorgehensweise kostete nicht nur enorm viel Zeit und Geld. Das Produkt wurde auch immer umfangreicher in seiner Funktionalität und auch in seinem Äußeren. Jürgen Müller: „Als wir mit *Light Design* begannen, haben wir unter anderem untersucht, welcher Anteil eines Gerätes eigentlich wirklich erforderlich für seine Funktion war. Und kamen zu dem Schluss, dass 75 Prozent unserer damaligen Konstruktionen aus nicht funktional begründetem Beiwerk bestanden. Mit der nächsten Generation hatten wir diesen Anteil dann immerhin schon auf die Hälfte reduziert."

Nur was zählt

Ende der 90er-Jahre wurde mit Pro/E ein moderner 3D-Modellierer mit integriertem Produktdatenmanagement eingeführt. Ein Stufenplan sorgte für die schrittweise Trennung des eigentlichen Produktes von der Information darüber. Virtuelle Produktdefinition lautete das Motto dieses Schrittes. Statt sich in wiederholten Schleifen mithilfe von realen Prototypen der Serienreife zu nähern, sollte das Produkt schon am Bildschirm so weit gebracht werden, dass das erste wirkliche Produkt reif für den Einsatz beim Kunden wäre.

Neue Methoden

Das bedeutete die frühzeitige Einbeziehung unterschiedlicher Disziplinen in die Projektteams. Statt in Versuchsreihen mit wirklichen Geräten mussten Funktionsweise, Bedienbarkeit, Belastbarkeit und auch die äußere Verpackung schon am

Interdisziplinär

Bildschirmmodell geprüft werden – parallel zur eigentlichen Modelldetaillierung. Recycling-Spezialisten wurden ebenfalls hinzugezogen, nach dem Motto: Was nicht hineinkonstruiert wurde, muss später nicht aufwendig entsorgt werden. Der Kundendienst und die Montage konnten sich schon am Modell Gedanken zum Training der Mitarbeiter machen.

Auf den Kopf gestellt

Im Ergebnis wurde der gesamte Prozess der Produktentstehung gewissermaßen auf den Kopf gestellt. Statt einer kurzen Konzeptphase mit relativ vagen Zielvorgaben und einer sehr langen, in zahlreichen Schleifen wiederholten fixen Phase der Detaillierung findet man bei AGFA heute das Gegenteil: Eine sehr lange Phase der Produktdefinition führt zu sehr klaren Ergebnissen, die dann in einer sehr kurzen, fixen Realisierungsphase sofort das einsatzfähige Produkt liefern.

Der letzte Schritt

Auf diese Weise ist die Konstruktion, die Ausdetaillierung des definierten Konzeptes vom alles bestimmenden Kernprozess der Entwicklung zu einem letzten Schritt geworden, der dann sogar ausgelagert werden kann zu einem Konstruktionsbüro oder Ingenieurdienstleistungsunternehmen. Das Know-how steckt nämlich nicht in der Umsetzung eines Modells in Details, Fertigungsunterlagen, Werkzeuge und Vorrichtungen, sondern im Modell selbst.

17.4.3 Den Lebenszyklus im Blick

Alle im Boot

Die Neuausrichtung des Produktentstehungsprozesses hatte aber noch viel weiter reichende Auswirkungen. Jetzt, mit allen Disziplinen von Anfang an im Boot, stand nicht mehr das Produkt, sondern sein ganzer Lebenszyklus im Blickpunkt des Interesses. Und das führte dazu, dass frühzeitig auch ein grundsätzlicher Wandel im Produkt selbst und im Verhältnis zwischen Produzent und Kunden erkannt wurde.

Virtueller Kundendienst

Eine Konsequenz war beispielsweise die Entwicklung des *Virtual Customer Care*. Die zunehmende Digitalisierung der Produkte führt nämlich dazu, dass auch der Service in hohem Maße automatisiert werden kann.

Alle neuen Geräte werden über das Internet miteinander und mit der Kundendienstzentrale vernetzt. Tritt ein Fehler auf oder droht eine Fehlfunktion, ermöglicht dieses Netz eine Fernanalyse, und zwar oft bevor der Endkunde überhaupt etwas merkt. Häufig bekommt er vom Service einen Anruf, der ihn auf ein Problem aufmerksam macht oder ihm die sofortige Behebung anbietet.

Zuverlässig

Trotz rapide gesunkener Kosten für den Service beim Kunden und erheblicher Einsparungen bei AGFA steigt auf diese Weise die Zuverlässigkeit der Produkte ständig. Über das Internet werden die Geräte reihum an drei weltweit verteilte Zentralen geschaltet, die so einen 24-Stunden-Service an sieben Tagen die Woche garantieren können.

Dienstleister

Längst versteht AGFA unter Dienst am Kunden nicht mehr nur die Behebung von Funktionsstörungen oder die Reparatur von Geräten. Zunehmend erwartet der Kunde eine Dienstleistung, die den Betrieb des Gerätes über seinen Lebenszyklus in der Klinik oder Praxis sicherstellt. Und er erwartet den Ersatz des Gerätes, sobald eine Neuentwicklung verfügbar ist.

Der Prozess des Kunden

Für Jürgen Müller ist damit eine Entwicklung eingeleitet, die noch einen Schritt weiter gehen wird. Das Produkt tritt immer mehr in den Hintergrund, der Prozess des Kunden rückt nach vorn. Langfristig werden Produkte seiner Meinung nach nicht viel mehr darstellen als die Plattform, auf deren Grundlage der Hersteller seine Dienstleistung zum Co-Management der operativen Prozesse beim Kunden anbietet. Aus dem Lieferanten wird der Partner, der innovative Vorschläge einbringt, wie diese Prozesse weiter verbessert werden können.

Eine Schlüsselrolle bei der aktiven Neugestaltung der Produktentwicklung – und damit kommen wir zurück zur Ausgangsfrage – spielt neben dem 3D-Modell zur virtuellen Produktdefinition das Management aller Entwicklungsdaten über PDM. Weder die interdisziplinäre Zusammenarbeit der Projektteams noch die frühzeitige Absicherung der Entwicklungsziele noch das reibungslose Ineinandergreifen von Mechanik, Elektronik und Software sind denkbar, ohne dass alle digitalen Daten in ihrem funktionalen Zusammenhang sicher verwaltet werden.

Schlüssel

■ 17.5 Die Rolle von PDM

Am Beispiel AGFA wird klar, was wohl künftig für die Mehrheit der Fertigungsunternehmen gelten dürfte: Vorbei die Zeiten, in denen der Konstrukteur aufgrund eines groben Konzeptes erst einmal mit dem einzelnen Bauteil beginnt, andere mit weiteren Teilen, die dann irgendwann zusammengefügt werden zu Baugruppen und schließlich zum eigentlichen Produkt; vorbei die Zeiten, als es sich ein Unternehmen leisten konnte, erst beim fertig gestellten Prototypen wirklich zu wissen, ob die Teile zueinander passen, ob das Produkt montierbar oder eventuell dort einbaubar ist, wo es schließlich seine Funktion erfüllen soll.

Nicht zuletzt

Das Gegenteil ist möglich und wird sich – unter dem heftigen Druck des Marktes – rascher als Standard durchsetzen, als vielen lieb sein mag. Schon in der Konzeptphase entsteht ein 3D-Modell, das die Ausmaße des Gesamtproduktes kennt und annimmt und bei Bedarf entsprechend der funktionalen Gliederung in Baugruppen und einzelne Parts unterteilt werden kann. Ein Gerippe vielleicht nur, und doch ein sehr handfester Bezugspunkt für alle weiteren Schritte.

Von Anfang an

Auf dieser Basis können – falls erforderlich und sinnvoll – mehrere Konstrukteure parallel an der Detaillierung des Modells arbeiten. Stets mit der Möglichkeit zu überprüfen, ob ihr Teil in die Baugruppe oder ihre Baugruppe in den Bauraum passt.

Nur so geht's parallel.

Diese Vorgehensweise ist der einzige Weg, um Ziele umzusetzen, wie sie bei AGFA vor einigen Jahren bereits in Angriff genommen und realisiert wurden: dramatische Verkürzung der Entwicklungszeit, Eliminierung unnötiger Komponenten, frühzeitige Prüfung und Simulation bereits am Modell.

Ohne PDM ist diese Vorgehensweise praktisch nicht realisierbar. Wer solche Ziele ins Visier nimmt, der kann nicht mehr dem Konstrukteur überlassen, wie er seine konstruierten Teile oder Baugruppen verwaltet. Der Ingenieur ist nur noch eine schlechte Karikatur des Erfinders Daniel Düsentrieb, wenn er seine Zeit damit zubringt, Namen für Dateien und Verzeichnisse zu erfinden, die außer ihm niemand

Die Karikatur des Ingenieurs

im Unternehmen kennt und hinter denen sich seine Konstruktionen – im wahrsten Sinne des Wortes – verstecken.

Transparenz! Wo parallele Prozesse notwendig sind, ist Transparenz das Gebot der Stunde. Das Schlimmste an den individuell gespeicherten Daten – abgesehen von der enormen Zeit, die dabei verschwendet wird – ist nämlich, dass eine Datei nicht weiß, welche anderen Dateien noch mit demselben Projekt zu tun haben. Und wie oft derselbe Entwicklungsansatz, möglicherweise in unterschiedlicher Ausprägung, bereits realisiert wurde. Damit aber werden alle erzeugten Daten zu einem undurchdringlichen Dickicht, und ihr Nutzen schwindet im gleichen Maße, wie sie sich vermehren.

18 Fallbeispiel Einhandmischer

Der Nutzen und die besondere Effektivität von Software für das Produktdatenmanagement ergeben sich in der Praxis. Deshalb sollen konkrete Fallbeispiele helfen zu verstehen, was den Unterschied der Entwicklungsarbeit, aber auch den Unterschied in verschiedenen Unternehmensprozessen anderer Bereiche mit und ohne PDM ausmacht.

Bild 18.1 Bekannte Marke

Die Produkte des Unternehmens, das uns im ersten Fall dankenswerterweise Einblick in die Details der Entwicklungsprozesse gegeben hat, sind weithin bekannt. Die GROHE AG mit ihrer Zentrale im westfälischen Hemer ist der größte Sanitärarmaturenhersteller Europas und weltgrößter Exporteur von Badearmaturen. Sechs Produktionsstandorte weltweit, davon drei in Deutschland, 23 Vertriebsgesellschaften und zahlreiche Vertretungen in mehr als 130 Ländern – mit knapp 5200 Mitarbeitern hat GROHE 2006 einen Umsatz von rund 940 Millionen Euro erwirtschaftet, über 80 Prozent davon im Export. Wir greifen aus der breiten Produktpalette einen Einhandmischer heraus, dessen Entstehungsprozess wir jetzt von der Idee bis zur Fertigungsfreigabe verfolgen.

Alles erfunden

Suchen Sie dieses Produkt nicht auf der Homepage von GROHE, in Katalogen oder im Fachgeschäft. Wir haben es erfunden. Aber so, wie hier geschildert, sind die Abläufe, wenn eine ähnliche Idee realisiert wird. Die Schilderung beruht auf den Gesprächen mit dem für das Engineering Data Management System (EDM) Verantwortlichen Thomas Biekehör.

18.1 Die Idee

Der Markt

Das strategische Marketing von GROHE hat in einer gründlichen Marktuntersuchung festgestellt, dass ein Marktsegment am oberen Ende der Produktklassen nicht befriedigend abgedeckt ist. Ein Vorprojekt wird gestartet, das die Rahmenbedingungen abklären soll. Welche Varianten müsste die neue Produktlinie umfassen? Welche Preise könnten erzielt werden? Wird es ein Produkt sein, das einen wichtigen Beitrag zum Firmenumsatz leisten kann, oder würde es vor allem den Namen des Hauses stärken? Mit welchem Kosten-Nutzen-Verhältnis muss gerechnet werden?

Erste Dokumente

Es sind hauptsächlich Text- und Zahlendokumente, die hier entstehen. Markteinschätzungen, Stellungnahmen, Berechnungstabellen, eventuell auch schon Kapazitäts- und Terminpläne auf Basis von Office-Programmen. Es gibt erste grafische Bestandteile, die entweder auf dem Papier oder auf dem Bildschirm entstanden sind.

Machbar

Das Ergebnis ist eine Machbarkeitsstudie einschließlich Design- und technischer Skizzen, die das Marketing zu dem Schluss kommen lässt: Ein Entwicklungsprojekt ist sinnvoll. Innerhalb der strategischen Produktbereiche wird eine Portfolioanalyse durchgeführt: Die Entscheidung trifft der Projekt-Portfolio-Steuerungskreis, dem unter anderem auch der Vorstand angehört. Der Arbeitstitel für die neue Produktlinie ist *EURONEW*.

Projektverantwortung

Das Projekt kann gestartet, das Team gebildet werden. Auch bei GROHE sind nämlich die Zeiten serieller Teilprojekte ohne übergreifende Steuerung und Verknüpfung längst vorbei. Ein Projektmanagement wurde eingeführt, das derzeit aus sechs Entwicklungs- und Fertigungsingenieuren besteht, die heute nicht mehr konkrete Funktionsaufgaben wahrnehmen, sondern für innovative Projekte die Verantwortung übernehmen. An einen dieser sechs geht das genehmigte Lastenheft für unser Projekt. Es ist das Startsignal für die Bildung eines Projektteams.

18.2 Das Team und die Aufgabenstellung

Von Anfang an setzt sich das Team interdisziplinär zusammen. Die Entwicklung stellt mehrere Spezialisten ab, die für die Entstehung des Produktes zuständig sein werden. Für das Design wird – neben den internen Designtechnikern – ein externes Büro hinzugezogen. Auch die Fertigung ist dabei, die für die Realisierung des Projektes und die Umsetzung in fertigungstechnisch machbare Produkte verantwortlich ist. Und natürlich das Marketing, das ja schließlich für die Initialzündung des ganzen Projektes gesorgt hat.

Alle an Bord

Die Tools, mit denen das Team vorwiegend seine Arbeit erledigt, sind unterschiedlicher Herkunft und haben verschiedene Schwerpunkte. Allein im CAD-Umfeld werden zwei Programme genutzt, von denen eins mit *PRO.FILE EDM/PDM* integriert ist.

2 Mal CAD

Die Aufgabenstellung ergibt sich aus dem Lastenheft. Ein Einhandmischer soll entwickelt werden, in fünf verschiedenen Farbvarianten. Zielmärkte sind in erster Linie Deutschland, Frankreich und England, daneben die Benelux-Staaten, Italien und Spanien sowie die Türkei und einige weitere Länder in Osteuropa und dem asiatischen Raum. Für all diese Länder gilt es, die unterschiedlichen gesetzlichen Bestimmungen und die durch spezifische Infrastrukturen gesetzten Rahmenbedingungen in der Entwicklung zu berücksichtigen.

Lastenheft

Einhandmischer werden grundsätzlich für unterschiedliche Zapfstellen parallel entworfen. Neben dem Waschtisch eben für die Badewanne, für die Dusche oder auch für das Bidet.

Die Linie

Wir reden also über eine Produktlinie, die sich aus vier verschiedenen Produkten mit fünf Farb- und zahlreichen Ländervarianten zusammensetzt. Für dieses Projekt veranschlagt der Projektleiter eine Durchlaufzeit von zwei Jahren. Und los geht's.

18.3 Die Designstudie

Der Designer. Braucht man ihn überhaupt noch? Kann man nicht einfach im CAD-System ein bisschen mit Formvarianten spielen und hat dann gleich das Modell für die Detaillierung? GROHE hätte nicht seine führende Position im Markt, wenn auch nur versucht würde, solchen Gedanken nachzugehen.

Das Design nimmt hier eine für den Markterfolg absolut vorrangige Rolle wahr. Das Aussehen, die schöne Form – der Stil der Armaturen soll sich als ein Bestandteil des Lebensstils der Menschen etablieren, die sie benutzen, ob zu Hause, im Büro oder im Hotel. In unserem Fall geht es vor allem um den Hebel und seine Befestigung, einen Abdeckungsklipp, ein Gehäuse, und um die Gestaltung der Darstellung, auf welche Weise Heiß und Kalt gemischt werden können. Dabei handelt

Hoch das Design

es sich um ein farbliches oder alphanumerisches Zeichen, das mit dem Laser eingebrannt oder aber aufgedruckt werden soll.

Scribble und Alias — Die Designer bei GROHE und die Mitarbeiter des als Partner gewählten Büros arbeiten vorwiegend mit zwei Systemen: Das eine besteht aus der Hand, dem Stift und dem Scribble-Block, das andere – bei GROHE eingesetzte – heißt *Alias*. Und mit beiden Systemen arbeiten sie Hand in Hand.

Geknetet und geformt — Der externe Partner ist nach bestimmten Designvorgaben und aufgrund von Absprachen im Team für die gesamte Formgebung des Einhandmischers verantwortlich. Seine händisch erzeugte Skizze lässt sich anschließend mit *Alias Software* auf dem Bildschirm weiter bearbeiten. Mit Vorgehensweisen und Tools, die sehr nahe dran sind am Scribbeln auf dem Papier. Aus Skizzen werden Oberflächen von 3D-Modellen, die weiter so manipulierbar sind, dass der Designer und die Designtechniker bei GROHE (fast) das Gefühl haben, als würden sie Modelle kneten und von Hand verformen.

Konvertiert — Vor der Designfreigabe für die weitere Entwicklung konvertieren die Oberflächenspezialisten ihre Formen nach *Unigraphics*, das auf knapp 20 Arbeitsplätzen installiert ist. Hauptgrund ist eben die sehr gute Übertragbarkeit der Designdaten von *Alias* zu *Unigraphics*. Aus Flächenmodellen werden in diesem System nun Volumina.

Das Hauptwerkzeug — Verschiedene Gründe haben bei GROHE vor einigen Jahren zur Entscheidung geführt, das System *Solid Edge* zum Hauptkonstruktionstool zu machen. Dies sind vor allem die hohe Funktionalität bei relativ einfacher Handhabung, die geringeren Kosten und der erheblich geringere Schulungsaufwand gegenüber High-End-Systemen wie *Unigraphics*. GROHE ist derzeit mit seinen rund 150 Lizenzen einer der größten *Solid Edge*-Kunden in Deutschland.

Um die Designmodelle auszuarbeiten, werden die in *Unigraphics* entstandenen Baugruppen in Einzelteile zerlegt und über den integrierten Modellierkern *Parasolid* in *Solid Edge* nullpunktorientiert eingelesen und abgespeichert.

Von Teil zu Teil — Man hat bei GROHE diese Verfahrensweise gewählt, um auf Basis der nun vorhandenen Solid Edge-Einzelteile die weitere Modellierung zu vereinfachen und die Positionierbedingungen innerhalb einer Solid Edge-Baugruppe optimal definieren zu können. Die endgültige Baugruppenstruktur wird erst im Konstruktionsprozess festgelegt.

Bis zum Ende des Designs hat EDM/PDM in unserem Beispiel noch keine Rolle gespielt. Es handelt sich schließlich um eine Neuentwicklung, nicht um eine der vielen Änderungen von bereits in Großserien gefertigten Armaturen, bei denen schon früh auf die vorhandenen Daten zurückgegriffen werden muss.

PRO.FILE, übernehmen Sie! — Aber jetzt, mit der Übertragung des Designs nach Solid Edge und der Aufteilung des Projektes in Teilprojekte einzelner Mitarbeiter, übernimmt PRO.FILE die Kontrolle über die Daten, die im Zusammenhang der Gesamtentwicklung von Bedeutung sind und noch sein werden.

Von EDM und PDM — Bei GROHE, so Thomas Biekehör, ist die Sprachregelung allerdings EDM, also Engineering Data Management. Von Produkt wird hier erst gesprochen, wenn die Freigabe für die Produktion erfolgt ist. Dann gibt es Materialnummern in mySAP-ERP-2005, und damit kann die gesamte Produktlinie sich auf den Weg machen zum Serienprodukt und zum Kunden.

Noch aber haben wir nur Einzelteile, und selbst wenn die Teile freigegeben und virtuell verbaut sind zu Unterbaugruppen und vollständigen Modellen – solange sie virtuell sind, heißen sie Teile und Modelle und gehören schwerpunktmäßig zum Bereich Engineering. Deshalb nennt GROHE das, was andernorts als Produktdatenmanagement bezeichnet wird, der Klarheit halber EDM.

18.4 Die Teilmodelle

Schon unmittelbar beim Anlegen der Einzelteile in Solid Edge wird PRO.FILE aktiviert. Thomas Biekehör legt Wert darauf, dass dafür das Design verantwortlich ist. „Früher wechselte – mit der Freigabe des Designs für die Entwicklung – die Verantwortung für den weiteren Verlauf zu den Konstrukteuren. Heute behält der Designer die Verantwortung für seinen Teil der Arbeit auch weiterhin. Und wenn eine Änderung am Designmodell erforderlich ist, dann kann das nur er tun. Das ist eine sehr wichtige Veränderung. Das Team muss über solche Dinge gemeinsam beraten und entscheiden, aber innerhalb des Teams gibt es klare Verantwortlichkeiten, an denen nicht gerüttelt werden darf. Und dabei hilft uns EDM hervorragend."

Volle Verantwortung

Die Integration der Datenmanagement Software lässt den Benutzer kaum merken, dass neben dem CAD-System noch ein anderes Programm genutzt wird. Die Funktionen zur Abspeicherung des Modells ruft er innerhalb der Oberfläche von Solid Edge auf.

Fast unbemerkt

Damit wird das Modell zu einem *Teil* erklärt. Es erhält eine Entwicklungsnummer und eine eindeutige Benennung, beispielsweise Hebel, sowie die Projektbezeichnung EURONEW. Der Hebel und alle weiteren zum Projekt gehörenden Teile werden außerdem über eine PRO.FILE-Funktion miteinander verknüpft und lassen sich nun sowohl unter dem Arbeitstitel des Einhandmischers als auch über die zusammengehörenden Nummern finden.

Nummern und Namen

Gleich drei Konstrukteure sind mit der Detaillierung beauftragt worden. Einer hat den Hebel samt Befestigung und Klipp zur Abdeckung zu bearbeiten, einer das Gehäuse und die Heiß-Kalt-Markierung, der dritte den Zusammenbau und die funktionale Detaillierung.

Parallel am Werk

Die Modelle sind zunächst sogenannte Body Features. Man kann sie sich vorstellen wie kompakte Modelle der künftigen Teile, also Vollmaterial ohne die später darin unterzubringenden und für die Funktionalität wichtigen Teile und noch nicht mit irgendeiner Wandstärke für die einzelnen Abschnitte des Gießteils versehen.

Aus dem Vollen

Für die einzelnen Arbeitsschritte wird die tief gehende Integration von Solid Edge und PRO.FILE intensiv genutzt. Im Verlauf der Konstruktion werden die Designmodelle im CAD-System nämlich lediglich als Referenzen verwendet. Der erste Konstruktionsschritt ist der Bezug auf die bestehenden Geometrien, aber das Design selbst bleibt unverändert erhalten. Keiner der Konstrukteure hat überhaupt ein Recht, an diesen Urmodellen etwas zu modifizieren.

Tief integriert

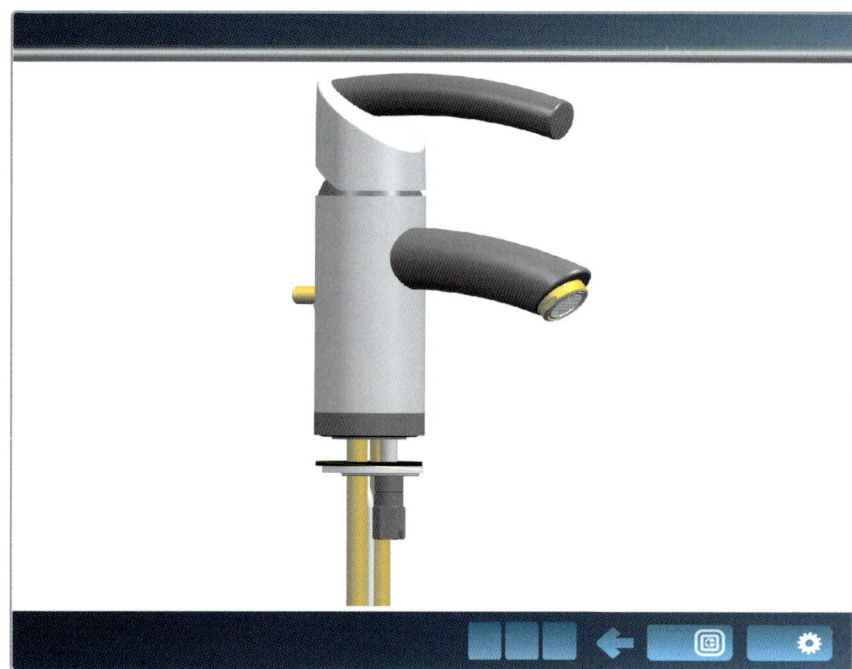

Bild 18.2 Solid Edge-Modell des Einhandmischers

Neue Version? Neues Element? Wenn sich während der Detaillierung herausstellen sollte, dass beispielsweise ein Funktionselement nicht in das Design passt, dann muss eine Entscheidung getroffen werden, die entweder zu einer neuen Version des Modells führt, das wiederum vom Designer freizugeben ist, oder zu einem speziell für diese Linie zu entwickelnden Funktionselement. Die Freigabe selbst ist ein Workflow-Status, der bei GROHE in PRO.FILE definiert wurde.

Klare Verhältnisse Diese klaren Prozesse bedeuten in der Praxis eine beträchtliche Arbeitserleichterung und führen zu einer erheblichen Zeiteinsparung. Denn vorher bedeutete eine Änderung des Designmodells, dass ein Neuanfang in der Konstruktion unvermeidlich war. Heute wird einfach das Referenzmodell, auf das sich die Konstrukteure beziehen, über PRO.FILE durch die neue Version ersetzt. Der Rest ist vorhanden und kann der neuen Geometrie in der Regel in wenigen Schritten angepasst werden.

Mit vollem Recht Jeder der Konstrukteure erhält die vollen Rechte für seine Teile. Er kann sie nicht nur auf seinen Arbeitsplatz laden, er darf sie auch verändern. Er kann sie sperren, wenn er etwa gerade an einer wichtigen Korrektur arbeitet, die er unbedingt erst freigeben will, bevor irgendjemand sie weiter als Bezugsobjekt nutzt. Und selbstverständlich hat er das Recht zu diesen einzelnen Freigabestufen, von denen es eine Reihe gibt, bis das Modell seine – vorläufig – endgültige Form erreicht hat.

Nicht ausgeschlossen Während die Konstrukteure für ihr jeweiliges Modell mehr Rechte haben, gibt es für das gesamte Projektteam die Möglichkeit, sich bei Bedarf über den aktuellen Stand aller Teile zu informieren. Das bedeutet einerseits Leserechte für die Metadaten aller Modelle. Die Listen oder Formulare geben dann Auskunft über die bereits erzeugten Einzelteile und ihren zum Abfragezeitpunkt erreichten Status. Andererseits haben sie auch die Möglichkeit, sich die Entwicklungsmodelle direkt anzuschauen. Sofern sie selbst mit Solid Edge arbeiten, können sie dies mit der vollen Funktionalität des CAD-Systems tun, ansonsten steht ihnen in PRO.FILE ein Viewer zur Verfügung.

Die gesamte Arbeit dreht sich in dieser Phase darum, das entworfene Design in Einklang zu bringen mit den Anforderungen der Technik. Denn neben den Designmodellen kommt ja noch eine Reihe anderer Teile ins Spiel.

Technisch machbar

Das zentrale Element des Einhandmischers ist die Kartusche, in der Keramikscheiben für die unmittelbare Umsetzung von Hebelbewegungen in die Mischung von Warm- und Kaltwasser sorgen, und ein Steuerhebel. Daneben gibt es Kupferrohre und flexible Schläuche, den Mousseur oder Luftsprudler am Auslauf und diverse andere Kleinteile.

Es stellt sich heraus, dass die Kartusche nicht ins Gehäuse passt, weil nach der optimalen Aushöhlung des Modells die verbleibende Wandstärke nicht ausreicht. Der Konstrukteur informiert seine Kollegen und den Designer, um eine neue Version des Gehäuses zu bekommen.

Passt nicht

Nach der Designkorrektur ist zwar die alte Version noch innerhalb von PRO.FILE vorhanden, aber nicht mehr als höchste. Alle anderen Mitglieder des Projektteams sehen ab sofort automatisch bei jeder Suche nach Modellen die neue und höchste, also die gültige Version des Gehäuses.

Die Höhe der Version

So wie das neue Gehäuse haben auch der Hebel und die anderen Teile ihre eigene Historie begonnen. Über ihren gesamten Lebenszyklus wird diese Entwicklungsgeschichte nun fortgeschrieben.

18.5 Die Versionen

Für Thomas Biekehör liegt hier einer der wichtigsten Fortschritte, den GROHE bei der Optimierung der Entwicklungsprozesse gemacht hat. Weil dies von Anfang an als einer der zentralen Aspekte gesehen wurde, hat GROHE auch maßgeblich zu einer Weiterentwicklung der PRO.FILE Software in puncto Versionierung beigetragen. Die Versionen spielen nämlich eine durchaus kritische Rolle, wenn es um die effektive Wiederverwendung bereits vorhandener Konstruktionen geht.

Für Wiederverwendung kritisch

Nehmen wir an, die Gestaltung einer Hebelbefestigung hat eine kleine, aber entscheidende Veränderung erfahren, die in einem bestimmten, aufgrund von Spezialberechnungen und Simulationen für optimal erkannten Verrundungsradius mündet. Mittlerweile ist aber der Hebel in rund 50 Varianten verfügbar, und entsprechend häufig findet sich in entsprechenden Baugruppen die inzwischen geänderte Befestigung.

In Varianten verbaut

Unmöglich kann automatisch erzwungen werden, dass die Änderung in allen vorhandenen Modellen übernommen wird. Es könnte ja sein, dass sie aus bestimmten, besonderen Gründen – zum Beispiel in einer Variante für einen bestimmten Absatzmarkt – gar nicht realisiert werden kann.

Nicht zu erzwingen

Umgekehrt könnte ein Entwickler später einmal im Rahmen eines Änderungsauftrags am Einhandmischer EURONEW die Befestigung kopieren wollen, die er in einem älteren Modell gefunden hat. Zufällig ist es aber nicht die optimierte Version, sondern eine frühere.

Was das Objekt weiß

Es gibt nur eine Möglichkeit, hier sicherzustellen, dass einmal generiertes Knowhow viele Male genutzt und verwendet werden kann: Das Objekt selbst muss jederzeit darüber Auskunft geben können, wie viele Versionen von ihm bis dato existieren und die wievielte Version die gerade aufgerufene ist.

Version mit Vergangenheit

Genau diese Funktionalität der sogenannten Versionshistorie bietet PRO.FILE seit Anfang 2004. Jedes versionierte Modell weist über eine Doppelzahl den aufgerufenen und den insgesamt erreichten Versionsstand aus. Eine Hebelbefestigung könnte also insgesamt beispielsweise neun Versionen erfahren haben, und die in einem konkreten Modell verbaute ist die Version 5. Dann erfährt der Benutzer, dass es sich hier um die Hebelbefestigung 5/9 handelt, um die fünfte von neun existierenden. Diese Funktion wird über eine Aktualisierung der Edge Bar innerhalb der Solid Edge-Baugruppe durch Abgleich mit den aktuell vorliegenden Datenbankinformationen realisiert. Jetzt weiß der Entwickler, dass es andere gibt, und er kann sofort auf die neueste Version zugreifen.

Ohne Referenz

Generell glaubt Thomas Biekehör, dass dem Versionsmanagement eine der wichtigsten Aufgaben im modernen Produktentstehungsprozess – speziell im Umfeld der 3D-Modellierung – zufällt: „Früher wurden Zusammenstellungszeichnungen des Gesamtproduktes und die zugehörigen Einzelteilzeichnungen separat voneinander erstellt. Es gab keine Referenzierung von der Zusammenstellungszeichnung

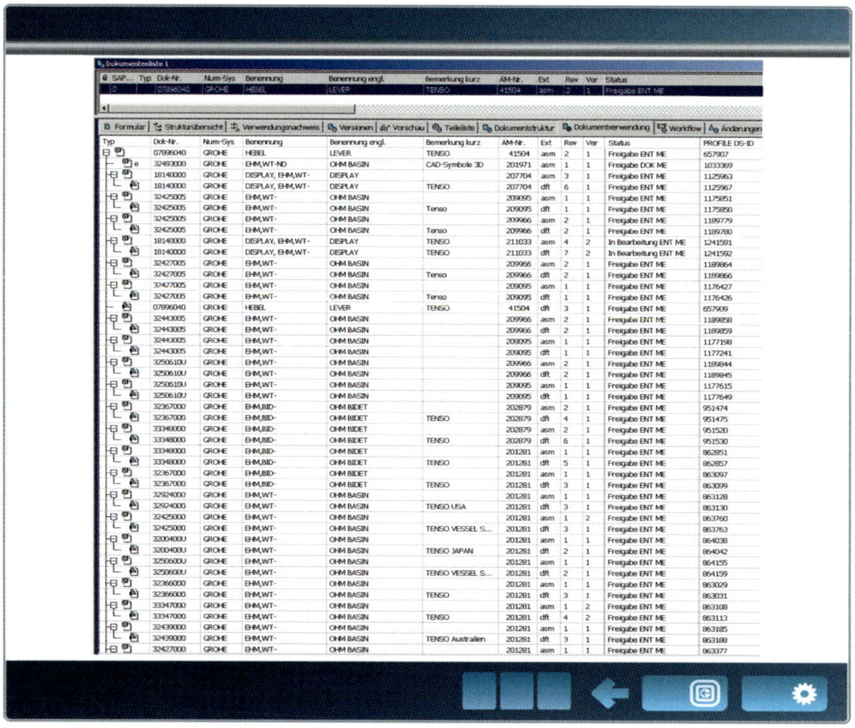

Bild 18.3
Verwendungsnachweis bei GROHE

auf die verschiedenen Einzelteilzeichnungen. Änderungen an Einzelteilen und den zugehörigen Zeichnungen konnten nicht automatisiert in den Zusammenbau-Zeichnungen nachgeführt werden.

Heute haben wir die Möglichkeit, im 3D-Modell alle Details darzustellen. Das EDM-System verwaltet und visualisiert die Verknüpfungen (Referenzen) zwischen den verschiedenen Objekten (Zeichnung→3D-Baugruppe→3D-Einzelteil←Zeichnung), die von Solid Edge erzeugt werden, und dokumentiert damit, welche Änderungen an Einzelteilen in welche Baugruppen eingeflossen sind. Baugruppenstrukturen und Einzelteilverwendungen werden über Browser-Darstellungen innerhalb von EDM transparent gemacht.

Alles drin

Und mit EDM können wir sogar nachträglich herausfinden, an welcher Stelle eine Korrektur erforderlich ist, wenn das Modell weiterhin identisch sein soll mit dem derzeit ausgelieferten Produkt. Natürlich muss immer abgewogen werden, ob sich der entsprechende Aufwand tatsächlich lohnt. Aber ohne EDM hätte man überhaupt keine Chance festzustellen, in welchen Versionen welcher Baugruppen bestimmte 3D-Modelle verbaut sind."

Ohne EDM keine Chance

■ 18.6 Der Standard

Neben den neu entworfenen Geometrien stecken in unserem Einhandmischer etliche Teile, die sich bereits vielfach bewährt und deshalb innerhalb des Hauses den Rang von Standardbauteilen erlangt haben. Für solche Teile, etwa die Kartusche oder den Steuerhebel, existieren bereits Modelle und Zeichnungen, auf die sich der Konstrukteur bei seiner Detailarbeit stützen kann. Daneben gibt es natürlich die Normteile, die Zukaufteile sind und für die zwar keine Zeichnungen nötig sind, aber sehr wohl 3D-Modelle.

Normteile

Bei GROHE sind Wiederholteile im Rahmen einer umfangreichen Produktklassifizierung bei der Einführung von SAP erfasst worden. Auf Basis der SAP-Informationen können die entsprechenden Produktnummern identifiziert und danach die Dokumente (Zeichnung und 3D-Modell) in PRO.FILE recherchiert werden. Auch diese Standardteile werden über 3D-Modelle dargestellt, um in der Lage zu sein, das komplette Produkt vollständig beschreiben und die benötigten, abgeleiteten Zeichnungen erstellen zu können.

Klassifiziert

Damit ist man auch in der Lage, eine Konstruktionsstückliste aus PRO.FILE abzuleiten, welche die Basis für die später zu erstellende SAP-Konstruktionsstückliste ist. Die Konstruktionsstückliste gibt die durch den Entwicklungskonstrukteur innerhalb von Solid Edge definierte Baugruppenstruktur wieder.

Mehrere Gründe sprachen dafür, die Klassifizierung ausschließlich im PPS-System vorzunehmen. Der wichtigste: Während der Entwicklungsphase entsteht lediglich das Modell eines Produktes. Seine explizite Ausprägung im einzelnen Produkt wird nicht dargestellt und erfasst. So existieren die fünf Farbvarianten nicht im Konstruktionsmodell. Zwar können Designer und Konstrukteur alle denkbaren Farben

Ausgeprägt

am Bildschirm durchspielen, aber letztlich wird das Modell, die 3D-Geometrie, gespeichert, die für alle Farbvarianten dieselbe ist. In der Fertigung gibt es aber für jede Farbe eine separate SAP-Materialnummer, die Produktnummer.

Aus PPS geholt — Der Konstrukteur versichert sich also im PPS-System bei allen Teilen, die nicht vom Designer geliefert wurden, ob sie als Standard- oder Normteile bereits verfügbar sind. Nur wenn dies nicht der Fall ist, werden sie zum Bestandteil seines Auftrages.

18.7 Die Baugruppen

Teil für Teil wächst der Einhandmischer zusammen. Bei manchen aus dem Design übernommenen Modellen kann sich herausstellen, dass sie aus technischen Gründen in weitere Details zergliedert werden müssen. Dann wird aus dem ursprünglichen Einzelteil eine Unterbaugruppe mit weiteren Teilen.

Hierarchie — Umgekehrt ergibt sich aus den verknüpften Modellen allmählich eine hierarchisch geordnete Struktur, die schon sehr nahe an die eigentliche Produktstruktur herankommt. Jedes Mitglied des Projektteams kann nun über PRO.FILE auf diese Baugruppenstruktur zugreifen und bei Bedarf einzelne Elemente auf seinen Bildschirm laden.

Zusammenbau simuliert — Durch die direkte Integration von PRO.FILE und Solid Edge können die Entwicklungsingenieure über die Modelle auch den Zusammenbau des gesamten Einhandmischers simulieren. Einschließlich der anderen zur Produktlinie gehörenden Objekte wie u.a. Kopfbrause, Brausestange, Handtuchhalter. Digital Mock-up ist nicht nur bei komplexen Produkten wie Kraftfahrzeugen ein wichtiges Werkzeug im Produktentstehungsprozess geworden. Zuerst muss die Montage auf dem Bildschirm funktionieren, dann stehen die Chancen gut, dass auch beim tatsächlichen Zusammenbau keine Probleme auftauchen.

18.8 Die Zeichnung

3D ist nicht alles. — Bei GROHE ist die technische Zeichnung neben dem 3D-Modell nach wie vor das entscheidende Medium für die Fertigung. Auch wenn die zeit- und kostengerechte Entwicklung, gemeinsam mit vielen Partnern und über mehrere Entwicklungsstandorte in verschiedenen Ländern hinweg, ohne das 3D-Modell nicht mehr denkbar wäre – derzeit ist es noch nicht vollständig genug, um überall auch als Produktionsunterlage dienen zu können.

Was fehlt — Man müsste nämlich erstens die Toleranzen, Passungen oder Oberflächenbeschaffenheiten am Volumenmodell haben, und zweitens müssten zahlreiche Arbeitsplätze in der Produktionshalle über einen Zugang zu diesem Modell verfügen.

In PRO.FILE sind Zeichnungen ebenso Bestandteil der CAD-Dokumentation wie die 3D-Modelle. Der Konstrukteur leitet in Solid Edge – weitgehend automatisch – eine Zeichnung ab, die dann als weiteres Dokument mit dem Modell verknüpft ist. Auch für die Zeichnung steht, wie für alle anderen Objekte, das Versionsmanagement zur Verfügung.

Dabei kann der Konstrukteur für einen Gleichstand der Versionen sorgen, sodass die Zeichnungen stets dieselbe Versionsnummer tragen wie das Modell, aus dem sie abgeleitet wurden. Er muss aber nicht. Er kann auch erst die fünfte Modellversion wieder in eine neue, beispielsweise die Zeichnungsversion 2 überführen, die dann das Modell abbildet.

Er kann. Er muss nicht.

Neben den Einzelteilzeichnungen gibt es, wie bei der gesamten Modellstruktur, eine Hierarchie von Baugruppen- und Zusammenstellungszeichnungen. Die oberste Hierarchiestufe ist die Zeichnung des vollständigen Zusammenbaus des Einhandmischers selbst.

Auf diese Zeichnungen haben später auch alle mit der Fertigung, dem Vertrieb und dem Kundendienst der Produktlinie betrauten Mitarbeiter und Partner Zugriff. Denn mit der Freigabe einer Konstruktion wird über PRO.FILE automatisch ein neutrales TIFF-Dokument erzeugt, das dann auch ohne Solid Edge über einen einfachen Viewer an jedem EDM-Arbeitsplatz angezeigt werden kann.

AutomaTIFF

Seit Dezember 2004 geht GROHE auch noch einen Schritt weiter. GROHE gehörte zu den ersten Kunden, die mit der neuen SAP-Schnittstelle auf Basis des BizTalk Servers arbeiteten. Mithilfe dieser Schnittstelle werden Dokumentdaten automatisiert von PRO.FILE zu SAP übertragen. Die bis dahin notwendige Doppeleingabe von Dokumenteninformationen in zwei Systemen entfällt. Des Weiteren sind auch die SAP-Anwender in die Lage versetzt, über ihre gewohnte Oberfläche Zeichnungen, Werknormen und TPIs (Tech. Produktinformationen) anzuschauen, die zu den verwalteten Materialstammsätzen gehören. Die Gültigkeit der Dokumente für die Produktion wird dadurch direkt in SAP ersichtlich, die Datensicherheit wesentlich erhöht. Eine enge Verbindung zwischen den beiden Systemen, PRO.FILE und SAP, ist damit vollzogen, ein wichtiger Schritt in Richtung PDM gemacht.

Vorreiter in Sachen SAP-Schnittstelle

Dazu nutzt das Interface die Tatsache, dass bei PRO.FILE jedes einzelne Dokument unabhängig von der vergebenen Artikelnummer und anderen Bezeichnungen über eine laufende Durchnummerierung, die ID-Nummer, eindeutig identifizierbar ist. In SAP kann man daher über diese Nummer automatisiert auf PRO.FILE-Dokumente zugreifen und den Viewer starten, ohne dass die eigene Anwendung verlassen werden muss. Eine redundante Dateiablage wird damit vermieden, das Originaldokument ist nur in PRO.FILE verfügbar.

Starte den SAPViewer

Sobald die Entwicklung ein Produkt für die Nullserie freigegeben hat, kontrolliert das PPS-System die weiteren Prozesse. Dann werden Fertigungsstücklisten erstellt, die neben den neu konstruierten Teilen und den Norm- und Standardteilen auch die technische Produktinformation, die Verpackung und anderes beinhalten. Für jede Variante der Linie gibt es außerdem eine eigene Materialnummer. Hier existiert nur noch das Kriterium *gültig* oder *nicht gültig*, um für die Fertigungsvorgänge als Unterlage zu taugen. Unterschiedliche Versionen, die ganze Historie der einzelnen Teile, Zusammenhänge zu anderen Varianten und so weiter sind unwichtig, wenn es darum geht, dieses eine Produkt fertigzustellen.

Auf in die Halle

Alles unter einem Dach

Für den Engineering-Bereich aber schwört Thomas Biekehör auf EDM: „Im Unterschied zu anderen Lösungen haben wir alle CAD-nahen Entwicklungsdaten unter einem Dach, in ein und demselben System. Die freigegebenen Dokumente ebenso wie die in Bearbeitung befindlichen. Auf diese Weise ist sehr viel klarer zu regeln, wer wann auf welche dieser Daten Zugriff haben soll und wer nicht."

18.9 Das Produkt

Der Einhandmischer ist fertig und auf dem Markt. Unter Umständen hätte sich der Name inzwischen geändert vom Arbeitstitel EURONEW in eine besser zur Produktpalette und zu dem Image des Hauses GROHE passende Bezeichnung.

Der nächste Schritt heißt PLM.

GROHE ist dabei, die Prozesse von Produktentwicklung und Produktion weiter und enger miteinander zu verzahnen. Produktlebenszyklus Management (PLM) heißt das Schlagwort, unter dem die technische Leitung des Hauses diesen nächsten, großen Schritt in Angriff nimmt.

Klar ist dabei: Die tief gehende Strukturierung der Entwicklungsmodelle, die transparente Verwaltung und vor allem Nutzung der im Verlauf der Entwicklung entstehenden Versionen und Varianten war einer der Kernpunkte des bisherigen Re-Engineerings der Prozesse. EDM/PDM wird auch in der nächsten Phase eine Schlüsselrolle spielen.

19 Fallbeispiel Blockformanlage

Mit dem zweiten Beispiel begeben wir uns in eine ganz andere Welt. Nicht Produkte für den Endverbraucher sind hier das Thema, sondern typische Investitionsgüter. Die Firma Erlenbach GmbH wurde 1957 in Lautert, ziemlich genau in der Mitte zwischen Koblenz und Rüdesheim in der Nähe des Mittelrheintals, gegründet. Mit circa 180 Mitarbeitern wurde 2006 weltweit ein Umsatz von 32,5 Millionen Euro erwirtschaftet.

Andere Welt

Bis vor einigen Jahren war Erlenbach in erster Linie Anbieter von Formteilautomaten zur Verarbeitung von Partikelschäumen. Alle Arten von Partikelschaumstoffen, wie expandierbares Polystyrol (EPS), besser bekannt unter dem BASF-Markennamen Styropor, bekommen in diesen Maschinen ihre endgültige Form für den Fahrradhelm, für Transportpolsterungen von Produkten wie PC oder Fernseher und auch für zahlreiche Komponenten in der Innenraumausstattung von Kraftfahrzeugen aus expandierbarem Polypropylen (EPP). Das Material wird dabei unter Druck und mithilfe von Wasserdampf in die Form fertig geschäumt.

Gut verpackt

Auch Maschinen für die Weiterverarbeitung der geschäumten Formteile, wie Recyclinganlagen, mit denen ausgediente Kunststoffteile erneut als Rohstoff genutzt werden können, gehören schon lange zur Produktpalette.

Erlenbach ist Technologieführer in der Herstellung von Maschinen zur Verarbeitung von Partikelschaumstoffen. Die Produktpalette reicht von Einzelmaschinen bis hin zu Gesamtproduktionsanlagen zur Verarbeitung von Partikelschäumen. Daneben entwickelt und liefert Erlenbach auch Softwaresysteme für die übergeordnete Steuerung der Maschinen und ganzer Anlagenketten, über die auch Support und Service geboten werden.

Komplettlösung

Blockformanlagen, deren Entwicklung wir jetzt näher betrachten wollen, liefern Styroporblöcke mit einer Grundfläche von ein bis zwei Quadratmetern und einer Höhe von zwei bis zehn Metern, aus denen dann die endgültigen Geometrien zum Beispiel geschnitten, gefräst oder gesägt werden.

Die Neue

Heute kümmert sich Erlenbach neben den Maschinen und Anlagen – wenn der Kunde will – selbst um die vollständige Einrichtung und Ausstattung der Produktionseinrichtung, in der die Maschinen produzieren sollen, einschließlich der Planung, der Logistik und der Energieversorgung und auch der für die Produktion erforderlichen Werkzeuge und Formen.

Aus einer Hand

Und solche Produktionshallen sind schnell gefüllt. Allein die Blockformanlage mit den erforderlichen Nebenaggregaten kann eine Größe von 15 mal 15 Metern bei einer Höhe von sechs bis zwölf Metern einnehmen.

Bild 19.1
Blockformanlage der Firma Erlenbach in Lautert

90 % Export

Nahezu überall in der Welt sind die Produktionsanlagen im Einsatz. Bis Ende 2006 wurden in mehr als 70 Ländern weit über 7000 Maschinen in Betrieb genommen. Der Exportanteil von rund 90 Prozent wird unterstützt durch Vertretungen in 40 Ländern, seit Januar 2004 auch durch ein Tochterunternehmen in der Volksrepublik China.

Mit PDM aus der Nische

Thorsten Jacoby, Managing-Partner und Leiter Technik, der gemeinsam mit Systemmanager Clemens Klaedtke Gesprächspartner für dieses Kapitel war, ist sich sicher: „Ohne die Einführung moderner Konstruktionsmethoden mit 3D CAD und die Implementierung eines integrierten PDM-Systems wäre der Wechsel von der Nische zum Komplettanbieter nicht möglich gewesen."

Für zweierlei ist Erlenbach ein hervorragendes Beispiel: für den sehr schnellen Wandel im Maschinenbau von herkömmlicher Produktentwicklung zum optimierten Produktentstehungsprozess und für die zentrale Rolle, die der richtige Einsatz moderner Technologien dabei gespielt hat und weiterhin spielt.

19.1 Gewaltiger Fortschritt im Maschinenbau

Noch vor fünfzehn Jahren wurden die Maschinen in Lautert wie vielerorts hierzulande ohne CAD-Unterstützung konstruiert und gebaut. Am Brett entstanden die technischen Zeichnungen, allerdings nicht für die gesamte Konstruktion, sondern nur für den kleineren Teil von vielleicht 30 Prozent. Für den Rest mussten die Werkstattunterlagen ausreichen.

Nur ein Teil auf der Zeichnung

1995 wurde mit AutoCAD Mechanical 2D CAD durchgehend eingeführt, und auch heute sind fünf Arbeitsplätze damit ausgerüstet. Das System ermöglichte große Veränderungen. Bald waren die Unterlagen für die Mehrzahl der Maschinenteile verfügbar. Bei Neukonstruktionen konnten Zeichnungen von Teilen oder Baugruppen herangezogen werden, und ihre Änderung am Bildschirm nahm erheblich weniger Zeit in Anspruch als vorher am Brett. Allerdings wurde, erinnert sich Clemens Klaedtke, für die Suche nach den Dokumenten mehr Zeit benötigt als zu ihrer Bearbeitung.

2D CAD

Mit 2D CAD wurden die Entwicklungszeiten vieler Komponenten nahezu um die Hälfte reduziert, und statt in vier Wochen entstand eine Stahlkonstruktion in vierzehn Tagen. Es gab einen erkennbaren Schub in Richtung Wiederverwendung von Teilen und Baugruppen und damit in Richtung Reduktion der Teilevielfalt. Die Maschinen wurden modularisiert, um die Voraussetzung zu schaffen, möglichst große Anteile der Konstruktionen für neue Maschinen oder für Varianten von bereits gefertigten mit kleinen Modifikationen oder sogar unverändert erneut einsetzen zu können.

Zeit: minus 50%

Bereits vier Jahre später aber war klar, dass ein weitergehender Fortschritt nur mit 3D-Modellierung zu erzielen wäre. 1999 kam SolidWorks ins Haus. Siebzehn Installationen sind es mittlerweile. Die Konstrukteure waren schon in die Auswahlentscheidung einbezogen worden, und als die Software dann auf den ersten Plätzen lief, wollten alle möglichst schnell damit arbeiten. Dennoch wurde kein harter Wechsel herbeigeführt; eher ein schleichender Übergang.

3D CAD

Bis Ende 2000 waren über 15000 Zeichnungen mit AutoCAD erstellt, und sie werden natürlich nicht weggeworfen. Schließlich existieren viele der Maschinen, und der Aufwand für die Konvertierung wäre nicht zu vertreten. Im Übrigen gibt es – etwa in der Konzeptphase – nach wie vor etliche Aufgabenstellungen, bei denen es einfach praktisch ist, mal schnell einen Aufriss in 2D zu erstellen. Heute werden alle Maschinen ausschließlich in 3D konzipiert, entwickelt und konstruiert.

Bei den Blockformanlagen konnte sofort mit der damals neuen Technik begonnen werden. Und mit ganz neuen Methoden der Konstruktion. „Wer 3D einführt und ansonsten alles beim Alten belässt, hat gar nicht begriffen, welche Vorzüge die Volumenmodellierung bietet. Heute haben wir von Anfang an die gesamte Maschine im Blick, nicht ein Bauteil nach dem anderen. Nur so kann realisiert werden, was allgemein unter Concurrent Engineering verstanden wird."

Concurrent Engineering

In einem zweiten Schritt wurde nach der Implementierung von SolidWorks das voll integrierte Produktdatenmanagement mit PRO.FILE realisiert, das heute auf circa

PDM muss sein.

30 Plätzen im täglichen Einsatz ist. Denn mit 3D können zwar die Maschinen entwickelt werden, aber für das Management der konstruierten Teile und Aggregate sind diese Systeme nicht ausgelegt.

Mit allen — Wie bei der CAD-Auswahl waren auch jetzt die betroffenen Ingenieure frühzeitig beteiligt. Für Thorsten Jacoby wichtige Voraussetzung für die hohe Akzeptanz, die das System heute genießt. Und die wiederum ist die Vorbedingung dafür, dass tatsächlich Ernst gemacht wird mit der durchgängigen Sicherung aller zu einer Entwicklung gehörenden Informationen an zentraler Stelle.

Urgeladen — Neben den 15000 2D-Altzeichnungen mussten bei der Implementierung des PDM-Systems bereits circa 22000 3D-Modelle eingelesen werden. Bezüglich der Zeichnungen konnte sich Clemens Klaedtke dabei auf den in PRO.FILE integrierten Document-Loader stützen, der es gestattet, alle in bestimmten Verzeichnissen gespeicherten Dateien automatisch zu laden, zu nummerieren und so als Dokumente anzulegen, dass sie weiter gepflegt werden können. Und beim Einlesen von 3D-Modellen werden alle Referenzen, zum Beispiel zwischen Modell und Zeichnungen, erhalten und in die Struktur der Produktdaten übernommen.

Noch Fragen? — Zurück zu unserer Neukonstruktion: Für den neuen Anlagentyp mussten die Randbedingungen abgeklärt werden. Welche Kenngrößen waren wichtig, welche Leistungsmerkmale notwendig, welche ausschlaggebend für den Erfolg im Markt, und wie sollte sie im Wettbewerb positioniert werden?

Skizzen — Die ersten Skizzen entstanden, erste Entwürfe, die gemeinsam begutachtet wurden von einem Team, das neben der mechanischen Konstruktion auch Automation, Dokumentation, Arbeitsvorbereitung, Produktion, Vertrieb, Marketing und Service umfasste. Der heute typische Umfang sämtlicher Projektteams, wenn es um Neuentwicklungen geht.

Unterlagen — Die Unterlagen in solchen Vorentwicklungsphasen entstehen weitgehend in unterschiedlichen Anwendungen aus dem Microsoft-Umfeld. Teilweise auch auf Papier. In diesem Fall werden sie gescannt und zusammen mit den Textdateien oder Tabellen in PRO.FILE unter der neu angelegten Projektnummer gespeichert. Ein Papierarchiv gibt es in der technischen Dokumentation bei Erlenbach seit einigen Jahren nicht mehr.

19.2 Grobes Gerüst mit klarer Struktur

Nachdem das Team die Entscheidung über die zu entwickelnde Maschine getroffen hat, werden mehrere Konstrukteure mit der Ausarbeitung betraut, einer von ihnen gleichzeitig Spezialist für Finite-Elemente-Berechnung.

Neuer Artikel — Die Blockformmaschine wird als neuer Artikel angelegt. Und in SolidWorks entsteht ein dreidimensionales Gerüst, das die komplette Anlage grob umreißt. Sie wird sich aus acht großen Baugruppen zusammensetzen. Neben der Prozessmaschine, die das Hauptaggregat darstellt, gibt es die Vakuumanlage, eine Fülleinrichtung, ein Wiegesystem und andere Nebenaggregate, die in weitere Unterbaugruppen aufgeteilt werden. Sechs Ebenen tief reicht die Verschachtelung bei etlichen Komponenten.

Schon bei dieser Zergliederung wächst die Produktstruktur der Anlage, und alle Teile und Untergruppen haben von Anfang an ihren Platz. Da sie im PDM-System verwaltet werden, haben sie auch von Anfang an ihre passenden Nummern, Bezeichnungen und vor allem Verknüpfungen, mit deren Hilfe sie jederzeit schnell auffindbar sind. Neben den Dokumenten- und Projektnummern zeigen ihre Stammdaten, in welchem Stadium sie sich befinden. Solange sie nur angelegt sind, sieht sie nur der jeweilige Konstrukteur. Erst wenn er sie als *in Bearbeitung* einstuft, sind sie für das gesamte Team sichtbar und für den Zugriff verfügbar.

Zergliederung

Auch das ist noch nicht lange selbstverständlich: Teile der Maschinen und Anlagen werden bereits während der CAD-Konstruktion auf ihre künftige Belastbarkeit geprüft. Ein Produkt von der Größe der Blockformanlage lässt sich nicht als Prototyp bauen. Es muss bei der ersten Freigabe für den Kunden funktionieren. Und dafür muss bereits in der Auslegung der einzelnen Baugruppen gesorgt werden.

Vorab geprüft

In Lautert gehören deshalb Untersuchungen sowohl über das statische als auch über das dynamische Verhalten der Maschine mit MSC Nastran fest in den Entwicklungsprozess, um Überraschungen zu einem späteren Zeitpunkt zu vermeiden. Was passiert mit bestimmten Teilen unter Wärmeeinwirkung, unter Überdruck und Unterdruck, werden gegebene Toleranzen über- oder unterschritten? Der Einsatz eines speziellen Berechnungssystems ist vor allem wegen der erforderlichen Temperaturfeldüberlagerung zwingend.

Statisch und dynamisch

Alle Berechnungsergebnisse und Dokumente aus solchen Simulationsläufen, zum Beispiel auch in verschiedenen Varianten erstellte Berechnungsmodelle, werden unter dem Projekt mitverwaltet. „Wir können es uns nicht leisten", sagt Thorsten Jacoby, „irgendwelche Dokumente nicht zusammen mit den Entwicklungsdaten zu sichern. Sie wären ja potenziell verloren und nicht wiederholt einsetzbar."

Nichts vergessen

Die vordefinierten Schnittstellen zwischen den Baugruppen der Anlage erlauben nicht nur das parallele Arbeiten der Konstrukteure. Die von Anfang an klare Struktur des Produktes macht es sogar möglich, dass manche Komponenten schon gefertigt werden können, während andere noch nicht einmal fertig detailliert sind. So stehen manche Baugruppen wie ein Stahlgerüst fertig aufgebaut, während die darin anzubringenden Unterbaugruppen noch nicht geprüft sind.

Nicht mehr nacheinander

Dieses Vorgehen birgt zwar ein gewisses Risiko, und manchmal kommt es dann tatsächlich zu einzelnen Ausschussteilen. Aber das Risiko kann durch die Verfügbarkeit der virtuellen Modelle sehr gering gehalten werden, und die enorme Zeitersparnis durch vorgezogene Baugruppenfertigung wiegt es um ein Vielfaches auf.

Risiko vertretbar

„Wir mussten effektiver werden in der Entwicklung", so Thorsten Jacoby. „Früher hat der Konstrukteur eine Zeichnung erstellt, und dann war seine Aufgabe getan. Heute gibt es Gesetze, Pflichten zur Dokumentation, Umweltbestimmungen und Recyclingvorschriften, und das alles in einem globalen Wettbewerb. Das heißt, für die eigentliche Konstruktion bleibt heute viel weniger Zeit. Also müssen die besten Methoden und Techniken genutzt werden, die verfügbar sind. Selbst wenn sie im ersten Moment noch nicht hundertprozentig das hergeben, was wir benötigen."

Weniger Zeit für die Konstruktion

Womit er auf kundenspezifische Zusatzentwicklungen bei PROCAD nach der Installation in Lautert hinweist, die zunächst nur für diesen Maschinenbauer und auch nur für die Integration mit SolidWorks verfügbar waren und heute zum Standardleistungsumfang von PRO.FILE gehören.

19.3 Klassen und Familien

Sachmerkmalsleiste

Reduzierung der Teilevielfalt, Wiederverwendung bereits konstruierter Teile und Baugruppen – das setzt die Klassifizierung der Maschinenbestandteile und den Aufbau von Sachmerkmalsleisten voraus. Diese Aufgabe wurde noch vor der Einführung von PDM erledigt, und zwar in dem ERP-System PSIPenta.

Klasse und Kasten

Alle Maschinen wurden zerlegt in Klassen von Teilen und Unterbaugruppen. Wie aus einem Baukasten kann sich die Konstruktion nun bedienen und je nach Anforderung schauen, ob entsprechende Konstruktionen bereits vorhanden sind. Denn das ERP-System ist ebenfalls mit PRO.FILE gekoppelt. Die gesamte Klassifikation wird über PDM ständig abgeglichen und aktuell gehalten.

Schneller neu

Die Geschwindigkeit, mit der sich die Maschinen in den letzten Jahren ändern, das Tempo, mit dem sich die gesamte Produktentstehung weiterentwickelt, hat inzwischen bereits den Bedarf geweckt an einer prinzipiellen Überarbeitung der Klassifikation. Die Einpflege neuer Elemente und die Änderung bestehender reicht nicht mehr aus.

Die Neuanlage wird voraussichtlich direkt in PRO.FILE erfolgen. Dort, wo die Teile geboren werden, wo sie ihre Kennung und Bezeichnung erhalten, sollen sie auch unmittelbar ihre Klassenzugehörigkeit erfahren.

Ein Teil der Familie

Besondere Bedeutung bekommt die Verbindung der 3D-Modellierung von Maschinenbaugruppen und ihre Verwaltung mittels PDM bei Erlenbach in der Nutzung von Teilefamilien.

Mit Parametern steuern

Um die Neukonstruktion auf das absolute Minimum zu beschränken, werden viele Baugruppen und Teile nämlich jetzt von vornherein so angelegt, dass die entscheidenden Maße als Variablen definiert sind. In Tabellen werden diesen Variablen dann Parameterwerte zugeordnet, und aus der konkreten Zuordnung ergibt sich die gewünschte Variante, bei der dann beispielsweise eine Grundfläche der Blockformanlage die Abmaße 80 cm mal 120 cm erhält.

Der Master und die Tabelle

SolidWorks macht diese Art der Variantenkonstruktion sehr einfach. Nur merkt sich das System nicht, welche Bauteile, welche Varianten einer Teilefamilie bereits in welchen Maschinen und Anlagen verbaut wurden. Das Modell wird erzeugt, und wenn es fertig beschrieben ist, wenn alle Maße passen und für gut befunden wurden, dann wird es gespeichert. So entsteht aus Mastermodellen und Parametertabellen sehr schnell eine neue Variante.

Aber damit ist ja der Sinn und Zweck der Teilefamilie noch längst nicht erfüllt. Denn erstens sollen sie in möglichst vielen Maschinen erneut zum Einsatz kommen, und weder das Mastermodell noch die Parametertabelle können die eventuell zigfachen Verbauungsorte speichern.

Zweitens haben auch solche Teile ein reges Familienleben. Wie bei allen Teilen der Erlenbach GmbH bleibt es bezüglich der einzelnen Instanzen einer Teilefamilie höchst selten bei einer einzigen Version. Solange sich eine Maschine in der Entwicklung befindet, also bis zur ihrer Freigabe für den Kunden, können die Konstrukteure beliebig viele Versionen erstellen. Also muss auch für die Elemente einer Teilefamilie sehr genau gespeichert werden, welche Version wo verbaut wurde.

Familienleben

Denn einmal freigegeben und im Einsatz bei der Kunststoffverarbeitung, dürfen keine Änderungen der Produktstruktur mehr zugelassen werden. Die in diesen Maschinen verbauten Teile müssen, falls sie auszutauschen sind, in derselben Version getauscht werden.

Auch das ist ein großes Plus gegenüber der Vor-PDM-Zeit, auf das Thorsten Jacoby ausdrücklich hinweist. Im Servicefall kann der Techniker in PRO.FILE sofort und exakt feststellen, um welche Version beispielsweise eines defekten Bauteils es sich in der jeweiligen Maschine handelt. Das Ersatzteil kann wesentlich schneller beschafft und eingebaut werden. Mit der absoluten Sicherheit, dass es passt.

Schneller das richtige Ersatzteil

All diese Aufgaben können nur von einem PDM-System effizient wahrgenommen werden. Es muss die Verbauung aller Teile kennen und den Konstrukteur gegebenenfalls warnen, falls er einen Schritt tun will, der möglicherweise zur Inkonsistenz führt. Einige Fähigkeiten, die PRO.FILE heute an dieser Stelle gegenüber manchen Mitbewerbersystemen auszeichnen, sind in enger Zusammenarbeit zwischen Erlenbach und PROCAD entstanden.

Wie viele andere Maschinenbauunternehmen kennt Erlenbach keine Serienfertigung, sondern grundsätzlich die Losgröße 1. Die einzige Ausnahme davon sind Aufträge, bei denen der Kunde gleichzeitig mehrere Maschinen desselben Typs bestellt. Ansonsten wird jede Maschine, jedes Aggregat, jede Komponente in jedem Einzelfall so ausgelegt, wie es der Auftraggeber braucht. Trotzdem können auf der Basis der neuen Variantenkonstruktion schätzungsweise 80 Prozent aller Bauteile und Baugruppen immer wieder genutzt werden. Lediglich der Rest von 20 Prozent ist tatsächlich neu zu konstruieren.

Losgröße 1

Aus Konstruktion und Zeichnungserstellung wurde so in den meisten Aufträgen die Konfiguration von Maschinen. Mit der großen Sicherheit, dass der größte Anteil auch einer neuen Maschine bereits praktisch erprobt und vor allem erfolgreich gefertigt wurde – bei einer Größenordnung von mehreren Tausend Teilen und mehr als Hundert Baugruppen. Lediglich Sonderfälle wie die grundsätzliche Neuentwicklung der Blockformanlage sehen anders aus.

Konfigurieren statt konstruieren

Dieses Vorgehen ist verantwortlich für die Zeit, die inzwischen eingespart wurde. Früher, also vor der Einführung von CAD, waren zum Beispiel für ein Dampfkammersystem drei bis sechs Wochen zu veranschlagen. Mit dem hohen Risiko, dass konstruierte Teile fehlerhaft waren, nur nach erneuter Änderung gefertigt werden konnten oder auf andere Weise die Kosten für das Produkt insgesamt in die Höhe trieben.

Von zwei bis drei Wochen ...

Mit AutoCAD schrumpfte diese Zeit bereits auf eineinhalb bis zwei Wochen. Heute wird diese Baugruppe mit 3D CAD und PDM in zwei Tagen entwickelt. Und für alle darin verbauten Wiederholteile gilt: null Fehler.

... auf zwei Tage

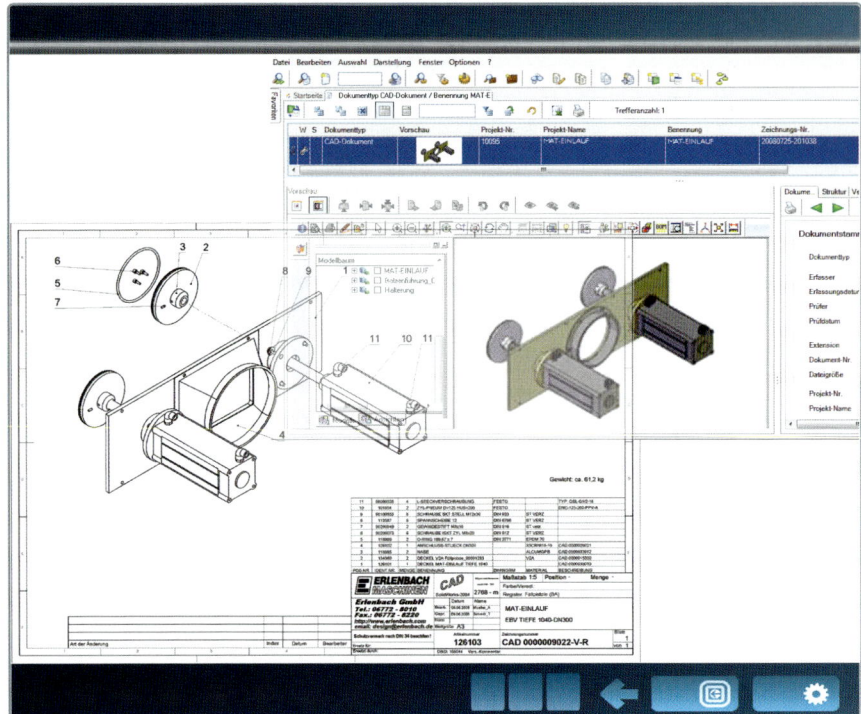

Bild 19.2
Konfiguration bei
Erlenbach: hier ein
Druckaufnehmer

■ 19.4 Stücklistenwachstum

Fertigbar

Im heutigen Produktentstehungsprozess bei Erlenbach sind die Maschinen nicht nur virtuell komplett, bevor sie real zusammengebaut werden. Dass sie hergestellt und wie sie gefertigt und montiert werden können, spielt von Anfang an eine zentrale Rolle. Die interdisziplinäre Zusammensetzung des Projektteams dient nicht zuletzt auch diesem Ziel.

Der gute Schlosser, der sofort sieht, ob das Bauteil so überhaupt eingesetzt werden kann, sitzt eben deswegen von vornherein mit am Tisch der Entwicklung. So wie der Arbeitsvorbereiter und die Produktionsplanung.

Gute Nachbarn

Auf der anderen Seite befindet sich die Halle, in der jede neue Maschine vor der Auslieferung zusammengebaut und getestet wird, unmittelbar neben den Räumen der Konstruktion. Es sind also nur ein paar Schritte, um sich zu vergewissern, was für die Fertigung wichtig ist, und ob die konstruierten Teile so funktionieren wie geplant.

Bereits während die Produktstruktur heranreift und die Baugruppen und Aggregate der Blockformanlage ihre zunehmende Detaillierung erfahren, wächst parallel die Stückliste. Letztlich muss ja die Stücklistenstruktur der des Produktes selbst entsprechen.

Erlenbach arbeitet grundsätzlich mit sogenannten Maximalstücklisten. In diesen Listen, die von PRO.FILE immer aktuell aus der Produktstruktur abgeleitet werden, sind auch solche Teile aufgeführt, die für die Produktion uninteressant sind. Einzelne Bauteile einer Baugruppe beispielsweise, die für die Fertigung als eine einzige Position zusammengefasst sein muss. Das Team hat schon in diesem frühen Stadium auch darauf zu achten, welche Teile werden Ersatzteile, welche sind für den Kundendienst wichtig, welches sind Verschleißteile.

Maximalstücklisten

Wenn die Baugruppen dann geprüft und für den Fertigungsauftrag freigegeben sind, wird aus der Maximalstückliste die produktionsspezifische Auftragstückliste für das ERP-System abgeleitet. Um die Konsistenz der Stücklisten zu gewährleisten, findet in regelmäßigen Abständen ein Abgleich zwischen PDM und ERP statt. Es gibt nicht das berühmte führende System, sondern zwei synchronisierte.

Abgleich mit ERP

Dabei löst Erlenbach auch das folgende allgemein bekannte Problem: Aufgrund ihrer unterschiedlichen Aufgabenstellung und Sichtweise sprechen Produktion und Technik eben eine andere Sprache. In Lautert sitzen sie nun zusammen und definieren eine gemeinsame Sprachregelung für die gemeinsame Produktstruktur und ihre Stückliste.

Die gleiche Sprache sprechen

Umgekehrt sind die Techniker schon während ihrer ersten Modellierungsschritte oder bei der Auswahl von Bauteilen und Zukaufteilen mit Input aus der Fertigung und aus dem Finanzbereich versorgt. Fertigungsauftragskalkulation, Vorkalkulation, Grunddatenkalkulation können bereits sehr früh die zu erwartenden Durchschnittspreise für begonnene Konstruktionen ermitteln. Diese Daten stehen wie die Artikelnummer und die Teilebezeichnung in den Stammdaten des PDM-Systems zur Verfügung.

Kalkulation inbegriffen

■ 19.5 Verlinkte Mechatronik

Bisher haben wir nur über die mechanische Seite der Entwicklung der Blockformanlage gesprochen. Aber auch diese komplexen Maschinen werden nicht von einem Trend ausgespart, den die Automobilindustrie derzeit so hart zu spüren bekommt – dem Trend zur Ergänzung und teilweise zum Ersatz mechanischer durch digitale Funktionen. Thorsten Jacoby schätzt den Anteil der Elektronik, Elektrotechnik und Software bei den aktuellen Anlagengenerationen bereits auf größer 40 Prozent bezüglich der Bauteile und auf ein Drittel bis zur Hälfte hinsichtlich der Wertschöpfung. Wie überall mit stark wachsender Tendenz.

Ersatz für die Mechanik

Einer der zentralen Bestandteile der Software, die von Erlenbach mit den Maschinen geliefert werden, betrifft ihre eigentliche Steuerung und Bedienung. Für den Kunden gibt es die Möglichkeit, seine Anlagen mit Computerunterstützung zu programmieren, zu planen, einzurichten und zu überwachen. EM Factory Manager heißt das in Lautert.

Erlenbach Factory Manager

Alle Maschinen und Anlagenteile können mithilfe dieser Software vernetzt und visualisiert werden. Statt unmittelbar am Standort der Maschine zu stehen, können

Soft vernetzt

die nötigen Informationen (auch über Internet) an unterschiedlichen Stellen des Unternehmens auf dem Bildschirm zur Verfügung gestellt werden. Welche Maschine ist derzeit wie ausgelastet? Wann stehen für die eingeplante Maschine Wartungsarbeiten an? Welches Produkt wird aktuell auf welcher Maschine mit welchen Parametern gefertigt? Neben der reinen Beobachtung macht es EM Factory Manager leichter, die Maschinen- und Produktionseinrichtung in Bezug auf die Kapazität und Fertigung zu planen.

Soft überwacht — Zur Überwachung lässt sich jederzeit der Status einzelner Maschinen und ihrer wichtigsten Aggregate darstellen, und alle relevanten Daten werden in einer Datenbank gespeichert. Damit wird die Möglichkeit des Parameterdownloads zur Maschine ermöglicht, was die Einfahrzeiten von Produkten deutlich reduziert.

Soft erfasst — Neben EM Factory Manager bietet Erlenbach auch ein Modul E-LAB zur Messdatenerfassung für Formteilautomaten, das ein wichtiges Element der Qualitätssicherung darstellt. Und ein Simulationswerkzeug, das vollständige Bearbeitungszyklen grafisch darstellen kann und so die Produktionsplanung sicherer macht.

Soft gewartet — Eindeutig ist die vorläufig ungebremst zunehmende Rolle der Elektronik und Software im Gesamtprodukt, selbstverständlich auch in der Blockformanlage. Die Automation, so die interne Bezeichnung für den Bereich der entsprechenden Entwicklungsingenieure, ist deshalb im Entwicklungsprojekt genauso vertreten wie die Konstruktion.

Alles ins PDM-System — Keine Frage ist es für Thorsten Jacoby, dass die dabei entstehenden Entwicklungsdaten genauso Bestandteil der Projektdaten sein müssen wie alle anderen: „Derzeit werden bereits alle relevanten Produktdaten abteilungsübergreifend vollständig mit PRO.FILE gespeichert und verwaltet."

■ 19.6 Maschine geprüft, Handbuch fertig

Die technische Dokumentation entstand früher im Anschluss an die Entwicklung, teilweise im Anschluss an die Fertigung. Fotos von Anlagenteilen, von Hand erstellte Grafiken, Detailvergrößerungen aus technischen Zeichnungen dienten zur Illustration.

Mitwachstum — Heute wachsen die Betriebsanleitung und andere Komponenten der Produktdokumentation während der Entwicklung mit. Ganze Kapitel sind bereits fertig, bevor das Projekt die endgültige Freigabe erreicht hat. In den letzten Wochen vor dem Ende des Projektes Blockformanlage werden Modellansichten, elektronische Illustrationen, Tabellen und Beschreibungstexte im Adobe FrameMaker zusammengeladen. Vor allem die Möglichkeiten der besseren Kapitelstrukturierung und der unterschiedlichen Formate in elektronischer und Papierform, die hier unterstützt werden, machen das Programm für Erlenbach wertvoll.

Eine Frage der Zeit — Alles, was zu einer Maschinenentwicklung gehört, muss über dieselbe Projektnummer sofort auffindbar sein, damit während des Betriebs beim Kunden schnell die richtigen Daten zur Hand sind; über ein elektronisches Handbuch auf dem Notebook oder in der Anlage oder über die Vernetzung per EMSN.

Der ständige, direkte Zusammenhang zwischen allen zum Produkt gehörenden Informationen ist für Erlenbach ein wichtiges Kriterium, um künftig im Wettbewerb bestehen zu können.

20 Fallbeispiel Dokumentationsroboter

Auch in diesem Fall betrachten wir einen Investitionsgüterhersteller. Und zwar einen von denen, deren Produkte selbst zum Symbol für die moderne Fertigungsindustrie geworden sind: Roboter. REIS ROBOTICS wurde 1957 in Obernburg, unweit von Aschaffenburg, gegründet. Hier ist auch heute der Standort der Zentrale, die erst 2000 – gut rechtzeitig vor dem 50-jährigen Firmenjubiläum 2007 – modernisiert und durch sehr attraktive Gebäude und Fertigungshallen komplett erneuert wurde. Ein weiterer Standort existiert in Tschechien. Durch Vertriebsniederlassungen, Service und Kundensupport ist REIS ROBOTICS in circa 30 Ländern auf allen Kontinenten präsent, seit 2002 über ein Joint Venture auch in China.

Mechatronik pur

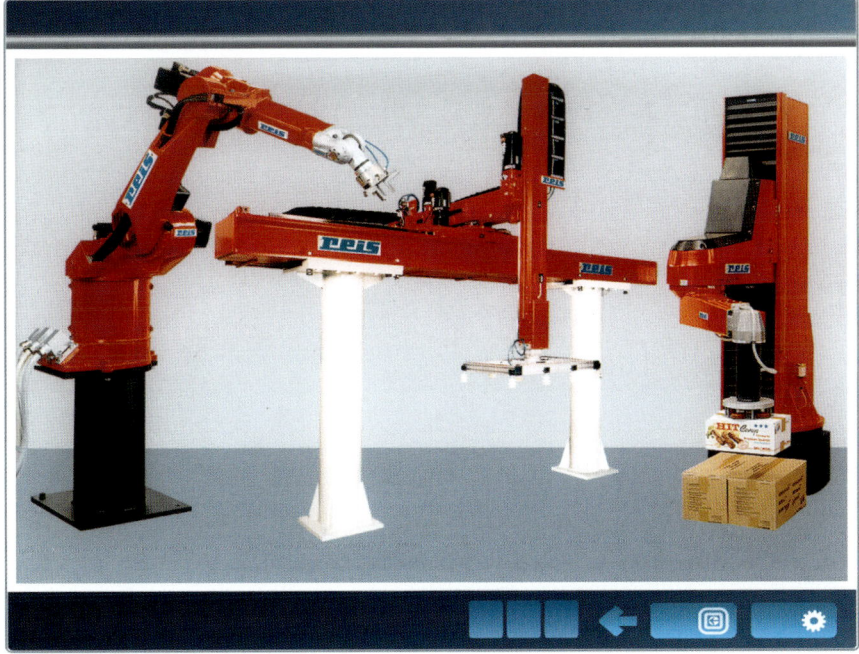

Bild 20.1
Kurzgeschichte

Als Plastikspritzguss-Betrieb begann die Unternehmensgeschichte mit Walter Reis, der heute noch das Unternehmen leitet. In den Sechzigerjahren folgte die Entwicklung hydraulischer Pressen zum Tuschieren und Entgraten und Entgratwerkzeuge unterschiedlichster Art. Gegen Ende des Jahrzehnts kamen Handhabungs- und Formsprühgeräte hinzu.

Roboter in Serie

Seit den 70er-Jahren stellt REIS ROBOTICS serienmäßig Industrieroboter für die unterschiedlichsten Anwendungsszenarien her und gehört damit zu den Pionieren dieser neuen Technologie. Auch die Entwicklung der Robotersteuerung zählt zu den Kernkompetenzen, die im eigenen Haus bleiben. In den letzten zehn Jahren sind gegenüber der Serienfertigung die Projektierung, Planung, Konstruktion und Fertigung schlüsselfertiger Automationssysteme insbesondere für die Fertigung in der Automobilindustrie in den Vordergrund gerückt. Das Equipment ganzer Hallen kommt von REIS ROBOTICS.

Solarzellen

Ein noch recht junges Geschäftsfeld, in dem sich die Firma erst seit einigen Jahren bewegt, ist die Herstellung von Solarzellen für die Solar-Panel-Industrie. Ähnlich wie im Fall der Fertigungsautomation handelt es sich hierbei in der Regel um Auftragsfertigung im Rahmen von Großprojekten.

Dienst am Kunden

Zum eigentlichen Produktangebot gesellt sich immer stärker ein Dienstleistungsspektrum, das wesentlich mehr umfasst als den Service für gelieferte Roboter oder Automationsanlagen. Ingenieure sind beim Kunden schon als Berater aktiv, bevor das Projekt erst richtig gestartet wird. Sie analysieren die Ausgangssituation und die Anforderungen des Kunden und entwickeln dementsprechend einen spezifischen Lösungsvorschlag. Wenn die Lösung fertig ist, wird sie unter Umständen in einer neu errichteten Halle in Obernburg mit der Originalproduktion des Kunden probeweise in Betrieb genommen, was schon mal einen Monat und länger dauern kann. Nach der Auslieferung stehen Mitarbeiter dem Kunden für Schulungs- und Trainingsmaßnahmen zur Verfügung. Und natürlich gibt es einen umfassenden Kundendienst, der dafür sorgt, dass es den Robotern nicht langweilig wird.

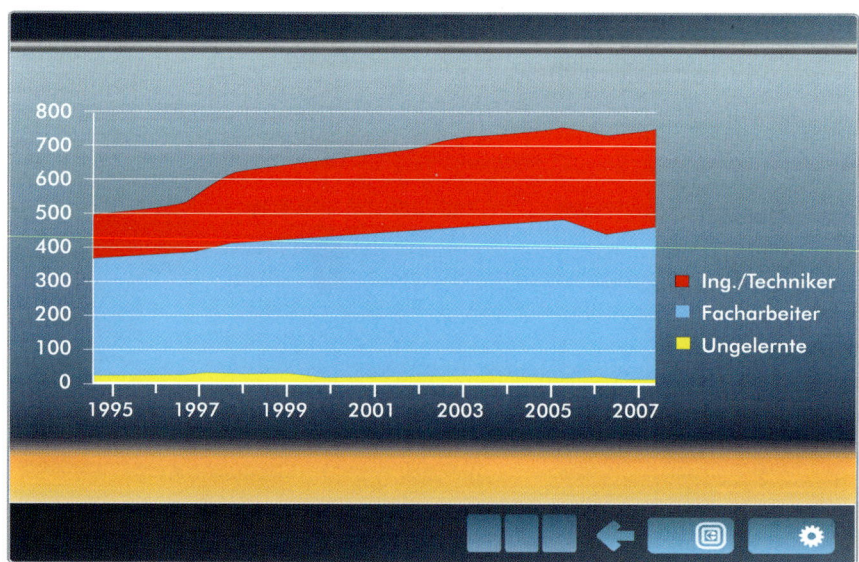

Bild 20.2 Ingenieure gefragt

Typisch Mittelstand

Mit insgesamt etwa 1.000 Mitarbeitern – von denen 750 im Hauptwerk beschäftigt sind – und einem Umsatz von 100 Millionen Euro weltweit im Jahr 2006 ist REIS ROBOTICS ein typisch mittelständisches Unternehmen. Es setzt auf die Innovationskraft vor allem der eigenen Mitarbeiter, deren Zahl über die Jahre kontinuierlich gestiegen ist. Besonders stark steigt sie, wie man sich fast denken kann, im Bereich der Ingenieure und Techniker, weniger stark im Bereich der Facharbeiter. Bei den Ungelernten gibt es keine nennenswerte Zunahme. Der Anteil der Ingenieure und Techniker wuchs in den letzten zehn Jahren von weniger als einem Viertel auf runde 40 Prozent.

Dem entspricht die Investitionsstrategie. Rund zehn Prozent des Umsatzes wandern Jahr für Jahr in Forschung und Entwicklung. Dort werden natürlich einerseits die Grundlagen der Mechanik, Elektrik und Software für neue Robotertypen entwickelt und in Versuchsanlagen umfassenden Tests unterworfen. Aber eine eigene Grundlagenforschung sucht auch nach neuen Wegen in Themenkreisen wie Kinematik, Steuerungs- und Regelungstechnik oder Programmierung. Unter anderem erwächst daraus ein weiteres Tätigkeitsfeld durch ein umfangreiches Dienstleistungsangebot in den Bereichen Forschung, Schulung und Versuch zur Unterstützung von Kunden in aller Welt beim Einsatz neuer Technologien und Anwendungen.

Grundlagenforschung inklusive

Auch hinsichtlich der Investitionen in IT-Tools zur Unterstützung und Optimierung der gesamten Geschäftsprozesse ist REIS ROBOTICS innovativ. Da werden nicht nur alle nötigen Systeme vorgehalten und das Personal, das zu ihrer Wartung erforderlich ist. Man geht auch schon mal einen Schritt weiter in eine Richtung, die bisher noch nicht ausprobiert wurde. Einen Schritt, zu dem die verfügbare Standardsoftware nicht oder noch nicht ausreicht. Weil das Management weiß, dass heute der Vorsprung gegenüber dem Wettbewerb unter anderem aus genau solchen Schritten kommt, die andere noch nicht wagen. Ein solcher Schritt ist die Implementierung einer automatisierten Ausgabe der kompletten technischen Dokumentation, der Betriebsanleitung einer Anlage. In elektronischer Form und auf Basis von PDM.

Einen Schritt weiter gehen

Verantwortlich für dieses Projekt sind Jörg Prockner und Siegfried Grellmann, die auch die Informationen für dieses Kapitel beigesteuert haben. Jörg Prockner ist zuständig für die technische Dokumentation und Datenverwaltung, Siegfried Grellmann für die Betreuung von PDM und ERP.

Informanten

20.1 Gesucht: ein sparsameres Archiv

Es war ein ganz normaler Ansatz, der schon 1998 zu PDM führte. Bei einer wachsenden Flut von Konstruktionen wuchs auch der Bedarf an Archivierungsmöglichkeiten für die erstellten Zeichnungen so stark an, dass die Kosten dafür ins Blickfeld gerieten. Müssen all diese großen DIN-A0-Transparentpapierbögen sein, auf denen dann mit Tusche die Zeichnung eingetragen wird? Müssen die vielen Zeichnungsschränke sein und die Räume, in denen sie stehen? Und vor allem: Gibt es nicht mittlerweile schlauere Lösungen, um Zeichnungen so zu archivieren, dass man schneller findet, was man sucht?

Schrank ade!

Weil der Verwaltungsaufwand zu groß wurde, ging Jörg Prockner auf die Suche nach einem PDM-System. Es sollte – das war ursprünglich das Hauptziel – er-

Das Ziel: standardisierte Ablage

möglichen, dass alle Konstrukteure ihre Zeichnungen zentral nach einheitlichen Vorgaben ablegen und dass alle an einer einzigen zentralen Stelle auf sämtliche Zeichnungen zugreifen können. Und das auch noch, ohne sich von ihrem Konstruktionsarbeitsplatz wegbewegen zu müssen.

Zuerst CAD — Das Team, das sich auf die Suche nach dem geeigneten Programm machte, entschied sich für PRO.FILE. Unter anderem wegen der Neutralität gegenüber den CAD-Herstellern und der Möglichkeit, beliebige Autorensysteme anbinden zu können, was sich einige Jahre später als ausgesprochen vorausschauend erweisen sollte. Und wegen der Fähigkeit, auch ganz allgemeine Dokumente verwalten und miteinander zu Dokumentstrukturen verknüpfen zu können. Die ersten Dokumente im System waren denn auch die AutoCAD-Zeichnungen in 2D, und die ersten intensiven Nutzer waren fast ausschließlich die Konstrukteure, die sich allerdings die neue Vorgehensweise schnell zu eigen machten.

ERP führend — Gleichzeitig wurde die Integration von PDM und ERP in Angriff genommen. Allerdings zu diesem Zeitpunkt noch ohne einen hauptamtlich Verantwortlichen für die Betreuung der Systeme. ERP hieß und heißt bei REIS ROBOTICS b2 von Sage Bäurer. Das Konzept war: Führend, also zuständig für die Anlage und Verwaltung der Teilestämme, ist ERP, aber in beiden Systemen müssen Daten angelegt werden können. Und der bidirektionale Austausch aller für beide Seiten relevanten Daten muss gewährleistet sein.

Diese Integration dauerte erheblich länger als geplant und lief erst im Jahr 2000 wirklich rund. Aber auch dann änderte sich zunächst nicht viel an der Tatsache, dass PRO.FILE mehr oder weniger ausschließlich als CAD-Verwaltung betrachtet wurde.

Wenn was drin steckt — Dann aber wirkte sich schlagartig aus, dass über die Jahre ein Dokumententyp nach dem anderen in das System wanderte. Um die 50 waren es schließlich. Immer mehr Aufgaben konnte man nun einfacher erledigen, wenn man die verfügbaren Vorlagen in PDM nutzte. Immer mehr Mitarbeiter erkannten, dass sie weitgehend auf unerquickliche Suchgänge verzichten konnten, sofern die Daten in PRO.FILE abgelegt waren.

Run aufs System — Neben den Konstrukteuren gab es mittlerweile eine zweite Benutzergruppe aus Verkauf und Projektabwicklung, die in erster Linie Leserechte hatten. Von bis dato etwa 60 Mitarbeitern, die täglich gleichzeitig mit dem System arbeiteten, schnellte die Zahl 2006 auf über 100 hoch.

■ 20.2 Dreimal 3D

Alle wollen 3D. — Als Siegfried Grellmann im Jahr 2000 seine Arbeit in Sachen Systembetreuung aufnahm, gab es neben AutoCAD auch noch das eine oder andere Zeichenbrett. Anfang des Jahrzehnts drängte vor allem die Kundenauftragsabwicklung auf 3D. Die Modellierung von Computermodellen entwickelte sich in der gesamten Industrie zum Standardtool, und natürlich wollten immer mehr Kunden schon lange vor der Inbetriebnahme wissen, wie die Anlage und ihre Komponenten in die Halle passten.

Neben dem Abschluss der Integration von PDM und ERP stand also schon bald eine Auswahl bezüglich 3D CAD ins Haus. 2003 entschieden sich die Fachbereiche für eine aufgabenspezifische Lösung. Der Bereich Auftragskonstruktion forderte vor allem eine kostengünstige und leicht zu erlernende Anwendung. Hier fiel die Wahl auf SolidEdge. Die Spezialisten der Grundlagenentwicklung und des Werkzeug- und Formenbaus setzten für ihre High-End-Aufgaben auf Unigraphics. Wobei hier für Berechnung und Simulation zusätzlich Ansys eingeführt wurde. Schließlich wurde – die Automobilindustrie lässt grüßen – auch eine kleinere Anzahl von CATIA-Arbeitsplätzen installiert. Jetzt war es gut, dass REIS ROBOTICS sich für ein PDM-System entschieden hatte, das keine Probleme hatte, alle drei einzubinden.

Jedem das Seine

Innerhalb eines Jahres stieg damit der Aufwand für die Verwaltung der Konstruktionsdaten sprunghaft, und das gleich in mehrerer Hinsicht. Erstens wechselten alle Entwicklungsabteilungen auf 3D-Methodik, und dieser Schritt allein bedeutete eine explosionsartige Zunahme des Datenumfangs und der Komplexität der zu verwaltenden Produktstrukturen. Zweitens waren statt eines einzigen Systems nun drei Autorensysteme mehr zu integrieren, und dabei sprechen wir im Augenblick nur von Mechanik-CAD.

Datenexplosion

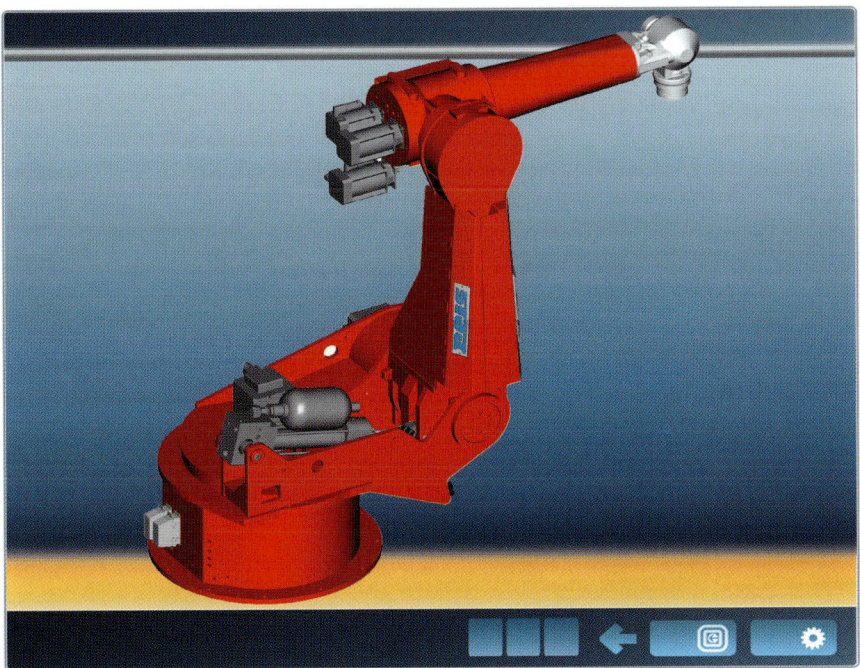

Bild 20.3 REIS ROBOTICS Roboter in 3D

Wenn weiter vorne also mit Blick auf den PDM-Einsatz vom fast ausschließlichen Einsatz als CAD-Datenverwaltung gesprochen wurde, dann war das eine ausgesprochen bescheidene Darstellung. Innerhalb kurzer Zeit gleich drei 3D-Systeme einzuführen und vollständig mit einem einzigen PDM-System zu integrieren, ist eine Aufgabe, für die manches Unternehmen eine ganze Reihe von Jahren braucht und an der manch anderes Unternehmen schon verzweifelt ist.

Sehr bescheiden

| Integration mit Automatismen | Alle drei Systeme wurden einerseits datentechnisch integriert, konkret werden 50 von 70 Solid Edge-, 17 von 40 Unigraphics- und drei von fünf CATIA-Arbeitsplätzen direkt in Verbindung mit PRO.FILE genutzt. Andererseits sind die Entwicklungsschritte der Anwender aller drei Applikationen über PDM-Workflows gesteuert. Zusätzlich wurden verschiedene Annehmlichkeiten und Automatismen implementiert. So können die Metadaten aus PRO.FILE heute genutzt werden, um bei der Ausleitung technischer Zeichnungen aus den 3D-Modellen automatisch die Zeichnungsköpfe auszufüllen.

20.3 Komplexität ganz besonderer Art

| Großanlagen gefragt | Die Komplexität in der Fertigungsindustrie kann viele Gesichter haben. Eines davon meint das Produkt selbst. Bei REIS ROBOTICS ist nicht nur das Kernprodukt selbst, der Industrieroboter mit seiner programmierbaren Steuerung, komplexer als die meisten anderen Arten von Investitionsgütern. Vor allem mit den sich häufenden Aufträgen zur Systemintegration, also zur Integration einer größeren Zahl unterschiedlicher Roboter und anderer Komponenten zu einer Großanlage zur Fertigungsautomatisierung, bekam die Produktkomplexität eine neue Qualität.

| Vieles zugeliefert | Schon bei den Robotern gilt: Neben den Baugruppen und der eingebetteten Software aus dem eigenen Haus enthalten sie viele Teile, die zugekauft werden. Wie überall konzentriert sich auch REIS ROBOTICS auf seine Kernkompetenzen, und

Bild 20.4 Großanlage im Einsatz

die liegen nicht in Schrauben, Muttern und anderen Geräten, auf die sich andere Unternehmen spezialisiert haben. So bezieht der Anlagenbauer eine Vielzahl von Drehtischen, Förderbändern, Transportwagen und anderem Gerät, das mit den Robotern zu schlüsselfertigen Systemen integriert wird.

Bei den eigenen Komponenten gibt es Standardteile, die serienmäßig hergestellt werden und immer wieder zum Einsatz kommen. Wobei übrigens das PDM-System inzwischen hervorragende Dienste leistet. Aber es existiert auch ein großer Anteil an Sonderkomponenten, die nur für einen konkreten Auftrag zu entwickeln sind. Ähnlich ist es auf der Seite der Zukaufteile. Teils sind sie Standard- und Normteile, teils speziell und einmalig im Auftrag von REIS ROBOTICS entwickelt und gefertigt. — Standard- und Sonderbauteile

Einen zusätzlichen Grad an Komplexität bedeutet der hohe Anteil Mechatronik. Hier müssen neben der Mechanik auch Elektrotechnik, Elektronik, Hydraulik und Pneumatik sowie Software entwickelt werden. Natürlich wiederum unterstützt durch die IT-Tools, die jeweils auf diese Aufgabe zugeschnitten sind. — Mechatronik-Vielfalt

Und am Ende ist REIS ROBOTICS der Gesamtunternehmer, der alle Teile zu einem Gesamtprodukt zusammenfügt und dafür die Verantwortung übernimmt. Wobei er zusammen mit der Anlage eine komplette Betriebsanleitung mitliefert, die deutlich über die Relevanz der Beipackzettel eines Handys hinausgeht. Nicht selten kommt es vor, dass Kunden einen Restbetrag der vereinbarten Summe so lange einbehalten, bis auch die letzte Seite der Dokumentation eingeheftet ist. Ohne die exakte Beschreibung aller technischen Details ist eine Anlage in der Fertigung eben nicht vollständig. — Gesamtunternehmerschaft

Bei der erläuterten Komplexität der Anlagen kann sich der Leser vorstellen, dass der Aufwand zur Zusammenstellung und Pflege dieser Dokumentation sehr bald ein Ausmaß erreichte, das nach Automatisierung rief. Insbesondere die Notwendig- — Handbuch von Hand?

Bild 20.5 Überall zu Hause

keit, letzte Änderungen, die sich etwa auf der Baustelle noch ergeben, einzubeziehen und das ganze Text-, Bilder und Plänewerk ständig auf dem aktuellen Stand zu halten, war mit konventionellen Methoden nicht mehr zu leisten.

Global = vielsprachig

Der letzte, aber keineswegs der unwesentlichste Aspekt ist die Mehrsprachigkeit. Wie jedes global aufgestellte Unternehmen muss REIS ROBOTICS seine Dokumente in einer großen Zahl von Sprachen zur Verfügung stellen. 16 sind es zurzeit, und der Aufwand, der in jedem Einzelfall für die Übersetzung getrieben werden muss, ist enorm.

Übrigens trat ein Argument, das bereits bei der Begründung für die Einführung von PDM eine Rolle gespielt hatte, erneut in den Vordergrund. Der Platz zur Archivierung der Hängemappen und Kundendienstordner reichte nur noch für ein Jahr.

Bitte elektronisch!

So traf sich der Bedarf im eigenen Haus mit den Anfragen von Kundenseite. Immer öfter bekamen die Projektleiter nämlich zu hören, dass eine Betriebsanleitung in elektronischer Form für viele Aufgabenstellungen wesentlich geschickter wäre als auf Papier.

20.4 Das große Datensammeln

Noch ein System?

So entstand 2005 die Idee, eine automatisierte Dokumentationserstellung in Angriff zu nehmen. Dabei war zunächst noch offen, welcher Weg einzuschlagen sein würde. Eine Möglichkeit war die zusätzliche Anschaffung eines technischen Redaktionssystems, das genau auf solche Aufgaben spezialisiert ist. Die andere Möglichkeit, die schließlich gewählt wurde, bestand in der Nutzung des bereits installierten PDM-Systems, das allerdings zu diesem Zweck noch um einige Zusätze erweitert werden musste.

Pro PROCAD

Nach reiflichen Untersuchungen der technischen Machbarkeit, ausführlichen Gesprächen mit PROCAD und gründlichen Vorarbeiten wurde der Auftrag Ende 2006 erteilt und das Projekt gestartet.

Zu den Vorarbeiten gehörte unter anderem eine genaue Analyse der Prozesse, die zu jedem einzelnen Dokument führen. Welche Systeme sind beteiligt, an welchen Stellen wird noch ohne echte IT-Unterstützung vorgegangen? Wo müssen eventuell noch zusätzliche Dokumenttypen definiert werden? Und natürlich stellte sich dabei heraus, was schon zu ahnen war, dass die Integration von CAD und ERP nur erst den Anfang darstellte. In der Grafik ist es gewissermaßen die rechte untere Ecke.

Vielerlei Quellen

Weitere Applikationen, deren Output relevant für das Projekt sind und die entweder mit PRO.FILE integriert oder deren Dokumente über PDM aufgerufen werden mussten, waren folgende:

- das Projektmanagementsystem PMS von Planta, mit dem die Terminplanung, die Projektressourcen sowie die Auslastung der Gewerke verwaltet wird;
- das Customer Relationship Management-(CRM-)Tool der Firma Update namens Marketing Manager;

- das Manufacturing Execution System (MES) des Anbieters COSCOM mit seinen Leitstandsdaten;
- das Qualitätsmanagementsystem QSYS, mit dem auch Kundenreklamationen bearbeitet werden;
- und natürlich immer noch zusätzliche Dokumente aus den Microsoft Office-Programmen, die in nahezu allen Abteilungen zu unterschiedlichsten Zwecken genutzt werden.

Darüber hinaus war aber noch eine ganze Liste anderer Dokumente zu berücksichtigen, die aus schwieriger zu integrierenden Quellen stammten.

Auch das noch!

- im Intranet stehen die Betriebsanleitungen und werden Maßblätter und Datenblätter zu den eigenen Produkten zur Verfügung gestellt;
- intern kommen viele interne Aufträge per E-Mail zum Sachbearbeiter;
- aus der Fertigung kommen Abnahme- und Prüfprotokolle.

Last, but not least: Von den zahlreichen Lieferanten kommen weitere Daten und Dateien zu den von ihnen gelieferten Produkten, und dabei kommt noch einmal die ganze Palette der Möglichkeiten zum Tragen. Teils sind es Papierdokumente, teils E-Mails, teils elektronische Daten unterschiedlichen Formats auf einer CD-ROM.

Was vom Lieferanten kommt

Aus all diesen Quellen müssen die relevanten Daten herausgefiltert und zusammengestellt werden. Aktuell, richtig und möglichst ohne Zutun. Und damit sind wir bei der Aufgabenstellung, mit der es PROCAD zu tun hatte.

■ 20.5 Projektstruktur an BizTalk Server

Zunächst ging das Team an die Definition der Struktur, welche die Dokumentation haben und die mithilfe von PDM abgebildet werden sollte. Sie konnte sich natürlich nicht wie CAD-Baugruppen an den eigentlich nur mechanischen Produktstrukturen ausrichten. Das Ziel war ja gerade, die Daten aller beteiligten Disziplinen zusammenzutragen und zu bündeln. So wurde eine Struktur gewählt, mit der ein Anlagenprojekt vollständig darstellbar war. Freilich nicht in allen Details. Schweißnähte sollten beispielsweise nicht dazugehören. Die Vollständigkeit sollte vielmehr dem A-Plan entsprechen, dem Aufbauplan einer Anlage.

Strukturdebatte

Die Hierarchie beginnt auf der obersten Ebene mit dem Kundenprojekt und seiner Nummer. Darunter liegen die Unterprojekte, die zum Beispiel einzelne Roboterstationen sein können, mit ihren Kommissionsnummern. In der dritten Ebene folgt eine Aufteilung in Baukästen, die sich an den Ingenieurdisziplinen orientieren. Auf dieser Ebene finden sich die Stücklistenköpfe der Mechanik, der Elektrik, der Hydraulik/Pneumatik und der Systemlieferanten. Die Baukästen werden nochmals gegliedert in Hauptbaukästen, zum Beispiel der Schaltschrank in der Elektrik oder der Roboterarm in der Mechanik. Darunter finden sich die Einzelteile, zu denen jeweils wieder Dokumente wie Maßblätter oder Schaltpläne gehören.

Das Projekt und seine Kinder

Liefer- und Enddokumentation	Über diese Projektstruktur werden nun alle projektrelevanten Dokumente miteinander verknüpft. Für die Unterscheidung von unterschiedlichen Dokumentationen wurden entsprechende Filter implementiert. So ist es ein Unterschied, ob es sich um eine Lieferdokumentation handelt oder um eine vollständige Enddokumentation. Für die Lieferdokumentation ist es beispielsweise nicht erforderlich, dass wirklich alle Dokumente enthalten sind. Schließlich ergeben sich immer letzte Änderungen und Ergänzungen erst beim Aufstellen und bei der Inbetriebnahme. Die Enddokumentation dagegen kann nur zusammengestellt werden, wenn auch die letzte Datei zugeordnet ist. Für die Sprachversionen gibt es ein Attribut in den Metadaten, über das ihre Auswahl gesteuert wird.
Freigabeprüfung	Für die Dokumentation können nur Daten ausgewählt werden, die freigegeben sind. Jeder andere Status führt zu einer Fehlermeldung, die sich am Ende der Zusammenstellung in einer Fehlerliste wieder findet. Nach dieser Auflistung kann nun – ebenfalls automatisiert – per E-Mail der Anstoß zur Freigabe an den zuständigen Fachbereich geschickt werden.
Der Status, der die Doku startet	Die Zusammenstellung funktioniert über BizTalk Server. Wenn das Projekt in den Status „Automatisierte Dokumentationsausgabe" versetzt wird, dann ist dies das Ereignis, auf das der BizTalk Server reagiert, indem er die definierten Filter auf die PRO.FILE-Daten anwendet. Sie sind in einer Konfigurationstabelle zusammengestellt, die für diesen Zweck programmiert wurde. Ebenso wie eine spezielle Browserdarstellung, mit der die Anwender zum Beispiel die Sprachversion selektieren können.
PRO.FILE Pocket-Nutzung	Das Ergebnis der erfolgreichen Dokumentationsausgabe landet schließlich in PRO.FILE Pocket. Dieses Tool wurde von PROCAD ursprünglich für den Zweck der Nutzung weit ab von jedem Netzzugang, zum Beispiel auf einer Baustelle, entwickelt. Hier dient es jetzt dazu, die Dokumente in einer Form zusammenzutragen, die sich sowohl für die Ausgabe auf CD eignet, um sie dem Kunden zu überreichen, als auch für die Nutzung durch den Service-Ingenieur auf seinem Notebook.
Alles noch mal genauso	PRO.FILE merkt sich natürlich – wie immer – die Version der Dokumentation, die hier ausgegeben wurde. Sollte es irgendwann zu einer Katastrophe kommen, die wie das Jahrhunderthochwasser vor einigen Jahren bei einem Kunden auch das Archiv mit den technischen Dokumenten vernichtete, dann ist es in Zukunft zumindest ein Leichtes, exakt dieselbe Doku noch einmal auszugeben.
Ausgabe auf Papier	Als eine weitere Ausbaustufe dieses Projektes schwebt den Verantwortlichen bei REIS ROBOTICS die Anbindung des Uniplot-Systems vor, mit dem dann auch die Ausgabe in Papierform automatisch erfolgen kann. Denn leider wird trotz aller Systemunterstützung aus wenigstens einem Grund auch in absehbarer Zukunft auf diese Form nicht verzichtet werden können, und das sind die gesetzlichen Abnahmevorschriften.
Releasefähig	REIS ROBOTICS beschreitet mit diesem Projekt einen neuen Weg, der auch ein wenig Zusatzprogrammierung auf Seiten des Anbieters erforderte. Allerdings in einem Umfang, der sicherstellt, dass die Funktionalität auch mit den künftigen Versionen des PDM-Tools erhalten bleibt.
	Wenn dieses Buch Ende 2007 erscheint, hat REIS ROBOTICS einen weiteren Roboter im Haus in Betrieb genommen: Die Produktivschaltung der automatisierten technischen Dokumentation für Anlagenprojekte stand für diesen Zeitpunkt auf dem Plan.

21 Fallbeispiel Filteranlage

Herding entwickelt nicht Investitionsgüter, mit denen man etwas herstellt, sondern Geräte und Anlagen, die für die saubere Luft sorgen, wo diverse Arten von Produkten hergestellt oder zurückgewonnen werden. In diesem Jahr feiert die Herding GmbH Filtertechnik ihr 30-jähriges Bestehen. Gründer Walter Herding, der mit der Erforschung und Entwicklung des Sinterlamellenfilters, dem Kernelement der Filtergeräte, den Grundstein für den Erfolg des Hauses legte, leitet die Geschicke der gesamten Herding-Gruppe. Mittlerweile mit tatkräftiger Unterstützung seines Sohnes Dr. Urs Herding, der unter anderem für das Stammwerk in Amberg als CEO für das Tagesgeschäft die Verantwortung trägt.

Saubere Luft

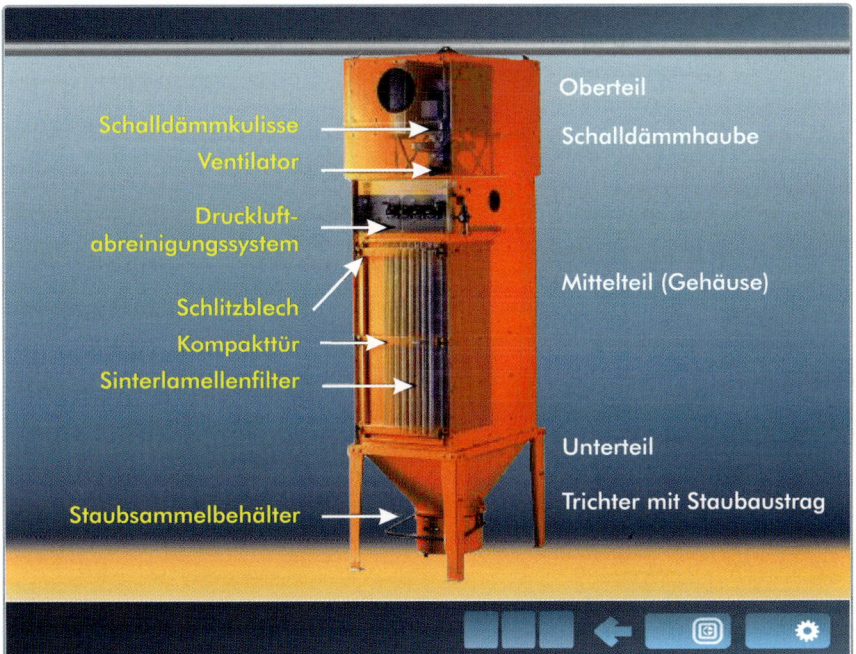

Bild 21.1
Weltweit vorne

Das Unternehmen ist ein typischer deutscher Mittelständler. Weltweit behauptet es seit Jahren eine führende Position als Anbieter von Filteranlagen. 156 der weltweit 240 Mitarbeiter sind im Stammwerk im bayrischen Amberg beschäftigt. Im

Jahr 2006 erwirtschaftete allein der deutsche Stammsitz von Herding einen Umsatz von insgesamt 19 Millionen Euro. Mit einem Fertigungsstandort in Tschechien, Tochtergesellschaften in Europa, USA und China sowie Vertriebsgesellschaften und Kooperationspartnern in vielen Ländern ist Herding auf allen Kontinenten aktiv.

Branchenvielfalt — Kunden sind Industrieunternehmen unterschiedlichster Branchen, welche die Geräte und Anlagen zur Abscheidung von Feststoffen (Staub) und Aerosolen aus gasförmigen Medien einsetzen. Ob Schweiß- oder Laserbearbeitung, Lebensmittelherstellung oder Pharmazie, Autolackierung oder Stahlbearbeitung – es geht um die Reinigung und Reinhaltung der Luft. Ein zweites Tätigkeitsfeld ist die biologische Reinigung von hoch belasteten Industrieabwässern, die in Projekten für Brauereien oder Kläranlagen zum Einsatz kommt. Dieser Geschäftsbereich macht ungefähr zehn Prozent des Gesamtumsatzes aus.

Sauberer Fluss — Als konsequente Weiterentwicklung und Kombination der Expertise aus Luftfiltration, Entwicklung von Filtermedien und der Handhabung von Flüssigkeiten wird das neue Geschäftsfeld der Flüssigkeitsfiltration auf- und ausgebaut. Die Märkte sind vor allem in den Bereichen der Filtration von Kühlschmierstoffen aus der mechanischen Bearbeitung zu finden.

Neue Bildschirme gesucht — Den Lösungsansatz, den wir in diesem Kapitel vorstellen, hat Herding von einem externen Beratungsunternehmen eingekauft. Die 3D CAD GmbH mit Geschäftsführer Bernd Hustert war von der Herding-Mitarbeiterin Gabriela Schanderl, in Amberg mit zuständig für die EDV, zunächst eigentlich wegen eines ganz anderen Themas kontaktiert worden. Die Konstruktionsarbeitsplätze sollten mit modernen Flachbildschirmen ausgestattet werden. Rasch kam das Gespräch dann aber auf Themen, die nicht nur den Entwicklern wesentlich stärker auf dem Magen lagen.

Strategischer Ansatz — Was dieses Fallbeispiel zeigt, ist nicht nur die Verbesserung von Entwicklungsmethoden und Datenverwaltung durch die Einführung eines PDM-Systems. Es zeigt vor allem, dass auch Mittelständler wie Herding keineswegs auf strategische Ansätze verzichten müssen, wenn sie bereit sind, sich von externen Spezialisten auch bezüglich ihrer Prozesse beraten zu lassen.

Multi-CAD-Fähigkeit gefragt — Bernd Hustert hatte mit einem eigenen Ingenieurbüro schon einige Jahre Erfahrung im Einsatz von CATIA, Pro/E und AutoCAD, bevor er die 3D CAD GmbH gründete und Autodesk-Partner wurde. Bezüglich PDM ist das Haus seit 2004 Partner von PROCAD. Diese Wahl beruhte in erster Linie auf der Multi-CAD-Fähigkeit von PRO.FILE und auf einer ausgereiften Standardfunktionalität, die nur wenig Zusatzprogrammierung erfordert, wenn es um kundenspezifische Anpassungen geht.

Bei Bedarf Prozessanalyse — Sein Angebot umfasst neben der Einführung und Schulung von CAD, CAM, CAE und PDM auch Konstruktionsdienstleistung und Methodenberatung. Bei Bedarf werden aber auch Prozessanalysen durchgeführt und Optimierungslösungen angeboten, die dann schlüsselfertig übergeben werden. Und darum ging es bei Herding.

21.1 Altlasten mit Spätfolgen und ein „gedeckeltes" Projekt

Vier Konstrukteure sind bei Herding im Bereich F&E mit der Weiterentwicklung von Standardgeräten und Produktinnovation beschäftigt, sechs arbeiten in der Auftragsbearbeitung, wo die Standardgeräte für den konkreten Kundenbedarf angepasst und zusammengestellt werden. Das 2D-Konstruktionswerkzeug war AutoCAD Mechanical, weshalb sich auch die Anfrage bezüglich der Flachbildschirme an einen Autodesk-Partner richtete.

Standardgeräte und Auftragskonstruktion

Bernd Hustert stellte bereits in den ersten Gesprächen fest, dass etwas ganz anderes als die veralteten Bildschirme erheblich größere Bremswirkung auf die Entwicklungsprozesse hatte.

Viele Filteranlagen können zu einem hohen Prozentsatz aus Standardkomponenten zusammengebaut werden. Lediglich ein relativ kleiner Prozentsatz erfordert Änderungen oder neue Teile. Deshalb hatte Herding bereits vor Jahren ein Programm entwickeln lassen, das es den Konstrukteuren erlaubte, die Anlagen entsprechend dem Kundenauftrag über Parameter zu konfigurieren. Das Programm wurde zusammen mit dem ERP-System Navision von Microsoft genutzt und erzeugte die Stücklisten, die für die Fertigung gebraucht wurden.

Eigenentwicklung

Als der für dieses Spezialprogramm zuständige Mitarbeiter das Haus verließ, wurde es auf Basis von Navision nachgebildet. Das funktionierte unauffällig und gut, solange an Navision nichts geändert wurde. Beim Besuch Bernd Husterts war aus diesem einfachen Grund immer noch die Version 2.6 installiert, während die Software sich bereits zur Version 5 weiterentwickelt hatte. Ein Update kam nicht infrage, um die Produktkonfiguration nicht außer Gefecht zu setzen.

Nachbildung

Die geübte Praxis hatte allerdings auch noch einige andere Nachteile. Nirgends war zum Beispiel festgehalten, wenn es in einem Auftrag während der Fertigung ein Problem gegeben hatte, das zu einer Konstruktionsänderung zwang. Bei einer erneuten Nutzung des Konfigurators wurden, falls nicht nachgepflegt wurde, solche Fehler mit kopiert und lösten erneut Nachbearbeitung aus.

Änderung erforderlich?

Überhaupt stützte sich der Konfigurator nicht auf eine Produktstruktur, die über ihre Historie Aufschluss geben konnte. Ob es sich bei einer Zeichnung um die zehnte Version handelte oder um eine, an der gerade eine Änderung vorgenommen wurde, war so nicht festzustellen. Denn statt eines Produktdatenmanagementsystems wurden die 2D-Zeichnungen mithilfe von Microsoft Explorer in Verzeichnisbäumen gespeichert.

Verzeichnisbäume

Man hatte sich in der Vergangenheit schon mit 3D CAD und auch mit diversen Lösungen für die Zeichnungsverwaltung beschäftigt. Diese Systeme erschienen aber zum einen zu komplex für Blechkonstruktionen, die den Hauptteil der Produkte ausmachen. Zum anderen sollte eine doppelte Datenpflege in ERP und einer Zeichnungs- und Versionsverwaltung vermieden werden. So blieb es zunächst bei einer Speicherung in Festplattenverzeichnissen.

Zu komplex für's Blech

Potenzial im Prozess	Der Berater legte Dr. Urs Herding seinen Eindruck dar. Ein erhebliches Verbesserungspotenzial steckte seiner Meinung nach in den Produktentstehungsprozessen, dessen Realisierung allerdings ein bis zwei Jahre in Anspruch nehmen werde. Es werde sich aber sehr rasch rechnen. Sein Angebot: Zuerst sollte eine Prozessanalyse mit professionellen Tools durchgeführt werden, um dann einen konkreten Vorschlag zu ihrer Verbesserung zu machen. Seine Argumentation überzeugte, und die Prozessanalyse wurde – Anfang 2006 – in Auftrag gegeben.
Überschaubar und passend	Unternehmensberater haben sich leider schon mehr als einmal dadurch ausgezeichnet, dass sie für teures Geld umfangreiche Studien erstellt haben, deren positive Auswirkungen entweder schwer nachprüfbar waren oder aber gänzlich ausblieben. So etwas kann sich ein Unternehmen von der Größe Herding nicht leisten. Bernd Hustert ist davon überzeugt, dass sich überhaupt kein Unternehmen so etwas leisten muss. Er setzt auf Dienstleistung in Form von Projekten, die er gerne als ‚gedeckelte' Projekte bezeichnet.
Erst die Analyse	„Statt weit reichender und schwer überschaubarer Projektziele mit unklarer Dauer und folglich unklarer Kostenstruktur bevorzugen wir absolut klare Verhältnisse. Unsere Projekte basieren immer auf einer vorausgehenden Analyse der Geschäftsprozesse beim Kunden. Danach machen wir einen konkreten Vorschlag mit festgelegter Terminplanung, der in Meilensteinen abzuarbeiten ist. Das entspricht unserer Erfahrung aus entsprechenden Prozessoptimierungsmaßnahmen in vielen Unternehmen. Sie sind dann erfolgreich und haben besonders gute Langzeitwirkung, wenn sie stufenweise abgearbeitet werden. Der Kunde soll von vornherein wissen, welcher Aufwand auf ihn zukommt, und zwar bezüglich sowohl der Manntage seiner Mitarbeiter als auch des Beratungshonorars."
Klare Verhältnisse von Anfang an	Auch Mitarbeiter Peter Hopfenzitz, zuständig für das Controlling bei der Fa. Herding und Projektverantwortlicher, hebt den Wert sinnvoller Stufenpläne für derartige Projekte heraus: „Für Unternehmen unserer Größenordnung sind überschaubare Umfänge besonders wichtig. Unser Beratungspartner hat zeitlich und inhaltlich Meilensteine definiert, die jeweils einen zentralen Abschnitt der Einführung neuer Vorgehensweisen beinhalteten. Und eine klare Größenordnung bezüglich des zu kalkulierenden Aufwandes. So wussten wir bereits im Vorfeld, wie schnell sich das Vorhaben rechnen würde."
Produktkonfigurator in 3D	Die Analyse der Prozesse führte in diesem Fall zu einem Angebot mit einem ganzen Bündel von Maßnahmen. Kurz gesagt lief der Vorschlag auf Folgendes hinaus: Ähnlich wie mit der alten Lösung in Navision sollte ein Produktkonfigurator gebaut werden, und zwar zunächst für die wichtigste Baureihe DELTAFlex. Statt auf 2D-Zeichnungen sollte er sich aber auf gut verwaltete Produktstrukturen in einem 3D-System stützen. Die Konfiguration selbst sollte über ein PDM-System gelöst werden, das bei der Einführung von 3D ohnehin die bisherige Verzeichnisablage von CAD-Daten ersetzen musste. Die Integration von PDM und ERP war ebenso Bestandteil wie das Update von Navision auf die aktuelle Version.
ROI-Rechnung inbegriffen	Das Angebot umfasste insgesamt sieben einzeln abzunehmende Meilensteine und eine ROI-Betrachtung, nach der sich die zu tätigenden Investitionen – sowohl in Dienstleistung als auch in Hard- und Software – nach 1,2 Jahren rechnen würden. Der wichtigste Aspekt, der die Geschäftsführung letztlich überzeugte, bestand in der Erläuterung der erheblichen prozesstechnischen Vorteile, die sich aus der Um-

stellung ergäben: eine deutliche Vereinfachung der Abläufe in der Entwicklung bei gleichzeitigem Redesign der Produkte und einer großen Sicherheit künftiger Fehlervermeidung.

Bild 21.2
Inventor-Modell einer
DELTAFlex-Anlage

■ 21.2 Mit sieben Meilensteinen

Das Projekt startete. Als Erstes erfolgte im April der Wechsel von AutoCAD auf Autodesk Inventor. Bernd Hustert: „Mit Inventor ist es möglich, die tatsächliche Produktstruktur originalgetreu abzubilden. Baugruppen, Unterbaugruppen und Einzelteile werden logisch und funktional miteinander verknüpft. Statt einer einzigen Zeichnung gibt es zum Schluss ein Modell mit vielen Einzelteilzeichnungen. Diese Strukturen können mit einem PDM-System vollständig abgebildet werden."

Komplettstruktur

Dafür kam auf seine Empfehlung PRO.FILE zum Einsatz. Weil es CAD-neutral ist und gut mit den Daten von Inventor umgehen kann. Die Implementierung von PDM erfolgte unter Einbeziehung aller betroffenen Mitarbeiter. In einem ersten Workshop wurden gemeinsam Sachmerkmalsleisten definiert, mit deren Hilfe die Produkte klassifiziert werden konnten. Innerhalb von zehn Tagen brachte ein Mitarbeiter von 3D CAD den künftigen Anwendern bei, wie man möglichst flache Sachmerkmalsleisten aufbaut, um sie später für eine effektive Suche nach Daten optimal nutzen zu können.

CAD-neutral

Mit den Mitarbeitern	Nach einer zweitägigen Grundschulung kam der zweite Workshop. Wieder gemeinsam mit den Mitarbeitern wurde festgelegt, wie die Ein- und Ausgabemasken aussehen sollten. Dabei kommt es meistens zu einer regelrechten Flut von Wünschen, was das System einmal alles können soll. Die wichtigste Aufgabe an diesem Punkt besteht für Bernd Hustert darin, die Wünsche auf ein realistisches Maß zu bremsen und aufzuzeigen, welche Dinge erfahrungsgemäß etwas bringen in der täglichen Arbeit und welche nicht.
Recht und Sperrung	Ein weiterer Workshop drehte sich um die Rechte, welche die Benutzer je nach Aufgabengebiet haben, und um die Status, die vorgesehen werden sollten. Wer darf und soll eine Datei freigeben und ihr den entsprechenden Status geben? Wer darf auf ein nicht freigegebenes Modell zugreifen, wer nicht? Wann ist ein Dokument für wen gesperrt, wer hebt die Sperrung auf und so weiter.
Freigaberegelung	In diesem Schritt wurde – fast nebenbei – eine Freigaberegelung eingeführt, die es vorher explizit nicht gegeben hatte. Jetzt stand über den definierten Workflow, den jedes Dokument durchlaufen konnte, fest, wer an welcher Stelle was dazu beizutragen hatte. Im Übrigen sorgen diese Regelungen dafür, dass beispielsweise in der Fertigung automatisch nur noch auf richtige Teile zugegriffen werden kann. Das hängt nun nicht mehr vom Know-how des einzelnen Mitarbeiters ab, sondern vom Status des Dokuments.
Pflichten im Heft	Im nächsten Schritt wurde ein Pflichtenheft erstellt, das schließlich rund 160 Seiten umfasste. Mit den darin getroffenen Festlegungen war exakt das künftige System beschrieben, das jetzt nur noch gebaut werden musste. Für die Spezialisten des Beraters eher eine einfache Übung.
Fehlerfreie Konstruktion	Nach den Zeichnungen der DELTAFlex-Baureihe wurden die Inventor-Modelle aufgebaut. Dabei war nicht nur darauf zu achten, dass die Produktstruktur sich optimal für die automatisierte Definition von Varianten eignete. Jetzt wurde auch jeder Ungereimtheit nachgegangen, die in den 2D-Zeichnungen nicht unbedingt aufgefallen war. Jene Inkonsistenzen der Konstruktion, die früher oft zu kostenträchtigen Nacharbeiten geführt hatten. Beim 3D-Modellieren fallen solche Schwächen sofort auf. Das Ergebnis waren vollständig überarbeitete, fehlerfreie Produktmodelle, deren Struktur die Grundlage bildete für den Konfigurator.
ManagedCopy für DELTAFlex	Der beruht auf Standardfunktionalität von PRO.FILE. Unter Nutzung der Funktionalität Managed Copy werden nun passende DELTAFlex-Geräte vollständig kopiert, um dann dezidierte Einzelteile oder Baugruppen herauszugreifen und entsprechend den Auftragsanforderungen anzupassen.
Weniger als 1 Jahr für 3D und PDM	Für die erste Baureihe von Filtergeräten war der Konfigurator bereits im Dezember 2006 fertig und konnte produktiv geschaltet werden. In weniger als einem Jahr waren der Umstieg zu 3D und die Einführung von PDM einschließlich des Konfigurators geschafft. Ohne externe Unterstützung wäre das nicht erreicht worden. Zum Ende des Jahres 2007 steht der Wechsel auf das neueste Release von Navision auf dem Programm, über BizTalk Server an PRO.FILE gekoppelt. Der ursprüngliche Anlass für das Projekt, die fehlende Update-Fähigkeit des alten Konfigurators, war beseitigt.

21.3 Weiter geht's

Noch war damit freilich nicht alles erledigt. Nicht das, was im Pflichtenheft stand, und erst recht nicht das, was noch weiter zu tun blieb. Aber ein großer Schritt nach vorn war getan, der die Grundlage legte für die nächsten.

Erst der Anfang

Inventor läuft auf allen elf Arbeitsplätzen, und die Vorteile der 3D-Modellierung, insbesondere in Verbindung mit der automatisierten Variantenkonfiguration, machen auch bei den Konstrukteuren Eindruck, die eher zögerlich auf das neue System reagieren.

Überzeugt

Peter Hopfenzitz und der CAD-Administrator, Herr Sehr, haben dafür allerdings Verständnis. Immerhin gibt es jetzt bei einem Produkt unter Umständen zehn Zeichnungen statt vorher einer einzigen, denn für jedes Einzelteil muss auch eine eigene Zeichnung erzeugt werden, die eine eigene Nummer hat. Auf den ersten Blick hat damit die Teilevielfalt zugenommen. Und es existieren auch noch einige Schwächen gerade bei der weitgehend automatischen Zeichnungsableitung, welche die Akzeptanz nicht sonderlich fördern. Kantmaße und Bemaßung bedürfen einiger Nacharbeit, und Toleranzen und Oberflächenzeichen sind nicht gerade per Knopfdruck zu haben. Aber das sind die Haken, die fast immer mit dem Wechsel von einem gewohnten Tool auf ein neues einhergehen.

Vorteil nicht sofort sichtbar

Dass die neue Methode insgesamt erheblich zur Effizienz der Entwicklung beiträgt, ist für niemanden eine Frage. 40 Arbeitsplätze sind bereits mit PDM ausgerüstet, in der Endstufe werden alle 70 PCs Zugang zu PDM haben. Bereits angeschlossen sind neben der Konstruktion die Werkstatt, der Stahlbau und die Endmontage.

PDM für alle

Bis Ende 2008 sollen alle Abteilungen Zugriff haben. Dazu muss aber erst einmal Routine in die Anwendung kommen. Nach dem ersten Erfolg ist wichtig, dass sich das Neue setzt. Manche Stolpersteine entdeckt man erst, wenn die Sache läuft. Die müssen aus dem Weg geräumt werden. Und sowohl die Dokumenttypen als auch die Berechtigungen sind auszubauen und anzupassen, wenn neue Anwender hinzukommen.

Setzen lassen

Einmal auf den Geschmack gekommen, sind die gesteckten Ziele bei Herding nicht klein. PRO.FILE soll das komplette Dokumentenmanagement im Haus regeln. Alles, was zu einem Auftrag gehört, alle relevanten Daten, gleichgültig von wem und in welchem System sie erzeugt wurden, sollen in die elektronische Auftragsmappe, die dann mit Navision abgeglichen wird. Und auch die Fertigung in Tschechien soll über VPN angeschlossen werden.

Große Ziele

Dazu gibt es Wünsche an den Hersteller, die generell die Weiterentwicklung der Funktionalität im Dokumentenmanagement betreffen. Ein Beispiel: Zugriffsberechtigungen sollen nicht nur an einen Workflow-Status, sondern gleichzeitig an Personen gebunden werden können. Nur so ist problemlos sicherzustellen, dass der Anwender, der etwa nach Dokumenten im Status „Rechnungsprüfung" sucht, dabei nur solche Dokumente zu sehen bekommt, die auch für ihn gedacht sind. Für PRO-CAD sind es gerade solche Anwendungen, die bei der Priorisierung von Entwicklungsanforderungen wichtigen Input liefern.

Entwicklungswünsche

Manchmal ist kleiner auch schneller.	Häufig heißt es, die mittelständische Fertigungsindustrie habe erstens keine Zeit und zweitens nicht das Geld, um sich mit strategischen, längerfristigen Konzepten zu befassen. Das entspricht zwar leider oft den vorgetragenen Gründen für das Festhalten am Wohlbekannten. Das Beispiel Herding beweist aber etwas ganz anderes: Es braucht nicht das Mehrjahresbudget und die Personalressourcen eines Großkonzerns, um eine grundlegend neue Richtung einzuschlagen. Wenn der Nutzen solcher Veränderung erkannt wird, kann ein Mittelständler das gesteckte Ziel sogar sehr viel schneller erreichen als mancher Organisationsriese.
Wettbewerbsvorteil	Herding hat mit dem Projekt einen wichtigen Schritt nach vorn getan. Insbesondere die Verbindung der Systemeinführung mit der Neudefinition der Abläufe, und mit dem Redesign und der Erstellung des Produktkonfigurators für eine erste Baureihe, stellen einen nicht zu unterschätzenden Wettbewerbsvorteil dar. Jetzt können die Mitarbeiter mit den erworbenen Kenntnissen selbst darangehen, weitere Konfiguratoren für andere Produkte zu erstellen, quasi als Kopie des ersten.
Die 80-20-Regel	Für viele Firmen gilt heute ähnlich wie in Amberg: Mit 80 Prozent der vorhandenen Produktkomponenten und lediglich 20 Prozent Neukonstruktion sind die meisten Kundenwünsche zu erfüllen. Statt dabei aber alte Fehler und Unzulänglichkeiten immer wieder mitzuschleifen, erlaubt die Einführung von PDM eine Bereinigung der Produktstruktur und die Garantie sicherer Prozesse.
Selbstständigkeit gefördert	Bernd Hustert: „Unser Ziel ist immer, dass unser Know-how über Prozesse und Systeme innerhalb von einem Jahr in das betreute Unternehmen wandert. Das gehört mit dazu, wenn wir von ‚gedeckelten' Projekten reden. Der Kunde soll nicht von uns abhängig werden. Es warten genügend andere auf unseren Einsatz."
Saubere Luft – saubere Prozesse	Neben die reine Luft und das saubere Wasser, das sich Herding auf die Fahne geschrieben hat, treten nun also auch saubere Prozesse und klare Strukturen. Strategisches Vorgehen – das sollte ja dieses Beispiel zeigen – hilft, Abstand zum Wettbewerb zu wahren. Und erfolgreich zu bleiben.

22 Fallbeispiel QM-Handbuch

PDM-Projekte kommen heute nicht mehr unbedingt aus der CAD-Anwendung. Im vorliegenden Fall stellten die Konstrukteure nur einen Teil des Motors dar. Der andere hing unmittelbar mit den Bemühungen des Qualitätsmanagements zusammen, die Geschäftsprozesse insgesamt nachprüfbar zu gestalten. Für die Beschreibung der Kernprozesse in einem elektronische Qualitätsmanagement-Handbuch PDM zu verwenden, das erweist sich hier als ausgezeichneter Ansatz, um auch die Probleme im Entwicklungsprozess systematisch anzugehen.

PDM und Qualitätsmanagement

Wir betrachten die Lösung in einem Fertigungsunternehmen, das Konsumgüter produziert. Jeder kennt sie, auch wenn er sie nicht selbst im Haus hat. Und jeder kennt den Namen, denn BRITA hat nicht nur eine gute Erfindung gemacht, sondern auch für einen guten Markenaufbau gesorgt. Tischwasserfilter für den Hausgebrauch, jene teils durchsichtigen Behälter, die im oberen Teil den Einsatz haben für die Filterkartuschen, die dem Wasser die Härte nehmen und beispielsweise dem Tee oder Kaffee einen besseren Geschmack geben.

Bekannte Größe

Gleichzeitig widmet sich BRITA der Entwicklung und Herstellung von Wasserfilterprodukten für den gewerblichen Einsatz, beispielsweise in professionellen Kaffeeautomaten in der Gastronomie. Mittlerweile machen die gewerblichen Produkte – bei steigender Tendenz – rund 30 Prozent des Umsatzes aus, der 2006 weltweit bei etwa 220 Millionen Euro lag. BRITA ist in über 60 Ländern und auf allen Kontinenten durch Tochtergesellschaften und Partnerfirmen vertreten. Das 1966 gegründete Haus behauptet seit langen Jahren eine weltweit führende Position in diesem Markt. Etwa 400 der insgesamt über 800 Mitarbeiter sind am Hauptsitz in Taunusstein bei Wiesbaden beschäftigt.

Wasser in aller Welt

Nicht nur die Wasserfiltersysteme selbst, sondern vor allem auch die Filterkartuschen und die chemische Zusammensetzung des Filtermaterials sind Gegenstand von Entwicklung und Forschung. Da es sich bei der Produktpalette größtenteils nicht um hochkomplexe Maschinen handelt, spielt die mechanische Konstruktion nicht so eine große Rolle wie in einem Unternehmen aus dem Bereich des Maschinenbaus.

Spezialist in Kartuschen

Größte Bedeutung haben dagegen gesetzlichen Vorschriften, die in aller Herren Länder einzuhalten sind, wenn ein Produkt unmittelbar mit dem Genuss von Lebensmitteln zu tun hat. Und das ist einer der Gründe, warum bei BRITA seit einiger Zeit Prozessorientierung großgeschrieben wird. BRITA strebt eine Zertifizierung

Compliance Management

nach ISO 9001 an. Jeder Schritt im Prozess von der Idee über das Konzept bis zum ausgelieferten Produkt samt etwaiger Änderungen soll im Detail nachvollziehbar sein.

Know-how in DMS

Auch aus diesem Grund wurde Martin Rydzy 2004 nach Taunusstein geholt. Mit seinen umfangreichen Kenntnissen im Dokumentenmanagement sollte Martin Rydzy eine generelle und zentralisierte technische Datenverwaltung aufbauen. Er war unser Ansprechpartner für dieses Kapitel.

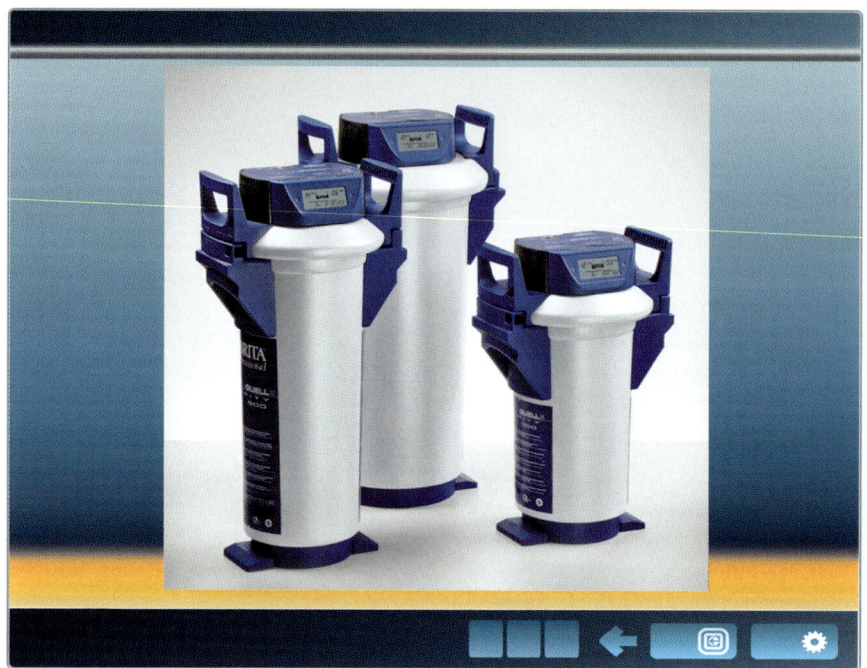

Bild 22.1
BRITA-Kartuschen

22.1 Von Freigabe mit Turnschuhen zur T-Doku

Fehlende Rechte

Die Entwickler legten alle für ein Projekt wichtigen Dokumente in Verzeichnissen auf einem Server, teilweise auch auf dem einzelnen Arbeitsplatzrechner ab. Wer worauf zugreifen konnte und wer nicht, war nirgends eindeutig geregelt. Das Marketing beispielsweise hatte überhaupt keine Rechte. Das Qualitätsmanagement, das dabei war, alle Unternehmensprozesse systematisch zu ordnen und in einem Handbuch zu beschreiben, machte – so Martin Rydzy – „Freigabe mit Turnschuhen". Weil eine definierte Struktur fehlte, mussten die Dokumente von allen möglichen Orten zusammengetragen werden.

1999 war die Konstruktion mit SolidWorks auf 3D-Modellierung umgestiegen, was schlagartig zu einem deutlichen Anschwellen der Datenmenge führte. Und zu einer Zunahme ihrer Komplexität in der Baugruppenstruktur. Entwicklung und Qualitätsmanagement waren also verständlicherweise die Treiber in Richtung Datenverwaltung. Diejenigen, die Projekte realisierten und die ihnen zum Schluss das Qualitätssiegel verpassten, hatten den größten Bedarf an geordneten Verhältnissen.

Umstieg auf 3D

Bild 22.2 SolidWorks-Modell eines Wasserfilters

Unter dem Namen T-Doku startete Martin Rydzy das Vorhaben, das sich allerdings rasch ausdehnen sollte. Von Anfang an mit der vollen Unterstützung der Geschäftsleitung. Der Geschäftsführer Walter Funk (Finanzen und IT) stand als ständiger Pate aktiv zur Seite. Martin Rydzy: „Diese Unterstützung war ein wichtiges Signal an die Mitarbeiter, dass unser Projekt einen hohen Stellenwert hat." Ebenso wie verschiedene Artikel in der Hauszeitschrift, die in der Folge das Projekt begleiteten.

Mit voller Unterstützung der Geschäftsleitung

Bei der Suche nach einem geeigneten System wurden bekannte DMS-Systeme ebenso geprüft wie PDM-Programme. Auch ein ERP-System stand zur Diskussion, zumal bei BRITA zukünftig hier auch ein neues System zum Einsatz kommen sollte. Die Hauptkriterien für die Auswahl: Das neue Programm musste die 3D-Daten integrieren können und zugleich die Möglichkeit bieten, alle projektrelevanten Dokumente so zu strukturieren, dass die Unternehmensprozesse optimal unterstützt würden. Eine Kopplung an das führende ERP-System muss realisiert werden, die den Abgleich von Stücklisten und Stammdaten sicherstellt. Das Rennen machte – auch beim DMS-Spezialisten Rydzy – PRO.FILE.

PDM für DMS

Ein zehnköpfiges Team wurde gebildet, dem Vertreter aller betroffenen Bereiche angehörten. Da das PDM-System künftig auch die zentrale Quelle für alle Standorte und Tochtergesellschaften werden sollte, gab es Ansprechpartner in den Landesge-

Interdisziplinäres Team

sellschaften. Nach Fachkompetenzen zusammengesetzte Untergruppen konzentrierten sich auf die wesentlichen Aspekte Softwarebeschaffung, Prozesse und Stammdaten.

PDM zweimal verkaufen

Auch diese interdisziplinäre Teamarbeit war ein wichtiger Erfolgsfaktor. Schließlich war ja die Überwindung des Abteilungsdenkens und der Abschottung der Fachbereiche eines der Ziele, die mit der Einführung von PDM verbunden waren. Und den Verantwortlichen war klar, dass jede neue Lösung, wie Martin Rydzy es formuliert, zweimal verkauft werden muss. Einmal vom Anbieter an den Kunden und einmal von den Verantwortlichen an die Mitarbeiter, die ja damit arbeiten werden. Findet dieser Aspekt zu wenig Beachtung, dann ist das später fast zwangsläufig an der mangelnden Akzeptanz und Kooperationsbereitschaft im Haus ablesbar.

Einführung in Stufen

Für die Einführung wurde ein Stufenkonzept erarbeitet. Das besagte auf einen einfachen Nenner gebracht: Erst die Prozesse gemäß dem hauseigenen QM-System und dann die Abbildung des Produktentstehungsprozesses.

22.2 Elektronisches Handbuch für Qualitätsmanagement

QM-System

Bereits in den Jahren vor dem Start des PDM-Projektes war mit Blick auf die angestrebte ISO-Zertifizierung ein Qualitätsmanagementsystem erstellt worden, das mittlerweile über 300 Dokumente umfasste. Darin waren diverse Arbeitsabläufe bei BRITA beschrieben. In einer hierarchischen Struktur fanden sich auf der obersten Ebene die Kernprozesse wie Einkauf, Produktentstehungsprozess, Produktion oder Personalwesen. Eine Stufe darunter war für jeden Kernprozess in sogenannten Verfahrensanweisungen festgehalten, welche Abläufe im Einzelnen, zum Beispiel bei der Kartuschenherstellung oder dem Abfüllen des Filtermaterials, dazugehörten. Noch eine Etage tiefer gab es für jedes Verfahren detaillierte Arbeits- und Prüfanweisungen. Auf der untersten Stufe schließlich lagen die Vorlagen und Formblätter, mit denen das Unternehmen sich darangemacht hatte, alle Prozesse zu standardisieren.

QM elektronisch

Die Idee, die nun mit der Einführung von PDM umgesetzt wurde, war die exakte Abbildung des QM-Systems in elektronischer Form. Dieselbe Hierarchie wie im manuell erstellten Handbuch sollte sich in einer Dokumentstruktur wieder finden. Aus den Hierarchiestufen wurde ein Strukturbaum verknüpfter Dokumente, auf die jeder Mitarbeiter zugreifen kann. Entweder direkt über den Strukturbrowser oder aber über Suchkriterien entsprechend den Metadaten einzelner Dokumente.

Easy Change

Neben dem leichteren Zugang aller Beteiligten im Vergleich zum Handbuch im Regal hatte dieser Ansatz noch einige weitere Vorteile. Änderungen und Ergänzungen des Handbuchs sind wesentlich leichter umzusetzen und kenntlich zu machen. Über Web-Clients steht es nun auch allen Standorten und weltweit zur Verfügung.

Dieser erste Abschnitt der Einführung war relativ rasch erledigt. Dafür wurde nur ein einziger Dokumenttyp benötigt, und auch die Frage der Zugangsberechtigung war denkbar einfach. Außer den Verantwortlichen für das Qualitätsmanagement hatten alle Mitarbeiter lesenden Zugriff, und alle konnten sich aus dem System Vorlagen und Formulare ausdrucken, um sie im jeweiligen Arbeitsgang zu nutzen. Zum Zeitpunkt der Fertigstellung dieses Buches waren schon über 550 Dokumente erfasst.

Lauter Leser

Damit war es auf der allgemeinen Ebene der Dokumente gelungen, einen direkten Zusammenhang zwischen dem jeweiligen Prozess und den in diesem Prozess entstehenden Daten und Dateien herzustellen. Im nächsten Schritt sollte es nun darum gehen, diesen Zusammenhang für einen ersten Kernprozess in eine elektronische Steuerung der Abläufe umzusetzen.

Auf zum Kernprozess

22.3 Von PEP zu PLM

Im Unterschied zum QM-Handbuch entstehen in der Produktentwicklung die unterschiedlichsten Dokumenttypen. Im nächsten Schritt zur T-Doku waren folglich diese Typen zu erfassen, zu beschreiben und dann als PDM-Datentypen zu definieren. Neben den CAD-Modellen und ihren Zeichnungsableitungen waren das unter anderem Fotos (etwa von Prototypen), Produktspezifikationen, Prospekte, Pflichtenhefte, Stücklisten, Prüfberichte, Besprechungsprotokolle und anderes mehr.

Viele Dokumenttypen

Diese Dokumenttypen wurden mit einem System von Berechtigungen und Statuswechseln gekoppelt. Einerseits legt also ein bestimmter Status fest, ob ein Dokument geöffnet und bearbeitet werden kann oder nicht. Andererseits lässt sich über die Zugangsberechtigung bestimmen, wer mit welchen Dokumenten was tun darf.

Rechtesystem

Produktneu- und Produktweiterentwicklung sind bei BRITA die Sache interdisziplinärer Projektteams. Daran beteiligt sind die Fachfunktionen Produktmarketing, Entwicklung, Qualitätswesen und Produktion. Ihre Aufgaben im Rahmen der Projekte sind unterschiedlich. Die einen erstellen Produktdaten, die anderen geben sie frei, wieder andere prüfen sie, um ihre Bewertung abgeben zu können.

Projektspezifisch

Neben den Festlegungen dokumentbezogener Zugriffsrechte wurde ein Rollensystem eingeführt, das PRO.FILE standardmäßig zur Verfügung stellt. Zu einem Entwicklungsprojekt gehörende Daten werden dazu miteinander in einer Projektstruktur verknüpft. Und die Rolle, die ein Projektmitarbeiter in dieser Entwicklung spielt, bestimmt seine Rechte bezüglich aller relevanten Dokumente.

Rollenverteilung

Ein Mitarbeiter hat mit anderen Worten im Rahmen eines Projektes besondere Rechte, die er – beispielsweise nach dessen Abschluss – wieder verliert. Umgekehrt erhalten Entwicklungsdokumente durch ihre endgültige Freigabe für die Serienproduktion einen Status, der sie der Allgemeinheit zugänglich macht. Dann können auch Mitarbeiter, die nicht zum Team gehörten, solche Dokumente einsehen und nutzen.

Zur Laufzeit von Projekten

Lessons Learned	Bei BRITA wurde noch ein weiterer Fall eingerichtet. Der Bereichsleiter der Konsumgüterentwicklung hatte die Idee einer Rubrik „Lessons Learned". Darin werden nicht nur Zeichnungsausschnitte abgelegt und Links bekannt gemacht, mit denen Mitarbeiter auf interessante Dinge hingewiesen werden können, sei es unmittelbar bezogen auf das Unternehmen, auf den Markt oder auf einzelne Tätigkeiten. Gewissermaßen eine kleine, firmeneigene Knowledge Base. Und in diesen Bereich können beispielsweise auch in Projekten erzielte Ergebnisse oder Teilergebnisse wandern, die gar nicht zur Serienreife weitergeführt wurden.
Nicht wegwerfen	Auch das ist eine interessante Nutzung des PDM-Systems. Oft führen ja bestimmte Schritte während einer Produktentwicklung im konkreten Fall nicht zum Ziel und werden beendet, und zum Beispiel bereits existierende CAD-Modelle oder Berechnungsergebnisse werden durch andere ersetzt. Im Verlauf eines anderen Projektes könnte der ursprüngliche Gedanke aber durchaus sinnvoll eingesetzt werden. Aber niemand weiß mehr, wer beteiligt war, warum die Idee verworfen wurde, was konkret dahinter steckte. Das bereits erarbeitete Wissen ist verloren.
	Bei BRITA sind sie jetzt zu finden unter Lessons Learned. Und in diesem Fall haben – wie bei den freigegebenen Serienentwicklungen – alle Mitarbeiter und Projektteams Zugang.
Qualitätsprozess Produktentstehung	Die zweite Phase der PDM-Einführung konnte sich insofern sehr gut auf die erste stützen, als alle wichtigen Dokumenttypen ja im QM-Handbuch auf der untersten Ebene der Arbeitsanweisungen und Formblätter bereits ihre Vorlage hatten. Falls nicht, konnten sie jetzt dort ergänzt werden. Auf diese Weise ist der Produktentstehungsprozess nun nicht nur über Zugangsrechte und Workflow gesteuert. Die strukturierte Ablage der prozesstypischen Dokumente und Daten folgt exakt und bis in die Details hinein den im Handbuch beschriebenen Prozessen.
Von T-Doku zu PLM	Nach weniger als neun Monaten waren diese Maßnahmen so weit abgeschlossen, dass die Implementierung produktiv geschaltet werden konnte. Inzwischen hatte sich der Name des Einführungsprojektes von T-Doku zu Produktlebenszyklus-Management (PLM) verändert. Denn im Unterschied zu einer technischen Dokumentation standen jetzt alle Entwicklungsdaten unternehmensweit für alle weiteren Prozesse zur Verfügung.
PLM-User	Neben den 700 Nutzern des QM-Teils war eine zweite, 120 Teilnehmer umfassende PLM-Benutzergruppe eingerichtet worden. Im Einzelnen der Kern von 30 Entwicklern der verschiedenen Bereiche, weltweit rund 30 Marketingmitarbeiter, Vertriebsberater und Produktmanager, zehn im Qualitätswesen, 30 in Einkauf und Logistik und 20 in verschiedenen Abteilungen, die für die Pflege des QM-Handbuchs zuständig sind.

22.4 Rollout des Prozessmanagements

Aus dem Projekt der PDM-Einführung sind inzwischen weitere Unter- und Folgeprojekte hervorgegangen. So wurde von einer Task Force Teilestamm ein neues Artikelnummernsystem in Angriff genommen, das die früher sprechenden Nummern ersetzt. In etwa 15 Feldern der Metadaten eines Artikelstamms findet sich nun eine Klassifizierung, welche die sprechenden Anteile des alten Systems zum Ausdruck bringt.

Neues System von Artikelnummern

Die ersten Schritte haben Mut gemacht. Auch wenn es immer noch unerfüllte Wünsche gibt. Aber jeder hat jetzt die entscheidenden Produktdaten an seinem Platz verfügbar, die Abläufe sind deutlich schneller, kostengünstiger und vor allem sicherer geworden. Ein großer Schritt auf dem Weg zur Zertifizierung nach ISO 9001.

Auf dem Weg zum Zertifikat

„Die Firma hat sich verändert", sagt Martin Rydzy. „Um ein Beispiel zu geben: Im Zuge unseres Wachstums der vergangenen Jahre sind Marketing, Vertrieb und Einkauf nach Wiesbaden umgezogen. Früher hätte so etwas ungeahnte Folgen gehabt. Ganze Bereiche waren plötzlich nicht mehr über den Hof zu erreichen, sondern zehn Kilometer entfernt. Durch die Umstellung unserer Arbeit mithilfe des PDM-Systems merkt man kaum eine Änderung."

Räumliche Nähe zweitrangig

Eine Eindeutigkeit der Daten und Dokumente wie jetzt hat es vorher noch nie gegeben. Was natürlich kein Selbstläufer ist. Die Regeln zur Anlage, Abspeicherung und Nutzung der Daten müssen eingehalten werden.

Kein Selbstläufer

Im Rahmen der Teilnahme an dem Wettbewerb „PDM Produktiv!", die BRITA im Jahr 2005 den zweiten Platz in der Kategorie „Beste Implementierung" brachte, wurden auch Berechnungen angestellt, die den quantitativen Nutzen der Installation nachweisen sollten. Das Ergebnis war auch für Martin Rydzy eine Überraschung. Denn beim Start des Projektes hatten für das Projektteam die qualitativen Verbesserungen so klar im Vordergrund gestanden, dass entsprechende Rechnungen nicht durchgeführt worden waren.

Überraschende Zahlen

Bei einer konservativ betrachteten Gegenüberstellung von Suchzeiten nach Dokumenten vor und nach Einführung des Systems ergab sich eine jährliche Einsparung von rund 206.000 Euro. Statt zehn Minuten kostete es jetzt weniger als 2,5 Minuten, um an ein Dokument zu kommen. Unter Berücksichtigung der Anschaffungskosten und der laufenden Aufwendungen hatte sich die Investition nach knapp eineinhalb Jahren bereits amortisiert.

Nach eineinhalb Jahren im Plus

Martin Rydzy sieht allerdings das Potenzial von PDM noch keineswegs ausgeschöpft. So wie sich der Produktentstehungsprozess nun bezüglich aller darin entstehenden Dokumente auf ein einheitliches Daten- und Prozessmanagement stützt, so können nach demselben Schema nach und nach weitere Geschäftsprozesse darin abgebildet werden. Im QM-System steht ja bereits, wie es geht.

Fortsetzung folgt

23 Fallbeispiel Kaiserschleuse

Mit dem folgenden Beispiel begeben wir uns auf ein ganz besonderes Terrain. Nicht der Maschinen- oder Anlagenbau steht hier im Vordergrund und auch nicht die Verwaltung der dort in der Produktentwicklung entstehenden Daten. Wir begeben uns an und auf das Wasser, zu Hafenanlagen und in Gebäude, die nichts mit der Tätigkeit eines Maschinenbauingenieurs zu tun haben. Unser Ziel sind Bremen und Bremerhaven. Was wir beschreiben wollen, ist die Nutzung von PRO.FILE für das Hafenmanagement bei bremenports.

Doppelhafen

Bild 23.1
Bremerhaven

Hafenmanagement

Hafenmanagement, das heißt unter anderem: die Entwicklung eines großen Seehafens vorantreiben, neue Umschlaganlagen wie den Bremerhavener Container-Terminal 4 planen und deren Bau begleiten, die komplexe Infrastruktur aus Kaianlagen, Schleusen, Straßen und Brücken instand halten und in aller Welt für diesen Hafen werben. Zur Unterstützung seiner vielfältigen Aufgaben nutzt das Unternehmen bremenports das PDM-System PRO.FILE. Statt Produkt und Stückliste werden damit in diesem Fall die Objekte verwaltet, um die es geht. Und zwar so, dass sie jeder findet.

Superlative Die Zwillingshäfen Bremen und Bremerhaven umfassen ein Hafengebiet von 4.800 und eine Wasserfläche von 650 Hektar, Liegenschaften von 2.600 und eine Freihafenfläche von 770 Hektar. Die Kajen haben eine Gesamtlänge von 49 Kilometern, die öffentlichen Straßen sind 75, die Gleisanlagen 250 Kilometer lang. Zwei Stromversorgungsnetze werden vorgehalten. 63 Brücken, zwei Sperrwerke und sechs Schleusen gehören ebenfalls zu den zu verwaltenden Objekten.

Neugründung mit Wachstumspotenzial Seit 2002 werden alle nicht hoheitlichen, also operativen Aufgaben der bremischen Hafenverwaltung von der bremenports GmbH & Co. KG wahrgenommen. Von den etwa 400 Mitarbeitern hängt der Erfolg des Welthafens ab. 2006 wurden dort knapp 65 Millionen Tonnen Seegüter umgeschlagen – ein Zuwachs von fast 20 Prozent, der deutlich stärker ausfiel als in den Konkurrenzhäfen Hamburg, Rotterdam und Antwerpen. Mit knapp 4,5 Millionen Containern (fast eine Verdreifachung in acht Jahren) und fast 1,9 Millionen Fahrzeugen gehören die bremischen Häfen zu den führenden Logistikzentren in Europa.

Großprojekte Mit zwei Großprojekten rüstet sich der Hafen für weiteres Wachstum. Für rund 500 Millionen Euro entsteht derzeit der neue Container-Terminal 4 (CT 4), der Anfang 2008 fertig sein wird. Dann können die größten Containerschiffe der Welt an der neuen, rund 1700 Meter langen Kaje (Kaianlage) vier weitere Liegeplätze nutzen. Etwa 90 Hektar Stellfläche schaffen Platz für noch mehr Transportbehälter. Und der Neubau der Kaiserschleuse – Planungs- und Baukosten: circa 230 Millionen Euro – soll ab 2010 mit einer 305 Meter langen Kammer und 55 Metern Durchfahrtsbreite die Erreichbarkeit des Autoterminals verbessern.

Hafen für Emma Maersk Im Jahre 2006 hatten die Planer mit dem Ausbau der Weser-Wendestelle auf eine Breite von 600 Metern sichergestellt, dass Containerschiffsriesen wie die 400 Meter lange „Emma Maersk", die Bremerhaven als einzigen deutschen Hafen ansteuern, vor dem Terminal problemlos gedreht werden können.

Bild 23.2 Ein Auto-Transportschiff läuft in Bremerhaven ein.

Beeindruckende Zahlen zweifelsohne, aber was hat das mit PDM zu tun? Ralf Franz, der uns die Informationen für dieses Kapitel zur Verfügung stellte, ist IT-Leiter bei bremenports. Die Suche, bei der er 2004 auf das System von PROCAD stieß, galt eigentlich einem Programm, mit dem er vor allem die ungeheure Flut von geografischen Daten – im Einsatz ist das GIS-System GeoMedia von Intergraph – besser verwalten und mit den dazugehörenden Sachinformationen verknüpfen wollte. Zur Auswahl standen denn auch Systeme, die für Dokumentenmanagement (DMS) und Content Management (CMS) angeboten werden. Dass die Auswahl und Implementierung von PRO.FILE dabei herauskamen, ist ursprünglich auf einen Zufall und auf eine interessante Ideenverknüpfung im Kopf von Ralf Franz zurückzuführen.

PDM für GIS

23.1 Vom Abteilungsarchiv zur zentralen Datenbank

Ralf Franz: „bremenports hat eine Unmenge raumbezogener Daten. Zu jedem Dokument gibt es eine Reihe weiterer wie Vermessungsdaten, Mietverträge, Sicherheitsvorschriften und anderes mehr. Mit dem bisherigen System der Aktenzeichen und Aktenordner in den einzelnen Abteilungen war das nicht mehr sinnvoll zu managen."

Das Ende der Aktenordner

Alle Dokumente wurden bis dato so abgelegt, wie es für die jeweilige Funktion des Fachbereichs am praktischsten schien. Hochbau, Tiefbau, Wasserbau, Peilerei (Vermessung), Maschinenbau und andere hatten ihre eigenen Systeme und Verantwortlichkeiten. Unzählige Kopien stellten sicher, dass ein Dokument, das nicht nur im Wasserbau, sondern beispielsweise auch im Hoch- und Tiefbau benötigt wurde, an mehreren Stellen zu finden war. Das kam dauernd vor, denn fast jedes Objekt wird ja nicht nur von einer, sondern meist von mehreren Disziplinen bearbeitet, und das oft auch noch zur selben Zeit. Die Abteilungsarchive führten aber dazu, dass es keine wirkliche Klarheit darüber gab, wo ein bestimmtes Dokument in erster Linie und als Original zu suchen sein musste. Je nach Sicht des Bearbeiters war vieles möglich.

Abteilungsarchive

Bei einer Internet-Recherche stieß Ralf Franz neben ausdrücklichen DMS- und CMS-Angeboten auch auf PRO.FILE, sah die maschinenbauspezifischen Funktionalitäten und hatte eine Idee: Wäre es nicht möglich, die Fähigkeit eines solchen PDM-Tools, komplexe Produkt- und Stücklistenstrukturen zu handhaben, ganz unsachgemäß für die Strukturierung der mindestens ebenso komplexen Objektbeziehungen im Hafen zu nutzen? Und siehe da, unter diesem Gesichtspunkt schnitt PDM deutlich besser ab als die anderen Systeme, die parallel untersucht wurden.

„Unsachgemäße" Nutzung?

Der Ansatz stellte die bisherige Vorgehensweise grundsätzlich infrage. Statt abteilungsbezogen Daten zu sammeln und sie fachspezifisch zu ordnen, sollte jedes Dokument nur ein einziges Mal zentral vorhanden sein, und zwar elektronisch. Im Prinzip müsste jeder darauf zugreifen können, was im Einzelnen natürlich über die persönlichen und dokumentspezifischen Zugriffsrechte zu regeln war. Gleichzeitig

Umgedreht

sollten die Daten so strukturiert sein, dass ihre Beziehungen untereinander für jeden Benutzer nachvollziehbar wären. Ein Objekt wie die Kaiserschleuse gibt es ein Mal, und alle für dieses Objekt relevanten Daten sind ihm unmittelbar zugeordnet. Das können auch wieder Objekte sein, etwa Schleusentore, die unterhalb der Kaiserschleuse zu finden sein müssen.

Strukturelemente — Die Lösung bestand in der Definition einer Hierarchie von Strukturelementen, mit denen alle Objekte erfasst werden können. An oberster Stelle steht das Projekt, das entweder ein Bauvorhaben ist oder ein IT- beziehungsweise Organisationsprojekt, etwa ein Mietgebäude. Sämtliche für die Entwicklung des Objektes erforderlichen Daten sind unterhalb des Projektes angeordnet.

Neue Elemente definiert — Bei PRO.FILE gibt es standardmäßig nur ein solches Element, und zwar das Projekt. Bei bremenports wurden daneben, um eine hierarchische Dokumentstruktur realisieren zu können, weitere Strukturelemente definiert, wie Teilprojekt, Projektordner, Objekt, Objektordner, Vorgänge und Vorgangsordner.

Projektdaten an Unterhalter — Ein Bauvorhaben im Hafenmanagement kann einen Zeitraum von bis zu 15 Jahren und mehr umfassen. Dann gehen die Dokumente an den künftigen Unterhalter des Objektes, der sie mit Blick auf die Nutzung miteinander verknüpft. Es ist ein wenig wie bei der Freigabe von Produktentwicklungsdaten für die Fertigung. Nicht alles, was während des Baus der Kaiserschleuse wichtig ist, wird später für ihren Betrieb benötigt. Wie genau diese Selektion der relevanten Daten organisiert wird, wie weit sie automatisiert werden kann, steht zum Zeitpunkt, als diese Zeilen geschrieben werden, noch nicht fest. Noch sind keine Projekte, die unter der neuen Struktur gestartet wurden, auch schon abgeschlossen.

CAD-Standards schaffen — Einer der ersten Schritte bei der Einführung von PDM bestand darin, für die CAD-Daten aus AutoCAD und Microstation Standards zu schaffen. Auch wenn es sich – zumindest derzeit noch nicht – um den Einsatz von 3D-Modellen in größerem Umfang dreht und CAD insgesamt nicht die Bedeutung hat wie in einem Unternehmen der Fertigungsindustrie: 35 Anwender von zwei CAD-Systemen, die in den verschiedensten Abteilungen arbeiten und deren Daten durchaus zwischen den Bereichen ausgetauscht werden müssen, waren in ihrer Arbeitsweise in gewisser Weise zu vereinheitlichen, wenn eine zentrale Ablage funktionieren sollte.

Einigung führt zu besserer Kommunikation. — Auf welchem Layer finden sich welche Daten, welche Symbole aus welchen Bibliotheken werden für welche Zwecke verwendet, mit welchen Strichstärken ist wann zu arbeiten und so weiter. Da es vorher keine zentrale Ablage gab, waren diese Festlegungen ebenfalls Sache der einzelnen Abteilung gewesen. Die Vereinheitlichung führte nun ganz nebenbei zu einer erheblichen Erleichterung des Datenaustauschs zwischen den Fachbereichen.

Systemintegration — Ein weiterer Schritt war die Integration an den Projekten beteiligter Systeme, wozu neben CAD und GIS unter anderem auch Microsoft Office und SAP gehörten. Auch diese Integrationsfähigkeit war ein wichtiger Grund für die Wahl von PRO.FILE. Ralf Franz: „Dass hier Schnittstellen zu diversen Systemen als Standardprodukte verfügbar waren, hatte großen Einfluss auf unsere Entscheidung."

Ungeahnte Möglichkeiten — Wenn alle Daten in ein und derselben Datenbank miteinander verbunden sind, besteht natürlich auch die Möglichkeit, diese Verknüpfung nicht nur zur Anzeige der zusammengehörenden Dateien zu nutzen, sondern einen Schritt weiter zu gehen und bestimmte Datenanzeigen über Systemgrenzen hinaus zu standardisieren.

Beispielsweise sind CAD und GIS in Bremen nun so verknüpft, dass man in einer einzigen Bildschirmdarstellung zwei Arten von Grafik übereinanderlegen kann. Auf der CAD-Zeichnung des Grundrisses einer Baufläche steckt dann etwa eine grafische Stecknadel, die einer exakten Koordinate im GIS-System entspricht. Wenn der Benutzer darauf klickt, bekommt er eine Reihe von Informationen angezeigt, die zu dem betreffenden Objekt gehören. Und die CAD-Umrisse der Fläche selbst werden auf die geospezifischen Informationen zum Beispiel für Wasser, Land oder Gebäude projiziert.

CAD auf GIS

Bild 23.3 Portal bremenports

Überlagerung von CAD- und GIS-Informationen

Diese Verknüpfungen werden noch weiter ausgebaut. Etwa durch die Nutzung von Attributen in GIS, die an die geografischen Informationen angehängt werden können. Dann kann man unmittelbar durch Anklicken einer Brücke erfahren, welche Verträge es dazu gibt, wer für den Betrieb verantwortlich ist oder wann die letzte Sicherheitsüberprüfung oder Abnahme stattgefunden hat.

23.2 Schritt für Schritt zu neuen Prozessen

Über 50.000 Dokumente sind bislang in PRO.FILE gespeichert. Mit 300 Lizenzen sind praktisch alle PC-Arbeitsplätze in Bremen und Bremerhaven angeschlossen. Über 30 Dokumenttypen wurden bis Mitte 2007 definiert. Sie sind das Herzstück einer begonnenen Prozessoptimierung. Denn für jeden Typ gelten andere Work-

Prozessoptimierung

flows, die das Dokument durchlaufen, unterschiedliche Status, die es annehmen kann. Langfristig soll PDM so auch dabei helfen, die Prozesse selbst zu standardisieren. Das System beinhaltet dann die Information, die der Benutzer braucht, um seinen nächsten Schritt mit diesem Dokument zu tun. Aber dazu müssen tatsächlich alle Dokumente im System sein. Und vor allem müssen alle Mitarbeiter ausschließlich diese Dokumente und ihre Workflows nutzen und dürfen nicht auf individuelle Wege abweichen. Das wird allerdings nicht von einem Tag auf den anderen, nicht einmal von einem Jahr aufs andere gehen.

Schritt für Schritt alle mitnehmen

Ralf Franz: „Ich sehe das als evolutionären Vorgang. Wir haben die Komplexität von bremenports auch nicht von Anfang an in vollem Umfang erkannt. Erst in dem Maße, wie wir uns an die Anlage der Daten im neuen System gemacht haben, konnten wir sehen, wie viele Beziehungen es bei uns zwischen allen Dokumenten gibt. Das Unternehmen ist, scherzhaft gesagt, wie ein Klub frei schaffender Künstler. Wir haben sehr viele unterschiedliche Spezialisten an Bord, die ihre sehr spezifischen Sichtweisen mitbringen. Sie merken erst nach und nach, dass die neue Methode ihnen sehr konkrete Vorteile bringt. Mit jeder Dokumentvorlage, die ihnen Arbeit abnimmt, mit jeder Verknüpfung, aus der sie ad hoc wichtige Informationen ziehen können, wächst die Akzeptanz. Und das ist mehr wert als ein Beschluss, von dem nicht alle überzeugt sind." Zum gegenwärtigen Zeitpunkt sind zwei kaufmännische Prozesse elektronisch abgebildet, das Bestellwesen und die Auftragsvergabe. Wenn Sie das Buch in Händen halten, sind es wahrscheinlich schon mehr geworden.

Unterstützung von oben

Die Unterstützung der Geschäftsleitung hatte die PDM-Implementierung von Anfang an. Umgekehrt wird von der IT-Abteilung eine Schulung von eineinhalb Tagen pro Mitarbeiter bis hinauf in die Ebene der Abteilungsleiter angeboten, bei der es nicht nur um PRO.FILE geht, sondern um ganz grundsätzliche Dinge wie etwa die simple Frage, wozu die rechte Maustaste auf dem PC dient.

Klare Regeln müssen sein.

Aber eben auch um klare Regeln, welche die Benutzung von PDM betreffen. Wie können bestimmte Dokumente so abgelegt werden, dass sie in die übergeordneten Arbeitsprozesse passen? Wie soll beispielsweise ein Angebot, das der Benutzer in Form eines Anhangs mit einer E-Mail erhalten hat, abgelegt werden? Und wie die E-Mail selbst? Wie wird ein Prüfbericht mit dem betreffenden Objekt verknüpft? Ein 70 Seiten umfassendes Handbuch wurde erstellt, in dem alle erdenklichen Aktivitäten in Bezug gesetzt werden zu den Möglichkeiten der IT. Solche Regelwerke, die ganz konkret beschreiben, wie Beziehungen zwischen Dokumenten gebildet werden, existieren noch nicht in vielen Unternehmen. Aber erst sie lassen den Nutzen eines PDM-Systems voll zur Geltung kommen.

23.3 Das Bauwerksbuch

Ein Beispiel

Schauen wir uns etwas genauer an, was bei bremenports mit PDM gemacht wird und was sich dabei an dem Prozedere in den Projekten ändert. Ein gutes Beispiel, das Ralf Franz gerne zur Erläuterung unterschiedlicher Aspekte heranzieht, ist das sogenannte Bauwerksbuch.

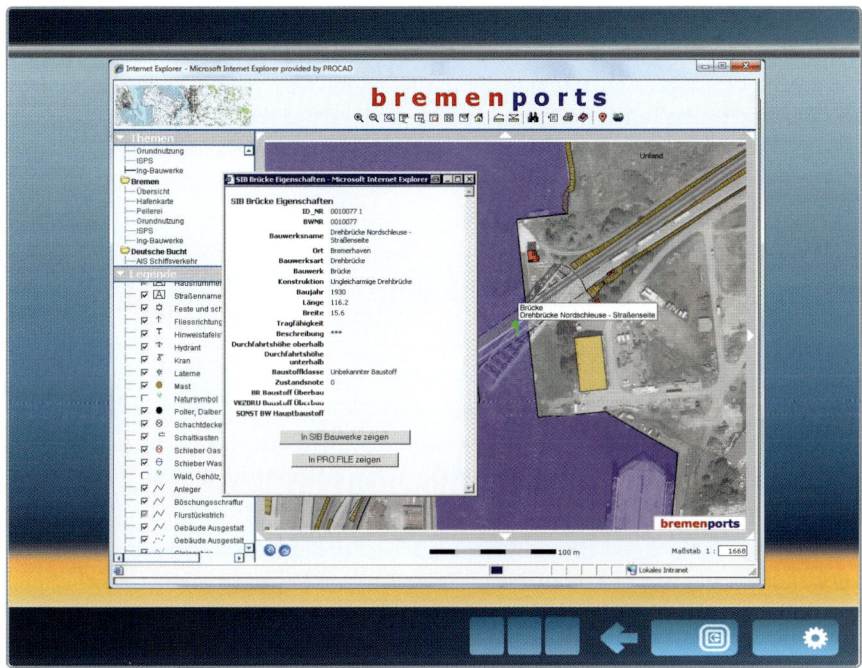

Bild 23.4 Infos zur Brücke per Mausklick

Die für Neubau, Ausbau oder Reparatur eines Bauwerks, beispielsweise einer Brücke über ein Hafenbecken, zuständige Abteilung von bremenports legt für das Projekt einen oder mehrere Aktenordner an. Darin werden sämtliche Dokumente, die im Laufe des Projektes eine Rolle spielen, gesammelt. Es finden sich sowohl Kopien von Dokumenten, die beispielsweise als Bestellung oder Auftrag im kaufmännischen Bereich abgelegt sind, als auch typische Baudokumente wie Zeichnungen oder Prüfberichte, die wiederum gelegentlich für andere Zwecke kopiert werden müssen. Jetzt ist bremenports dabei, dieses Bauwerksbuch in ein digitales zu verwandeln, und das geschieht auf verschiedenen Wegen gleichzeitig.

Elektronischer Aktenordner

In den Metadaten der Dokumente gibt es Felder, in die sich Schlüsselwörter wie „Bauwerksbuch Nordschleuse" eintragen lassen. Damit sind alle Daten, gleichgültig von wem sie in welchem Fachbereich erstellt oder gespeichert wurden, mit der Suche nach diesem Bauwerksbuch aufzufinden. Die Klassifizierung sorgt für die Struktur, über die sie miteinander verknüpft sind.

Per Klassifikation

Außer dieser technischen Lösung per Klassifikation sind nun aber weitere Fragen zu klären. Eine lautet, wer denn darüber entscheidet, ob ein Dokument dieses Schlüsselwort bekommt oder nicht. Vermutlich wird das derjenige sein, der später auch für den Unterhalt der Brücke oder Schleuse zuständig ist. Natürlich muss auch festgelegt werden, wer die Daten erzeugt, prüft, abzeichnet und so weiter und welchen Workflow sie durchlaufen, also welche unterschiedlichen Status für sie vorzusehen sind.

Zuständigkeiten regeln

Darüber hinaus aber sind nun alle an einem Projekt Beteiligten gefragt, dieses Schlüsselwort auch einzutragen. Auch dann, wenn es für ihren aktuellen Arbeitsschritt und für sie persönlich gar keine Rolle spielt, ob der soeben geschriebene Text sich später in einem Bauwerksbuch finden lässt oder nicht. Das ist die be-

Konsequenz verlangt

rühmte Stelle, an der bei den Beteiligten ein Umlernen gefragt ist. Ohne ihr Zutun funktioniert diese Form des Datenmanagements nämlich nicht.

Automatisch geordnet

Der zweite Weg lässt sich automatisieren und ist insofern weniger anfällig für Fehler oder Nachlässigkeiten der Projektteammitglieder. Es handelt sich um die Integration von Systemen, in denen ebenfalls Dateien entstehen, die mit dem Projekt zu tun haben. Realisiert ist dieser Weg bereits beim Brückenbau.

Vorschriften und Empfehlungen

bremenports hat zwar diverse Kompetenzen, was das Management einer komplexen Hafen-Infrastruktur angeht, aber keine hoheitlichen Befugnisse. Wie eine Brücke gebaut sein muss, welche Sicherheitsvorschriften einzuhalten sind, das ist Sache von Bund und Ländern. Die Bundesanstalt für Straßenwesen (BAST), ein Forschungsinstitut im Geschäftsbereich des Bundesministeriums für Verkehr, Bau und Stadtentwicklung, hat in den 90er-Jahren beim Ingenieurbüro WPM ein Programm in Auftrag gegeben, dessen Grundlage eine gewisse Anweisung zur Straßeninformationsbank ist. Auf Bundesebene ist die Verwendung dieses Programms seit 1999 verbindlich vorgeschrieben, für die Straßenbauverwaltungen der Länder gilt eine entsprechende Empfehlung.

SIB-Bauwerke

Das Programm zur Brückenunterhaltung heißt SIB-Bauwerke und soll die bislang verwendeten Bauwerkstagebücher in Papierform ablösen. Es dient zur Erfassung von Bauwerks- und Schadensdaten, zur Erstellung von Bauwerksbüchern und Bauwerksprüfberichten und ist auch in der Lage – nicht jede für Brücken zuständige Institution verfügt schließlich über ein eigenes PDM-System –, digitale Bilder, Pläne, Statiken und Einbauprotokolle zu archivieren. Die Lösung kann sowohl als Einzelplatzanwendung als auch als Serverinstallation mit einer Datenbank hinterlegt werden. Über ein Zusatzmodul sind auch diverse Auswertungen dieser Daten möglich, und selbst eine Kopplung zu GeoMedia ist über Gauß-Krüger-Koordinaten möglich.

Zusätzliche Archivierung entfällt.

Bei bremenports wurde SIB-Bauwerke mit PRO.FILE integriert. Alle Prüfberichte und Protokolle, die dort entstehen, werden automatisch im PDM-System unter der entsprechenden SE-ID (so heißen die Strukturelementnummern zur eindeutigen Identifikation aller Dokumente in Bremen und Bremerhaven) abgelegt. Umgekehrt holt sich die Brückenbuch-Software ihre Bauwerksnummern ebenfalls aus PRO.FILE. Eine zusätzliche Archivierung innerhalb des Spezialprogramms findet nicht statt.

Springen möglich

In Brückenprojekten kann damit bereits die automatische Zuordnung von Dokumenten zu den Objekten in PDM sichergestellt werden, sofern sie eben aus dieser Applikation kommen. Während andererseits jeder, der im PDM mit der rechten Maustaste auf ein Objekt klickt, das zu diesem Bauwerk gehört, automatisch in das Bauwerksbuch der SIB-Software springen kann.

Nachahmung erwünscht

Ähnliche Spezialsoftware wird nach und nach auch in den anderen Fachbereichen implementiert oder selbst entwickelt. Wartungsintervalle beispielsweise, wie sie bei den Brücken vorgeschrieben sind, kann man ja für andere Bauvorhaben selbst definieren und später an offizielle Richtlinien anpassen, wenn sie kommen. Für die Mitarbeiter im Projekt sind solche IT-Werkzeuge nicht nur eine Hilfe bei der täglichen Arbeit, die Zeit spart. Sie sind auch in der Lage, die Teams vom Nutzen der neuen Prozesse zu überzeugen.

23.4 Das Orga-Handbuch und andere Favoriten

Das Orga-Handbuch gibt es tatsächlich und physikalisch. Der Ordner umfasst 204 Einzeldokumente mit teilweise bis zu 20 Blättern, insgesamt deutlich mehr als 500 Seiten. Es ist ein Ordner, der beim Handwerker ebenso im Regal steht wie beim Schleusenwärter. Darin finden sich Stellenbeschreibungen, die Organisationsstruktur von bremenports, die Firmenphilosophie, die Rechte und Pflichten der Beschäftigten, Bestimmungen zur Arbeitssicherheit und anderes mehr.

Das Handbuch im Regal

Dieses Orga-Handbuch wurde gleich zu Beginn der PDM-Einführung auch in digitaler Form erzeugt. Auch dabei gab es allerdings einige Fragen, die zuvor geklärt sein wollten. Sollte man es genauso anlegen wie auf Papier? Ein besonderer Ordner, ein besonderes Strukturelement, unter dem dann alle Dokumente zu finden wären? Wie könnten so aber die unterschiedlichen Zuständigkeiten berücksichtigt werden? Denn teilweise ist die Personalabteilung verantwortlich, teilweise eine bestimmte Fachabteilung, teilweise auch die Geschäftsführung selbst.

Das Handbuch im System

Auch vom Standpunkt der Benutzer warf dieser Ansatz Fragen auf, die sich nur schwer beantworten ließen. Denn was der eine, zum Beispiel der Techniker, als Unterlage zur Arbeitssicherheit in seinem Fachbereich sucht, das sucht der Personalverantwortliche im Orga-Handbuch. Also wieder dieselbe Fragestellung wie bei der gesamten Umstellung von Papier auf elektronische Dokumentenverwaltung. Zentrale Ablage ohne Kopien ist das Ziel, aber wie behält der einzelne Mitarbeiter seine persönliche Sicht auf die für ihn zusammenhängenden Daten?

Jeder hat seine Sicht.

Die Lösung lag in den Favoriten von PRO.FILE. Diese weiter vorne in einem eigenen Kapitel ausführlicher beschriebene Möglichkeit, Suchanfragen mit einem Namen zu versehen und wie Verzeichnisse in einer Art Ordnerstruktur abzulegen, war schon in seiner älteren Form für Ralf Franz und seine Kollegen das Mittel, um fachspezifische Sichtweisen und strukturierte, zentrale Ablage sinnvoll miteinander zu verbinden.

Favoriten bei bremenports

Das elektronische Orga-Handbuch gibt es eigentlich gar nicht. Es existiert nur virtuell in Form von Favoriten. Klickt der Anwender auf „Orga-Handbuch", dann öffnet sich eine zentral angelegte Favoritenstruktur mit Begriffen, die ihm vertraut sind: Kompetenzrichtlinien, Arbeitssicherheit, Unternehmensziele, Aufbau des Unternehmens, Betriebsanweisungen, Stellenbeschreibungen und andere. Doch wenn er so einen „Ordner" öffnet, aktiviert er in Wirklichkeit eine vordefinierte Suchanfrage, die ihm auf einen Streich alle Dokumente auflistet, die den Kriterien der Suchanfrage entsprechen. Wer im Einzelnen für das Dokument zuständig ist, spielt dabei keine Rolle, sie werden aus den unterschiedlichsten Ablageorten und Fachbereichen automatisch zusammengesucht.

Vordefinierte Suchanfragen

Ähnlich wie in diesem Beispiel gibt es eine Reihe weiterer Fälle, wo die Favoriten zentral zur Verfügung gestellt werden. Da findet der Mitarbeiter etwa unter Anwendungsdokumentation die „Ordner" AutoCAD, Ariba, PRO.FILE oder auch Telefonanlagen, die ihm auf einen Klick alles an technischer Dokumentation auflistet, was zu dem jeweiligen Anwendungsgebiet im Haus verfügbar ist. Über die zentral an-

Bedienungshandbücher für die User

gelegten Favoriten hinaus hat jeder Benutzer das Recht, seine eigenen Suchanfragen zu definieren und sich damit seine eigene Anwendungsumgebung zu formen.

Abos im Angebot

Auch die Abos, mit deren Hilfe sich der Benutzer automatisch und aktuell über Zu- oder Abgänge aus seinen Favoriten informieren kann, werden sowohl individuell als auch zentral intensiv genutzt. So haben sie sich bereits als ein wesentliches Werkzeug bei der Realisierung der elektronischen Workflows erwiesen. Ob Bestellung oder Auftragsvergabe, der zuständige Mitarbeiter beziehungsweise die zuständige Abteilung wird automatisch über eingehende Anforderungen informiert und kann unmittelbar reagieren.

Wirkung positiv

Ralf Franz ist davon überzeugt, dass der Ansatz von bremenports ausgesprochen positive Auswirkungen für das Unternehmen hat. Auf keine andere Weise kann die gegenseitige Abgrenzung der Abteilungen so effektiv überwunden werden. Bezüglich der Auswahlentscheidung ist er ebenfalls zufrieden: „Wir haben uns die anderen Systeme, die wir damals untersucht hatten, inzwischen nochmals angeschaut. Es hat sich nichts Wesentliches geändert. Aber PROCAD hat mit der Version 8, auf die wir demnächst umstellen, einen Riesensprung nach vorn gemacht. Viele von den Wünschen, die wir zwischenzeitlich geäußert haben, sind heute Standardfunktionen. Es war gut, über den Tellerrand traditionellen Content Managements hinauszuschauen."

24 Fallbeispiel Gesundheitskonzern

Die Medizintechnik ist eine seit etlichen Jahren rapid wachsende Branche. Sie ist aus diversen Gründen mit besonderen Anforderungen an das Engineering konfrontiert und schlägt deshalb auch in vielen Fällen eine eigene Marschrichtung ein, wenn es um das Management des Produktlebenszyklus geht.

Nicht bloß Medizintechnik

Aber auch in dieser besonderen Welt spielt Fresenius Medical Care eine Sonderrolle. Das Unternehmen entwickelt und produziert Dialysegeräte und Komponenten für Dialysegeräte, Analysegeräte, Einmalartikel wie Schlauchsysteme, Dialyselösungen und -konzentrate, Desinfektionsmittel, aber auch Datenmanagementsysteme und Wasseraufbereitungsanlagen – kurz gesagt: alles, was mit der Behandlung von chronischen Nierenerkrankungen zu tun hat. Aber nicht nur das. Außerdem ist Fresenius Medical Care Betreiber von Kliniken und insofern umfassender Dienstleistungsanbieter in Sachen Dialysebehandlung.

Strategen am Werk

Was ein solches Unternehmen unter PDM und PLM versteht und wie es eine PDM-Software im Rahmen der Gesamt-IT einsetzt, ist weit entfernt von dem üblichen Beispiel aus Maschinenbau oder Automobilindustrie. In diesem Fall kommen aber noch zwei Dinge hinzu: Erstens hat Fresenius Medical Care in den letzten 30 Jahren in vieler Hinsicht bewiesen, dass Forschung und Entwicklung hier Hand in Hand gehen mit einer erfolgreichen Markteinführung von Produkten, die Standards setzen. Man darf deshalb annehmen und liegt auch sehr richtig mit dieser Annahme, dass auch die Nutzung von Engineering IT sehr bewusst und strategisch geplant und vorangetrieben wird. Und zweitens handelte es sich bei unserem Gesprächspartner, der diese Strategie für das vorliegende Kapitel erläutert hat, um einen erfahrenen PLM-Verantwortlichen, der stets die Herausforderung sucht, noch einen Tick bessere Projekte aufzusetzen als die, die beim Wettbewerb zu sehen sind. Deshalb unterscheidet sich die konkrete Implementierung des Systems PRO.FILE in zwei Punkten grundsätzlich von anderen.

Aber bevor wir uns etwas eingehender mit dieser Strategie und ihrer Umsetzung befassen, ein kleiner Blick auf die Geschichte des Unternehmens, das sich nicht so einfach in eine Kategorie pressen lässt.

24.1 Von der Apotheke zum Weltkonzern

Bild 24.1
Hirschapotheke in Frankfurt vor dem 1. Weltkrieg

Erweitertes Apotheken-Labor

Die Gründung der Fresenius Medical Care AG 1996 liegt noch nicht lange zurück. Aber hinter der Tatsache der weltweiten Marktführerschaft bei Dialyseprodukten und -dienstleistungen steht trotzdem bereits eine sehr lange Geschichte. Das Haus bezeichnet sich selbst als ‚Fresenius – der Gesundheitskonzern'. Es ist ein Konzern, der aus einer Apotheke entstanden ist. Die Wiege der Unternehmensgruppe, die 2010 weltweit über 130.000 Mitarbeiter beschäftigte, war die im 15. Jahrhundert eröffnete Hirsch-Apotheke in Frankfurt, die Ende des 19. Jahrhunderts von Dr. Eduard Fresenius übernommen wurde. 1912 gründete er das Pharmazie-Unternehmen Dr. E. Fresenius. Es war eigentlich zunächst eher eine Erweiterung des Apotheken-Laboratoriums mit den Schwerpunkten der Fertigung von Arzneispezialitäten wie Injektionslösungen, Nachweisstoffen zur Antikörperanalyse und Bormelin-Nasensalbe.

Mit dem Verkehr wächst der Bedarf.

Nach der Machtergreifung der Nationalsozialisten mussten die Apotheke und das Produktionsunternehmen aus gesetzlichen Gründen getrennt werden. Der Sitz der Firma wanderte nach Bad Homburg. In den folgenden Jahren führte die Firmenentwicklung zu einem ersten Höhepunkt mit einer Größe von etwa 400 Mitarbeitern. Aber die Vertreibung und Ermordung der Juden entzog Fresenius zugleich viele der hervorragenden Mediziner und Pharmawissenschaftler, mit denen das Haus eng zusammengearbeitet hatte. Ein Jahr nach dem Ende des Hitler-Regimes starb Dr. Fresenius. Seine Firma war auf knapp 30 Mitarbeiter geschrumpft. Weitergeführt wurde sie auf seinen Wunsch hin von der damals erst 26-jährigen Mitarbeiterin Else Fernau. Offiziell übernahm sie die Geschäftsleitung zusammen mit ihrem Mann Hans Kröner 1951.

Bild 24.2 Die Zentrale von Fresenius in Bad Homburg

Zunächst begann das erneute Wachstum mit zahlreichen Geräten und Mitteln zur Injektion und Infusion, denn der rasant anwachsende Personenverkehr in der BRD führte zu einem drastischen Anstieg der Zahl von Operationen aufgrund von Unfallverletzungen. Aber ein echter Wendepunkt war das Jahr 1966. Fresenius stieg in einen neuen Markt ein: mit dem Vertrieb von Dialysegeräten für chronisch Nierenkranke, die zunächst ausschließlich von Firmen im Ausland, vor allem in den USA, produziert wurden.

Erfolgreicher Vertrieb

Für den Maschinenbau-Ingenieur Gerd Krick, der neue Direktor für Forschung und Entwicklung, war der erstaunliche Erfolg mit diesen Geräten allerdings nur ein erster Schritt. Seine Idee, die zunächst auf großen Widerstand stieß und für viel zu riskant gehalten wurde, war die Entwicklung eigener Geräte. Aber in der zweiten Hälfte der Siebzigerjahre war diese Idee nicht nur Realität geworden. Sie war auch die Basis für den außergewöhnlichen Aufstieg des Unternehmens.

Nur der Anfang

1978 erhielt das Haus für eines der neuen Geräte, die A2008, auf der Leipziger Messe eine Goldmedaille. Im selben Jahr wurde im saarländischen St. Wendel eine Fabrik zur Herstellung von Kapillardialysegeräten in Betrieb genommen. Und die Produktion der A2008 startete ebenfalls 1978 in Schweinfurt – heute die zentrale Produktionsstätte für Dialysegeräte von Fresenius Medical Care. Als drei Jahre später die Umfirmierung in die Aktiengesellschaft Fresenius AG erfolgte, zählte das Haus in Deutschland bereits zu den Marktführern. 1983 begann die Herstellung von synthetischen Polysulfonfaser-Membranen für die Dialyse – bis heute eine Standardkomponente in der Behandlung von Nierenpatienten.

Goldmedaille aus Leipzig

Else Kröner starb 1988, und als Hans Kröner 1992 in den Ruhestand ging, übernahm der langjährig erfolgreiche Entwicklungschef Gerd Krick die Geschäftsleitung. Zu diesem Zeitpunkt gab es im Segment der Dialysegeräte 14 größere Hersteller in Europa, fünf in den USA und acht in Japan. Gerd Krick erwartete eine baldige Marktkonsolidierung und setzte Fresenius Medical Care das Ziel, am Ende unter den führenden drei oder vier Anbietern zu sein. Mit einer grundlegenden Reorganisation der Firma, etlichen wettbewerbsentscheidenden Firmenzukäufen und einer prinzipiellen Öffnung der Kommunikation gegenüber den Medien und der Öffentlichkeit schaffte Fresenius Medical Care diesen Schritt.

Vorhergesehene Marktkonsolidierung

Von fast Null auf Weltmarktführerschaft

Fresenius Medical Care ist ein führender Anbieter von Dialysatoren, Dialysemaschinen, Konzentraten für die Hämodialyse und Blutschlauchsystemen sowie Produkten für die Peritonealdialyse. Allein in diesem Teil des Konzerns sind weltweit mehr als 77.442 Mitarbeiter beschäftigt. Momentan circa 45 Produktionsstätten sind über den Globus verteilt. Am 31. Dezember 2010 wurden 214.648 Patienten in 2.757 Dialysekliniken von Fresenius Medical Care betreut. Der Umsatz lag 2010 bei 12,05 Milliarden US-Dollars.

24.2 Eine besondere Art von Geräteentwicklung

Komplexe Hochleistungsgeräte

Dialysegeräte von Fresenius Medical Care sind weder normale Maschinen, noch mit anderen Geräten ohne Weiteres vergleichbar. Nehmen wir ein Beispiel. Das im Dezember 2010 in den USA vorgestellte Dialysegerät 2008T verfügt laut einer Pressemitteilung von Fresenius Medical Care „über das ‚Fresenius Clinical Data Exchange (CDX)'-System, eine neu entwickelte Software zur Erfassung und zum Austausch klinischer Daten. Es ist das erste vollständig integrierte Therapie- und Informationsmanagement-System für die Dialyse und unterstützt Ärzte und Klinikbetreiber bei der Umstellung auf das ab kommendem Jahr geltende neue Pauschalvergütungssystem in den USA. (...) Damit erhält das Pflegepersonal erstmals direkt

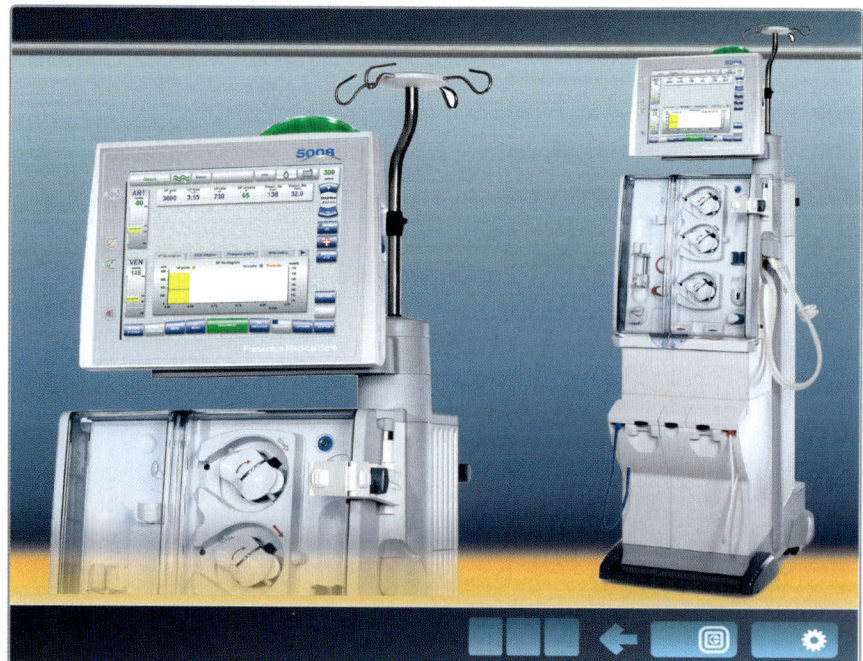

Bild 24.3 Dialysegerät 5008 von Fresenius Medical Care

am Behandlungsplatz Zugriff sowohl auf die Dialysetherapiedaten als auch auf Daten des medizinischen Informationssystems (MIS) und kann so die Behandlung und die Therapiepläne unmittelbar anpassen. Die 2008T arbeitet mit MIS-Programmen anderer Hersteller genauso zusammen wie mit den unternehmenseigenen Programmen und bietet somit unmittelbaren Zugriff auf sämtliche klinische Daten, die bislang in unterschiedlichen Quellen erfasst und gespeichert wurden. Dieser integrierte Ansatz vereinfacht die Arbeitsabläufe und verbessert die Datenerfassung für die Abrechnung."

Neben der eigentlichen Kernaufgabe, in diesem Fall der Hämodialyse, zu deren einwandfreier Funktion ebenfalls eine gehörige Portion Software und Elektronik beiträgt, beinhaltet das Gerät also zugleich umfangreiche Datenmanagement-Funktionalität.

Auch diese Komplexität umfasst noch nicht die ganzen Anforderungen, denen sich die Entwicklung gegenübersieht: Dialysegeräte sind Hochleistungsgeräte. Sie werden nicht nur entwickelt, produziert, geliefert und genutzt. Sie müssen technisch stets auf dem neuesten Stand sein. Dafür gibt es seit über zehn Jahren im Hause Fresenius Medical Care eine eigene Gruppe. Produktlebenszyklus-Management betrieb Fresenius Medical Care zu diesem Zweck übrigens von Anfang an. Auch wenn es damals diesen Begriff noch nicht gab.

PLM – auch wenn es noch nicht so hieß

Von den Anfängen 1978 bis in die Gegenwart hat sich mit der Komplexität auch das Tempo der Entwicklung und Produktion ununterbrochen erhöht. 40 Geräte wurden im Jahr 1979 ausgeliefert. 2010 waren es 70 pro Tag oder 40.000 im Jahr. Zehn bis zwölf Jahre sind die Geräte durchschnittlich im Einsatz. Aber regelmäßig erhalten sie ein Update auf den neuesten Stand der Technik. Während bei den meisten Maschinenanbietern der Service vor allem Wartung und Reparaturen umfasst, ist hier in großem Umfang auch die Produktentwicklung beteiligt.

Von 40 auf 40.000

Eine weitere Besonderheit: Da die Geräte für die ganze Welt entwickelt werden, sind unzählige, sehr unterschiedliche Rahmenbedingungen zu berücksichtigen. Nicht nur bezüglich der gesetzlichen Bestimmungen. Die Gesundheitssysteme, die Rolle der Medizin, die Mentalität der Menschen müssen berücksichtigt werden. Und selbst in der sogenannten westlichen Welt sind sie weit davon entfernt, gleich zu sein. Dem müssen sowohl die Behandlungsmethoden als auch die dabei genutzten Geräte Rechnung tragen. Allein dadurch, dass die beschreibenden Dokumente in bis zu 53 verschiedenen Sprachvarianten zur Verfügung gestellt werden müssen.

In 53 Sprachvarianten

Diese besondere Art von Gerät und Geräteeinsatz erfordert die Entwicklung der Patientenbehandlung, in der neue Verfahren und Methoden der Dialyse erforscht werden, zunächst unabhängig von bestimmten Geräten und Produkten. Dann sind die Produkte selbst zu entwickeln, die für die Behandlung benötigt werden. Und zwar in doppelter Hinsicht: einerseits durch die Entwicklung völlig neuer Geräte, andererseits durch die ständige Weiterentwicklung, also durch die Änderung bereits auf dem Markt befindlicher Geräte. Die Entwicklung arbeitet projektmäßig. Ein Projekt kann beispielsweise in der Entwicklung eines von Grund auf neuen Dialysegerätes bestehen oder auch in der Änderung einer Komponente eines existierenden Produktes.

Dreimal F&E

Projekt- und Produktlebenszyklus

Alle Tätigkeiten aus der gesamten Forschung und Entwicklung und deren Ergebnisse werden vollständig dokumentiert. Dabei geben die einen Datensätze, die Projektdaten, Antworten auf die Frage, wie ein Projekt abgelaufen ist, welche Arbeitsschritte dafür genutzt wurden und welche Prozesse den Projekten zugrunde lagen. Das sind die Daten des Projektlebenszyklus. Die anderen Datensätze, die Produktdaten, geben Aufschluss darüber, was konkret entwickelt wurde. Sie beinhalten die Gestalt, die Struktur, die Bauteile und Komponenten unterschiedlichster Art, die zu einem Produkt gehören.

Reines PDM kann ja jeder.

Weil aber die Daten in Zeiten digitaler Werkzeuge der Produktentwicklung wie des Projektmanagements eine immens wichtige Rolle für die Qualität der Arbeitsergebnisse spielen, ist auch die Art und Weise, wie die Mitarbeiter des Engineerings auf Daten zugreifen können, wie sie damit umgehen und wie sie Daten verwalten und managen, von großer Bedeutung. Der Ehrgeiz bei Fresenius Medical Care besteht darin, hier einen Schritt weiter zu gehen, als dies andere tun. „Das reine PDM", sagt unser Ansprechpartner, „ist nicht mehr die Fragestellung. Niemand zweifelt daran, dass ein sauberes Produktdatenmanagement heute die Voraussetzung dafür ist, qualitativ hochwertige Produkte zu entwickeln und zu fertigen. Die Frage ist, wie man die Systeme dazu nutzt, das Engineering selbst ebenso wie die nachfolgenden Prozesse besser zu unterstützen, die Arbeit zu erleichtern und zu beschleunigen. Und da haben wir bereits einige wichtige Fortschritte zu präsentieren."

24.3 PDM als Dreh- und Angelpunkt

10 bis 25 Disziplinen

Auf Veranstaltungen zu PDM oder PLM entsteht oft der Eindruck, es gebe außer CAD- und PDM-Systemen im Umfeld des Produktentstehungsprozesses kaum Erwähnenswertes. Bei Fresenius Medical Care werden je nach Sichtweise zwischen zehn und 25 Managementdisziplinen gezählt, die hier eine Rolle spielen und die berücksichtigt werden müssen. Etliche davon haben ihr eigenes IT-Tool, dessen Daten dann eben auch mit zu verwalten sind. Das beginnt beim Requirement Management, dazu gehören aber auch Projekt- und Risikomanagement und der Datentransfer zur Produktionsplanung und Fertigung. Für CAD müssen neben dem System, das bei Fresenius Medical Care und einigen Konstruktionsdienstleistern, die für das Haus arbeiten, im Einsatz ist, auch Daten anderer CAD-Systeme verarbeitet und verwaltet werden, die Teilelieferanten implementiert haben.

Eine Hilfe für die Entwickler

Um die vielen Tätigkeiten, die zugrunde liegenden Prozesse und die jeweils entstehenden Dokumente übersichtlich zuzuordnen und miteinander auch über den Verlauf des Lebenszyklus in Bezug zu halten, verfügen alle Mitarbeiter über eine seit 1979 ständig weiterentwickelte Dokumentation für die Entwicklung, die ihnen bei jeder Frage bezüglich Organisation und Ablauf hilft.

PDM ausreizen

Das PDM-Tool ist also nur eines von vielen Systemen, die für das Projekt- und Produktlebenszyklus-Management benötigt werden. Und doch spielt es eine ähnlich zentrale Rolle wie das Anforderungsmanagement. Das liegt einerseits an der Bedeutung, die die Produktdaten und ihre Strukturen für zahlreiche Tätigkeiten über den gesamten Lebenszyklus haben. Aber es liegt auch an einigen Fähigkeiten und Funktionalitäten des in diesem Fall verwendeten Systems PRO.FILE und einer sehr speziellen Art des Ausreizens dieser Funktionalitäten durch das Team um unseren Ansprechpartner. Fertig ist diese IT-Landschaft noch lange nicht.

Zunächst einmal ist PDM bei Fresenius Medical Care, was es überall sonst auch ist: Zentral werden damit für alle Standorte alle Informationen aus dem Ingenieurwesen und der Entwicklung, alle teilebeschreibenden und teiledefinierenden Dokumente, alle CAD-Daten verwaltet; ohne Redundanzen sind die Konstruktionsstücklisten dezentral an allen Entwicklungsstandorten nutzbar; Versionen und Revisionen steuern die Verknüpfung der teilebeschreibenden Daten zu den Teilestämmen; über das integrierte System der Zugangsberechtigung wird geregelt, wer welche Daten einpflegen, ändern oder auch nur sehen beziehungsweise verwenden darf; über Workflow ist die Weiterleitung der Teilestämme, Stücklisten und Dokumente an die ERP-Seite geregelt.

PDM wie überall ...

Über PDM werden Daten aus diversen Systemen gesammelt, gespeichert, aktuell gehalten und für das Unternehmen verfügbar gemacht. Aber das ist nur die Basis. Das Gesamte heißt in Präsentationen von Fresenius Medical Care nicht nur Produktdatenmanagement, denn neben der Datenverwaltung dient es vor allem dazu, die an Produktentwicklung und Produktion in irgendeiner Form Beteiligten für jeden ihrer Schritte bestmöglich mit den Informationen zu versorgen, die sie dafür jeweils brauchen. Diese Information zu managen ist das Ziel der PDM-Implementierung.

... ist nur die Basis.

24.4 Produktdaten- und Produktinformationsmanagement

Das Produktinformationsmanagement von Fresenius Medical Care ist in der Tat erheblich mehr als die Bereitstellung von Daten. Es handelt sich eigentlich um eine beispielhafte Anwendung von Enterprise Application Integration (EAI). Neben den im PDM gesammelten Daten werden nämlich auch die Daten aus der Produktionsumgebung und den dort eingesetzten Applikationen herangezogen. Mit einer im eigenen Haus entwickelten Benutzeroberfläche, die den direkten Zugriff auf all diese Daten erlaubt, ohne ein einziges Mal das System zu wechseln oder ein zusätzliches zu starten. Und das ist bei einem weltweit tätigen Konzern eine besonders wirksame Arbeitsunterstützung.

EAI wie aus dem Lehrbuch

Bild 24.4

Autonome Fertigungsstandorte

Alles wäre so einfach, wenn man auf der grünen Wiese anfangen, die passenden Systeme installieren, weltweit zum Standard machen und damit arbeiten könnte. Natürlich dürfte sich dann nirgends mehr etwas ändern, kein weiteres System dazukommen, keines an die jeweiligen Bedingungen angepasst werden. Tatsache ist, dass neben dem zentral genutzten ERP-System von SAP fast an jedem der weltweit verteilten Produktionsstandorte ein anderes System für die Planung und Steuerung der Fertigung zum Einsatz kommt. Von den ERP-Tools der Partner und Dienstleister ganz zu schweigen. Wie also kommen die Entwickler und Forscher, die standortneutral arbeiten, aber die Bedingungen aller Standorte berücksichtigen müssen, an die operativen Daten dieser Standorte? Dazu hat man sich bei Fresenius Medical Care etwas Besonderes einfallen lassen.

Profile

Alle Daten wurden analysiert und zu ‚Profilen' gruppiert. Ein Profil ist demnach ein sachbezogener Datensatz, der einer definierten Zuständigkeit zugeordnet werden kann. Alle Daten der Entwicklungsabteilung, die für eine bestimmte Gerätegruppe zuständig ist, bilden ein solches Profil. Oder alle Daten, die ein Produktionsstandort für die Fertigung einer konkreten Geräteart verwendet, etwa Fertigungsstücklisten, Lagerdaten, Preise, Logistikinformationen.

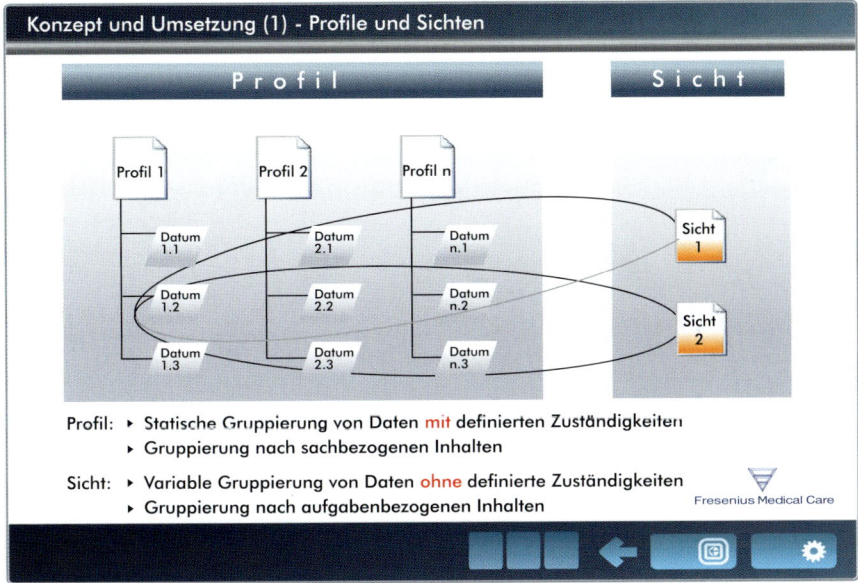

Bild 24.5
Sichten

Auf der anderen Seite wurde analysiert, welche Daten für bestimmte Arbeitsschritte benötigt werden. Diese Daten wurden sogenannten ‚Sichten' zugeordnet. Ein Entwickler benötigt in einem Projekt die Lagerdaten aus mehreren Produktionsstandorten, auch die Preise bestimmter Komponenten könnten interessant sein. Oder Produktionspläne. Seine Sicht auf die Produktdaten geht jedenfalls weit über die Daten hinaus, die er in ‚seinem' CAD- oder PDM-System zur Verfügung hat. Umgekehrt hat der Produktionsleiter in einem fernen Land aufgrund eines Problems in der Serienfertigung nicht selten Bedarf an Konstruktionsdaten, möglicherweise 3D-Modellen, aber das CAD-System steht an einem anderen Ort, und er hat weder das Recht noch die Kenntnisse, die für den Zugriff erforderlich wären.

Die Fresenius Medical Care-Lösung lautet: Gib jedem für seine konkrete Aufgabe alle Daten aus den betroffenen Profilen, die er für seine Sicht benötigt. Ohne dass er dazu alle Systeme öffnen oder auch nur installiert haben muss, aus denen die Daten stammen. Für diesen Zweck wird PRO.FILE als Dreh- und Angelpunkt verwendet. Dazu bedienen sich die Verantwortlichen ausgeprägter Integrationsmodule und Schnittstellen, die es erlauben, aus PRO.FILE heraus andere Programme und Daten aufzurufen und einzubinden. API und BizTalk Server sind die dafür von PROCAD allen Kunden bereitgestellten Werkzeuge, die bei Fresenius Medical Care auf sehr intelligente Art genutzt werden.

Jedem exakt das, was er braucht, ...

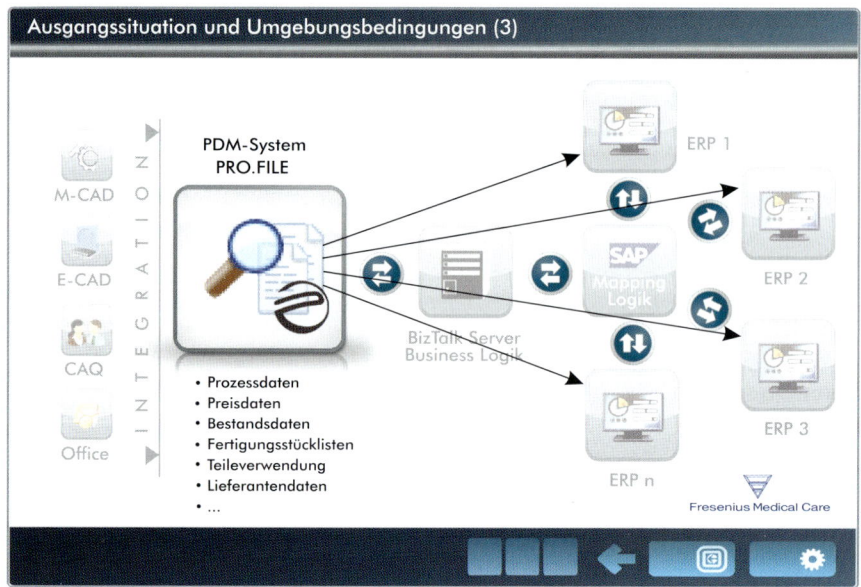

Bild 24.6

... auch aus anderen Systemen

Denn am Ausgang wartet eine selbst entwickelte Anwendung, die nun zusätzlich zu den in PRO.FILE verwalteten Daten auch die Informationen aus den anderen Systemen zusammensucht, die für eine konkrete ‚Sicht' gerade benötigt werden, aus mehreren ERP-Systemen beispielsweise. Auf Basis der PDM-Software wurden entsprechende Masken entworfen, die dem Anwender nun den Eindruck vermitteln, als könne er direkt im PDM-System auf alle Daten zugreifen, auch auf solche, die gar nicht darin gespeichert und verwaltet werden. Obendrein funktioniert dieser Zugriff so schnell, dass man gar nicht auf die Idee kommt, hier könnten im Hintergrund andere Programme gestartet und angezapft werden. In Sekunden stehen alle Informationen bereit, die der jeweilige Anwender für seine Aufgabe braucht.

Standard bevorzugt

„Wir achten dabei stets sehr genau darauf", so unser Gesprächspartner, „dass wir Script-Programmierung so weit irgend möglich vermeiden. Möglichst nahe am PRO.FILE-Standard zu bleiben ist die einzige Garantie, bei Release-Wechseln ohne großen Aufwand auch unsere Zusatzprogramme mitziehen zu können."

Was andernorts als Serviceorientierte Architektur (SOA) diskutiert wird, funktioniert hier ohne große Theorie: Die Bereitstellung von Daten erfolgt nicht systemorientiert, sondern funktionsorientiert. Was aussieht wie eine PDM-Maske, ist in Wirklichkeit die selbst entwickelte Oberfläche eines Integrationsprogramms, das eine wechselnde Anzahl von unterschiedlichen Applikationen zusammenführt.

24.5 eCl@ss-ifizierung

Ein weiteres Beispiel betrifft ein Thema, das zu den Klassikern des Produktdatenmanagements gehört: die Klassifikation von Teilen mithilfe von Sachmerkmalleisten. Bei PRO.FILE ist das eine Standardfunktionalität, die in Kapitel 7.3 ausführlich erläutert wurde. Diese Funktionalität dient – wie schon in der in frühen Zeiten üblichen Papierform – auch mittels PDM vor allem der möglichst intensiven Wiederverwendung von Teilen, indem sie die Suche beschleunigt und das Auffinden gesuchter Elemente erleichtert. Da zu diesem Zweck eine gehörige Anstrengung der Unternehmen erforderlich ist, ihre Teile, Baugruppen und Produkte entsprechend zu klassifizieren, hat PROCAD einige Mühe darauf verwandt, diese Aufgabe durch einigen Komfort bei der Eingabe zu unterstützen.

Komfortabler Standard

Eine der Formen, mit denen das System hier punktet, liegt in der auf der objektorientierten Programmierung beruhenden Vererbbarkeit von Merkmalen und Attributen. Merkmale, die einer Klasse von Teilen zugeordnet sind, gelten qua Vererbung automatisch auf den darunter liegenden Ebenen. Wenn also auf der Ebene der Klasse ‚Schrauben' ein ‚Durchmesser' als Merkmal definiert wird, dann haben automatisch alle Unterklassen der ‚Schrauben', beispielsweise Kopfschrauben oder Innensechskantschrauben, auch ein Merkmal ‚Durchmesser'. Der mit der Klassifizierung Befasste muss dieses Merkmal nur einmal eingeben.

Erbschaft erwünscht

Eine ganz andere Sichtweise auf die Klassifizierung haben Einkäufer und Vertriebsleute. Sie hätten am liebsten eine einzige Benennung einer bestimmten Schraube, mit der sie sich am Markt orientieren könnten. Stattdessen heißt dieselbe – oder besser: von ihrer Funktion her identische – Schraube bei dem einen Hersteller so, beim nächsten ganz anders, und jeder Kataloganbieter versucht sich nochmals als Erfinder. In Zeiten, da der Einkauf wie der Vertrieb sich zunehmend auf das E-Business konzentrieren und versuchen, ihre Prozesse mithilfe des Internets und der elektronischen Medien und Plattformen zu vereinfachen, war es nur eine Frage der Zeit, bis sich hier neue Lösungen auftaten.

Klassen für Einkauf und Vertrieb

Im Dezember 2000 taten sich bedeutende deutsche Unternehmen wie AUDI, BASF, Deutsche Bahn, Schneider Electric und Siemens zusammen und gründeten einen Verein mit Namen eCl@ss e.V., dessen Zielsetzung war, einen gleichnamigen Klassifikationsstandard zu definieren und zu verbreiten. eCl@ss ist ein hierarchisches System zur Gruppierung von Materialien, Produkten und Dienstleistungen nach einem logischen Schema, das als Standard für die elektronische Beschaffung von Produkten aller Art und generell für den Austausch von Informationen zwischen Lieferanten und Kunden implementiert wurde. Es ist mittlerweile in der Version 6 verfügbar und hat innerhalb weniger Jahre bereits einen extrem hohen Verbreitungsgrad erreicht.

Standard mit großen Namen

Auch bei eCl@ss sind die Merkmale, anhand derer sich die einzelnen Teile unterscheiden lassen, ein entscheidendes Element des Klassifikationssystems. Es besteht aus einer vierstufigen Baumstruktur, in der die Materialklassen hierarchisch geordnet sind. Die vier Ebenen sind das Sachgebiet, die Hauptgruppe, die Gruppe und die Untergruppe. Das Sachgebiet, dem beispielsweise Schrauben zugeordnet sind, heißt ‚Maschinenelemente'. Darunter gibt es unter anderem eine Hauptgrup-

Die Merkmale machen den Unterschied.

pe ‚Schraube, Mutter', darunter eine Gruppe ‚Schraube mit Kopf' und auf der Ebene der Untergruppe schließlich eine ‚Holzschraube' mit der Bezeichnung 23-11-01-11. Die Merkmale finden sich auf der untersten Ebene. Sie sind dem einzelnen Element zugeordnet.

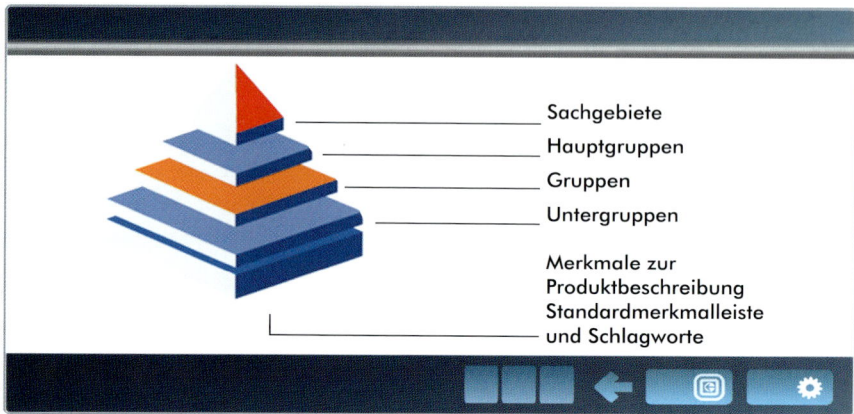

Bild 24.7

Alter eCl@ss-Hase auf neuen Wegen

Fresenius ist Mitglied des eCl@ss-Vereins und nutzt diese Form der Klassifizierung schon seit Jahren in der Kommunikation nach außen. Intern war dies für die Entwickler bislang keine Hilfe, denn die technischen Aspekte wurden darin ja nicht aus Sicht der Ingenieure berücksichtigt, sondern aus der Sicht des Beschaffungsprozesses. Jetzt hat das PLM-Team einen bisher wohl einmaligen Weg gewählt, die Vorteile eines zunehmend auch international anerkannten Klassifikationsstandards mit den Vorteilen eines PDM-Systems zu verknüpfen.

Dazu war eine Vorarbeit nötig, die ungefähr ein Dreivierteljahr in Anspruch nahm und im Wesentlichen aus zwei Elementen bestand: der Analyse und Klassifikation des Norm- und Katalogteilebestands; und der Entwicklung einer Konfiguration von PRO.FILE-Masken und -funktionen, die das System für die Ingenieure aufbereitete und nutzbar machte. Beides wurde Ende 2010 abgeschlossen.

Wertvolle Dienste

Für den ersten Schritt, die Sichtung des Datenbestandes, griff Fresenius Medical Care auf ein Dienstleistungsunternehmen zurück, das sich im Umfeld des eCl@ss-Vereins bereits einen guten Namen gemacht hat. Das Haus wurde 2005 aus dem Institute for Collaborative Classification in Darmstadt heraus gegründet. Das Unternehmen hat sich darauf spezialisiert, Firmen bei der Sichtung und Aufbereitung ihrer Teilestammdaten zu helfen und ihnen insbesondere einen Weg zu weisen, wie sie schnell und effektiv die Seiten des Klassifikationssystems für sich identifizieren können, die sie brauchen. Denn eCl@ss umfasst zwischen 30.000 und 40.000 Materialklassen, und damit ist wahrscheinlich noch keineswegs ein Endpunkt erreicht. Sich in diesem Berg möglicher Klassen, Gruppen und Untergruppen zurechtzufinden, dazu bedarf es selbstverständlich intelligenter Tools, die der Dienstleister früh entwickelt hat und nun in Einführungsprojekten zum Einsatz bringt. Auch bei Fresenius Medical Care. Hier war das Ziel allerdings etwas anders gelagert als üblicherweise.

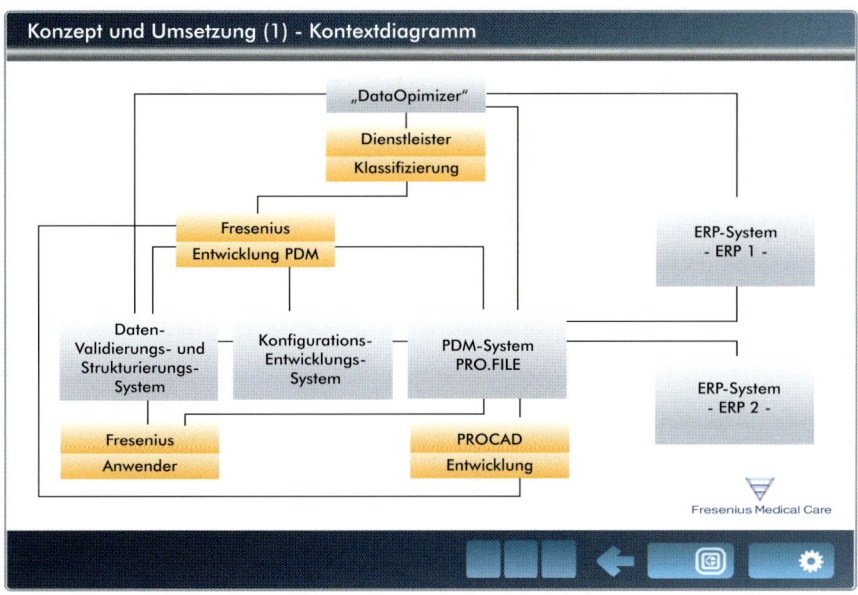

Bild 24.8
Zusammen finden, was zusammengehört

Während die meisten Firmen sich des Klassifikationssystems hauptsächlich bedienen, um ihre Produkte unter normgerechter Bezeichnung auf dem Markt anbieten zu können, ging das Team einen großen Schritt weiter. Die Daten wurden daraufhin untersucht, welche Merkmale sich in welchen Klassen und Gruppen finden lassen. Dann wurde analysiert, auf welcher Ebene der Klassenhierarchie ein bestimmtes Merkmal für alle Elemente zutrifft. Auf diese Weise kam eine Datenbank heraus, die mit den Mitteln des Vererbungsprinzips von PRO.FILE nun eine sehr elegante Möglichkeit bietet. Der Anwender kann ein Merkmal zur Suche verwenden. So findet er auf die Eingabe des Merkmals ‚Durchmesser' die Gruppe ‚Schraube, Mutter', und wenn er nun den Durchmesser mit einem Wert versieht, erhält er die eCl@ss-Spezifikationen des zusammengehörigen Paars von Schraube und Mutter, beispielsweise M6.

„Wir haben die Vorteile des standardisierten Klassifikationssystems mit der edlen Vererbungsfunktionalität von PRO.FILE kombiniert. Das Ergebnis geht über alles hinaus, was man mit der getrennten Nutzung beider Systeme erreichen kann." So beschreibt unser Gesprächspartner das Resultat eines Projektes, das das PDM-System aus Karlsruhe derzeit wahrscheinlich zum einzigen macht, das in der beschriebenen Form mit eCl@ss arbeiten lässt. Derzeit arbeitet PROCAD daran, diese Funktionalität allen Kunden zur Verfügung zu stellen.

Den Standard mit den edlen PDM-Funktionen kombiniert

Einmalprodukte von Fresenius Medical Care wie Filter werden übrigens inzwischen mit einigen Hundert Merkmalen als eCl@ss-Elemente angelegt. Mit dem Ergebnis, dass die Ausgabe der betreffenden Zulassungsdokumente automatisch aus dem PDM-System heraus erfolgt.

Beide Projekte, das Produktdaten- und Produktinformationssystem ebenso wie die Einbindung von eCl@ss in das PDM-Programm, sind schöne Beispiele dafür, wie weit die Anwendung eines PDM-Systems reichen kann, wenn hinter der Implementierung Menschen stehen, die weiter nach vorn schauen können und denen das Unternehmen ganz bewusst auch die Möglichkeit dazu einräumt.

25 Fallbeispiel Digitale Baustelle

Forschungsprojekte zur Verbesserung der Baulogistik erwartet man eher nicht im Umfeld des Maschinenbaus. Und ein Fallbeispiel zum Thema PDM, das sich um Baulogistik dreht? Der Leser hat ja möglicherweise schon das eine oder andere Anwendungsbeispiel in diesem Buch gelesen und wundert sich jetzt nicht mehr. Erstens liegen die Fachdisziplinen viel näher beieinander als gemeinhin angenommen. Und zweitens sind die Möglichkeiten der Prozessverbesserung durch den Einsatz eines Systems für Produktdaten-Management beileibe nicht auf das Gebiet des Maschinenbaus beschränkt. Vielleicht sollte man sogar sagen: In den kommenden Jahren wird PDM gerade daran gemessen werden, wie gut es bei der Integration verschiedener Ingenieurdisziplinen hilft.

PDM everywhere

Baulogistik heißt in unserem Fall: Weil sich auch die Bauwirtschaft in einem globalisierten Markt gegen Konkurrenz in Europa und darüber hinaus behaupten muss, sucht sie in der gesamten Abwicklung von Bauvorhaben nach innovativen Lösungen. Nur Kostenreduktion wird am Standort Deutschland hier genauso wenig wie in anderen Branchen die Antwort sein. Vielmehr liegt die Vermutung nahe, dass die Lösungsansätze, die in anderen Branchen bereits Wirkung gezeigt haben, auch in diesem Bereich den Weg weisen könnten.

Innovative Lösung gesucht

Die Bauindustrie zeichnet sich gegenüber dem Maschinen- und Anlagenbau, gegenüber der Automobilindustrie, gegenüber beinahe allen Zweigen der Fertigungsindustrie dadurch aus, dass eine oft ziemlich unüberschaubare Gruppe von Unternehmen in einer extrem losen Kopplung kooperieren muss. Anders als bei den Lieferantenverhältnissen in anderen Bereichen gibt es hier wenig Klarheit in der Kommunikation und den Beziehungen. Da es sich in der Mehrzahl um kleine, mittelständische Firmen handelt, sind die meisten Beteiligten darüber hinaus nicht in der Lage, eigene Forschung und Vorentwicklung zu betreiben. Viel Geld in moderne Tools können oder wollen sie ebenfalls nicht investieren. Technologisch bewegen sich Bauvorhaben deshalb meist und über weite Strecken auf einem Niveau, das etliche Jahre hinter dem in anderen Branchen angewandten Stand der Technik hinterherhinkt.

Jahre hinter dem Maschinenbau

Das Ziel des bayrischen Forschungsverbundes ForBAU ist „die ganzheitliche Abbildung eines komplexen Bauvorhabens in einem digitalen Baustelleninformationsmodell". Damit sollen Methoden und Technologien für die Bauwirtschaft adaptiert werden, die in anderen Industrien bereits erfolgreich zum Einsatz kommen. PDM

Ganzheitliches Baustellenmodell

– im konkreten Fall das System PRO.FILE – spielt dabei eine zentrale Rolle: Es soll die Daten aus verschiedenen Fachbereichen und von diversen Beteiligten zentral integrieren und so eine Basis schaffen, auf der alle ihre Arbeit besser koordinieren können.

Bild 25.1 ForBAU – Die Digitale Baustelle

Damit ist im Kern dieselbe Aufgabe beschrieben, die PDM auch anderswo erfüllt. Wie sich die Nutzung des Systems hier davon unterscheidet, wo für das Projekt Zusätze zu PRO.FILE entwickelt wurden, welche Besonderheiten diese spezielle Anwendung ausmachen, dafür stand uns Dipl.-Ing. Markus Schorr Rede und Antwort, Ende 2010 wissenschaftlicher Mitarbeiter am Lehrstuhl fml der TU München (TUM).

■ 25.1 Das Maschinenwesen geht gar nicht so fremd

Fördertechnik, Materialfluss, Logistik

Zum Bauen – insbesondere im Infrastrukturbau, also für Straßen und Brücken – braucht die Wirtschaft nicht erst an letzter Stelle eine Menge an Produkten des traditionellen Maschinenbaus: Kräne, Bagger und Raupen, LKWs und jede Menge Geräte für den Bau und den Transport von Materialien von und zur Baustelle. Genau hier liegt der Grund, weshalb es ein Lehrstuhl der Fakultät Maschinenwesen an der TU München war, der das Forschungsvorhaben ForBAU auf den Weg brachte: der Lehrstuhl für Fördertechnik Materialfluss Logistik (fml), dessen Inhaber Prof. Willibald A. Günthner auch als Sprecher des Forschungsverbundes fungiert.

In zahlreichen Projekten hatte der Lehrstuhl sich mit Fragen beschäftigt, die aus der Bauwirtschaft an ihn herangetragen wurden. Da ging es um den Einsatz der Finite-Elemente-Methode zur Berechnung der Tragfähigkeit von Kranbauten; um die Entwicklung eines Turmdrehkraneinsatzplaners (TEP) oder eines Equipment Information Systems (EIS); um die Nutzung von RFID im Bauwesen; und um diverse andere industrienahe Forschungsthemen, unter anderem zur Ablaufsimulation von Bauprojekten oder zur Erdbau-Simulation. Einer der langjährigen Partner in vielen dieser Fragen war die Firma Max Bögl Bauservice GmbH in Neumarkt, die dort auch ein Kompetenzzentrum Bau als Interessenverband mittelständischer Unternehmen ins Leben gerufen hat. In Workshops zu entsprechenden Themen wurde der Bedarf analysiert, und daraus entstand schließlich die Idee zu einem Forschungsvorhaben, das über die Einzelthemen hinausreichte.

Bloß nicht noch eine Insellösung

Deutlich war inzwischen, dass eben auch im Infrastrukturbau die Lösung nicht in weiteren Insellösungen bestehen konnte. Durchgängiges, modellbasiertes Arbeiten – wie es im Maschinenbau vielerorts seit Jahren gang und gäbe ist – das war das Ziel. Mit einem Modell, in dem gewissermaßen alles steckt: der Baugrund, die Bauwerke, die Maschinen und Geräte und die Logistik. Und nicht nur Arbeitspapiere oder 2D-Daten, die nicht einmal die Masse der dargestellten Geometrie beinhalten.

Der bayrische Forschungsverbund „Virtuelle Baustelle" – Digitale Werkzeuge für die Bauplanung und -abwicklung (ForBAU) startete am 1. Januar 2008, von der Bayerischen Forschungsstiftung für drei Jahre mit insgesamt 2,25 Mio. € gefördert. Sieben Lehrstühle der TU München, der Universität Erlangen-Nürnberg, der Hochschule Regensburg und vom Deutschen Zentrum für Luft- und Raumfahrttechnik (DLR) arbeiten in diesem Verbund zusammen.

Drei Jahre Forschung

Unterstützt werden die Forschungsstellen von mehr als 30 Industriepartnern, die sich aus Bauunternehmen, Planungs- und Ingenieurbüros, Baumaschinenherstellern und IT-Partnern zusammensetzen. Das dabei anvisierte Konzept zur ganzheitlichen Abbildung eines komplexen Bauvorhabens in einem digitalen Baustellenmodell soll sämtliche Daten von der Planung und Vermessung über die Arbeitsvorbereitung bis zum Fortschritt der Baustelle selbst in einer integrativen Plattform zusammenführen. Selbstverständlich bilden digitale Werkzeuge die Basis für dieses Konzept. Im Rahmen von Demonstrationsbaustellen soll es in der Praxis validiert werden.

Beachtliches Konsortium

Was waren die konkreten Probleme, die nun in der Bauindustrie zu mindestens teilweise ähnlichen Lösungen drängten wie im Maschinenbau? Sie waren vielfältig, aber manche erinnern tatsächlich sehr an die Motive, die auch zum Einsatz von 3D-Modellen in der Mechanik geführt haben. Zum Beispiel das Thema der NC-Bearbeitung von Freiformflächen.

Wenn eine Brücke gebaut wird, dann kommen immer häufiger Designer zum Zug, deren Brückengeometrie nicht mehr aus Regelflächen zusammengesetzt ist, sondern aus Freiformflächen. Solche Formen können nur in Beton oder Stahl gegossen werden, wenn die Freiformfläche zuvor als 3D-Flächengemoetrie zur Verfügung steht. Erst dann lassen sich wirtschaftlich beispielsweise die nötigen Verschalungselemente herstellen, nämlich mithilfe der NC-Bearbeitung. Und erst dann lassen sich entsprechende Formen herstellen, in denen der flüssige Stahl seine endgültige Form erhält – wenn es eben keine Beton-, sondern eine Stahlkonstruktion sein soll.

Freiformflächen an der Brücke

Draufsicht mit Abwicklung — Andere Betrachtungen führen ebenfalls zu Parallelen zum Maschinenbau, zeigen allerdings auch Grenzen der Übertragbarkeit: So hat die technische Zeichnung des Brückenbauers ähnlich wie die des Maschinenbauers eine Draufsicht, einen Querschnitt und eine Seitenansicht. Bei der Draufsicht im Bauwesen wird aber nicht wie in der Mechanik die Projektion gezeigt – also wie die fertige Brücke aus der Luft aussieht –, sondern in jener Länge, die sie hätte, wenn sie nicht gewölbt wäre, sondern auf einer einzigen, flachen Ebene läge. Das erinnert den Maschinenbauer sofort an die ‚Abwicklung' einer Blechkonstruktion. Dabei wird eine Blechkonstruktion so dargestellt, dass der Betrachter das Blech des fertigen Teils in seinem Zustand vor der Bearbeitung durch Biegen und Bördeln sieht. Auf diese Funktionalität müsste man ausweichen, um eine den Baunormen entsprechende Zeichnung aus einem M-CAD 3D-Modell abzuleiten. Das erweist sich in der Praxis aber als umständlich und wenig befriedigend.

Assoziative Parameter — Andererseits bieten CAD-Modellierer im Maschinenbau schon lange die Möglichkeit der Parametrisierung und der Vergabe von Attributen und Beziehungen zwischen Bauteilen, die sich bei Konstruktionsänderungen automatisch anpassen können. An dieser Stelle ist die Nutzung solcher Systeme für Bauwerke ein großer Vorteil, denn Architektursysteme sind diesbezüglich noch sehr limitiert.

Jedenfalls lag es nahe, im Fundus der im Maschinenbau angewandten Lösungen nach Ansätzen zu suchen, die – möglicherweise mit etwaigen Zusatzapplikationen oder Anpassungen – auch auf die Probleme der Abwicklung von Bauvorhaben passen. Aber das war natürlich nur eine Seite. Es kam noch eine Reihe gänzlich neuer Ideen hinzu.

25.2 Ein Modell, das weiter geht als 3D

Vier Teilprojekte — Das ForBAU-Projekt wurde in vier Teilprojekte gegliedert. Das erste und zentrale heißt BAUIT und befasst sich mit der integrativen 3D-Modellierung von Bauwerk, Baugelände und Baugrund – den statischen Modellen. Das zweite Teilprojekt ist BAUSIM. Es zielt einerseits auf die virtuelle Prozessplanung des Bauablaufs, gestützt auf das Baustelleninformationsmodell aus Teilprojekt 1, unterstützt durch ereignisorientierte Ablaufsimulation; andererseits dient es dem Controlling des tatsächlichen Baufortschritts hinsichtlich Leistung, Qualität und Kosten. Man könnte auch sagen, es beschäftigt sich mit der Dynamik von Bauprojekten, mit der Planung, Steuerung und Unterstützung der Prozesse. Deshalb ist hier auch die Entwicklung beziehungsweise Anpassung eines PDM-Systems als Kern zur Umsetzung eines PLM-Konzeptes angesiedelt. Teilprojekt 3 heißt BAULOG. Gemeint ist die Baulogistik, die alle beteiligten Akteure auf der Ebene des Materialflusses vernetzt. Im Teilprojekt 4 schließlich werden unter dem Namen BAUIDENT Methoden der automatisierten Datenerfassung von qualitäts- und leistungsrelevanten Daten auf der Baustelle erforscht.

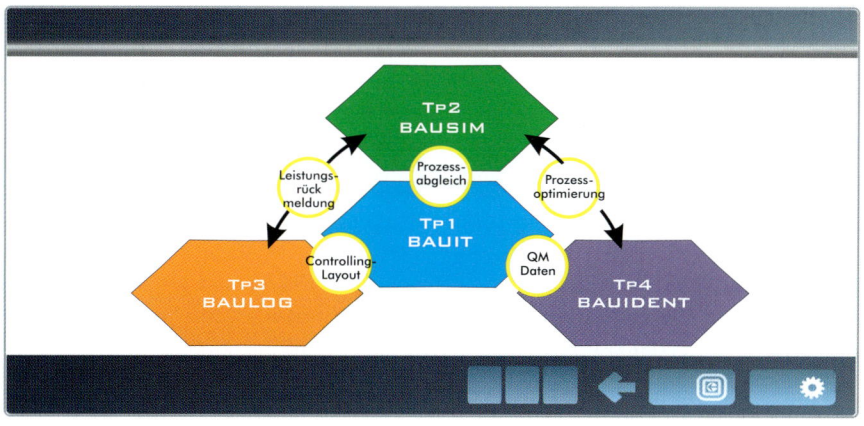

Bild 25.2 Die Struktur des Forschungsprojektes

Möglicherweise ist der Forschungsverbund gerade dabei, aus einem Schritt zum Nachholen gegenüber dem Maschinenbau zu einem Überholmanöver anzusetzen. Denn das Konzept geht weit über das hinaus, was in der Mechanik unter modellbasierter Entwicklung verstanden wird. Während das 3D-Modell dort lediglich die Geometrie mit ihren wichtigsten, an die Geometrie gebundenen Eigenschaften wie Gewicht oder Masse beinhaltet, steckt im Baustelleninformationssystem auch die Logik der Logistik, die dafür benötigten Informationen und ihre Flüsse, der Materialfluss und vieles andere, was hier mit der Geometrie kombiniert wird. Das Modell ist eher mit dem digitalen Modell einer Produktionsanlage oder einem digitalen Fabrikplanungsmodell vergleichbar. Oder eben mit dem, was seit einiger Zeit als Funktionsmodell oder Functional Mock-up durch die Fachdebatte geistert, aber sich noch fast nirgends praxistauglich im Einsatz befindet. Verschiedene Disziplinen sollen ihre Daten und Informationen dafür beisteuern, aus diversen Autorensystemen, die dazu im Einsatz sind. Wenn dieses Modell fertig ist, können die Maschinenbauer auch hier hinschauen und sich fragen, ob sie nicht längst etwas Ähnliches brauchen, wenn sie interdisziplinäre Produktsysteme entwickeln, und nicht mehr fast ausschließlich mechanisch getriebene Produkte.

Zum Überholen angesetzt?

Im Falle von ForBAU klingen die entscheidenden Gründe, die zum gewählten Ansatz führten, jedenfalls für die Ohren der PLM-Gemeinde in der Fertigungsindustrie ziemlich vertraut:

Bekannte Gründe

- Die in der Baupraxis eingesetzten Softwarewerkzeuge sind – wenn überhaupt – nur völlig unzureichend miteinander vernetzt.
- Besonders gravierend ist der Bruch im Informationsfluss zwischen Planungs- und Ausführungsphase (der Maschinenbauer übersetzt hier für sich: Produktentwicklung und Produktion). Er wird verfestigt durch eine deutsche Gesetzeslage, die ausdrücklich eine Trennung von Planung und Bauausführung verlangt.

Genau dagegen soll das Baustelleninformationssystem helfen. Es soll – wie im Concurrent Engineering des Maschinenbaus – ein Modell sein, das den parallel ablaufenden Arbeitsschritten eines Bauvorhabens als Basis und Bezugspunkt dient, über den sie ihre Arbeitsschritte synchronisieren können. Und es soll – wie in PLM-Konzepten der Fertigungsindustrie – zugleich alle während des Bauvorhabens an-

Parallel und synchron – modellbasiert

fallenden und benötigten Daten integrieren, sodass es durchgängig alle aufeinanderfolgenden Phasen in ihren Prozessen datentechnisch zu unterstützen vermag.

Multi-CAD gefragt

Um dieses Modell zu verwirklichen, mussten einerseits Teilmodelle identifiziert werden, die dann auch über unterschiedliche Autorensysteme erzeugt werden. Also etwa ein CAD-System zur Gestaltung von Bauwerksgeometrie, Freiformflächen – auch im Gelände – oder Maschinenteilen für die Baustelleneinrichtung; Geodaten-Systeme für die Beschreibung und Darstellung von Baugrund, geotechnischer Analysen und Ähnlichem.

Andererseits musste ein bauspezifisch nutzbares PDM-System gefunden und für diese konkrete Anwendung angepasst und durch Zusätze ergänzt werden. Es sollte nicht nur alle anfallenden Daten und Informationen in den passenden Sichten bereitstellen können. Es musste auch in der Lage sein, alle Teile des Baustelleninformationsmodells abzubilden und dazu die Daten unterschiedlichster Systeme zu integrieren. Die Wahl fiel auf PRO.FILE.

25.3 PDM und PLM in der Sprache und Logik des Bauwesens

Besondere Anforderungen

PDM – auch das System von PROCAD – hatte seinen Ursprung vor allem in dem Bemühen, mechanische 3D-Modelle und Produktstrukturen sinnvoll zu verwalten. Für den Einsatz im Bauwesen sind diese Tools deshalb nicht in jedem Fall und von vornherein geeignet. Die besonderen Anforderungen in dieser Industrie mussten erst definiert und dann als Auswahlkriterien angelegt werden, um zur optimalen Lösung zu gelangen.

Dann galt es, die Einführung mit der Integration aller benötigten Systeme zu verbinden. Und in die Masken und Begriffe der Benutzerführung, des Daten- und Projektmanagements musste die bauspezifische Sprache und Logik Eingang finden. Das alles wurde zur Hauptaufgabe des Teilprojektes 2 mit Namen BAUSIM. Verantwortlich für diesen Teil waren Prof. Willibald Günthner und Markus Schorr.

25.3.1 Auswahl nach den Kriterien von Bauprojekten

Schnell und flexibel

Als der Auswahlprozess im Februar 2009 begann, hatte das Team an der TUM bereits erste Erfahrungen sammeln können, denn Siemens PLM Software war von Anfang an sehr aktiv an ForBAU beteiligt und brachte seine Software-Werkzeuge in den Forschungsverbund ein. Mit intensiver Unterstützung und Ausbildung in der Anwendung bezüglich CAD, digitaler Prozesssimulation und PDM. Bezüglich NX (CAD) und Tecnomatix Plant Simulation stand die Entscheidung relativ schnell fest. Obwohl an den Forschungsinstituten eigentlich mit anderen Systemen gearbeitet wurde, entschied sich das Team rasch für diese beiden Tools. Aber beim Thema

PDM stellte sich heraus, dass ein System durchaus Zehntausende von Fertigungsingenieuren in großen Konzernen bestens unterstützen kann, aber seine Anwendung in einem Projekt vom Typ ForBAU – mit dem Druck zu schneller Implementierung und möglichst schulungsfreier Nutzbarkeit – zu aufwendig ist.

Mit einer wohl durchdachten Anforderungsanalyse ging es deshalb an eine regelrechte Auswahlentscheidung. Die wichtigsten Felder, die dabei unter Lupe genommen wurden, waren:

Umfangreiche Analyse

- Datensicherheit und die Vergabe und das Management von Zugriffsrechten, bei dem beispielsweise die Rollen typischer Beteiligter wie Bauplaner oder Bauüberwacher und deren besondere Sichten auf das Projekt berücksichtigt werden müssen
- Mehrsprachige Benutzerführung, denn internationale Bauprojekte sind keine Ausnahmeerscheinung
- Benutzerfreundlichkeit, denn kostenträchtige Einführungskurse können in Multipartnerprojekten mit vielen Kleinunternehmen nicht zum Zug kommen
- Personalisierbarkeit der Benutzeroberfläche mit zuletzt benutzten Daten, Favoriten und Ähnlichem
- Multi-CAD-Integration muss gut und uneingeschränkt unterstützt werden
- Integriertes Workflow-Management und freie und unbegrenzte Definition von Status aller verwalteten Dokumente
- Einfache Visualisierung aller wichtigen Unterlagen
- Einfache und schnelle Anpassungsmöglichkeiten
- Möglichkeiten zur Langzeitarchivierung
- Webfähigkeit, um mobile Geräte sowie Partner ohne installierten PDM-Client anbinden zu können

Diese und weitere Anforderungen wurden in Cluster zusammengefasst und mit einer Gewichtung entsprechend ihrer Bedeutung versehen. Damit hatte das Team eine saubere Grundlage zur Auswahl unter allen am Markt verfügbaren Systemen. Nach Interviews und Live-Demos kamen vier in die engere Auswahl, die an der TUM mit Testinstallationen geprüft wurden. Am besten schnitt PRO.FILE ab. Fast in allen untersuchten Punkten. Bei meinem Gespräch ein Jahr nach der Entscheidung vom September 2009, kurz vor dem Projektende, fand Markus Schorr die Richtigkeit der Wahl mehr als bestätigt. Bei PROCAD gab es zunächst eine Woche Schulung in Karlsruhe und einige Beratungstage, und dann ging es an die Einführung.

Gewichtet und für gut befunden

Die Fähigkeit, Autorensysteme beliebiger Herkunft nahtlos zu integrieren, wurde bereits in der Einführung erfolgreich umgesetzt. Im Falle von ForBAU ging es dabei um eine Reihe sehr unterschiedlicher Programme und Formate. Auf der Seite der geometrischen Datenerzeugung waren es NX sowie AutoCAD Civil 3D. Für die Kommunikation wurde Outlook eingebunden, so wie auch die gesamte Office-Landschaft von Microsoft. Für die Darstellung von Prozessen wurde Visio gewählt, das bei PRO.FILE auch standardmäßig das Werkzeug ist, mit dem Prozessmanagement unterstützt wird. Schließlich gab es zusätzlich die Integration von XML-Daten, die das Team mit der Hilfe von PROCAD selbst entwickelte, um Daten an der Baustelle aufnehmen und mit PDM pflegen zu können – zum Beispiel zur Erfassung des Bau-

Integration im großen Stil

fortschritts mithilfe von mobilem Scan, wie wir dies weiter unten beschreiben. Auch die Übernahme von Luftaufnahmen mit digitalen Kameras, auf die wir noch eingehen werden, ist gelöst. Schließlich wurde ein sehr einfacher Weg zu einer weiteren Anbindung gefunden, die im letzten Unterkapitel behandelt wird: Google Earth.

Damit waren die Grundlagen gelegt für den Einsatz von PDM. Aber zu seiner Nutzung im Rahmen eines PLM-Konzeptes fehlte noch einiges, das eben die Besonderheiten von Bauvorhaben in Abgrenzung zu Produktentwicklung und Produktion des Maschinenbaus ausmacht.

25.3.2 Ein PLM-Konzept für den Baulebenszyklus

Bauobjekt statt Teilestamm

Wo im Maschinenbau das Teil mit seinem Teilestamm im Mittelpunkt des Geschehens steht, gibt es im Bauwesen zahlreiche Objekte und Elemente, die nicht so recht in das Schema des Teilestamms passen. Überall dort steht jetzt bei ForBAU entweder Bauobjekt oder Bauelement. In einer hierarchischen Struktur – wie bei Teilestämmen – wurden hier exakt jene Objekte definiert und beschrieben, die im Infrastrukturbau entscheidend sind und für die Spezifikation der Bauwerke und ihrer Umgebung benötigt werden. Die Brücke ist hier ein Objekttyp, die Trasse ein anderer. Unter ‚Brücke' finden sich Eisenbahnbrücken, Straßenbrücken und andere Arten. Straßenbrücke verzweigt zu Balken-, Bogen- oder Fachwerkbrücken, die sich in Unterbau und Überbau gliedern. Auf der untersten Ebene finden sich einzelne Bauelemente wie Pfeiler oder Fahrbahn.

Bild 25.3 Objektkatalog für Infrastrukturbauprojekte

Sachmerkmale am Bau

Auch die Sachmerkmale sind sehr verschieden von jenen, die der Maschinenbauer kennt. Viele dienen auch ganz anderen Zwecken. So gibt es hier eine Prüfrichtung, mit der der Bauprüfer bei der Überprüfung einer Brücke oder eines anderen Bauwerks dokumentiert, in welche Richtung bestimmte Angaben oder Maße geprüft wurden. Oder die Stationierung: Dabei handelt es sich um eine Positionsangabe, die sich auf einen definierten Startpunkt einer Trasse bezieht und angibt, an welchem Kilometer von diesem Startpunkt ab sich ein bestimmtes Element befindet oder benötigt wird. Oder das Ausbreitmaß: Dahinter verbirgt sich ein Verfahren zur Bestimmung der Betonkonsistenz. Ein definiertes Volumen an Beton wird in einen Behälter gegeben und dann gestürzt. Der Durchmesser des Betons ist ein Maß für die Konsistenz, die bestimmte Grenzwerte einhalten muss.

Für typische, in Bauprojekten anfallende Aufgaben wurden Dokumenttypen und deren Attribute in Form von Vorlagen entwickelt und implementiert. Unterschiedliche Datensätze können so einfach und bequem verschlagwortet, mit Bauobjekten verknüpft und archiviert werden. Zudem wurde die reine Speicherungsfunktion um ein echtes Controlling der importierten Informationen erweitert. So wurde folgendes Szenario realisiert:

Typische Vorlagen

Für eine Komponente wie die Kappe einer Straßenbrücke wird in der Planung die Beton-Festigkeitsklasse C25/30 fixiert. Diese Information wird im variablen Teilestamm des PDM-Systems abgelegt. Wird nun in der Bauausführungsphase eine Prüfung des angelieferten Betons durchgeführt, so werden neben dem Herstelldatum und der Uhrzeit auch weitere Parameter wie das Ausbreitmaß und die Betontemperatur protokolliert. Ein weiterer wesentlicher Parameter ist die Festigkeitsklasse, die in jedem Fall mit den Planungswerten übereinstimmen sollte. Das PDM-System bietet die Möglichkeit, diese Informationen am Client zu dokumentieren und über UMTS direkt an den Server zu übertragen. Der Screenshot zeigt den hierfür entwickelten Dokumenttyp „QM: Frischbetonprüfung". In diesem Beispiel stimmt die Festigkeitsklasse des Betons (C20/25) nicht mit den Vorgaben der Planung (C25/30) überein.

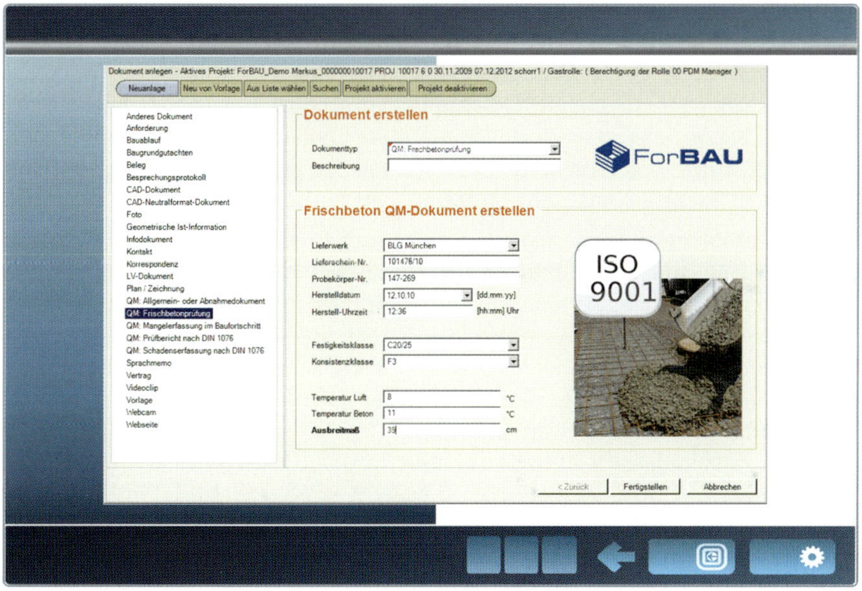

Betonprüfung leicht gemacht

Bild 25.4
PDM-Integration von qualitätsrelevanten Betoninformationen aus der Bauausführung

Bauplanung und Bauüberwachung

Um die Informationen bezüglich der Betonprüfung objektorientiert zu verwalten, müssen die Daten nach dem Import mit einer Komponente – in diesem Szenario mit dem Element Brückenkappe – verknüpft werden. In diesem Moment wird in der PDM-Umgebung geprüft, ob die Attribute im Feld Festigkeitsklasse sowohl für das importierte Dokument als auch für die Planvorgaben im festen Teilestamm übereinstimmen. Unmittelbar nach der Verknüpfung des Dokuments mit dem Element Brückenkappe erhält der Benutzer eine Meldung, dass der auf der Baustelle eingebaute Beton nicht den Vorgaben der Planung entspricht. Zudem wird vom PDM-System eine E-Mail an den Bauüberwacher geschickt. Darüber hinaus wird der gesamte Vorgang lückenlos im System dokumentiert. Das Szenario wurde so umgesetzt, dass das Qualitätscontrolling nicht nur für Brückenkappen, sondern für alle Bauelemente aus Beton analog funktioniert.

Generisches, beispielhaft durchdekliniert

Die Bauobjekte sind wie das gesamte Modell generisch angelegt. Sie sollen in beliebigen Bauvorhaben einsetzbar sein, wenn auch möglicherweise mit einigen kleineren Anpassungen. Es existiert eine Vorkonfiguration, die für konkrete Projekte zu detaillieren ist. Um sicherzugehen, dass das Modell sich dafür eignet, wurden jeweils die komplexesten Bauobjekte durchdekliniert bis in die unterste Hierarchiestufe.

Das Ziel war, am Ende ein Tool zur Verfügung zu haben, das das Management des gesamten Lebenszyklus eines Bauvorhabens erlaubt. Von der Planung und den ersten Skizzen über die Analyse des Baugeländes und die Simulation der Bauarbeiten bis zum Betrieb, der Wartung und Prüfung nach seiner Fertigstellung. Dazu wurde mehr gebraucht, als auf dem Markt fertig zu haben war.

Eine ganze Liste von Status

Beim Bau müssen Planung, Bau, Materiallieferung, Einbau, Baufortschrittsprüfung und Bauprüfung anders koordiniert werden als in der Industrieproduktion. Für das Management der Bauabläufe genügen nicht die Versionierung und der Wechsel vom Status ‚Geplant' über ‚in Bearbeitung' bis ‚Freigegeben'. ForBAU hat eine Liste von Status definiert, die nun für die Steuerung der Abläufe sorgen. Mehr als zehn sind es, unter anderem: in Planung, in Planfeststellung, Planfeststellungsbeschluss erteilt, Baufreigabe, Urgeländevermessung abgeschlossen, geliefert, wird gebaut, in Verzug, Baumaßnahme abgeschlossen. Für die bildliche Darstellung wurde allen Status eine Farbe zugeordnet. In Kürze werden die Modelle innerhalb von PRO.FILE je nach Status automatisch eingefärbt.

Ein Hauptproblem bei Bauvorhaben ist die Tatsache, dass es nicht wie in der Fabrik einen Wareneingang gibt, durch den alle Waren angeliefert werden, und nicht eine Produktionsanlage oder Fertigungshalle, in der das Endprodukt zusammengebaut wird. Hier ist alles auf weitem Gelände verstreut, und alle Beteiligten sind höchst selten am selben Platz zu finden. Und das führte zur Frage, wie alle Beteiligten dennoch in der Lage sind, ihre Daten im PDM-System abzugeben oder abzuholen, auch von der Baustelle oder von unterwegs.

25.4 PDM und das mobile Endgerät auf der Baustelle

Das Handy ist eine Möglichkeit, während eines Bauprojektes mit Partnern und Lieferanten zu kommunizieren. Auf dem Bau kommen zunehmend Spezialgeräte zum Einsatz, die speziell für widrige Umgebungsverhältnisse gedacht sind: wasserdicht, unempfindlich gegen Staub, Dreck und Absturz. Rugged PDA, robuster PDA hat sich dafür als Bezeichnung durchgesetzt. Solche Geräte verfügen häufig neben der digitalen Kamera auch über einen mobilen Scanner.

Mit Kamera und Scanner auf den Bau

In Kooperation mit Motorola als einem der Hersteller solcher Geräte, mit ePocket Solutions als Lieferant entsprechender Software, und mit PROCAD hat ForBAU eine Integration geschaffen, die den Einsatz in Verbindung mit PDM möglich macht. Ob Baufortschrittskontrolle oder Brückenprüfung nach DIN 1076 – über einen ePocket Server werden die Daten als XML-Dateien an PRO.FILE geschickt. Dort entsteht dazu ein Dokument, das im Bauprojekt mit dem betreffenden Status abgelegt und versioniert wird. Natürlich ließe sich eine entsprechende Integration auch für andere Mobilgeräte realisieren. Das Know-how ist ja jetzt vorhanden.

Baufortschritt in XML

Ein Einsatzbeispiel könnte auch die Vorbereitung einer Materiallieferung sein. Heute kommt es nicht selten vor, dass ein LKW-Fahrer beispielsweise mit einer Ladung großer Stahlträger an der Baustelle ankommt und nicht wahrgenommen wird. Wenigstens nicht von einem Beteiligten, der ihm sagen könnte, wo genau die Stahlträger abgeladen werden sollen. Also beschließt er nach einigem vergeblichen Suchen, selbst einen Ort zu definieren. Es kann teuer werden und viel Zeit verschlingen, nach seiner Abfahrt einen Weg zu finden, die Stahlträger dahin zu verlagern, wo sie tatsächlich gebraucht werden und nicht im Weg liegen. Jetzt bestünde die Möglichkeit, über das mobile Gerät, das über GPS verfügt, die Koordinaten des Lagerplatzes am Tag vor der Lieferung einzugeben und in PDM zu speichern. Der Lieferant seinerseits kann die Koordinaten dann bei seiner Ankunft lesen und weiß sofort, wohin er den LKW steuern muss.

Bei Anruf Abladen bitte

Ein besonderes Highlight betrifft eine spezielle Nutzung des Gerätes in Zusammenhang mit der Anlieferung und dem Einbau von Fertigteilen. Weit ist die Technologie inzwischen gekommen mit der Auszeichnung von beliebigen Materialien mit RFIDs, die sich digital lesen lassen. Trotzdem ist es heute noch die Ausnahme, dass diese Technik auch auf dem Bau zum Einsatz kommt, etwa um angelieferte Elemente zu identifizieren. Noch weniger üblich ist allerdings das, was das Team in München realisiert hat. Hier können nämlich nun RFID-Kennzeichnungen genutzt werden, um beispielsweise im System zu speichern, ob ein Bauelement geliefert oder eingebaut wurde. Oder zur Mangelerfassung: Per Scanner wird die Bauwerks-RFID gelesen, deren Nummer identisch ist mit der Bauteilnummer in PRO.FILE.

Geliefert, verbaut, verortet – gespeichert

Die Ausweitung der PDM-Anwendung auf mobile Endgeräte in dieser Form ist eine Innovation, die sicher nur einen Anfang bedeutet. Die Verbindung von GPS-Information und Kommunikationsnetzwerken lässt neue Anwendungen realisierbar werden, an die vor wenigen Jahren nur in Science-Fiction-Romanen gedacht wurde.

Befliegungsdaten von der Drohne

Nicht direkt vom Gerät ins PDM-System gelangen vorläufig Daten, die das Bauwerk und seinen Fortschritt und Zustand aus der Luft beschreiben. Obwohl die Technologie selbst noch in den Anfängen steckt, ist sie bereits Bestandteil von ForBAU. Man schickt unbemannte Mini-Hubschrauber, Drohnen mit acht Rotoren, sogenannte Octocopter, in die Luft über dem Bauwerk. Die eingebauten Digitalkameras sind inzwischen in der Lage, bis auf 2 cm genaue stereoskopische 3D-Modelle mit Texturierung zu liefern. Und die acht Rotoren bieten die Gewähr, die Drohne sehr exakt zu positionieren. Die Stereobilder aus der Luft werden dafür in Punktewolken transformiert. Sie müssen ausgedünnt werden, um die Anzahl der Punkte zu reduzieren, und werden dann zu einem Digitalen Geländemodell (DGM) verbunden. Nach diesem Post-Processing mit Spezialtools erfolgen ihre Konvertierung in NX und die Speicherung in PDM.

Bild 25.5 3D-Baufortschrittsmodell, mithilfe von Befliegungsdaten erstellt

Erfolgreicher Newcomer

Partner in diesem Teil des Projektes waren die erst 2007 gegründete Münchner Firma Ascending Technologies und das Institut für Robotik und Mechatronik am Deutschen Zentrum für Luft- und Raumfahrt DLR. Für Multirotor-Flugsysteme wurde Ascending Technologies 2008 und 2009 mit zahlreichen ersten Preisen ausgezeichnet.

Für die Praxis wird es nicht mehr lange dauern, bis diese Technik am Bau ankommt. Die Technologie ist da, und es wird nicht lange dauern, bis sie zu vertretbaren Preisen auf dem Markt zu haben ist. Zu verlockend ist die Vorstellung, echte 3D-Daten einer Momentaufnahme zu haben, statt sich mit dem Augenschein oder diversen Snapshots einzelner Ansichten begnügen zu müssen.

25.5 Bauwerke in Google Earth

Eine weitere Technologie, die das ForBAU-Team vermutlich erstmals mit PDM gekoppelt hat, ist die von Google Earth. Die gesamte Erde ist ja mittlerweile mit diesem System für jedermann im Zugriff. Satellitenaufnahmen werden zu einem Komplettbild zusammengesetzt. Der Anwender kann die Erde auf dem Bildschirm so drehen, dass sein Ziel in den Fokus kommt, und das Bild dann auf Sichtnähe herauszoomen. Er kann auch die exakten Koordinaten eingeben, beispielsweise den Punkt, an dem ein Brückenbau geplant oder eine Brücke gebaut wird. Dann sieht er das Baugelände oder bereits eine Aufnahme des Brückenbauwerks. Das ist natürlich etwas mühsam und möglicherweise für den ungeübten Benutzer zu umständlich, als dass er diese Möglichkeit wahrnehmen würde. Und das, obwohl sie ihm eine Menge an Vorteilen bringen könnte, je nachdem, welche Rolle er im Projekt spielt.

Die Bauplanung aus Satellitensicht

Das Team um Markus Schorr hatte die Idee, die Möglichkeiten von Google Earth direkt mit der PDM-Anwendung zu koppeln. Dazu bedient es sich der ganz normalen und standardmäßig verfügbaren Funktionen beider Seiten.

In Google Earth kann der Anwender an beliebigen Stellen ein Fähnchen in Form einer Nadel in die Erde stecken, das er durch die Eingabe der Koordinaten definiert. Über die Funktion „Meine Orte" hat er danach die Möglichkeit, an diese Nadel bestimmte Informationen zu knüpfen, die ihm später beim erneuten Anklicken sofort wieder für den Zugriff bereitstehen. Im Rahmen des ForBAU-Projektes wurde diese Möglichkeit sehr intelligent ausgenutzt. Der PDM-Administrator legt für jedes neue Objekt eine Nadel an, die dann unter „Meine Orte" zu finden ist. Ein Klick auf den Link an der Nadel öffnet das entsprechende PRO.FILE-Objekt. Umgekehrt ist in PRO.FILE ein Google Earth-Button auf dem Teilestamm implementiert. Ein Klick darauf öffnet Google Earth und springt zur Nadel.

Die Baustelle unter „Meine Orte"

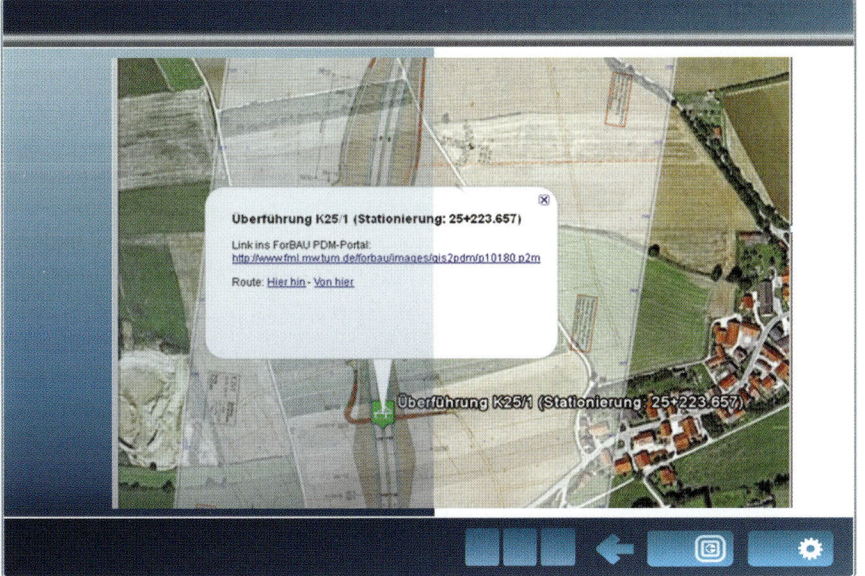

Bild 25.6 Überlagerung von Google Earth-Darstellung mit Projektdaten

Nebenbei bietet das Satellitenbild natürlich auch die Möglichkeit, es mit Bildern des Bauwerks oder der Bauplanung und Bauumgebung zu überlagern, sodass das künftige Bauwerk bereits in seiner realen Umgebung dargestellt werden kann, ohne diese aufwendig modellieren zu müssen.

Mit Blick auf bremenports

Entstanden ist diese Idee übrigens durch einen Blick auf die PDM-Anwendung, die bereits in der zweiten Auflage des vorliegenden Buches zu finden war: bremenports. Von dem dort zuständigen Projektleiter hat Markus Schorr sich dann auch noch Unterstützung geholt. In jenem Fall ging es damals allerdings noch nicht um Google Earth, sondern um die Kopplung eines anderen GIS-Systems mit PRO.FILE. Aber die Technologieentwicklung ist rasend schnell weitergegangen. Mit der Frage, ob es künftig auch auf dem Gebiet der geografischen Kartenwerke die Gefahr eines Monopols gibt; weil sich zunehmend herkömmliche Karten und auch entsprechende Systeme zur digitalen Verfügbarkeit erübrigen, wenn das Satellitenbild der Erde selbst auf kleinsten Geräten problemlos zur Verfügung steht.

■ 25.6 Anregende Forschung

Mehr Interessenten als Stühle

Das Projekt ForBAU hat in drei Jahren viel geleistet. Gleichzeitig hat sich in diesem Zeitraum gezeigt, dass ein Thema aufgegriffen wurde, das immenses Potenzial hat. Als der Forschungsverbund im März 2010 zu einem ersten Kongress unter dem Titel „Digitale Baustelle – ein Weg zur neuen Partnerschaft" ins Oskar Miller-Forum in München einlud, reichten die Sitzgelegenheiten nicht aus. Über 200 Fachleute kamen, um sich auszutauschen, zu diskutieren, vor allem aber auch um zu sehen, was das Projektteam inzwischen zeigen konnte.

Prof. Willibald Günthner erklärte zur Eröffnung: „Es ist für uns spannend zu sehen, wie sich das Interesse an unserer Forschungsidee, aber auch generell an der Digitalisierung der Bauwelt in den letzten Jahren gesteigert hat. Während wir am Anfang lange Diskussionen über den Sinn digitaler Werkzeuge in der Baubranche geführt haben, ist das Interesse heute so groß, dass wir mehr Anmeldungen als verfügbare Plätze für den Kongress haben." Und Johann Bögl, Gesellschafter der Firmengruppe Max Bögl, ergänzte: „Dreidimensionale Planung und die konsequente, durchgängige Nutzung digitaler Werkzeuge im Bauprozess ist unsere Strategie für die Zukunft."

Stoff für Folgeprojekte gibt es genug.

Das Förderprojekt wird im Februar 2011 mit einem Abschlusskongress noch einmal die Themen umreißen, die bisher abgearbeitet wurden. Gleichzeitig werden mögliche Folgeprojekte und deren Inhalte zur Diskussion gestellt, denn mit dem generischen Modell eines Baustelleninformationssystems ist erst ein Anfang gemacht. Etliche Fragen sind noch offen und harren der Lösung. Welche Möglichkeiten bieten mobile Endgeräte in Verbindung mit dem Baustellenmodell und seiner PDM-Abbildung außer den bisher realisierten Funktionen? Welche Art von Geräten sollten ebenfalls berücksichtigt werden? Welche zusätzlichen IT-Tools – beispielsweise aus der Welt der Architektur-CAD-Systeme – sollten integriert werden? Wie lassen sich Daten von Sensoren zur Überwachung von Bauwerken, etwa Dehnmessstreifen an Brücken, die starkem Wind ausgesetzt sind, einbinden? Auf der Seite www.forbau.de kann sich der Leser über den Fortgang der Forschungsarbeiten auf dem Laufenden halten. Ausführliche Details über die Ergebnisse aus drei Jahren ForBAU sind in einem Buch „Digitale Baustelle – innovativer planen, effizienter ausführen" dargestellt.

Alles in allem ein weiteres Beispiel für die Möglichkeiten, die sich durch PDM und seinen Einsatz im Rahmen von PLM-Konzepten bieten. Es sieht nicht danach aus, dass sie kleiner werden. Im Gegenteil.

26 Fallbeispiel Planetengetriebe

IMS Gear – wenn ein international aufgestellter und sehr erfolgreicher Zahnrad- und Getriebetechnikhersteller der Automobilindustrie sich mit PDM beschäftigt, erwartet man bekannte Muster: ein großes System, das die Auftraggeber nutzen; und eine Installation, die im Wesentlichen getrieben ist von der CAD-Modell-Verwaltung. Bei IMS Gear sind solche Stereotypen fehl am Platz. Und erst recht nicht lässt sich die PDM-Implementierung mit den üblichen Vorgehensweisen vergleichen.

Untypisch

Die Wurzeln des Hauses gehen tief. Sie reichen beinahe eineinhalb Jahrhunderte zurück bis ins Jahr 1863, als Johann Morat in Eisenbach seine Firma gründete. Die Ursprünge der Getriebeentwicklung wurden gelegt mit den ersten Maschinen zur Zahnradherstellung und den ersten maschinell gefertigten Zahnrädern für die Schwarzwälder Uhrenindustrie, und zwar in Eisenbach. Lange Zeit war dies das Hauptgeschäft des Unternehmens. In den Siebzigerjahren des zwanzigsten Jahrhunderts wurde der Maschinenbau aufgegeben und mit der Entwicklung der ersten Getriebeserie begonnen. Anfang der Achtzigerjahre erfand sich IMS Morat Söhne neu: die Kunststoff-Produktion wurde eingeführt. Dann ging es sehr schnell bergauf. Anfang 2007 wurde der Hauptsitz von Eisenbach nach Donaueschingen verlegt. Von 1995 bis heute hat sich die Zahl der Mitarbeiter mehr als verdoppelt. Derzeit sind über 1.400 Mitarbeiter beschäftigt und für die nächsten Jahre zielt IMS Gear auf die Marke 2.000.

Neu erfunden als Getriebehersteller

Getriebe für die Automobilindustrie – darunter versteht man zunächst große Getriebe, die die Antriebskräfte der Vier-, Sechs- oder Achtzylinder-Motoren auf die Räder übertragen. Diese Getriebe werden jedoch nicht von IMS Gear hergestellt. Der größte Teil des Wachstums von IMS Gear beruht auf der Tatsache, dass das Auto heute ein mechatronisches System ist. Kaum eine Komponente, die nicht auf irgendeine Art von IMS Gear Getriebe oder Kunststoff- und Metallkomponenten setzt, um es dem Fahrer und seinen Fahrgästen bequemer zu machen: Elektronische Sitzverstellung, Brems-, Schließ- und Lenksysteme sowie das Motormanagement. Auch Planetengetriebe kommen im Automobilbereich immer mehr zum Einsatz, mit einer ausgeklügelten Mischung aus Kunststoff- und Metallkomponenten, die teilweise als Standardgetriebe angeboten, größtenteils aber auf kundenspezifische Anforderungen entwickelt und gefertigt werden. IMS Gear hat sich einen Namen gemacht, der nicht zuletzt über Standorte in den USA, Mexico und China längst weltweit gut klingt.

Systeme brauchen intelligente Getriebe.

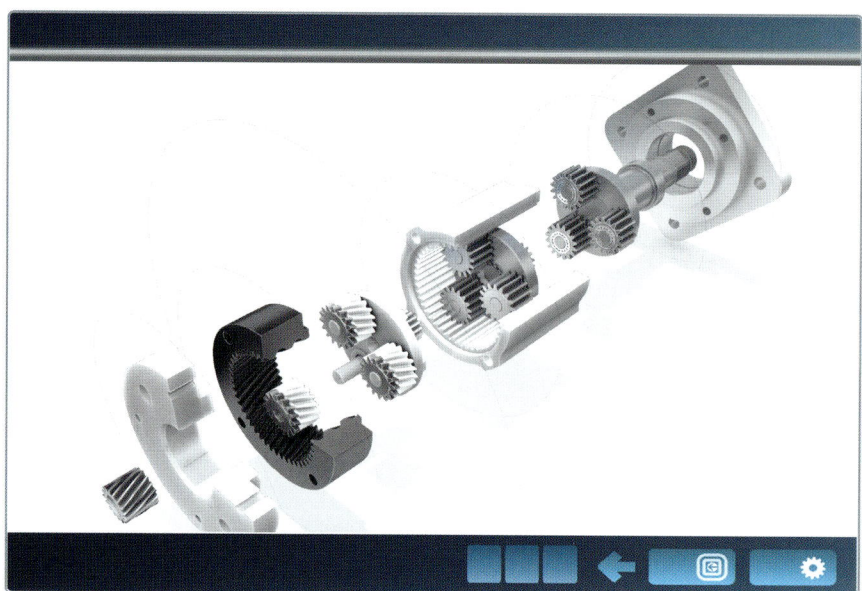

Bild 26.1
Planetengetriebe

Gute Aussichten

Daneben bedient IMS Gear aber auch andere Industrien, liefert Getriebe für elektrisch getriebene Zweiräder, Gebäudekomponenten, Handhabungsgeräte, Gabelstapler und vieles andere mehr. Denn Steuern und Regeln in allen Arten intelligenter Produkte braucht intelligente Getriebe. Und so gesehen muss sich bei IMS Gear niemand Sorgen um seine Zukunft machen. Der Bedarf an Kunststoff- und Metallkomponenten sowie Getrieben wird sicher nicht kleiner werden.

Bild 26.2
Planetenräder

Große Fertigungstiefe

Die Kernkompetenz liegt in der Zahnrad- und Getriebetechnik. Die Fertigungstiefe ist enorm. Kunststoff-Spritzgießen, Metallverarbeitung sowie Montage erfolgt in den eigenen Werken, weltweit. Auch die eigene Härterei ist 2004 von Eisenbach nach Donaueschingen umgezogen. Das Technology Center in Donaueschingen entwickelt und forscht in Sachen Technologie und Werkstoffe und testet laufend neue Kunststoffe und Werkstoffverbindungen.

Als IMS Gear 2003 mit PDM begann, kam der Anstoß aus dem Bereich Vertrieb/Entwicklung, in dem auch Hansjörg Stockburger, General Manager Information Technology, für dieses Kapitel auch unser Ansprechpartner, damals für die CAD-Systeme zuständig war. Was ihn bremste und auf die Suche nach Unterstützung durch ein geeignetes Tool gehen ließ, war die zunehmende Unmöglichkeit, irgendwelche Dokumente und Daten laufender Projekte sicher und schnell zu finden.

■ 26.1 Der Explorer in den Köpfen

„Ohne es zu merken", so Hansjörg Stockburger, „hatte sich die Ablage in PC-Verzeichnissen zu einer der problematischsten Bremsen in der täglichen Arbeit entwickelt. Jeder legte etwas ab, was von anderen nur schwer wieder zu finden war. Die Suche nach einem Lastenheft war genauso langwierig wie die nach dem 3D-Modell eines Zahnradpaars. Und dennoch waren alle davon überzeugt, dass das ‚System Explorer' das einfachste und schnellste der Welt und durch nichts zu ersetzen sei. Vor allem dagegen mussten wir ankämpfen, als wir mit PRO.FILE anfingen. Gegen den Explorer in unseren Köpfen."

Das Verzeichnis als Bremsklotz

Die Suche nach einem Daten- und vor allem Dokumentenmanagementsystem führte zunächst zu den bekannten Produktnamen, und alle wurden unter die Lupe genommen. Es war eine Veranstaltung von PROCAD in der Reihe „Anwender präsentieren Ihre PLM-Projekte", die bei einem Kunden durchgeführt wurde und den Ausschlag gab. Das vom Kunden vorgeführte System machte nicht nur den Eindruck leichter Bedienbarkeit. Es schien auch für die konkreten Anforderungen in der Produktentwicklung – im Haus waren wie bei den meisten Automobilzulieferern CATIA und Pro/ENGINEER, aber auch ME 10 im Einsatz – am besten geeignet zu sein.

Vom Kunden überzeugt

Als nächstes wurde ein Pilotprojekt gestartet. Ein Tag Installation, und dann wurde einige Zeit auf den Versuch verschwendet, die Projektdaten der diversen Verzeichnisstrukturen mithilfe einer zusätzlichen Datenbank so aufzubereiten, dass sie auch mit dem PDM-System ähnlich zu nutzen gewesen wären. Es kam nie zum Einsatz. „So etwas wie dieses Buch wäre sehr hilfreich gewesen", meint Hansjörg Stockburger. „Aber leider gab es das damals noch nicht. Wir hätten uns einige unnötige Mühen bei der Einführung ersparen können."

Unnötige Mühe gemacht

Es dauerte zwar tatsächlich noch eine ganze Weile, bis das Argument „Explorer war viel einfacher" nicht mehr zu hören war. Aber wenn der IT-Leiter Technik heute darüber spricht, dann eher mit einem Schmunzeln: „Heute würden die Mitarbeiter einen Aufstand machen, wenn wir ihnen das PDM-System wieder wegnehmen würden."

Es gäbe einen Aufstand.

Rund 180 Mitarbeiterinnen und Mitarbeiter wenden das Tool heute täglich an. Etwa 20 davon sind derzeit CAD-Anwender. Das macht deutlich, dass sich Hansjörg Stockburger auch bei der Ausdehnung des PDM-Einsatzes nicht von den üblichen Grundsätzen leiten ließ, sondern eher eigene Wege ging, mit denen er ein Maximum aus der neuen Technologie herauszuholen gedachte. Dabei ging es ihm vor allem um die Einbeziehung der Anwender, deren Arbeit schließlich erleichtert und verbessert werden sollte.

Der wichtigste Input kommt vom User.

Nach seinen Worten denkt mancher PDM-Verantwortliche zu viel über die Implementierung nach, anstatt im praktischen Einsatz Erfahrungen zu sammeln. Dabei sind es in der Regel die Anwender selbst, die – *nach* der Installation und Schulung – den wichtigsten Input geben und die wichtigsten Ideen beitragen, wie die konkrete Ausgestaltung der Implementierung aussehen könnte. Daraus sind bei IMS Gear einige feste Elemente des noch keineswegs abgeschlossenen ‚Ausroll-Vorgangs' entstanden.

Pilotkunden im eigenen Haus

Jedes Mal, wenn eine neue Abteilung oder Projektgruppe in die wachsende Anwenderschar aufgenommen wird, steht zunächst die Suche nach einem Pilot-Anwender auf der Tagesordnung. Er erhält eine individuelle Einführungsschulung und erfährt etwa einen Monat lang volle Unterstützung durch das PDM-Team. Wie ein Pilotkunde wird er behandelt. Wenn dann die Schulung beispielsweise der ganzen Abteilung folgt, geht alles ziemlich schnell: Freitags gibt es eine eintägige Schulung, und am Montag beginnt die produktive Arbeit mit PRO.FILE. Die IT ist danach noch ein paar Tage vor Ort, mehr ist nicht nötig. Der ‚Pilotkunde' hat bereits genügend Erfahrung gesammelt, um nun selbst als Coach seiner Kollegen zu fungieren.

Online-Schulung im Intranet

Eine komplette Dokumentation aller wichtigen Funktionen und Vorgehensweisen finden die Mitarbeiter im Intranet-Portal. Mit Videos wird dort die reine Erläuterung so lebendig unterstützt, dass es meist gar keine Fragen mehr gibt. „So können wir uns um die nächste Gruppe oder einen nächsten Anwendungsschwerpunkt kümmern", kommentiert Hansjörg Stockburger die Online-Schulung.

Anwendungsschwerpunkte wurden bereits einige ausgemacht, die eher in Richtung PLM gehen als in Richtung typisches Produktdatenmanagement. Zwei davon sind schon Alltag für die betreffenden Mitarbeiter.

26.2 Alles, was zum Härten gehört

Auftrag zum Härten

Die Härterei in Donaueschingen wird innerhalb der Firma als Business Unit geführt. Gleich neben dem Technology Center gelegen, nimmt sie keineswegs ausschließlich Aufträge aus dem eigenen Haus entgegen, sondern bietet ihre Dienste auch anderen Firmen an. Die Arbeitsschritte, die dazu nötig sind – von der Anlage des Auftrags bis zum gescannten Umlaufpapier – sind mithilfe von PRO.FILE zu einem durchgängigen Prozess zusammengefügt.

Bild 26.3
Planetenräder in der Härterei

Angelegt wird der Auftrag im ERP-System Infor. Automatisch erstellt dann PRO.FILE einen Datensatz für diesen Auftrag, der jetzt für alle weiteren Dokumente zum Mittel- und Bezugspunkt wird, einschließlich der Auftragsnummer, die auf allen Dokumenten ausgegeben wird. Über eine Eingabemaske gibt der Benutzer alle erforderlichen Daten ein. Das Ergebnis fließt in ein Auftragspapier, das mit einem Textsystem erstellt und ausgedruckt wird. Dieses Papier geht nun mit dem Auftrag in Umlauf und geht seinen Weg durch die verschiedenen Stationen der Härterei.

Auftragspapier im PDM

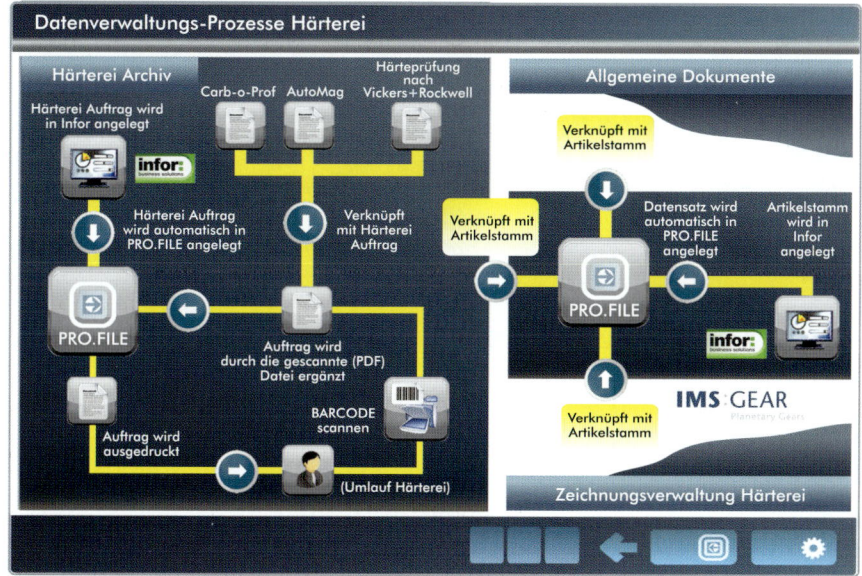

Bild 26.4
Schematische Darstellung des Prozesses Härterei

Chargenprotokoll An den Härteöfen, die bei IMS Gear im Einsatz sind, wird für jede Charge ein Chargenprotokoll erstellt, dem genau zu entnehmen ist, wie lange die Charge mit welcher Temperatur gehärtet und wie sie abgekühlt wird. Auf dem Blatt ist außerdem der Prozessverlauf grafisch dargestellt. Das Protokoll wird nach Beendigung des Härtevorgangs unter der Auftragsnummer gespeichert. Ebenso ein weiteres Protokoll zu einer Warmbehandlung auf einer anderen Maschine, die jede Charge zu durchlaufen hat.

Prüfprotokoll Nach Beendigung des Härtens werden die Chargen auf die tatsächliche Härte getestet. Dazu wird eine Maschine eingesetzt, die die Teile nach dem Verfahren von Vickers und Rockwell prüft und ihre Härte misst. Auch das Prüfprotokoll wird in PRO.FILE dem zentralen Datensatz zugeordnet. Zu einem Datensatz gehören auch Zeichnungen der Teile, die gehärtet werden. Der Artikelstamm dazu wird aus dem ERP-System bezogen, wo er angelegt wurde. Auch andere allgemeine Dokumente, die in Zusammenhang mit dem Auftrag erstellt, finden sich unter derselben Auftragsnummer. Nachdem das Auftragspapier alle Stationen durchlaufen hat, wird es mit den handschriftlichen Eintragungen der verschiedenen Sachbearbeiter eingescannt und als abschließendes Dokument ebenfalls in PRO.FILE abgelegt.

Bild 26.5 Prüfstand bei IMS Gear

Qualitätsnachweis Auf diese Weise ist der gesamte Prozess des Härtens lückenlos dokumentiert. Das PDM-System dient zur Steuerung des Prozesses und ist zugleich der zentrale Ort, an dem alle Informationen über eine bestimmte Charge abgefragt werden können. Nachhaltiges Qualitätsmanagement ist das. Hier können Anfragen kommen, bei denen nicht gesucht werden muss. Ob Kunden oder behördliche Stellen den Nachweis über den genauen Ablauf des Prozesses für eine ganz bestimmte Charge verlangen – er steht bereits im System.

Prozess Fertigungsauftrag Ein ähnlicher Ansatz ist bei IMS Gear im Bereich Planetary Gears (PLG) kurz vor der Realisierung. Dieser Bereich entwickelt und fertigt Standard-Planetengetriebe. Sie sind so modular aufgebaut, dass aus Standardkomponenten nahezu beliebige

Varianten entsprechend konkreter Kundenwünsche zusammengestellt werden können. Die Artikelstämme der Standardkomponenten beinhalten neben dem Verzahnungsdatenblatt eine Vorbearbeitungszeichnung, eine Produktzeichnung, Änderungsanträge und Prüfpläne. Über ein Ampelsystem in PRO.FILE werden hier die Status so dargestellt, dass Fertigungsaufträge komplett über den Workflow gesteuert und vor allem über das PDM-System dokumentiert werden können. Die Bearbeiter sehen sofort, welche Zeichnung oder welche Version eines Verzahnungsdatenblatts dem konkreten Auftrag zugrunde lagen.

26.3 Erster im Projektraum

Wie für die meisten Lieferanten im Automotive-Umfeld ist auch für IMS Gear der Datenaustausch mit den Endkunden ein Thema, das Zeit und Kosten verursacht, die man lieber in andere Aktivitäten stecken würde. Hier gibt es dafür natürlich erprobte Tools wie das Odette File Transfer Protocol (OFTP), das die europäische Autoindustrie mit ihren Verbänden definiert hat und mit dem heute auch ganz andere Branchen arbeiten. Aber wenn es darum geht, CAD-Modelle zur Kommunikation innerhalb eines Projektes zu nutzen, dann ist es lästig, wenn jedes Mal über solche Austauschformate konvertiert werden muss.

Odette und anderer Aufwand

Als Hansjörg Stockburger auf die Suche nach einem Tool ging, das es möglich macht, Kunden oder Partner in einen Projektraum einzuladen, in dem CAx-Daten ebenso wie beliebige Daten unterschiedlichster Formate gemeinsam genutzt werden können, stellte sich heraus, dass PROCAD gerade eine Beta-Version eines Portals namens PROOM hatte, das genau diesen Anforderungen entsprach. Stockburger: „Es gab ein kurzes Gespräch über die Rahmenbedingungen, und dann waren wir der erste Kunde."

Alternative PROOM

Über 50 Projekte waren es im Dezember 2010, für die IMS Gear in PROOM Räume zum Datenaustausch eingerichtet hatte. Beliebig große Datenmengen mit Hunderten MB oder Gigabyte können hier hochgeladen werden, ohne irgendwelche Grenzen zu berücksichtigen. Ein weiterer Vorteil, den Hansjörg Stockburger besonders schätzt: „dass PROOM gestattet, die Projekträume völlig gegeneinander abgeschottet anzulegen. Auf diese Weise kommen wir nie in die Gefahr, dass Daten eines Kunden, die natürlich vertraulich sind und auf keinen Fall von einem seiner Wettbewerber eingesehen werden dürfen, in falsche Hände geraten."

Vertraulichkeit gesichert

27 Was tun? PDM-Einführungsstrategien

Irgendwann ist es so weit. Die Beteiligten, die Entwicklungsteams, die Projektleiter und hoffentlich das Management sind davon überzeugt, dass es Zeit ist für die Auswahl und Einführung eines Produktdatenmanagementsystems. Oft ist schon einige Vorarbeit geleistet worden, was die Anforderungen betrifft. Aber wie sollte sinnvollerweise ein PDM-Einführungsprojekt angegangen werden? Welches sind die entscheidenden Fragen, die vor dem Projekt oder zu seinem Start unbedingt zu klären sind? Welche Strategien bieten sich an?

Wie anfangen?

Darauf gibt es mehr Antworten, als Hersteller und Anbieter von PDM-Software und Systemintegration existieren. Natürlich kann die richtige Strategie nur im konkreten Fall und projekt- beziehungsweise unternehmensspezifisch gefunden werden. Sie wird nie identisch sein mit der Strategie eines anderen Hauses. Dazu sind es einfach zu viele IT-Komponenten, zu viele Unternehmensbereiche, zu viele Funktionalitäten, die potenziell berücksichtigt werden müssen und in jedem Unternehmen anders zu gewichten sind.

Kein Patentrezept

Dennoch gibt es eine Reihe von allgemeingültigen Regeln und Vorgehensweisen, die jeder PDM-Einführung zugrunde gelegt werden können. Eigentlich auch unabhängig vom System, für das sich das Unternehmen letztlich entscheidet. Um diese generell wichtigen Punkte geht es in diesem Kapitel.

Empfehlung

27.1 Ist und Soll

Wir haben uns schon zu Beginn des Buches damit befasst, dass es viele Beteiligte gibt, für die PDM von großer Bedeutung ist, und dass keineswegs alle dieselbe Brille aufhaben und das Thema unter denselben Gesichtspunkten betrachten. Der erste Schritt in einem PDM-Projekt muss deshalb darin bestehen herauszufinden, welche Bereiche, welche Personen, welche Arbeitsabläufe und welche unterstützenden IT-Systeme betroffen sind.

Wie läuft was wo?

Das muss sein.	Diese Analyse des Istzustandes ist unbedingt erforderlich, um sicherzustellen, dass die Einführung neuer Methoden und Tools auf keinen Fall eine Verschlechterung der Produktqualität und der Qualität der Prozesse zur Folge hat.
	Viele Anforderungen an die neue Lösung ergeben sich schon unmittelbar aus dieser Analyse, weil bestimmte Informationen grundsätzlich bestimmte Wege zu gehen haben und weil es für verschiedene Abläufe einfach keine Alternative gibt.
Du sollst Dir kein Abbild machen.	Auf keinen Fall aber sollte das Projekt mit dem Ziel gestartet werden, die analysierten Prozesse eins zu eins mit dem neuen System abbilden zu wollen. Selbst wenn dies in den meisten Fällen kein Problem darstellt. Ausnahme: Man hat bereits die Prozesse auf Basis eines anderen PDM-Systems neu definiert, und die jetzige Einführung ist nur der Wechsel zu einer anderen Software.
Kardinalfehler	Das Ziel der bestmöglichen Unterstützung der vorhandenen Prozesse ist nämlich einer der Kardinalfehler, die in der Vergangenheit leider nur zu häufig bei der Einführung von PDM gemacht wurden. Wäre es ein Schulaufsatz, müsste unter der Benotung die Bemerkung stehen: Thema verfehlt. Produktdatenmanagement dient in erster Linie der Neustrukturierung der Entwicklungsprozesse, um die heute verfügbaren Technologien und Verfahrensweisen wirklich optimal einsetzen und nutzen zu können, und auch zur unmittelbaren Planung und Steuerung dieser Prozesse. Wird es implementiert, um die alten Abläufe nachzubilden und dadurch bestenfalls ein wenig zu beschleunigen, wird sich die PDM-Installation vermutlich bald als teure Fehlinvestition erweisen.
Reengineering der Prozesse	Stattdessen ist das Einführungsprojekt eine hervorragende Gelegenheit, gründlich über die nötigen Veränderungen nachzudenken, die auf der Basis von PDM möglich werden, und dementsprechend die Prozesse so zu definieren, wie sie künftig ablaufen sollen.
Das Team zum Prozess	An die Stelle des traditionellen Prozedere, bei dem die einzelnen Arbeitsschritte abteilungsweise nacheinander abgehakt wurden, treten parallelisierte Prozesse interdisziplinär besetzter Projektteams. Folglich ist die erste Frage: Wie werden die früher aufeinanderfolgenden Abläufe der unabhängig voneinander arbeitenden Abteilungen nun auf das gemeinsam agierende Projektteam umgesetzt, und aus welchen Disziplinen wird das Team im Einzelnen gebildet?
Projektunabhängig	Vermutlich ist es zu diesem Zweck sinnvoll, von konkreten Projekten unabhängige Szenarien zu erarbeiten, aus denen sich dann gewissermaßen generische Ablaufstrukturen ergeben. Die Neukonstruktion wird natürlich andere Abläufe benötigen als die Änderung, die Entwicklung für eine Serienproduktion andere als die Konfiguration einer Variante – um nur einige der möglichen Szenarien beim Namen zu nennen. Und zu den unterschiedlichen Abläufen gehören vermutlich auch wechselnde Zusammensetzungen der Teams. In PRO.FILE lassen sich solche Projektstrukturen mithilfe sogenannter Templates als Masterprojekte anlegen, die dann im konkreten Fall kopiert und mit den aktuellen Daten versorgt werden.
Sammelbewegung	Zu jeder der Ablaufstrukturen gilt es, eine Reihe von Informationen zu sammeln und Festlegungen zu treffen, die letztlich für die Konfiguration des PDM-Systems die entscheidenden Parameter liefern:

Dokumente:

Welche Dokumente werden jeweils erstellt und müssen im Projekt verwaltet werden? Wo und von wem werden sie erzeugt? Wer muss sie erhalten? Welche Rolle spielen sie im Prozess? Das Dokument ist nicht nur ein wichtiges Basisobjekt. Es ist zugleich – und oft im wörtlichen Sinne – Ausdruck des Workflows, der die neuen Prozesse definiert.

Der Typ und seine Attribute

Wie lassen sie sich bestimmten Dokumenttypen zuordnen? Wie sollen die Metadaten, also die Dokumentenstammdaten eingerichtet werden, und welche Merkmale und Attribute gehören zum Dokument? Und schließlich das auch für alle anderen Festlegungen bezüglich des PDM-Systems Notwendige: Wie soll die Bildschirmmaske ausgelegt sein, über die der Anwender Dokumente anlegen und Daten eingeben beziehungsweise lesen kann?

Die CAD-Modelle und Zeichnungen, mit denen das Produkt beschrieben wird, sind besondere Dokumente, für die auch ganz spezifische Festlegungen erforderlich sind. Und da sie von Programm zu Programm unterschiedliche Eigenschaften und Funktionsumfänge haben, da prinzipiell mit unterschiedlichen Datenformaten gearbeitet wird, müssen die Festlegungen bezüglich dieser Dokumente systemspezifisch getroffen werden.

Systemspezifisch

Gleichzeitig sollte die Gelegenheit genutzt werden, sich genauer darüber Gedanken zu machen, wie das Programm oder die Programme nun mithilfe des Produktdatenmanagements noch erheblich effizienter als bisher eingesetzt werden können: ob irgendeine Form der Variantenkonstruktion oder der Aufbau von Teilefamilien sinnvoll ist; welche Features, Bauteile oder Baugruppen, welche Zukaufteile in Sachmerkmalsleisten klassifiziert werden; auf welche Weise die Versionierung bei der Organisation der Produktentwicklung und des Änderungswesens den größten Nutzen entfaltet.

Verbessern

Artikel und Teile:

Das ist das Herz des Produktdatenmanagements. Hier entscheidet sich, wie die Produkte heißen, wie unnötige Neuanlagen vermieden werden können, nach welchen Kriterien alle angelegten Artikel schnell gesucht und gefunden werden sollen. Ein heikles Thema, von dem viel hinsichtlich dessen abhängt, was die PDM-Implementierung an Effizienz bringen kann.

Das Herz

Die zentralen Fragen, die in diesem Zusammenhang beantwortet werden müssen, richten sich deshalb auf die Verantwortlichkeit für die Anlage der Artikel- oder Teilestammdaten und auf die entsprechenden Zugriffsrechte. Wer muss welchen Zustand eines Artikels freigeben? Welche Arbeitsschritte werden dadurch angestoßen?

Ein unmittelbarer Zusammenhang besteht zwischen Artikel und Stückliste. Für diese Verbindung, für die Art der Stücklisten und deren Ausleitung aus den CAD-Daten müssen ebenfalls eindeutige Verantwortlichkeiten definiert sein.

Direkte Kopplung

An dieser Stelle geht es aber noch erheblich weiter: Mit der PDM-Einführung sollten auch der Umfang und die Art des Informationsaustausches mit PPS beziehungsweise ERP geregelt sein. Wie sind Artikelstammdaten und Stücklisten mit dem ERP-System zu koppeln? Welche Daten können von welcher Seite angelegt, übernommen, überschrieben und gelöscht werden? Der eigentliche Kern der Frage nach der Schnittstelle zwischen PDM und ERP, zwischen Engineering und Logistik, zwischen Entwicklung und Produktion wird an diesem Punkt entschieden.

Natürlich auch die Frage, wie gut das Produktdatenmanagement zur Reduktion der Teile- und Variantenvielfalt genutzt werden kann. Die Sachmerkmalsleisten sind ja nichts anderes als eine spezielle Form und Ordnung der Artikelstammdaten.

Projekte:

Vereinfachen

Das PDM-Basiselement Projekt dient zum einen dazu, die Verknüpfung von allen Dokumenten und Artikeln/Teilen, die innerhalb des Projektes erstellt und verwaltet werden müssen, zu vereinfachen. Gleichzeitig erleichtert es die Definition einer Projektarbeitsumgebung.

Vererben

Beispielsweise kann ein Anwender ein Projekt anwählen und aktivieren, wenn er längere Zeit daran arbeitet. Alle von ihm während dieser Sitzung gespeicherten Daten werden dann automatisch dem aktiven Projekt zugeordnet. Dabei lassen sich vordefinierte Daten aus dem Projektstamm automatisch an die zugehörigen Dokumente vererben. Auch gesamte Projektstrukturen, die einmal festgelegt wurden, können an Unterprojekte vererbt werden.

Benutzer:

Das Recht auf Zugriff

Neben der Gestaltung der Basisobjekte des PDM-Systems müssen vor allem die Benutzer eingerichtet und ihre Zugriffsrechte festgelegt werden. Welche Funktionszugriffsrechte soll der einzelne Benutzer haben? Welche Rollen hat er möglicherweise in einem Projekt? Wie sollen sich die Daten eines Projektes für solche Benutzer darstellen, die nur eine Gastrolle oder gar keine Rolle darin haben?

Die Vergabe der Zugriffsrechte für die einzelnen Benutzer ist ein zentrales Element gerade auch zur Gewährleistung der Sicherheit, mit der alle gespeicherten Produktdaten vor unberechtigtem oder unbeabsichtigtem Zugriff geschützt werden können. Hier sollte unbedingt auch geklärt werden, welche zusätzlichen Maßnahmen zur Sicherung wettbewerbskritischer Daten vor Werksspionage getroffen werden sollen – etwa durch Verschlüsselung und personenbezogene Zugangsschlüssel, wie dies in Kapitel 13 bereits ausführlich erläutert wurde.

Kommunikation:

Der Informationsaustausch innerhalb der Produktentwicklung, aber auch zwischen der Entwicklung und anderen Bereichen, intern wie extern und mit Partnern, ist ein Schlüsselelement für den Erfolg des Engineerings. Hier kommt PDM eine herausragende Aufgabe zu, für die ebenfalls schon bei der Einführung ein Konzept erarbeitet werden sollte.

Was geht wie an wen?

In welcher Umgebung sollen die Daten ausgetauscht werden können? Wird es ein spezielles Intranet oder Extranet für die Entwicklung geben, oder wird auf ein unternehmensweit eingesetztes zurückgegriffen? Welche Daten sollen zur Verfügung gestellt, und wie sollen welche Objekte angezeigt werden? Wie wird in diesem besonders heiklen Zusammenhang die Sicherheitsfrage gelöst?

Unter Fremden

Natürlich ist auch zu klären, mit welchen anderen Softwaresystemen über PDM kommuniziert werden soll, welche Daten zu exportieren sind, welche zu importieren. Gibt es dabei jeweils Führungsrollen zwischen den Systemen, oder ist eine bidirektionale Strategie geplant, die eher zur Synchronisation geeignet wäre? Schließlich ist zu entscheiden, wie die Übertragung der Daten gesteuert wird, ob sie im Einzelfall automatisch – etwa über Workflow-Zustände – oder durch den Benutzer angestoßen wird. Und selbstverständlich gehört hierher die Frage der Einbindung des E-Mail-Systems mit den betriebsspezifischen Rahmenbedingungen.

Workflow:

Der Workflow, also der Ablauf der einzelnen Arbeitsschritte im jeweiligen Projektrahmen, dient im PDM-System der genauen Definition der Schnittstellen zwischen den Projektbeteiligten. An welchem Punkt wird beispielsweise der Status eines Dokumentes von „in Arbeit" auf „freigegeben" wechseln? Welche Benutzer haben zu welchen Zustandsänderungen die Berechtigung? Was wird durch einen Wechsel von einem Status in einen anderen ausgelöst? Wer muss darüber informiert werden? Und welche Dokumente sind wo und wie bereitzustellen?

<small>Status, wechsle Dich.</small>

An dieser Stelle müssen die Verantwortlichen auch entscheiden, welche Art von Versionierung oder Revisionierung zum Einsatz kommen soll.

System:

Auch im Rahmen der Einführung von PDM muss bezüglich des Systemmanagements alles geplant werden, was für jede Softwareimplementierung Voraussetzung ist. Die Hardware und das Betriebssystem, auf der das Programm laufen soll, selbstverständlich als Erstes und die Verwendung von Datenbanken und Middleware. Letztere spielt auch im Zusammenhang mit PDM eine immer größere Rolle, insbesondere als Basis für Informationsbroker-Syteme, welche die Kommunikation zwischen unterschiedlichen Softwareanwendungen regeln.

<small>Hard- und Middleware</small>

Möglicherweise wird die Diskussion über die Istsituation auch in diesem Punkt zu einer Veränderung bezüglich der angestrebten Sollsituation führen. Heterogene Systemlandschaften sind nicht zu vermeiden, aber bei jedem neuen Element sollte geprüft werden, ob nicht eine Reduzierung der Komplexität möglich ist.

Schnittstellen:

Voraussetzung für die optimale Einbettung und Anwendung des Produktdatenmanagements in die künftig bestehende Umgebung ist die Integration von Applikationen und Geräten. Was für das Systemmanagement gesagt wurde, gilt auch hier. Sind die CAx-Systeme und das oder die Programme für die Produktionsplanung und Steuerung definitiv auch für die nächsten Jahre die beste Wahl? Oder ist gerade die Implementierung von PDM ein Anlass, die eine oder andere Bereinigung der Gesamtlandschaft vorzunehmen? Am Ende muss eine Anforderungsliste für die konkreten Schnittstellen stehen, über die PDM mit den jeweiligen Produkten kommuniziert. Genauso wie für Office-Programme, Scanner, Plotter und sonstige Peripheriegeräte, die von PDM mit Daten versorgt und angesteuert werden sollen.

<small>Schnitt oder Schnittstelle</small>

Archivierung:

Schließlich dient PDM in der Regel zwar dem Management der aktuellen Entwicklungsdaten und insofern der Versorgung anderer Unternehmensbereiche, doch die Bedeutung geht ja weit darüber hinaus: Auch langfristig muss die Verfügbarkeit der Daten für diverse Zwecke sichergestellt werden, selbst über das Recycling hinaus. Die Gesetze zur Produkthaftung lassen grüßen.

<small>Auf lange Sicht</small>

Auch diese Langzeitarchivierung muss Gegenstand der Einführungsstrategie sein. Welche Daten sind zu archivieren? Welche neutralen Datenformate sichern die Nutzbarkeit auch in der Zukunft und unabhängig von den dann eingesetzten Systemen? Sind Zertifikate erforderlich? Wie werden nichtelektronische Daten mitgesichert? Auf welchen Medien soll die Archivierung vorgenommen werden?

Ein mögliches Kriterium

Schon diese Fragen zeigen, dass die Implementierung eines PDM-Systems selbst keineswegs gleichzusetzen ist mit der Implementierung einer Archivierung. Aber möglicherweise ist die Qualität der Archivfunktionalität, die ein PDM-System mitbringt, eines der Auswahlkriterien, die bei der Bewertung eine Rolle spielen sollten.

27.2 Alle an einen Tisch

Nicht aus dem Regal

Es gibt Software, die man einfach aus dem Regal nehmen und installieren kann. Entweder weil sie nur von einem oder wenigen Mitarbeitern genutzt wird oder weil die Bedingungen durch Unternehmensvorschriften vorgegeben sind und keine Alternative zur Nutzung existiert.

Bei PDM sieht es da gründlich anders aus. Erstens wegen der potenziellen Breite der Benutzerschar; zweitens wegen der anzustrebenden abteilungs- und möglicherweise firmenübergreifenden Anwendung; drittens aber wegen der enormen Auswirkungen, die ja mit der Implementierung beabsichtigt sind und in sehr hohem Maße von der Akzeptanz der Installation auf Seiten der künftigen Benutzer abhängen.

Klare Ziele setzen

Die Definition der mit der Einführung verbundenen Ziele ist dabei das Entscheidende. Damit werden die Eckpunkte festgelegt, an denen sich später das Projekt messen lassen muss. Einschließlich der Meilensteine, die zur Erreichung der Ziele vom gesamten Team für sinnvoll erachtet und als verbindlich angenommen werden.

Akzeptanz

Wenn die PDM-Einführung nicht von vornherein alle Bereiche bei den im vorigen Kapitel erläuterten Festlegungen einbezieht, läuft das Unternehmen Gefahr, dass die Implementierung früher oder später nicht nur die gesteckten Ziele verfehlt, sondern möglicherweise zu einer regelrechten Fehlinvestition mutiert. Denn nichts ist so einfach zu boykottieren wie eine unerwünschte, weil für negativ gehaltene Software.

Die Breite der Anwendung über Disziplinen hinweg zwingt zu zahlreichen Begriffsklärungen und zum Arbeiten an einem gemeinsamen Verständnis des jeweils erwarteten und erwünschten Nutzens. Ein Selbstläufer wird die Anwendung des Datenmanagements wahrscheinlich nirgends werden. Nicht einmal im Ingenieurbereich.

Nicht auf den ersten Blick positiv

Die Konstrukteure, Berechnungsspezialisten und Designer bekommen immerhin eine zusätzliche Funktionalität, die sie einsetzen sollen. Zusätzlich zu den Aufgaben, die sie normalerweise für ihre Haupttätigkeiten halten. Dass darüber gleichzeitig andere Tätigkeiten – wie die berühmte, individuelle Dateiverwaltung auf Verzeichnisebene – wegfallen, wird möglicherweise nicht im Zusammenhang gesehen. Und dass eventuell über einen höheren Aufwand im Datenmanagement dieser Gruppe für das Unternehmen insgesamt ein erheblicher Nutzen anfällt, mag sich nicht so ohne Weiteres für diese Betroffenen erschließen. Hier ist Überzeugungsarbeit notwendig und eben eine gründliche Auseinandersetzung mit dem Für und Wider, mit dem die PDM-Einführung verbunden wird.

Der zweite Grund, weshalb eine umfassende Einbeziehung notwendig ist, wurde bereits an anderer Stelle erläutert: Der Spezialist hat das berechtigte Anliegen, für sein Wissen und Know-how, das er den Mitarbeitern anderer Bereiche und damit dem Unternehmen insgesamt zur Verfügung stellen soll, einen Gegenwert zu erhalten. Die Frage ist also nicht nur, welchen Nutzen PDM dem Unternehmen und den verschiedenen Bereichen bringt, sondern auch: Welchen Nutzen bringt die Einführung den Ingenieuren?

Gegenwert

Alle anderen potenziellen Nutzer des neuen Systems sind in der Regel technisch weniger vorbelastet als die Produktentwickler. Für sie, für ihre Akzeptanz ist es enorm wichtig, darauf zu achten, dass die Funktionen, die Eingabemasken, das Layout der Benutzerführung so gestaltet werden, dass die Benutzer abgeholt werden, wo sie sind, und nicht gezwungen werden, sich auf den Standpunkt des Entwicklers zu stellen. Eine solche Abstimmung ist ohne die Einbeziehung der Beteiligten unmöglich.

Keine Tekki-Oberfläche

Schließlich gibt es einen sehr pragmatischen Grund für die Aufstellung eines möglichst alle Bereiche einbeziehenden Einführungsteams: Das PDM-System soll doch gerade die Arbeit in Projektteams erleichtern und unterstützen, und es soll helfen, die Barrieren zu überwinden, die traditionell zwischen den Abteilungen existiert haben. Was liegt näher, als mit der Projektarbeit spätestens in dem Projekt zu beginnen, das die Einführung der neuen Software zum Ziel hat?

Barrieren überwinden

Alle Erfahrung zeigt, dass derart breit angelegte Projektteams zu einer erheblichen Steigerung des Nutzens beitragen. Es ist zwar richtig, dass PDM ein Thema für das Management ist und eigentlich top-down, in jedem Fall aber mit deutlicher Unterstützung der Unternehmensführung angegangen werden sollte. Daraus darf aber nicht geschlossen werden, dass die Software den Anwendern gewissermaßen aufoktroyiert werden kann und dass es unnötig wäre, sie aktiv am Entscheidungsprozess teilhaben zu lassen.

Nicht verordnen

■ 27.3 Projektstufenplan

Ein weiterer Rat für die Einführung eines PDM-Systems lautet, nicht zu versuchen, alles auf einmal zu realisieren. Die beiden vorangegangenen Abschnitte geben bereits einen Eindruck von der Komplexität des Projektes, von den möglicherweise in unterschiedlicher Art tangierten Personen, Ablaufstrukturen, eingesetzten Me-

Nicht auf einmal

thoden und Organisationsformen. Es wäre töricht zu glauben, dass diese Komplexität auf einen Schlag, von heute auf morgen zu bewältigen ist.

Bewährt haben sich Stufenpläne, die das Einführungsprojekt in verschiedene Phasen aufteilen, die es beherrschbar machen. Die Kunst besteht darin, diese Phasen richtig zu definieren.

Sichtbare Schritte

Einerseits sollte mit der Produktivschaltung der ersten Stufe ein deutlicher Schritt nach vorn realisiert sein, der vor allem für den Kern der Anwender im Engineering einen spürbaren und möglichst auch messbaren Nutzen bringt. Lieber nur einen Teil der Entwickler – am besten projektweise – ins Boot holen als alle auf einmal. Aber diejenigen, die als Erste dabei sind, müssen erleben, was die Einführung ihnen nützt. Auf diese Weise werden die restlichen, potenziellen Nutzer zu weißem Neid gebracht. Sie wollen dabei sein.

Andererseits ist es sinnvoll, bereits in der oder den ersten Stufen auch andere Anwender als nur die Entwickler in den Genuss der Software zu bringen, um von vornherein den Charakter von PDM als Prozessunterstützung fühlbar zu machen.

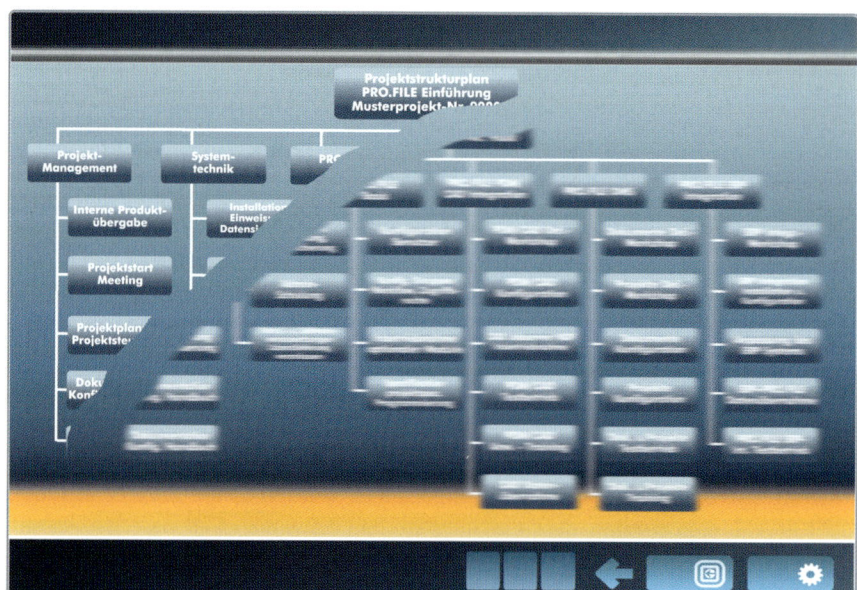

Bild 27.1
Projektstrukturplan von PROCAD

Piloten

Als besonders erfolgreich hat sich in vielen Unternehmen ein Vorgehen herausgestellt, bei dem ganz bewusst Pilotanwender verschiedener Bereiche gesucht wurden, die dann bei der weiteren Ausbreitung der Anwendung eine wichtige Vorreiterrolle spielten. Im Übrigen können diese Piloten auch oft zumindest teilweise die Schulung weiterer Benutzer übernehmen.

Nicht zu lange

Die einzelnen Stufen oder Phasen müssen zu messbaren Ergebnissen führen, und sie müssen in der Regel aufeinander aufsetzen. Über die gesamte Einführung gesehen ist es ausgesprochen wichtig, dass sie sich nicht unnötig in die Länge zieht. Auch darauf sollten die Ziele der einzelnen Phasen ausgerichtet sein. Nichts ist demotivierender als eine Einführung, über die jahrelang diskutiert und verhandelt wird, für die Anpassungen ohne Ende geschrieben oder bestellt werden und die dennoch nie Wirklichkeit wird.

Mit der heute verfügbaren Software unterschiedlicher PDM-Anbieter ist so etwas auch absolut unnötig. Wir sprechen von Standardsoftware mit wichtiger Grundfunktionalität, die ohne große Anpassungen innerhalb von Tagen den Anwendern zur Verfügung gestellt werden kann. Wenn eine Software eine viele Monate währende Anpassung benötigt, dann ist sie möglicherweise nicht auf dem neuesten Stand der Technik.

Nicht nötig

27.4 Return on Investment und Finanzierungskonzepte

Investitionen vom Umfang einer PDM-Implementierung sind nicht aus der Portokasse zu finanzieren. Und nur wenige Unternehmer sind bereit, ein solches Investment zu tätigen, ohne zu wissen, wann es sich amortisiert hat. Der Return on Investment ist eine der entscheidenden Fragen, die im Rahmen des Einführungsprojektes beantwortet werden müssen.

Nicht aus der Portokasse

Im Falle von PDM sind solche Rechnungen nicht einfach, und deshalb gibt es nicht wenige Projektleiter, die von vornherein sagen, das sei gar nicht möglich. Schließlich soll ja die Einführung zu einer grundlegenden Umgestaltung der Prozesse führen, die mit den vorgefundenen kaum noch vergleichbar seien.

Möglich, aber nicht einfach

Darin ist zwar ein Körnchen Wahrheit enthalten, aber die ganze Wahrheit ist es sicher nicht. Natürlich lassen sich Arbeitsabläufe der bisherigen Praxis auf die dafür aufgewandte Zeit und damit auf ihre Kosten untersuchen. Diese Untersuchung lässt sich vergleichen mit den geplanten Abläufen. Letztere können im Vorfeld der Einführung geschätzt werden, und dafür wiederum gibt es Erfahrungswerte. Aus dieser Gegenüberstellung lässt sich zumindest das Einsparungspotenzial hinsichtlich aller untersuchten Arbeitsschritte errechnen.

Schwierig ist die Berechnung vor allem deshalb, weil nicht jede Verbesserung und nicht jede zu erwartende Einsparung auf der Hand liegen. Wer nur den Bereich des Engineerings untersucht, liegt ebenso falsch wie derjenige, der sich auf die Untersuchung von Entwicklung und Fertigung beschränkt. Einschlägige Studien belegen, dass manchmal sogar die größten Nutzenpotenziale in den Bereichen erzielt werden, die der eigentlichen Produktentwicklung nachgelagert sind. Die technische Dokumentation gehört also genauso dazu wie der Kundendienst, der Vertrieb ebenso wie das Steuern von Liefer- und Zulieferketten.

Nicht zu kurz greifen

Dennoch zeigt der Konstruktionsbereich meistens die größte Auswirkung. Hier sind neben den Zeiteinsparungen durch veränderte Arbeitsweisen zusätzliche, nachhaltige Effekte möglich. So haben reduzierte Teilezahlen durch verbesserte Zugriffsmöglichkeiten neben reinen Kosteneffekten auch langfristige Auswirkun-

Kurzfristig und langfristig

gen auf Kapitalbindung und Kapitalbedarf, die bei Bedarf eingehender analysiert werden müssten.

Zur Kontrolle — Derlei Kalkulation ist kein bloßes Jonglieren mit Zahlen, das nach der Einführung nichts mehr wert ist. Sie dient vielmehr dazu, während und nach der Auswahl und Implementierung konsequent darüber zu wachen, ob alle anvisierten Nutzenpotenziale auch wirklich ausgeschöpft werden, sodass gegebenenfalls ergänzende Maßnahmen getroffen werden können.

Der Anbieter eines PDM-Systems sollte bei solchen Analysen und Berechnungen behilflich sein können und über das nötige Tabellen- und Regelwerk verfügen, das im konkreten Fall angepasst, ergänzt, bereinigt und mit den zutreffenden Zahlen des Kunden ausgefüllt und angewandt werden kann.

Keine Angst — Niemand sollte vor diesen Kalkulationen zurückschrecken. Auch wenn für einzelne Arbeitsschritte und einzelne Mitarbeiter der Aufwand steigt, kann das Unternehmen insgesamt mit dramatischen Verbesserungen rechnen.

Auch die Finanzierung der Investition selbst wird schon in der Auswahlphase zu einem Thema. Sinkende Margen machen es insbesondere für Unternehmen des Mittelstandes immer schwieriger, günstige Kredite zu erhalten. Investitionen in Software gehören im Übrigen inzwischen zu den von Kreditinstituten am wenigsten geschätzten Geldanlagen. Zu schwer ist es für die Geldinstitute, den tatsächlichen Nutzen und die Notwendigkeit solcher Ausgaben nachzuvollziehen.

Bessere Bilanzen — Unter Umständen ist es deshalb durchaus sinnvoll, aus einer einmaligen Investition in beträchtlicher Höhe eine fortlaufende monatliche Zahlung zu machen, die in der Bilanz des Unternehmens völlig anders erscheint, grundsätzlich andere Auswirkungen auf die Buchung hat und tatsächlich grundverschiedene Auswirkungen auf die Kapitalbindung.

Für solche Finanzierungskonzepte gibt es neben den großen Beratungshäusern heute auch etliche neutrale Berater, die als Dienstleister hinzugezogen werden können.

28 Checkliste zur PDM-Einführung

Die folgende Checkliste soll Ihnen Anhaltspunkte geben. Sie erhebt keinen Anspruch auf Vollständigkeit, auch wenn alle wichtigen Fragen darin enthalten sein sollten.

■ 28.1 Allgemeine Anforderungen

- Wo gibt es hinsichtlich der Produktdaten zurzeit die größten Probleme (Beispiel: doppelte Anlage von Dokumenten)?
- Welche wichtigsten Ziele sollen mit der PDM-Einführung erreicht werden (Beispiel: Reduzierung der Teilevielfalt)?
- Wie können die betroffenen Prozesse, die derzeit existieren, beschrieben werden (zum Beispiel in Entwicklung, Versuch, Änderungswesen, Produktion)?
- Wie wollen Sie diese Prozesse künftig gestalten?
- Welche Bereiche des Unternehmens sind betroffen und einzubeziehen?
- Welche externen Stellen sind einzubeziehen?
- Welche Verantwortlichkeiten soll es geben?
- Welche Führungskräfte und
- welche Fachkräfte sind zu berücksichtigen?

28.2 Anforderungen an das Dokumentenmanagement

Dokumenttypen:
- Welche Arten von Dokumenten werden erzeugt?
- Können Dokumenttypen zusammengefasst werden?
- Gibt es benutzerspezifische oder gruppenspezifische Dokumenttypen?
- Welche Dokumente sind wo gespeichert?
- Mengengerüst

Dokumentenstammdaten:
- Welches sind die relevanten Dokumentenstammfelder?
- Wie stellt sich das Layout der Dokumentenstammmasken dar?
- Wie lang dürfen die dargestellten Informationen werden (Feldlängen)?
- Welche Feldtypen werden dafür verwendet (Datumsfelder, numerische Felder, Textfelder)?
- Müssen die definierten Felder durch Prüf- oder Generierungsfunktionen erweitert werden (zum Beispiel durch einen Nummerngenerator)?
- Welche Felder können, welche müssen eingegeben werden?

Referenzlisten:
- Welche Referenzlisten müssen definiert werden?
- Sollen sie hierarchisch aufgebaut sein?
- Müssen sie mit externen Systemen abgeglichen werden?
- Gibt es bereits Referenzlisten, die man importieren kann?

Workflow:
- Welche Status (Zustände) können die Dokumente annehmen?
- Sind bestimmte Zustände dokumentenabhängig?
- Sind bestimmte Zustände benutzerabhängig?
- Wer ist für sie verantwortlich?
- Welche Personen oder Stellen im Unternehmen sind davon berührt?
- Welche Folgeaktivitäten resultieren aus den Status?

Versionierung:
- Welches Konzept der Versionierung/Revisionierung wird verfolgt?
- Für welche Dokumenttypen gilt dieses Konzept?
- Für welche Dokumente wird von diesem Konzept abgewichen?
- Welche Dokumentstrukturen sind zu berücksichtigen?

Recherche:
- Welche Merkmale der Dokumente sollen als Suchkriterien genutzt werden?

- Soll die Volltextsuche auf den Inhalt der Dokumente angewandt werden?
- Soll der Projektzusammenhang als Suchkriterium genutzt werden?
- Sind Miniaturansichten erforderlich?

Office-Integration:
- Welche Vorlagen existieren?
- Welche vorhandenen Dokumente sind mit Inhalten zu befüllen?
- Werden Compound-Documents genutzt (Beispiel: Bildreferenz im Text)?
- Mengengerüst

Informationsaustausch zwischen Office und PDM:
- Welche Daten werden vom PDM-System auf Office-Dokumente übertragen?
- Welche Informationen werden von Office-Programmen ins PDM-System übertragen?

Mail-Integration:
- Welche eingehenden Mails sollen gespeichert werden?
- Sollen gesendete Mails eingecheckt werden?
- Sollen neben dem Text auch Attachments gespeichert werden?
- Sollen Mails aus dem PDM heraus gesendet werden?
- Mengengerüst

Einzubindende Autorensysteme:
- Welche Dateitypen?
- Darstellung über PDM?
- Darstellung über Autorensystem?
- Darstellung über Viewer?
- Ist Redlining erforderlich?
- Drucken aus dem Autorensystem?
- Drucken aus dem PDM-System?
- Mengengerüst

Daten von externen Quellen:
- Welche Medien sind Datenträger?
- Mengengerüst

Scanneranbindung:
- Werden Daten eingescannt?
- Sollen Metadaten extrahiert werden?
- Soll eine automatische Zuordnung zu bestimmten Dokumententypen erfolgen?
- Ist Identifizierung mit Barcode vorgesehen?
- Gibt es mehrere Blätter pro Dokument?
- Mengengerüst

Erzeugung eines neutralen Dateiformats (NDF):
- Wann soll das NDF erzeugt werden (zum Beispiel beim Workflow-Wechsel)?
- Wie soll es erzeugt werden (automatisch oder manuell)?
- In welchem Dateiformat soll die NDF-Datei erzeugt werden (zum Beispiel PDF)?
- Welche Objekte sollen in ein neutrales Dateiformat überführt werden?
- Welche Informationen sollen aus dem Dokumentenstamm an den NDF-Dokumentenstamm übertragen werden (zum Beispiel Zeichnungsnummer)?
- Soll das NDF-Dokument bei Änderungen überschrieben oder versioniert werden?
- Welche Folgeaktionen soll die Erzeugung einer NDF-Datei nach sich ziehen (Beispiel E-Mail)?

Benutzerrechte für Dokumente:
- Welche Benutzer und Benutzergruppen gibt es?
- Welche Rechte hat welcher Benutzer?
- Welche Statuswechsel kann er alleine durchführen?
- Welche in Verbindung mit anderen?
- Welche Masken bekommt er zur Verfügung gestellt?
- Welche Informationen bekommt er?

Bestandsdatenübernahme:
- Sind bestehende Dokumente zu übernehmen?
- Wo stehen die zu übernehmenden Informationen (Datenbank-, Dateiattribute)?
- Mengengerüst

28.3 Anforderungen an das Produktdatenmanagement (PDM)

Teilestammdaten:
- Welches sind die für PDM relevanten Teilestammfelder?
- Wie stellt sich das Layout der Teilestammmasken dar?
- Wie lang dürfen die dargestellten Informationen werden (Feldlängen)?
- Welche Feldtypen werden dafür verwendet (Datumsfelder, numerische Felder, Textfelder)?
- Müssen die definierten Felder durch Prüf- oder Generierungsfunktionen erweitert werden (zum Beispiel durch einen Nummerngenerator)?
- Wo werden die Teilestamminformationen generiert (PDM oder ERP oder in beiden Systemen)?
- Wie erfolgt der Abgleich mit ERP?

Stücklisten:
- Welche Informationen sind für die Stückliste erforderlich?
- Wo werden die Stücklisten definiert (PDM, ERP oder in beiden Systemen)?
- Sollen die Stücklisten aus dem CAD-System erzeugt werden?
- Sind manuelle Änderungen gestattet?
- Welche Stücklisteneinträge werden mit externen Systemen (zum Beispiel ERP) abgeglichen, und wann soll dieser Abgleich erfolgen?

Sachmerkmalsleisten:
- Soll eine Klassifizierung über Sachmerkmalsleisten definiert werden?
- Wenn ja, wie detailliert soll die Definition erfolgen?
- Welche Merkmale und
- welche Klassenstruktur sollen definiert werden?
- Wie stellt sich das Layout der Merkmalsleistenmasken dar?
- Wie erfolgt der Abgleich mit externen Systemen (zum Beispiel mit CAD oder ERP)?

Projekte:
- Welche Projekte müssen definiert werden?
- Wie ist die Rollenverteilung innerhalb der Projekte, und wer hat welche Rechte?
- Wer darf Projekte anlegen und aktivieren?
- Sind strukturierte Projekte vorgesehen (Unterprojekte)?
- Müssen projektspezifische Informationen mit anderen Systemen ausgetauscht werden?

Referenzlisten:
- Welche Referenzlisten müssen definiert werden?
- Sollen sie hierarchisch aufgebaut werden?
- Müssen sie mit externen Systemen abgeglichen werden?
- Gibt es bereits Referenzlisten, die man importieren kann?

Änderungswesen:
- Wie gestaltet sich der Ablauf einer Änderung?
- Welche Dokumente und Teileinformationen sind davon betroffen?
- Welche für eine Änderung notwendigen Workflows sind zu definieren?
- Welche Benutzer dürfen eine Änderung durchführen?
- Welche Benutzer müssen von einer Änderung informiert werden?
- Wie soll die Information über eine Änderung protokolliert und publiziert werden (zum Beispiel mit einer Änderungsliste auf dem Zeichnungskopf)?

Workflow:
- Welche Status (Zustände) können die PDM-Dokumente annehmen?
- Sind bestimmte Zustände dokumentenabhängig?

- Sind bestimmte Zustände benutzerabhängig?
- Wer ist für die Status verantwortlich?
- Welche Personen oder Stellen im Unternehmen sind davon berührt?
- Welche Folgeaktivitäten resultieren aus ihnen?

Benutzerrechte innerhalb der PDM-Umgebung:

- Welche Benutzer und Benutzergruppen gibt es?
- Wie gestaltet sich der Abgleich zu bestehenden Benutzer-Verwaltungssystemen?
- Welche Rechte hat welcher Benutzer?
- Welche Workflow-Wechsel kann er alleine oder in Verbindung mit anderen durchführen?
- Welche Masken/Informationen bekommt er zur Verfügung gestellt?

Bestandsdatenübernahme:

- Sind Altdaten aus bestehenden datenbankbasierenden Applikationen zu übernehmen?
- Sind strukturierte (etwa 3D-Modelle) oder unstrukturierte Dateien (z.B. Tiff-Dateien) zu übernehmen?
- Wo stehen die zu übernehmenden Informationen (Datenbank-, Dateiattribute, Zeichnungskopf in Papierform ...)?
- Wie viele Daten müssen übernommen werden (Mengengerüst)?

28.4 Anforderungen an das Engineering-Datenmanagement (EDM)

Welche CAD-Systeme werden eingesetzt?

- Version
- HW-Plattformen
- OS
- Anzahl der Arbeitsplätze
- Abteilungen
- Welche Lizenzierungsverfahren sind im Einsatz?

Informationsaustausch zwischen CAD und PDM:

- Welche Daten werden vom PDM-System auf die CAD-Modelle übertragen?
- Werden Stückliste oder Änderungsliste auf der Zeichnung dargestellt und über PDM aktualisiert?
- Welche Informationen werden vom CAD-System ins PDM-System übertragen?

- Werden aus dem CAD-System Stücklistenstrukturen abgeleitet und Informationen auf bestimmte Stücklistenzeilen übertragen (zum Beispiel Längeninformationen von Stangenmaterial)?
- Sollen Sachmerkmale aus Maß- oder Parameterwerten übertragen werden?
- Werden Zulieferbaugruppen ohne relevante Stückliste verbaut?
- Sollen Schweißbaugruppen verwaltet werden?

Einbindung:
- Werden Verknüpfungen zu Nicht-CAD-Daten aufgebaut (zum Beispiel Excel-Tabelle in CAD-Modell)?
- Werden Teilefamilien/Konfigurationen verwendet?
- Welche Normteilpakete kommen zum Einsatz, wie werden diese in die EDM-Verwaltung eingebaut?
- Sollen externe Konstruktionsbüros mit eingebunden werden?
- Wie werden parallele Konstruktionstätigkeiten praktiziert (Concurrent Engineering)?
- Werden CAD-Objekte in verschiedene Dokumenttypen unterteilt (zum Beispiel ASM, PRT, DRW, PSM), oder wird ein einziger Dokumenttyp verwandt?

Erzeugung eines neutralen Dateiformats (NDF):
- Wann soll das NDF erzeugt werden (zum Beispiel beim Workflow-Wechsel)?
- Wie soll das NDF erzeugt werden (automatisch oder manuell)?
- In welchem Dateiformat soll die NDF-Datei erzeugt werden (zum Beispiel Tiff, PDF, STEP)?
- Welche Objekte sollen in ein neutrales Dateiformat überführt werden (3D-Modelle, Zeichnungen)?
- Welche Informationen sollen aus dem CAD-Dokumentenstamm an den NDF-Dokumentenstamm übertragen werden (zum Beispiel Zeichnungsnummer)?
- Soll das NDF-Dokument bei Änderungen überschrieben oder versioniert werden?
- Welche Folgeaktionen soll die Erzeugung einer NDF-Datei nach sich ziehen (Beispiel E-Mail)?

Versionierung/Revisionierung:
- Sollen Modellversionen verwaltet werden?
- Ist eine Baugruppen-Versionierung relevant?
- Wie gestaltet sich das Änderungswesen bei der Erzeugung von Versionen?

Schriftfelder und Rahmen:
- Welche Informationen sollen auf dem Zeichnungskopf dargestellt werden?
- Werden Mehrblattzeichnungen verwandt?
- Werden kundenspezifische Zeichnungsrahmen eingesetzt?

Benutzerrechte innerhalb der EDM-Umgebung:
- Welche Benutzer und Benutzergruppen gibt es?
- Wie gestaltet sich der Abgleich zu bestehenden Benutzer-Verwaltungssystemen?
- Welche Rechte hat welcher Benutzer?
- Welche Zustandswechsel kann er alleine oder in Verbindung mit anderen durchführen?
- Welche Masken/Informationen bekommt er zur Verfügung gestellt?

CAD-Bestandsdatenübernahme:
- Muss ein bestehendes Zeichnungsverwaltungssystem abgelöst werden?
- Müssen mehrere Versions-/Revisionsstände übernommen werden?
- Müssen zusätzliche Dateien mit Bezug zum CAD-Modell (zum Beispiel Tiff-Dateien) mit übernommen und als Referenz angehängt werden?
- Wie viele Dateien müssen übernommen werden (Mengengerüst)?

28.5 Anforderungen an die Archivierung

Unterscheidung:
- Welche Anforderungen an die Archivierung stellen die Kunden?
- Welche gesetzlichen Anforderungen müssen berücksichtigt werden?

Ist erforderliche Hard- und Software vorhanden?
- Brenner/Jukebox
- CD-Archivierung oder WORM?
- Software für Jukebox
- Hardware zur Mikroverfilmung

Soll die vorhandene HW/SW weiterhin genutzt werden?

In welchen Intervallen und zu welchen Zeitpunkten sollen welche Objekte archiviert werden?

Ist Offline-Viewing erforderlich?

Wird eine Archivierung von ERP-Daten gewünscht (COLD)?

Welche Formate sollen für die Langzeitarchivierung verwandt werden (zum Beispiel TIFF, JT)?

28.6 Systemumgebung

Bestehende Systemlandschaft:
- Konfigurationsplan HW/OS/Datenbank
- Netzwerktopologie

Bei Installation auf bestehender Hardware:
- Welches Betriebssystem welcher Version?
- RAM/HD

Bei Installation auf neuer Hardware:
- Konfigurationsplan HW/OS/Datenbank
- Netzwerktopologie

Konzept(e) für verteilte Datenhaltung:
- Auf Datenbankebene (Metadaten)
- Auf Dateiebene (Primärdaten)

WAN:
- Bandbreite der bestehenden Verbindung
- Standort des Dateiservers bei CAD-Integration
- Cache-Server für lesenden Zugriff

Hochverfügbarkeit:
- Ist Hochverfügbarkeit erforderlich?
- Gibt es konkrete Anforderungen bezüglich der Verfügbarkeit?
- Gibt es konkrete Erwartungen bezüglich der Antwortzeiten?

Konfiguration für den Datenbankserver:
- File-Server
- Cache-Server
- Applikationsserver und

Clients:
- Wie viele Arbeitsplätze sollen mit dem Windows-Client ausgestattet werden?
- Wie viele Arbeitsplätze sollen mit dem Web-Client ausgestattet werden?

Web-Zugang:
- Werden externe Stellen angebunden?
- Welche Anbindungsstrategie wird verfolgt (Internet, Intranet, Extranet, Portal)?
- Sind Gastzugänge für das PDM-System geplant?

Backup-Strategie:
- Auf Datenbankebene
- Auf Dateiebene
- Bei verteilten Daten

Ausgabegeräte (Plotter, Drucker):
- Wird die Ausgabe über das Betriebssystem gesteuert?
- Wird die Ausgabe über ein Plotmanagementsystem gesteuert?
- Wird die Ausgabe über PDM gesteuert?

28.7 Informationsbereitstellung

Reports:
- Welche Reports werden benötigt?
- Welche Objekte sollen Gegenstand sein?
- Gibt es Layoutvorlagen?
- Ist die Einbindung von Grafik gewünscht?
- Sind Konverter erforderlich?
- Soll ein Redaktions-/Plotmanagementsystem dafür eingesetzt werden?
- Mengengerüst

Sonstige Bereitstellung von Informationen:
- Sollen Informationen für ein Content-Management-System bereitgestellt werden?
- Sollen Informationen für ein Redaktionssystem bereitgestellt werden (zum Beispiel für automatisierte Dokumentationserstellung)?

29 Anhang

29.1 Funktionsumfang der PRO.FILE CAD-Schnittstellen

Funktion:	Bedeutung:
Speichern	
Einzelteile, Baugruppen, Zeichnungen – auch rekursiv inklusive der Erzeugung von Vorschaubildern	Gesicherte Anlage aller für die Verwaltung notwendigen Informationen und Strukturen einschließlich des Abgleichs angrenzender Systeme (beispielsweise PPS).
Unterstützung von Ableitungskonstruktionen	Durch die ManagedCopy-Technik lassen sich aus vorhandenen CAD-Baugruppen Ableitungskonstruktionen erstellen, wobei der Konstrukteur auf jeder Ebene und für jede Komponente festlegen kann, ob diese weiter verwendet oder als Kopie modifiziert werden soll. Bereits existierende Zeichnungen werden in diesem Prozess automatisch mitberücksichtigt. Weitere Informationen findet man in der Beschreibung der PDM-Funktionen in der täglichen Anwendung unter ManagedCopy.
Zusatzdateien	Die CAD-Schnittstellen verwalten über die CAD-Formate hinaus in die Modelle eingefügte Zusatzdateien, zum Beispiel Excel-Tabellen oder Bitmaps.
Erkennen von parallelen Abhängigkeiten und bereits in PRO.FILE gespeicherten Modellen	Die Schnittstelle erkennt parallele Abhängigkeiten von Modellen über den Baugruppenkontext hinaus und verwaltet diese Relationen. Durch die Erkennung von bereits in PRO.FILE gespeicherten Modellen über den Dateinamen ist ein sicherer Umgang mit externen Modellen, zum Beispiel aus Normteilsystemen, und von Zulieferern erzeugten Fremdkonstruktionen gewährleistet.
Informationsabgleich	Beim Speichern werden CAD-Informationen nach PRO.FILE übertragen und umgekehrt in PRO.FILE existierende Informationen auf die CAD-Modelle zurückübertragen. Dies umfasst neben den beschreibenden Daten auch Strukturinformationen, die etwa für eine Stücklistengenerierung dienen können. Neben Teile- und Dokumentenstammdaten lassen sich auch Stücklistenpositionen beschreiben.

Funktion:	Bedeutung:
Laden	
Optimiertes Laden und Aktualisieren von Modellen	Die Schnittstelle erkennt lokal vorliegende Dateien und bezieht diese in den Ladeprozess mit ein, sodass nur die notwendigen Dateien aus PRO.FILE über das Netz kopiert werden. Ein versehentliches Überschreiben von lokal geänderten Dateien wird verhindert.
Komponenteneinbau und -austausch	Der Einbau und Austausch von Komponenten aus PRO.FILE in eine geöffnete CAD-Baugruppe werden durch die Schnittstelle unterstützt.
Informationsabgleich	Beim Lesevorgang werden in PRO.FILE definierte Informationen an die CAD-Systeme zurückgesendet. Sie dienen dort zum Beispiel für die Zeichnungsbeschriftung.
Teilefamilien/ Konfigurationen	Die Schnittstelle unterstützt die im Umfeld von CAD üblichen Teilefamilien auf Einzelteil- und Baugruppenebene. Ausprägungen einer Teilefamilie (Instanzen) haben entweder einen eindeutigen Bezug zu einem Teilestamm (Beispiel Schraube: Jede Schraube repräsentiert ein Teil), oder alle Instanzen repräsentieren ein Teil (Beispiel Feder: gespannter und entspannter Zustand). PRO.FILE unterstützt beide Varianten (auch gemischt) entweder durch automatische Verknüpfung oder durch die explizite Zuweisung der Teilestammreferenzen.
Versionsmanagement	
Modellversionierung über Baugruppenstrukturen	Erzeugung von Versionen für Einzelteile, Baugruppen, Zeichnungen oder Teilefamilien. Die Definition einer Baugruppenversion inklusive der Berücksichtigung von Unterkomponenten und Zeichnungen wird in einem Arbeitsgang erledigt. Die Versionserstellung wird durch eine grafische Oberfläche unterstützt, durch die der Konstrukteur innerhalb der betroffenen Baugruppe auf jeder Ebene und für jede Komponente entscheiden kann, ob diese versioniert werden soll. Existierende Zeichnungen werden dabei automatisch mit berücksichtigt.
Laden mit unterschiedlichen Versionsständen	Beim Laden einer Baugruppe, deren Unterkomponenten versioniert wurden, lässt sich differenzieren: Sie kann wie gespeichert (= unverändert), mit neuesten Versionen (= alle Unterkomponenten in ihrer neuesten Version) oder mit den neuesten freigegebenen Versionen geladen werden.
Laden mit gemischten Versionsständen innerhalb der Baugruppe	Durch den Versionsbrowser lässt sich in der Baugruppenstruktur auf Komponentenebene eine Auswahl der zu verwendenden Versionen definieren. Diese können dann in das CAD-System geladen werden. Es entstehen somit Baugruppen, die in dieser Konstellation nie explizit konstruiert wurden, für den Anwendungsfall aber die optimale Versionszusammenstellung enthalten. Dieser Mechanismus ersetzt aus Sicht der Baugruppe die verwendeten Komponentenversionen.

Funktion:	Bedeutung:
Version ersetzen	PRO.FILE kennt neben den Baugruppenstrukturen auch Versionsstände für jede Unterbaugruppe und jedes Teil einer Baugruppe. Um in einer oder mehreren Baugruppen eine verbaute Version einer Komponente mit einer neueren auszutauschen, kann in PRO.FILE der Bezug umgeschaltet werden. Hierzu muss die Baugruppe nicht einmal im CAD-System geladen werden. Dieser Mechanismus ersetzt aus Sicht der Komponentenversion ihre Verbauung in übergeordneten Baugruppen.
Erzeugung eines neutralen Formats (NDF)	Die Erzeugung eines neutralen Datenformats (zum Beispiel Tiff) aus den CAD-Modellen dient der Bereitstellung von Informationen in einem allgemein lesbaren Format, das unabhängig von den CAD-Erzeugersystemen ist und somit auch für die Langzeitarchivierung verwendet werden kann. Die NDF-Datei wird mit dem entsprechenden CAD-Modell verknüpft, erbt die beschreibenden Daten und wird in PRO.FILE gespeichert. Durch die Berücksichtigung des CAD-Modelltyps lassen sich unterschiedliche Formate (etwa Tiff oder VRML) für 2D und 3D definieren. Eine Versionierung bzw. Änderung der Originaldaten wird auf die NDF-Dateien vererbt.
Clientseitig	Die Erzeugung wird vom Benutzer an seinem Arbeitsplatz angestoßen.
Serverseitig	Die Erzeugung wird durch einen Statuswechsel ausgelöst. Die Generierung findet dabei automatisiert auf einem Server statt. Dadurch ist sichergestellt, dass die erzeugte NDF-Datei den gleichen Versionsstand wie die Originaldatei besitzt.
Informieren	Der Benutzer kann die lokal im Zugriff befindlichen Modelle mit dem in PRO.FILE gespeicherten Stand vergleichen und somit auf Änderungen eines Dritten an Bauteilen reagieren, auf die er sich beziehen will. Neben den Modellständen können auch, ausgehend von dem im CAD-System geladenen Modell, Informationen aus dem Dokumenten- und Teilebereich inkl. der zugehörigen Strukturen ermittelt und in einem Informationsfenster angezeigt werden. Wichtige Informationen lassen sich zusätzlich im Strukturbrowser des CAD-Systems einblenden.
Zeichnungsbeschriftung	Die für die Zeichnungsbeschriftung wichtigen Daten werden aus PRO.FILE ermittelt und in die CAD-Zeichnungen übertragen. Neben der Befüllung des Zeichnungskopfes lassen sich Stücklisten und Änderungslisten sowie Positionsfähnchen (Baloons) auf der Zeichnung platzieren und beim Laden, Speichern oder manuell aktualisieren.

Funktion:	Bedeutung:
Lösen Datenbankbezug	Das Lösen des Datenbankbezuges bedeutet eine Neuspeicherung der aus PRO.FILE geladenen CAD-Modelle unter einem neuen Dokumentenstamm und ist somit Grundlage für eine Ableitungskonstruktion. Die Schnittstellen unterstützen diese Funktionalität auch aus dem Baugruppenkontext heraus, wobei die beschreibenden Informationen für die neu gespeicherten Modelle von den Ursprungsmodellen vererbt werden. (Weitere Informationen findet man in der Beschreibung der PDM-Funktionen in der täglichen Anwendung unter ManagedCopy.)
Benutzeroberfläche	Um ein reibungsloses Arbeiten zu ermöglichen, sind die Funktionen eng in die Oberfläche des CAD-Systems integriert. Dies umfasst neben eigenen Pull-down-Menüs auch Toolbars, Kontextmenüs, eine integrierte Hilfe sowie die Verwendung des CAD-Browsers zum Anzeigen von Informationen.
Lokale Arbeitsbereiche	Die Verwendung lokaler Kopien der in PRO.FILE eingecheckten Dokumente ermöglicht das parallele Arbeiten an Baugruppen und ist somit die Basis für Concurrent Engineering. Dabei stehen umfangreiche Funktionen zur Verfügung, die einen Abgleich zwischen dem lokalen und dem in PRO.FILE gespeicherten Stand ermöglichen und über eine Diskrepanz zwischen der lokalen Kopie und dem eingecheckten Stand informieren. Arbeitsbereiche können explizit oder implizit beim Laden angelegt werden. Darüber hinaus lassen sich die Arbeitsbereiche automatisch bereinigen, wobei lokal vorliegende Änderungen erhalten bleiben. Über eine Benutzerschnittstelle lassen sich PRO.FILE-Informationen zu jedem im Arbeitsbereich vorliegenden und in PRO.FILE bekannten Dokument anzeigen. Aus dem Dialog lassen sich auch PRO.FILE-Aktionen wie z.B. Sperren/Entsperren durchführen. (Weitere Informationen findet man in der Beschreibung der CAD-Technologien unter DesignBox.)
Sperren	Das Sperren von Dokumenten ermöglicht den exklusiven Zugriff auf das Dokument. Dadurch wird ein gegenseitiges Überschreiben von Modellen durch verschiedene Benutzer ausgeschlossen. Der Sperr- und Entsperrvorgang erfolgt über eine entsprechende Dokumentliste und berücksichtigt alle zu einem CAD-Modell gehörenden Abhängigkeiten. Der Vorgang des Sperrens und Entsperrens kann entweder manuell erfolgen oder direkt nach dem Speichern und Lesen von CAD-Modellen. Die Funktion bietet darüber hinaus eine Übersicht der durch andere Benutzer bereits gesperrten Dokumente.
Kopplung von Geometriemerkmalen mit Sachmerkmalsleisten	Sachmerkmale dienen zur Klassifizierung von Teilestammdaten. Die Schnittstellen unterstützen die Übertragung von Maßwerten in die PRO.FILE-Sachmerkmalsfelder. Das Abgreifen der Maßwerte erfolgt im CAD-System und ist dynamisch, d.h., eine Änderung der CAD-Maße bewirkt auch eine Änderung in den PRO.FILE-Sachmerkmalen, wenn das modifizierte Modell gespeichert wird.

Funktion:	Bedeutung:
Stücklistenausleitung	Aus den CAD-Strukturen kann in PRO.FILE eine Stückliste ausgeleitet werden. Die Ausleitung kann entweder manuell oder automatisch beim Speichern einer CAD-Baugruppe erfolgen. Werden in PRO.FILE zusätzliche Teile eingebaut, die im CAD-System keine grafische Entsprechung haben (zum Beispiel RHB-Stoffe), so bleiben diese Einträge auch nach der Neuausleitung aus dem CAD-System erhalten.
Mehrere Stücklistenpositionen für gleiches Teil (abgelängte Profile)	Die Schnittstellen erkennen Profile mit unterschiedlichen Längen und gleicher Artikelnummer. Es werden eigene Positionsnummern für jede Länge erzeugt.
Unterdrückung von Unterstrukturen	Auf Teilestammebene lässt sich eine Baugruppe als ein einziger Artikelstamm abbilden. Dies ist beispielsweise bei der Verwendung von Zulieferteilen sinnvoll: Die CAD-Baugruppe wird zwar als Struktur behandelt, aber in der Stückliste erscheint sie als ein einziges Teil.

29.2 Glossar

Applikation

Anwendung. Gebräuchlicher Ausdruck für Anwendungssoftware – im Unterschied beispielsweise zu Betriebssystemsoftware, Middleware oder in Maschinensprache geschriebenen Programmen.

AutoCAD

Weltweit meistgenutztes CAD-System des Herstellers Autodesk (Kalifornien). Es läuft heute ausschließlich unter den Betriebssystemen von Microsoft. Schwerpunkt von AutoCAD war die Funktionalität zur Erstellung technischer, zweidimensionaler Zeichnungen auf dem PC. Seit einigen Jahren spielt auch hier das 3D-Modell eine wachsende Rolle (Inventor).

Autodesk

Bekanntestes Produkt ist AutoCAD. Heute verfügt Autodesk allerdings über eine breite Palette von Systemen für nahezu alle Anwendungsbereiche von CAD (Mechanik, Architektur, geografische Informationssysteme (GIS)) bis hin zu Multimediaprogrammen und Visualisierungstools.

AVI

Das Format Audio Video Interleave (AVI) wurde von Microsoft entwickelt und gestattet das Abspielen von Videos auf dem PC. In diesem Format folgt auf jede Videosequenz eine Audiosequenz, deshalb „Interleave". AVI ist integrierter Bestandteil des Betriebssystems Microsoft Windows.

BizTalk Server

Im Rahmen von .NET, der Middleware-Strategie von Microsoft, ist der BizTalk Server das Schlüsselelement. Er stellt das Bindeglied zwischen den bestehenden Anwendungssystemen im Windows Server-System dar zur Integration, Verwaltung und Automatisierung von Geschäftsabläufen – innerhalb des Unternehmens ebenso wie im Zusammenspiel mit Kunden, Partnern und Zulieferern.

Browser

Das englische „to browse" bedeutet unter anderem: in einem Magazin blättern, sich umsehen. Der Browser ist ein Werkzeug, mit dem sich der Computeranwender zum Beispiel in den Verzeichnissen einer Festplatte oder im Bestand einer Datenbank umsehen kann.

Meist wird heute unter Browser eine Anwendung verstanden, die den Zugang zum Internet herstellt und damit das „Blättern" im World Wide Web ermöglicht. Die am meisten verbreiteten Internet-Browser sind der Internet Explorer von Microsoft und Netscape Navigator von Sun Microsystems.

C++

Hoch entwickelte Programmiersprache, die für die meisten auf dem Markt befindlichen Engineering-Softwaresysteme verwendet wurde und wird. Sie gestattet objektorientierte Programmierung, ermöglicht aber auch den Einsatz nichtobjektorientierter Techniken, die dann unter Umständen Wartung und Weiterentwicklungen durch andere als die ursprünglichen Programmierer erschweren.

CAD

Computer Aided Drafting oder Computer Aided Design, also computerunterstützte Zeichnungserstellung oder Konstruktion.

CAE

In diesem Buch wird CAE für Computer Aided Engineering verwendet, also für computergestützte Berechnung und Simulation im Ingenieurwesen. Daneben wird die Abkürzung vielfach auch für CAD in der Elektrotechnik gebraucht.

CAM

Computer Aided Manufacturing. Erzeugung von Programmen zur Ansteuerung von Maschinen beispielsweise zum Fräsen, Drehen, Bohren oder Stanzen. Moderne Installationen gestatten die weitgehend automatische Erstellung solcher Programme auf Basis von CAD-Modellen.

CATIA V5, CATIA V6

Bekanntestes und zentrales Produkt von Dassault Systèmes (Paris). High-End-Lösung für mechanische Konstruktion mit Schwerpunkt auf 3D-Modellierung für nahezu alle Bereiche der Fertigungsindustrie. Traditionell vor allem von den komplexen Industrien genutzt. CATIA V5 ist die aktuelle, auf und für Microsoft Windows entwickelte Version. CATIA V6 wird in Kopplung mit ENOVIA V6 vertrieben.

CAx

Gebräuchliche Abkürzung für Software x-beliebiger Art im Umfeld des Engineerings.

Concurrent (oder Simultaneous) Engineering

Bezeichnet das Überlappen und nach Möglichkeit parallele Einsetzen von Arbeitsschritten in der Produktentwicklung, die früher von einzelnen Abteilungen nacheinander abgewickelt wurden.

CIMdata

Unabhängige, strategische Unternehmensberatung, die weltweit sowohl im Auftrag von IT-Anbietern als auch von Industrieunternehmen aktiv ist. Schwerpunkt: Product Lifecycle Management. Hauptsitz in den USA.

Cloud Computing

Cloud Computing, das Rechnen in der „Wolke", meint den Ansatz, abstrahierte IT-Infrastrukturen (etwa Rechenkapazität, Datenspeicher-, fertige Software- und Programmierumgebungen) dynamisch an den Bedarf angepasst über ein Netzwerk zur Verfügung zu stellen.

Configuration Management II (CMII)

CMII ist ein branchen- und werkzeugneutraler, unternehmensweit einsetzbarer Prozess, der alle Bereiche des Konfigurationsmanagements (KM) abdeckt. Kern von CMII ist ein geschlossener Änderungsprozess. Dieser stellt sicher, dass zuerst exakte Anforderungen definiert und dementsprechend die Produkte aktualisiert werden. Die Methoden von CMII werden in der Softwareentwicklung, der Fertigungsindustrie und der Verwaltung eingesetzt.

Compliance

Einhaltung von Verhaltensmaßregeln, Gesetzen und Richtlinien durch Unternehmen.

Creo

Neue Produktplattform von PTC, in die bisher eigenständige Applikationen beziehungsweise deren Funktionalität integriert werden. Pro/E wird zu Creo Elements/Pro, CoCreate zu Creo Elements/Direct, Product/View zu Creo Elements/View.

Customer Relationship Management (CRM)

Softwaregestützte Kundenverwaltungssysteme, die immer stärker auch die kundenspezifische Konfiguration von Produkten und den Kundendienst mit einbeziehen.

Dassault Systèmes

Hersteller von CATIA, ENOVIA und weiteren Softwareprodukten für das Engineering. Weltweit über neuntausend Softwareingenieure in Paris und zahlreichen anderen Standorten.

Datenstruktur

Jedes Softwaresystem basiert auf einer spezifischen Architektur, die sowohl die möglichen Elemente als auch beispielsweise Darstellung, Speicherformat und Zugriff definiert. Ein unmittelbarer Austausch der mit einem bestimmten System erzeugten Daten mit denen anderer Systeme erfordert entweder eine Direktschnittstelle oder die Verwendung eines Standardformates als Zwischenschritt.

Digital Mock up (DMU)

Mit Mock-up bezeichnet man in der Automobilindustrie weltweit den vollständigen Zusammenbau des Fahrzeugs. Seit etlichen Jahren arbeitet diese Industrie an der Möglichkeit, auch digitale, also mit dem Computer erzeugte Modelle zu einem möglichst frühen Zeitpunkt zu einem vollständigen, virtuellen Prototyp des Fahrzeugs zusammenzuführen, an dem dann zum Beispiel Montageschritte oder Funktionsprüfungen unterschiedlichster Art realitätsnah simuliert werden können.

E-CAD

Computerunterstützte Konstruktion in der Elektrotechnik

Enterprise Application Integration (EAI)

Nutzung von Standards moderner Middleware-Architekturen (.NET, J2EE) und XML, um bestehende, heterogene Softwareinstallationen zur Optimierung der Unternehmensprozesse miteinander zu verknüpfen. EAI wird mittelfristig viele unternehmensspezifische Individualentwicklungen ablösen, da diese zu komplex, nicht wirklich beherrschbar und entschieden zu aufwendig in der Wartung sind.

Explosionsdarstellung

Darstellung von Baugruppen oder Komplettprodukten, welche die Einzelteile im nicht zusammengebauten Zustand, aber in ihrem Bezug und ihrer Positionierung zueinander zeigt. Übliche Verwendung etwa in der Montage oder in Bedienungsanleitungen.

eToken

Hardwareschlüssel, der über den USB-Port eines Rechners in Verbindung mit dem richtigen Passwort den Zugriff auf die im Computer gespeicherten Daten und Dateien ermöglicht. Andere Bezeichnung: USB-Key.

Extranet

Gegenüber Unbefugten abgeschirmter Bereich des Internets, der einer besseren Verbindung beispielsweise zwischen dem Auftraggeber und seinen Zulieferern oder auch seinen Kunden dient.

Firewall

Allgemeine Bezeichnung für Sicherheitsmaßnahmen, die beispielsweise eine Firma gegenüber dem öffentlichen Internet einrichtet, um unbefugten Zugriff und unerwünschte Zusendungen von außen zu verhindern. Gleichzeitig wird darüber geregelt, welche Zugriffsrechte der einzelne Mitarbeiter auf das öffentliche Internet hat.

FORTRAN

Ältere Programmiersprache, die vor der allmählichen Ablösung durch C++ und objektorientierte Programmierung der Standard in der Entwicklung von Engineering Software war.

Functional Mock-up

Digitales Modell eines Produktes oder einer Baugruppe, das die Simulation der tatsächlichen Funktion gestattet, einschließlich Aktoren, Sensoren und Softwaresteuerung.

HTML

Hyper Text Markup Language. International standardisierte Programmiersprache für Internet-Seiten.

Interoperabilität

Von Interoperabilität redet man seit einigen Jahren in zunehmendem Maße bei Applikationen, die ohne expliziten Datenaustausch zusammenwirken können. Ein

Beispiel: Die Möglichkeit, eine Tabellengrafik so innerhalb eines Textes zu platzieren, dass sie sich automatisch anpasst, wenn die Grafik im Originalsystem geändert wird.

Intranet

In der Regel durch eine Firewall nach außen abgeschirmtes, nur für die eigenen Mitarbeiter bestimmtes Firmennetzwerk auf Basis der Internet-Technologie. In der Regel ist der Zugriff auf das öffentliche Netz aus dem Intranet heraus möglich.

Inventor

3D-Modellierer und derzeit wichtigstes strategisches Produkt von Autodesk.

Java

Von Sun Microsystems entwickelte Programmierplattform. Im Kern steht die Sprache Java, die eine Weiterentwicklung von C++ darstellt. Java ist ein wichtiges Werkzeug für die Entwicklung webfähiger Anwendungen.

Vor allem deshalb, weil eine in Java programmierte Applikation (oder ein Applet) auf nahezu jedem Betriebssystem lauffähig ist.

JT

Komprimiertes, sehr schlankes Datenformat, das – unabhängig vom generierenden CAD-System – 3D-Modelle darstellen und manipulieren lässt. Vor allem von den großen Kunden von Siemens PLM Software in der Automobilindustrie gefördert, um mit heterogenen Modellen besser umgehen zu können. Ende 2010 wurde JT von der ISO zur Standardisierung angenommen.

Konfigurationsmanagement (KM)

Unter Konfigurationsmanagement wird ein Managementprozess verstanden, der die Organisation und Planung eines Produktes unter Berücksichtigung seiner funktionalen und physikalischen Eigenschaften von den Anforderungen über das Design bis hin zu den operativen Informationen über seinen gesamten Lebenszyklus sicherstellt.

Konsistenz

Von Datenkonsistenz spricht man beispielsweise bei einem 3D-Modell, das sowohl in der Konstruktion als auch in der Berechnung, Simulation, Fertigung oder Dokumentation herangezogen wird. Alle Darstellungen beruhen tatsächlich auf denselben Ausgangsdaten und sind nicht durch Datenübertragung oder Kopien davon losgelöst, sodass die jederzeitige Aktualität aller Versionen garantiert bleibt. Trotz unterschiedlicher Modelle kann solche Konsistenz auch durch ein Produktdatenmanagementsystem gewährleistet werden, das dann den Zusammenhalt zwischen den einzelnen Teilen überwacht.

Mentor Graphics

Einer der weltweit wenigen großen Hersteller von Elektronik-CAD-Systemen.

Middleware

Unter Middleware versteht man Einheiten eines Hard- oder Softwaresystems, die zwischen dem Basisbetriebssystem und den Anwendungen oder zwischen dem Kern einer Applikation und den eigentlichen Funktionen liegen. Typisches Beispiel für den ersten Fall: die Java Virtual Machine.

Metadaten

Unter Metadaten sind Daten zu verstehen, die zum Beispiel auf Dokumente, Teile oder Projekte verweisen, den Inhalt solcher Objekte und Dateien aber nicht selbst enthalten. Metadaten sind Datenbankeinträge, die eine Referenz zu Originaldaten (Primärdaten) haben. Über Metadaten sind Originaldaten schnell zu finden und sicher zu verwalten. Siehe auch: Primärdaten.

NC

(Numeric Controlled) NC-Maschinen sind computergesteuerte Bearbeitungsmaschinen unterschiedlichster Art. Ursprünglich meist unmittelbar an der Maschine, dann in separaten Büros offline programmiert, werden heute vielfach die Programme weitgehend automatisch aus CAM-Systemen heraus generiert.

Objektorientierte Programmierung

Softwareobjekte zeichnen sich dadurch aus, dass sie eine Einheit von Daten und Funktionen darstellen. Definierte Methoden gestatten ihnen den Austausch von Nachrichten mit anderen Objekten. Objekte mit ähnlichen Eigenschaften sind in Klassen zusammengefasst, die Klasseneigenschaften vererben können.

Die Programmierung solcher Objekte und die Erstellung von Applikationen, die sie nutzen, erlaubt eine wesentlich höhere Wiederverwendbarkeit von einmal erzeugtem Source-Code. Die verfügbaren Klassen bieten darüber hinaus eine deutlich höhere Betriebssicherheit. Insgesamt beschleunigt objektorientierte Programmierung die Softwareentwicklung, und die Applikationen bieten dem Anwender beträchtlich mehr Komfort und eine intuitive Bedienbarkeit.

PDF

Das Portable Document Format (PDF) wurde von Adobe, dem Hersteller von Produkten wie Acrobat und Photoshop, entwickelt und hat sich als Standard für die sichere Ausgabe von Dokumenten auf Bildschirm und Drucker etabliert.

PDF/A

PDF/A ist eine Normreihe der ISO zur Verwendung des PDF-Formats zur Langzeitarchivierung.

Produktentstehungsprozess (PEP)

Unter dem Produktentstehungsprozess wird vor allem in der Automobilindustrie die Erweiterung der Prozesskette der Produktentwicklung um die Entwicklung der Betriebsmittel und Werkzeuge sowie die Planung der Produktion verstanden.

Powerwall

Sehr große (zum Beispiel zwei mal vier Meter) Leinwand, auf die in der Regel mit mehreren Projektoren von hinten Stereobilder projiziert werden, die beim Betrachten (meist mit 3D-Brille) einen realistischen, räumlichen Eindruck vermitteln.

Primärdaten

Unter Primärdaten sind Originaldaten zu verstehen. Normalerweise befinden sie sich in Dateien eines besonderen Typs, der vom jeweiligen Autorensystem standardmäßig genutzt wird. Dabei kann es sich sowohl um CAD-Zeichnungen als auch um 3D-Modelle handeln, um Stücklisten ebenso wie um Textdokumente. Für ein PDM-System sind auch eingescannte Papierdokumente oder Dateien mit neutralen Datenformaten (TIFF, PDF, JT et cetera) Primärdaten. Siehe auch: Metadaten.

Pro/ENGINEER (Pro/E)

Flaggschiff von PTC, mit dem in den 90er-Jahren weltweit eine führende Position unter den CAD-Systemen erobert wurde. Die heute eher selbstverständliche Verfügbarkeit von Parametrik in Zusammenhang mit 3D-Modellierung war damals eines der Alleinstellungsmerkmale von Pro/ENGINEER.

Proprietär

Eigentlich veralteter Begriff für eigen, im Eigentum befindlich. In Zusammenhang mit Hard- und Software sind damit Systeme gemeint, die nur in einem engen, vom Hersteller vorgegebenen Rahmen funktionieren. Im CAD-Umfeld sind die meisten Datenstrukturen proprietär, das heißt beispielsweise, dass mit einem bestimmten System erzeugte Modelle in dieser Form auch nur in diesem einen System funktionieren.

PTC (Parametric Technology Corp.)

Hersteller von Pro/ENGINEER; in den letzten Jahren, seit der Übernahme von Computervision, auch Anbieter des webfähigen, in Java geschriebenen PDM-Systems Windchill. Im Laufe der letzten Jahre zahlreiche weitere Firmenübernahmen und deutliche Ausdehnung der Produktpalette.

Rapid Prototyping

Schnelle Prototypenentwicklung. Der Begriff ist eng verbunden mit der Methode der Stereolithografie. Damit lassen sich aufgrund dreidimensionaler CAD-Modelle automatisch in sehr kurzer Zeit Kunststoffmodelle herstellen. Vielfach hat sich diese Methode bereits als Standard etabliert, und entsprechende Modelle ersetzen die früher üblichen Hardwaremodelle. Sie gestatten mittlerweile in vielen Fällen sehr weitgehende Funktionstests und Untersuchungen auf Eigenschaften des späteren Produktes.

Rollout

Der (oder das) Rollout (deutsch *herausrollen*) ist ein englischer Begriff, der so viel wie *Einführung* oder *Markteinführung* bedeutet. Im Bereich der IT-Anwendung versteht man darunter auch den Vorgang der Installation einer Software an zahlreichen Arbeitsplätzen des Unternehmens und ihre Produktivschaltung.

Siemens PLM Software

2007 wurde UGS von Siemens Industry Automation übernommen und firmiert seitdem unter Siemens PLM Software. Mit NX, Solid Edge, Teamcenter, Parasolid, JT und zahlreichen weiteren Systemen für das Engineering ist Siemens damit einer der führenden Anbieter im PLM-Umfeld.

Supply Chain Management (SCM)

Softwaregestützte Steuerung und Verwaltung von Lieferketten (Handel) und Zulieferketten (Engineering). Gewinnt aufgrund der Zergliederung der traditionellen Wertschöpfungsketten zunehmend an Bedeutung.

Service Oriented Architecture (SOA)

Eine serviceorientierte Architektur (SOA) ist ein Konzept zum Management einer IT-Infrastruktur, die an den Geschäftsprozessen ausgerichtet ist und schnell auf Veränderungen in den Prozessen reagieren kann. Diese Infrastruktur basiert auf der Bereitstellung von Services, die jeweils einzelne Prozessschritte abbilden.

Systems Engineering

Methode zur Entwicklung multidisziplinärer, komplexer Produkte, bei denen vor allem Mechanik, Elektronik und Informatik erst in ihrem Zusammenwirken zum Funktionieren führen.

Solid Edge

Ursprünglich Mitte der 90er-Jahre von Intergraph entwickeltes Midrange-System, das zum damaligen Zeitpunkt erstmalig Interoperabilität zwischen 3D CAD und Office-Programmen bot. Software und ein Großteil der Mitarbeiter aus dem Bereich Solid Edge wurden von Unigraphics Solutions übernommen.

SolidWorks

Ebenfalls Mitte der 90er-Jahre entstandenes Midrange-System, das in vielen Punkten direkt im Wettbewerb mit Solid Edge steht. SolidWorks wurde inzwischen von Dassault Systèmes übernommen und ergänzt dort die CATIA-Produktpalette nach unten.

STEP

Vor allem von der Automobilindustrie geforderter und geförderter Standard für den Datenaustausch im Engineering. Von zahllosen Protokollen wurden auch viele Jahre nach der geplanten Fertigstellung nur einige wenige freigegeben. Außer der Autoindustrie findet STEP bis heute kaum irgendwo interessierte Nutzer. In den meisten Fällen wird weiterhin IGES verwendet.

TIF (oder TIFF)

Das Akronym steht für Tagged Image File Format. Es ist das am häufigsten benutzte, neutrale Format zur Darstellung von Rastergrafik.

UG

Unigraphics (UG) war das älteste und das strategische Produkt von UGS für die dreidimensionale Produktentwicklung. NX wurde entwickelt, um nach der Übernahme von SDRC die beiden großen Modellierer UG und I-deas zusammenzuführen.

UNIX

Oberbegriff für eine Reihe von Betriebssystemen von Grafik-Workstations, wie sie lange Zeit die Standardhardware im Engineering waren. Die wichtigsten übrig gebliebenen Derivate von UNIX sind AIX (IBM), HP-UX (Hewlett-Packard), IRIX (SGI) und Solaris (Sun).

USB

Universal Serial Bus (USB) ist ein Input-/Output-Protokoll, das erheblich höhere Übertragungsgeschwindigkeiten gestattet als herkömmliche Protokolle.

USB-Key

Hardwareschlüssel, der über den USB-Port eines Rechners in Verbindung mit dem richtigen Passwort den Zugriff auf die im Computer gespeicherten Daten und Dateien ermöglicht. Andere Bezeichnung: eToken.

Virtual Reality (VR)

Virtual Reality steht für die in Echtzeit berechnete Visualisierung von computergenerierten Objekten, die dem Betrachter zusätzlich zur 3D-Stereodarstellung je nach

Projektionsumgebung auch die Möglichkeit der Interaktion mit den Computermodellen gestattet. Dieses Eintauchen in die Welt der digitalen Daten schafft erstmals die Möglichkeit für die effektive Einbeziehung auch von Nichtingenieuren in Entscheidungsprozesse der Produktentwicklung. Bislang weitgehend auf die großen Industriebetriebe der Automobilindustrie und der Luft- und Raumfahrt beschränkt, deutet sich für die nächsten Jahre eine sprunghafte Ausweitung des Einsatzes auch in mittelständischen Unternehmen an.

VRML

VirtualReality Modeling Language (VRML) ist ein neutrales, gegenüber dem Umfang der jeweiligen Originaldatei stark reduziertes Standarddatenformat für 3D-Visualisierung, das ursprünglich von Grafikcomputerhersteller SGI entwickelt wurde.

XML

Extended Markup Language. Gegenüber HTML erweiterte Beschreibungssprache, die vor allem die elektronische Abwicklung von kompletten Geschäftsprozessen ermöglicht.

29.3 Bildnachweise

Bild 1.1: PROCAD GmbH & Co. KG; Bild 2.1: Marktstudie eDM-Report 2/2005; Bild 2.2: „Benefits of PLM 2009" Studie der Ruhr-Universität Bochum (Prof. Dr.-Ing. Michael Abramovici und IBM); Bild 4.1: Vossloh AG; Bild 6.1: ACTANO GmbH; Bild 6.2: PROCAD GmbH & Co. KG; Bild 7.1 bis 7.8: PROCAD GmbH & Co. KG; Bild 7.9: CeramTec GmbH; Bild 7.10 bis 7.12 PROCAD GmbH & Co. KG; Bild 8.1: bremenports GmbH & Co. KG; Bild 12.1 bis 12.11: PROCAD GmbH & Co. KG; Bild 13.1 und 13.2: PROCAD GmbH & Co. KG; Bild 17.1: Prof. Dr.-Ing. Michael Abramovici, Ruhr-Universität Bochum; Bild 17.2: Lurgi AG; Bild 17.3: Agfa HealthCare GmbH; Bild 18.1 bis 18.3: Grohe AG; Bild 19.1 und 19.2: Erlenbach GmbH; Bild 20.1 bis 20.5: Reis GmbH & Co. KG Maschinenfabrik; Bild 21.1 und 21.2: Herding GmbH Filtertechnik; Bild 22.1 und 22.2 BRITA GmbH; Bild 23.1: bremenports GmbH & Co. KG; Bild 23.2: Ulrich Sendler; Bild 23.3 und 23.4: bremenports GmbH & Co. KG; Bild 24.1: Else Kröner-Fresenius-Stiftung; Bild 24.2: The Associated Press (AP); Bild 24.3 bis 24.6: Fresenius Medical Care AG & Co. KGaA; Bild 24.7: eCl@ss e.V.; Bild 24.8: Fresenius Medical Care AG & Co. KGaA; Bild 25.1: ediundsepp Gestaltungsgesellschaft, Florian Hugger und Thomas Rampp GbR; Bild 25.2 bis 25.4: Forschungsverbund „Virtuelle Baustelle" (ForBAU); Bild 25.5: Deutsche Zentrum für Luft- und Raumfahrt e. V. (DLR); Bild 25.6: Forschungsverbund „Virtuelle Baustelle" (ForBAU); Bild 26.1 bis 26.5: IMS Gear GmbH; Bild 27.1: PROCAD GmbH & Co. KG

Index

Symbole

3D *19*, *127*, *131*, *161*, *180*

A

Abläufe *90*
acatech *62*
Änderung *87*, *127*, *167*
API *271*
Apps *176*
Artefakt *47*
Artikel *78*, *84*, *126*, *303*, *304*, *325*
Artikelstammsatz *78*
Assoziativität *183*
Aufgabe *112*
Automatisierung *60*

B

Basisobjekt *77*, *81*, *303*, *304*
Baufortschrittsmodell *288*
Baugruppen *127*, *138*
Baulebenszyklus *284*
Baulogistik *277*
Bauobjekt *284*
Baustelleninformationsmodell *277*
Bauwerksgeometrie *282*
Befliegung *288*
Benutzerrecht *95*, *151*, *196*
Betonprüfung *285*
BizTalk Server *154*, *271*

C

CAD-Zeichnungsverwaltung *25*
CAE *66*
CAM *66*
Chargenprotokoll *298*
Cloud *174*
CoCreate *142*

Concurrent Engineering *217*
Creo *142*
Creo Elements/Pro *142*
CRM *67*
Customer Relationship Management *67*

D

Datenaustausch *96*
Datenbank *95*, *98*, *150*, *164*
Dialysegeräte *265*
DLR *279*
Dokumente *79*
Dokumentenmanagement *67*, *80*
Downsizing *16*

E

EAI *66*, *269*, *328*
eCl@ss *273*
eingebettete Systeme *47*
embedded systems *47*
ENOVIA *140*
Enterprise Application Integration *66*, *328*
ePocket *287*
EPROM *19*
ERP *67*, *71*, *128*, *152*, *184*, *220*, *303*
Eskalationsmanagement *112*

F

Fertigungsstückliste *82*, *153*, *213*
File-Server *97*
Flashen *19*
ForBAU *277*
Fördertechnik *278*
Freigabe *89*, *161*
Fresenius *263*
Front-Loading *19*

Functional Mock-up *54*
Funktionsmodell *54*

G

Gantt-Diagramm *114*
Geodaten *282*
Geschäftsprozess *111*
Getriebe *293*
Google Earth *289*
GPS *176*, *287*

H

Historie *68*, *80*, *183*

I

Ideenmanagement *43*
Informatiksysteme *47*
Infrastrukturbau *278*
Innovation *16*
Innovationsprozess *43*
Instanz *113*

K

Klassifikation *273*
Klassifizierung *84*, *85*, *86*, *196*, *211*, *220*, *273*
Knorr-Bremse *59*
Knowledge Management *69*, *70*
Kompass *176*
Konfiguration *221*
Konfigurationsmanagement *55*
Konstruktionsstückliste *82*, *130*, *153*
Konzeptphase *54*
Kostenrechnung *72*
Künstliche Intelligenz *69*

L

Langzeitarchivierung *100*
Lean Production *61*
Liebensteiner Thesen *66*

M

Mechatronik *18, 45*
Medizintechnik *263*
Metadaten *79, 95, 97, 126, 208, 303*
mobile Endgeräte *287*
mobile Geräte *175*
Monitoring *114*

N

New Economy *17*

O

Office *21, 80, 95, 130, 144, 150, 194*

P

PDF/A *100*
PDM *41*
PDM-Server *97*
Planetenräder *294*
PLM *15, 26, 41, 65*
PLM Collaboration Portal *177*
Plotmanagement *160*
Primärdaten *95, 97*
Product Life live *59*
Produktinformationsmanagement *269*
Produktlebenszyklus Management *15*
Produktstruktur *78, 91, 139, 153, 182, 212*
Produktwertschöpfung *45*
Projekt *81, 114, 193, 204, 218, 304, 305, 306, 307*

Projektmanagement *26, 81, 204*
Projektraum *173, 299*
PROOM *173*
Prozess *20, 24, 26, 88, 113, 133, 151, 183, 191, 199, 302*
Prozess Härterei *297*

R

Regelbasierte Konstruktion *70*
Replikation *98*
Return on Investment *309*
RFID *176*

S

Sachmerkmal *284*
Sachmerkmalsleisten *85, 132, 185, 220*
Scanner *164, 305*
Schnittstelle *67, 133, 135, 154, 213, 304, 305*
SCM *67*
Serienfertigung *60*
Smart Engineering *62*
Smartphone *175*
SOA *272*
Stammdaten *78, 95, 126, 138, 303*
Status *78, 89, 94, 126, 208*
Stückliste *21, 79, 82, 127, 128, 139, 153, 155, 179, 189, 222*
Supply Chain Management *67*
System *46*
Systemarchitektur *51*
Systemauslegung *53*
Systems Engineering *51*

T

Team *26, 81, 94, 191, 204, 218*
TU München *278*

U

Urladen *165*

V

V6 *140*
Variante *20, 23, 83, 131*
Variantenkonstruktion *84, 131, 143, 220, 221, 303*
Viewer *21*
V-Modell *48*
Vorlage *113*
Vossloh *55*
VR *66*

W

Web-Client *102*
Wiederholteile *138, 211, 221*
Wiederverwendung *23, 70, 84, 88, 183, 217*
Windows-Client *102*
Workflow *26, 89, 101*

X

XML *154*

Z

Zeichnungsarchiv *24*
Zeichnungsverwaltung *80, 183*
Zufallsprozess *111*
Zugriffsrecht *26, 82, 101, 167, 303, 304*
Zustand *89, 126, 167, 303*